计算机基础与实训教材系列

中文版 InDesign CC 实用教程

黄丽丽 崔洪斌 编著

清华大学出版社

北 京

内 容 简 介

本书由浅入深、循序渐进地介绍了 Adobe 公司推出的 InDesign CC 的操作方法和使用技巧。全书共分为 10 章，分别介绍了 InDesign CC 工作界面，文档的基本操作，图形的创建与编辑，对象的编辑操作，文本与段落的创建、编辑，颜色与效果的应用，图像的处理，表格的创建与应用，长文档与书籍的排版，印前设置与输出等内容。

本书内容丰富、结构清晰、语言简练、图文并茂，具有很强的实用性和可操作性，本书可作为高等院校、职业学校及各类社会培训学校的优秀教材，也可作为广大初、中级电脑用户的自学参考书。

本书对应的电子教案、实例源文件和习题答案可以到 http://www.tupwk.com.cn/edu 网站下载。

图书在版编目(CIP)数据

中文版 InDesign CC 实用教程 / 黄丽丽，崔洪斌 编著. —北京：清华大学出版社，2015
(计算机基础与实训教材系列)
ISBN 978-7-302-41113-0

Ⅰ. ①中… Ⅱ. ①黄… ②崔…Ⅲ. ①电子排版—应用软件—教材 Ⅳ. ①TS803.23

中国版本图书馆 CIP 数据核字(2015)第 183382 号

责任编辑：胡辰浩 袁建华
装帧设计：牛艳敏
责任校对：成凤进
责任印制：李红英

出版发行：清华大学出版社
网 址：http://www.tup.com.cn，http://www.wqbook.com
地 址：北京清华大学学研大厦 A 座 **邮 编**：100084
社 总 机：010-62770175 **邮 购**：010-62786544
投稿与读者服务：010-62776969，c-service@tup.tsinghua.edu.cn
质 量 反 馈：010-62772015，zhiliang@tup.tsinghua.edu.cn
课 件 下 载：http://www.tup.com.cn,010-62794504
印 装 者：北京国马印刷厂
经 销：全国新华书店
开 本：190mm×260mm **印 张**：19.25 **字 数**：505 千字
版 次：2015 年 7 月第 1 版 **印 次**：2015 年 7 月第1 次印刷
印 数：1～3500
定 价：36.00 元

产品编号：056480-01

编审委员会

计算机基础与实训教材系列

丛书序

计算机已经广泛应用于现代社会的各个领域，熟练使用计算机已经成为人们必备的技能之一。因此，如何快速地掌握计算机知识和使用技术，并应用于现实生活和实际工作中，已成为新世纪人才迫切需要解决的问题。

为适应这种需求，各类高等院校、高职高专、中职中专、培训学校都开设了计算机专业的课程，同时也将非计算机专业学生的计算机知识和技能教育纳入教学计划，并陆续出台了相应的教学大纲。基于以上因素，清华大学出版社组织一线教学精英编写了这套“计算机基础与实训教材系列”丛书，以满足大中专院校、职业院校及各类社会培训学校的教学需要。

一、丛书书目

本套教材涵盖了计算机各个应用领域，包括计算机硬件知识、操作系统、数据库、编程语言、文字录入和排版、办公软件、计算机网络、图形图像、三维动画、网页制作以及多媒体制作等。众多的图书品种可以满足各类院校相关课程设置的需要。

⊙ 已出版的图书书目

《计算机基础实用教程（第二版）》	《中文版 Office 2007 实用教程》
《计算机基础实用教程(Windows 7+Office 2010 版)》	《中文版 Word 2007 文档处理实用教程》
《电脑入门实用教程（第二版）》	《中文版 Excel 2007 电子表格实用教程》
《电脑入门实用教程（Windows 7+Office 2010）》	《Excel 财务会计实战应用（第二版）》
《电脑办公自动化实用教程（第二版）》	《中文版 PowerPoint 2007 幻灯片制作实用教程》
《计算机组装与维护实用教程（第二版）》	《中文版 Access 2007 数据库应用实例教程》
《中文版 Word 2003 文档处理实用教程》	《中文版 Project 2007 实用教程》
《中文版 PowerPoint 2003 幻灯片制作实用教程》	《中文版 Office 2010 实用教程》
《中文版 Excel 2003 电子表格实用教程》	《中文版 Word 2010 文档处理实用教程》
《中文版 Access 2003 数据库应用实用教程》	《中文版 Excel 2010 电子表格实用教程》
《中文版 Project 2003 实用教程》	《中文版 PowerPoint 2010 幻灯片制作实用教程》
《中文版 Office 2003 实用教程》	《Access 2010 数据库应用基础教程》
《中文版 Word 2010 文档处理实用教程》	《中文版 Access 2010 数据库应用实例教程》
《中文版 Excel 2010 电子表格实用教程》	《中文版 Project 2010 实用教程》
《计算机网络技术实用教程》	《Word+Excel+PowerPoint 2010 实用教程》
《中文版 AutoCAD 2012 实用教程》	《中文版 AutoCAD 2013 实用教程》

(续表)

《AutoCAD 2014 中文版基础教程》	《中文版 AutoCAD 2014 实用教程》
《中文版 Photoshop CS5 图像处理实用教程》	《中文版 Photoshop CS6 图像处理实用教程》
《中文版 Dreamweaver CS5 网页制作实用教程》	《中文版 Dreamweaver CS6 网页制作实用教程》
《中文版 Flash CS5 动画制作实用教程》	《中文版 Flash CS6 动画制作实用教程》
《中文版 Illustrator CS5 平面设计实用教程》	《中文版 Illustrator CS6 平面设计实用教程》
《中文版 InDesign CS5 实用教程》	《中文版 InDesign CS6 实用教程》
《中文版 CorelDRAW X5 平面设计实用教程》	《中文版 CorelDRAW X6 平面设计实用教程》
《网页设计与制作(Dreamweaver+Flash+Photoshop)》	《Mastercam X5 实用教程》
《ASP.NET 4.0 动态网站开发实用教程》	《Mastercam X6 实用教程》
《ASP.NET 4.5 动态网站开发实用教程》	《多媒体技术及应用》
《Java 程序设计实用教程》	《中文版 Premiere Pro CS5 多媒体制作实用教程》
《C#程序设计实用教程》	《中文版 Premiere Pro CS6 多媒体制作实用教程》
《SQL Server 2008 数据库应用实用教程》	《Windows 8 实用教程》
《Excel 财务会计实战应用（第三版）》	《AutoCAD 2015 中文版基础教程》
《中文版 Flash CC 动画制作实用教程》	《中文版 Photoshop CC 图像处理实用教程》
《电脑办公自动化实用教程（第三版）》	《中文版 Dreamweaver CC 网页制作实用教程》
《中文版 Illustrator CC 平面设计实用教程》	《中文版 AutoCAD 2015 实用教程》
《计算机基础实用教程（第三版）》	《Access 2013 数据库应用基础教程》
《中文版 Office 2013 实用教程》	《中文版 CorelDRAW X7 平面设计实用教程》
《Office 2013 办公软件实用教程》	《中文版 InDesign CC 实用教程》

二、丛书特色

1. 选题新颖，策划周全——为计算机教学量身打造

本套丛书注重理论知识与实践操作的紧密结合，同时突出上机操作环节。丛书作者均为各大院校的教学专家和业界精英，他们熟悉教学内容的编排，深谙学生的需求和接受能力，并将这种教学理念充分融入本套教材的编写中。

本套丛书全面贯彻“理论→实例→上机→习题”4 阶段教学模式，在内容选择、结构安排上更加符合读者的认知习惯，从而达到老师易教、学生易学的目的。

2. 教学结构科学合理、循序渐进——完全掌握“教学”与“自学”两种模式

本套丛书完全以大中专院校、职业院校及各类社会培训学校的教学需要为出发点，紧密结合学科的教学特点，由浅入深地安排章节内容，循序渐进地完成各种复杂知识的讲解，使学生能够一学就会、即学即用。

对教师而言，本套丛书根据实际教学情况安排好课时，提前组织好课前备课内容，使课堂教学过程更加条理化，同时方便学生学习，让学生在学习完后有例可学、有题可练；对自学者而言，可以按照本书的章节安排逐步学习。

3. 内容丰富，学习目标明确——全面提升“知识”与“能力”

本套丛书内容丰富，信息量大，章节结构完全按照教学大纲的要求来安排，并细化了每一章内容，符合教学需要和计算机用户的学习习惯。在每章的开始，列出了学习目标和本章重点，便于教师和学生提纲挈领地掌握本章知识点，每章的最后还附带有上机练习和习题两部分内容，教师可以参照上机练习，实时指导学生进行上机操作，使学生及时巩固所学的知识。自学者也可以按照上机练习内容进行自我训练，快速掌握相关知识。

4. 实例精彩实用，讲解细致透彻——全方位解决实际遇到的问题

本套丛书精心安排了大量实例讲解，每个实例解决一个问题或是介绍一项技巧，以便读者在最短的时间内掌握计算机应用的操作方法，从而能够顺利解决实践工作中的问题。

范例讲解语言通俗易懂，通过添加大量的“提示”和“知识点”的方式突出重要知识点，以便加深读者对关键技术和理论知识的印象，使读者轻松领悟每一个范例的精髓所在，提高读者的思考能力和分析能力，同时也加强了读者的综合应用能力。

5. 版式简洁大方，排版紧凑，标注清晰明确——打造一个轻松阅读的环境

本套丛书的版式简洁、大方，合理安排图与文字的占用空间，对于标题、正文、提示和知识点等都设计了醒目的字体符号，读者阅读起来会感到轻松愉快。

三、读者定位

本丛书为所有从事计算机教学的老师和自学人员而编写，是一套适合于大中专院校、职业院校及各类社会培训学校的优秀教材，也可作为计算机初、中级用户和计算机爱好者学习计算机知识的自学参考书。

四、周到体贴的售后服务

为了方便教学，本套丛书提供精心制作的 PowerPoint 教学课件(即电子教案)、素材、源文件、习题答案等相关内容，可在网站上免费下载，也可发送电子邮件至 wkservice@vip.163.com 索取。

此外，如果读者在使用本系列图书的过程中遇到疑惑或困难，可以在丛书支持网站(http://www.tupwk.com.cn/edu)的互动论坛上留言，本丛书的作者或技术编辑会及时提供相应的技术支持。咨询电话：010-62796045。

前　言

中文版 InDesign CC 是 Adobe 公司推出的专业设计排版软件，其功能强大且应用领域广泛，可用于各种出版物，包括宣传单、广告、海报、包装设计、纸质书籍、电子书籍等文件的设计出版。InDesign CC 完善了先前版本的功能，设计师可以在设计中更自由地应用效果，优化和加速长文档的设计、编辑和制作。

本书从教学实际需求出发，合理安排知识结构，从零开始、由浅入深、循序渐进地讲解了 InDesign CC 的基本知识和使用方法。全书共分为 10 章，主要内容如下。

第 1 章介绍了排版基础知识以及 InDesign CC 工作区的使用和设置方法。

第 2 章介绍了 InDesign CC 中新建、打开、存储、置入、浏览文档的基础操作。

第 3 章介绍了 InDesign CC 中各种绘图工具的使用、设置以及编辑技巧。

第 4 章介绍了 InDesign CC 中对象的编辑操作方法与技巧。

第 5 章介绍了 InDesign CC 中文本与段落的创建、编辑方法与技巧。

第 6 章介绍了 InDesign CC 中颜色与效果的应用方法与技巧。

第 7 章介绍了 InDesign CC 中图像的置入、应用、管理的操作方法与技巧。

第 8 章介绍了 InDesign CC 中表格的创建、编辑的操作方法与技巧。

第 9 章介绍了 InDesign CC 中页面操作、长文档、书籍的创建和编辑的操作方法与技巧。

第 10 章介绍了 InDesign CC 中印前设置与输出的操作方法与技巧。

本书图文并茂、条理清晰、通俗易懂、内容丰富，在讲解每个知识点时都配有相应的实例，方便读者上机实践。同时在难于理解和掌握的部分内容上给出相关提示，让读者能够快速地提高操作技能。此外，本书配有大量综合实例和练习，让读者在不断的实际操作中更加牢固地掌握书中讲解的内容。

为了方便老师教学，我们免费提供本书对应的电子教案、实例源文件和习题答案，您可以到 http://www.tupwk.com.cn/edu 网站的相关页面上进行下载。

本书全文分为 10 章，其中黑龙江财经学院的黄丽丽编写了 1~7 章，河北科技大学的崔洪斌编写了 8~10 章。另外，参加本书编写的人员还有陈笑、曹小震、高娟妮、李亮辉、洪妍、孔祥亮、陈跃华、杜思明、熊晓磊、曹汉鸣、陶晓云、王通、方峻、李小凤、曹晓松、蒋晓冬、邱培强等人。由于作者水平所限，本书难免有不足之处，欢迎广大读者批评指正。我们的邮箱是 huchenhao@263.net，电话是 010-62796045。

作　者

2015 年 5 月

推荐课时安排

章　名	重点掌握内容	教学课时
第 1 章　初识 InDesign CC	1. 初识排版 2. 了解 InDesign CC 工作区 3. 自定义工作环境 4. 首选项设置	2 学时
第 2 章　文档的基本操作	1. 新建文档、书籍、库 2. 打开文档 3. 存储文档 4. 置入文档 5. 文档浏览 6. 辅助工具	3 学时
第 3 章　图形的创建与编辑	1. 图形工具组 2. 钢笔工具组 3. 铅笔工具组 4. 编辑路径 5. 路径查找器 6. 描边设置	4 学时
第 4 章　对象的编辑操作	1. 选择对象 2. 移动对象 3. 旋转对象 4. 缩放对象 5. 对齐与分布对象 6. 剪切、复制、粘贴对象 7. 框架的创建与使用	4 学时
第 5 章　文本与段落	1. 创建文本 2. 路径文字 3. 编辑文字 4. 串接文本 5. 字符样式与段落样式	4 学时

(续表)

章　名	重点掌握内容	教学课时
第 6 章 颜色与效果的应用	1. 颜色的类型与模式 2. 使用【色板】面板 3. 使用【颜色】面板 4. 使用【渐变】面板 5. 添加效果	3 学时
第 7 章 图像处理	1. 图像相关知识 2. 置入图像 3. 图形显示方式 4. 文本绕排 5. 图片的链接 6. 使用库管理对象 7. 使用图层	4 学时
第 8 章 表格的创建与应用	1. 创建表格 2. 编辑表格 3. 表格与文本的转换	4 学时
第 9 章 长文档与书籍排版	1. 页面操作 2. 主页操作 3. 页码、章节编号 4. 文本变量 5. 目录 6. 创建与管理书籍	5 学时
第 10 章 印前设置与输出	1. 陷印颜色 2. 叠印 3. 打印文件的预检 4. 文件的打印与输出 5. 导出到 PDF 文件	3 学时

注：1. 教学课时安排仅供参考，授课教师可根据情况作调整。

2. 建议每章安排与教学课时相同时间的上机练习。

目　录

CONTENTS

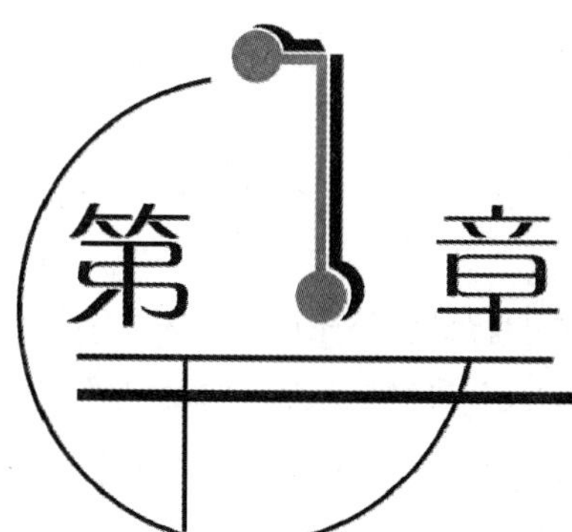

第1章 初识 InDesign CC

学习目标

InDesign 是由国际著名的软件生产商 Adobe 公司为专业排版设计领域而开发的新一代排版软件。它的出现解决了目前市场上排版软件存在的图像处理能力与设计排版功能不完全兼容的障碍。本章主要介绍 InDesign 软件及其工作界面构成等内容。

本章重点

- 初识排版
- 了解 InDesign 工作区
- 自定义工作环境
- 首选项设置

1.1 初识排版

InDesign 是一款专业排版软件。因此，在学习软件的使用方法之前，用户应对有关版面和排版的基础知识有所了解。本节介绍的版面与排版基础知识主要包括版面构成要素、排版技术术语、排版规则及校对符号作用等。

1.1.1 版面构成要素

版面是指在书刊、报纸的一面中图文部分和空白部分的总和，即包括版心和版心周围的空白部分。通过版面可以看到版式的全部设计，版面构成要素包括以下内容。

- 版心：位于版面中央、排有正文文字的部分。

- 书眉：排在版心上部的文字及符号统称为书眉。它包括页码、文字和书眉线。一般用于检索篇章。
- 页码：书刊正文每一面都排有页码，页码一般排于书籍切口一侧。印刷行业中将一个页码称为一面，正反面两个页码称为一页。
- 注文：又称注释、注解，是对正文内容或对某一字词所做的解释和补充说明。排在字行中的注文称为夹注；排在每面下端的注文称为脚注或面后注、页后注；排在每篇文章后面的注文称为篇后注；排在全书后面的注文称为书后注。在正文中标识注文的号码称为注码。

版面的大小称为开本，开本以全张纸为计算单位，每全张纸裁切和折叠多少小张就称多少开本。我国对开本的命名，习惯上是以几何级数来命名的，如图 1-1 所示。

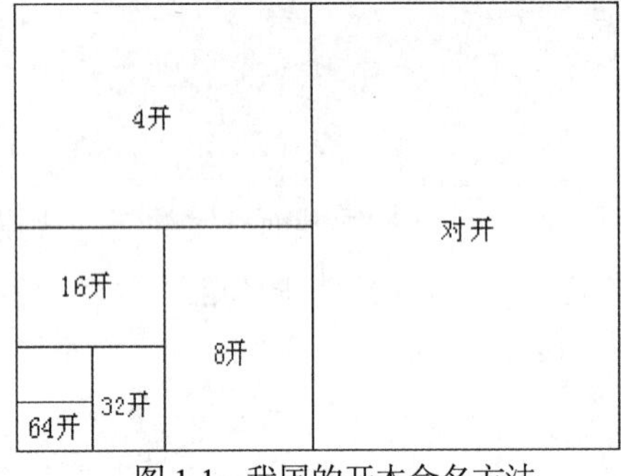

图 1-1　我国的开本命名方法

知识点

在实践中，同一种开本，由于纸张和印刷装订条件的不同，会设计成不同的形状，如方长开本、正偏开本、横竖开本等。同样的开本，因纸张的不同而形成不同的形状，有的偏长、有的呈方。

1.1.2　排版技术术语

排版设计也称为版面编排。排版设计是平面设计中重要的组成部分，是平面设计中最具代表性的一大分支。排版设计被广泛地应用于报纸广告、招贴、书刊、包装装潢、直邮广告(DM)、企业形象(CI)和网页等所有平面、影像的领域，因此设计者有必要了解一些常用的排版技术术语。

- 封面：印有书名、作者、译者姓名和出版社的名称，起着美化书刊和保护书芯的作用。
- 封底：图书在封底的右下方印统一书号和定价，期刊在封底印版权页，或用来印目录及其他非正文部分的文字、图片等。
- 书脊：指连接封面和封底的部分。书脊上一般印有书名、册次(卷、集、册)、作者、译者姓名和出版社名，以便于查找。
- 扉页：指在书籍封面或衬页之后、正文之前的一页。扉页上一般印有书名、作者或译者姓名、出版社和出版的年月等。扉页也起装饰作用，增加书籍的美观。
- 插页：指版面超过开本范围的、单独印刷插装在书刊内、印有图或表的单页。有时也指版面不超过开本，纸张与开本尺寸相同，但用不同于正文的纸张或颜色印刷的书页。

- 目录：目录是书刊中章、节标题的记录，起到主题索引的作用，便于读者查找。目录一般放在书刊正文之前。
- 版权页：指版本的记录页。版权页中按有关规定记录有书名、作者或译者姓名、出版社、发行者、印刷者、版次、印次、印数、开本、印张、字数、出版年月、定价、书号等项目。图书版权页一般印在扉页背页的下端。版权页主要供读者了解图书的出版情况，常附印于书刊的正文前后。
- 索引：索引分为主题索引、内容索引、名词索引、学名索引、人名索引等多种。索引属于正文以外部分的文字记载，一般用较小字号双栏排于正文之后。索引中标有页码以便于读者查找。索引在科技书中作用十分重要，能使读者迅速找到需要查找的资料。
- 版式：指书刊正文部分的全部格式，包括正文和标题的字体、字号、版心大小、通栏、双栏、每页的行数、每行字数、行距及表格、图片的排版位置等。
- 版口：指版心左右上下的极限。严格地说，版心是以版面的面积来计算范围的，版口则以左右上下的周边来计算范围。
- 直(竖)排本：是指翻口在左，订口在右，文字从上至下，字行由右至左排印的版本，一般用于古书。
- 横排本：是指翻口在右，订口在左，文字从左至右，字行由上至下排印的版本。
- 刊头：又称【题头】、【头花】，用于表示文章或版别的性质，也是一种点缀性的装饰。刊头一般排在报刊、杂志、诗歌、散文的大标题的上边或左上角。

1.1.3　排版规则

在了解了常用的排版技术术语后，还应该了解一些主要的排版规则，这样才能够在制作出版物的过程中进行针对性的排版工作。主要的排版规则如下。

- 正文排版规则：每段首行必须空两格，特殊的版式作特殊处理；双栏排的版面，如有通栏的图、表或公式时，则应以图、表或公式为界，其上方的左右两栏的文字应排齐，其下方的文字再从左栏到右栏接续排。在章、节或每篇文章结束时，左右两栏应平行。行数成奇数时，则右栏可比左栏少排一行字。
- 目录排版规则：目录中一级标题顶格排(回行及标明缩格的例外)；目录常为通栏排，特殊的用双栏排；除期刊外目录题上不冠书名；篇、章、节名与页码之间加连点。如遇回行，行末留空三格(学报留空六格)，行首应比上行文字退一格或两格；目录中章节与页码或与作者名之间至少要有两个连点，否则应另起一行排；非正文部分页码可用罗马数字，而正文部分一般均用阿拉伯数字。
- 标点排版规则：在行首不允许出现句号、逗号、顿号、叹号、问号、冒号、后括号、后引号、后书名号等；在行末不允许出现前引号、前括号、前书名号；在转行时，不能拆分整个数码、破折号(——)、省略号(……)，以及数码前后附加的符号(如 95%，35℃等)。实际操作中，一般采用伸排法和缩排法来解决标点符号的排版禁则。伸排法是将一行中的标点符号加开些，伸出一个字排在下行的行首，避免行首出现禁排的标点符号；缩排法是将全角标点符号换成对开的，缩进一个字的位置，将行首禁排的标点符号排在上行行末。

- 插图排版规则：正文中的插图应排在与其有关的文字附近，并按照先看文字后见图的原则处理，文图应紧紧相连。如有困难，可稍稍前后移动，但不能离正文太远，只限于在本节内移动，不能超越节题。图与图之间要适当排 3 行以上的文字，以作间隔，插图上下避免空行。版面开头宜先排 3~5 行文字后再排图。若两图比较接近可以并排，不必硬性错开而造成版面零乱。插图排版的关键是在版面位置上合理安排插图，插图排版既要使版面美观，又要便于阅读。
- 表格排版规则：表格排版与插图类似，表格在正文中的位置也是表随文走。若不是由于版面所限，表格只能下推而不能前移。如果由于版面确实无法调整确需逆转时，必须加上见第×页字样。表格所占的位置一般较大，因此多数表格是居中排。对于少数表宽度小于版心的三分之二的表格，可采用串文排。串文排的表格应靠切口排，并且不宜多排。当有上下两表时，也采用左右交叉排。横排表格的排法与插图相同，若排在双页码上，表头应靠切口；排在单码上，则表头靠订口。

1.1.4 校对符号作用

校对符号是用来标明版面上某种错误的记号，是编辑、设计、排版、改版、校样、校对人员的共同语言。排版过程中错误是多种多样的，既有缺漏需要补入、多余需要删去、字体字号上有错误需要改正，又有文字前后颠倒、侧转或倒放需要改正等。根据不同情况规定不同的校对符号，可使有关人员看到某种符号，就知道是某种错误并作相应处理，能节约时间和提高工作质量。

1.2 关于 InDesign CC

Adobe InDesign 软件是由 Adobe 公司推出的专业设计排版软件。它使用户能够通过内置的创意工具和精确的排版控制，为打印或数字出版物设计出极具吸引力的页面版式。在页面布局中增添交互性、动画、视频和声音，以提升 eBook 和其他数字出版物对读者的吸引力。

InDesign 打破了传统排版软件的局限，集成了多种排版工具的优点，能够兼容多种排版软件，融合多种图形图像处理软件的技术，使用户能够在排版的过程中直接对图形图像进行高要求的调整、图文配置和设计。

InDesign 允许用户根据实际工作的需要适时调整工作环境，使用户可以进行个性化的工作环境设置。例如，多种可选的工具面板布局；内置键盘快捷方式编辑器可以自行设定及储存全新的键盘快捷键方式；与图形软件类似的层功能，可使用户设计过程更简单，校改更便捷；多

窗口功能使用户能够在多个屏幕下修改、比较及设计排版的结果；各种插件能随时开关，以节省内存，加快执行速度等。

InDesign 中独有的高级文字排版功能，可以排出优美合理的中西文文字，并自动调整达到最合理的断行效果，使文字排版实现整齐、美观。此外，文字排版选项还能对文字进行微调，如垂直齐行、字符及段落样式和各种特殊字符的控制、排版。

InDesign 还可以直接向客户提供 PDF 文档，让客户通过 Adobe Acrobat 校样，或通过 Adobe Press Ready 选择打印机输出彩色打样和高精度输出。

总之，InDesign 中文版可使用户从新建文件开始，到设计、完稿、预检，直至输出的各项工作都能够更便利、更高效。

1.3　了解 InDesign CC 工作区

InDesign 的工作界面与 Photoshop 和 Illustrator 的工作界面基本相同。在默认情况下，InDesign 工作区主要由应用程序栏、菜单栏、控制面板、工具箱、状态栏、绘图区和面板构成，如图 1-2 所示。InDesign 的界面设计非常人性化，使版面操作更加方便。

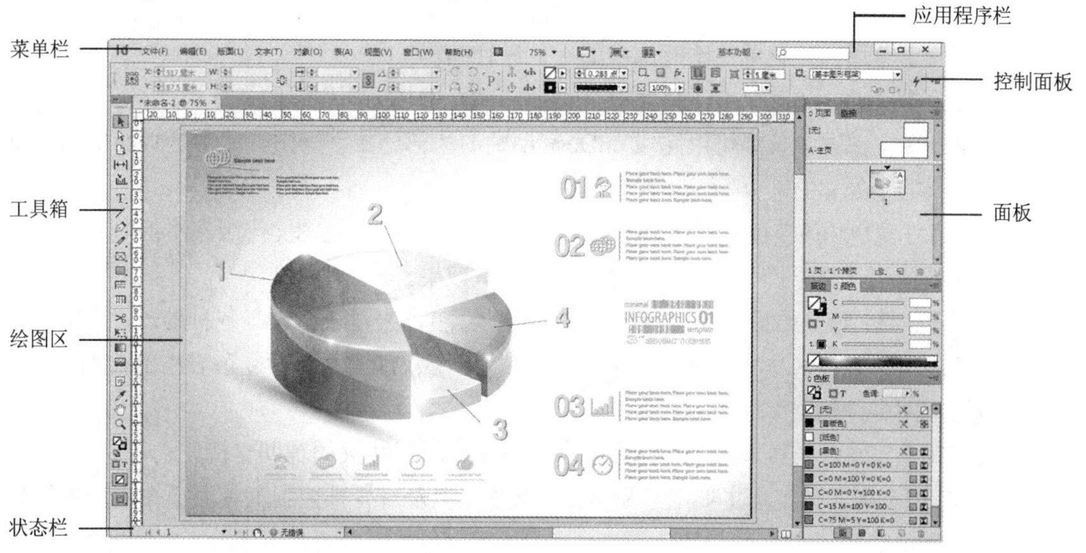

图 1-2　InDesign 工作界面

- 应用程序栏：在工作区最大化显示下，应用程序栏显示在菜单栏的右侧。通过应用程序栏可以快速转入 Bridge 应用程序，更改视图的缩放级别、选项、屏幕模式和文档排列方式。
- 菜单栏：InDesign 的大部分命令都存放在菜单栏中，并且按照功能的不同进行分类，其中包括文件、编辑、版面、文字、对象、表、视图、窗口和帮助 9 大菜单。
- 控制面板：在 InDesign 中，控制面板用于显示当前所选对象的选项。

- 工具箱：工具箱包含 InDesign 的常用工具。默认状态下的工具箱位于操作界面的左侧。
- 状态栏：状态栏是窗口中很重要的组成部分，状态栏位于文档窗口的下方，其提供了当前文档的显示页面和状态。
- 绘图区：所有图形的绘制操作都将在该区域中进行。
- 面板：单击菜单栏中的【窗口】菜单命令，在展开的菜单中可以看到 InDesign 包含的面板，这些面板主要用来配合图像的编辑、对象的操作及参数设置。

1.3.1 菜单命令

菜单命令位于 InDesign 工作界面标题栏的下方，它包括了 9 个主菜单，从左至右分别是【文件】、【编辑】、【版面】、【文字】、【对象】、【表】、【视图】、【窗口】和【帮助】，如图 1-3 所示。用户只需单击相应的主菜单名称，即可打开该菜单进行选择相关命令。

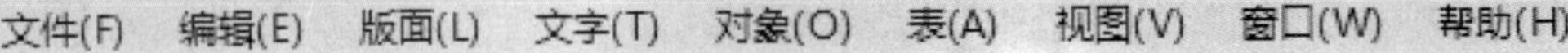

图 1-3 菜单命令

- 【文件】菜单：该菜单是在工作中经常使用的菜单，用于创建、存储、关闭、置入和打印文件。
- 【编辑】菜单：该菜单用于对选中的对象进行编辑。
- 【版面】菜单：该菜单着重描述有关页面辅助元素与页面构成的操作。
- 【文字】菜单：该菜单可以完成 InDesign 中的大部分文字操作。文字是版面信息最重要、最难于处理的部分，直接决定出版的质量。
- 【对象】菜单：该菜单提供了对象的各种操作选项。对象是图文排版基本控制单元，通过有效控制对象能获得所希望的各种页面排版效果。
- 【表】菜单：该菜单提供了应用于表格排版的菜单项来对表格进行各种处理。采用了先进的表格排版技术与相关排版效果的处理技术，不仅能实现各种复杂表格的排版，还能直接调用多种数据库输入的表格与数据。
- 【视图】菜单：该菜单主要用于显示排版效果与排版相关的辅助支持。
- 【窗口】菜单：该菜单主要用于显示操作视窗，以及对各种控制工具面板在视图中的显示进行控制。
- 【帮助】菜单：该菜单可用于为用户在使用中的各种问题提供快速的帮助文档，用户还能通过网络下载 Adobe 有关资料。

用户在使用菜单命令时，应注意以下几点。

- 菜单命令呈现灰色：表示该菜单命令在当前状态下不能使用。
- 菜单命令后标有黑色小三角按钮符号▸：表示该菜单命令有级联菜单。
- 菜单命令后标有快捷键：表示该菜单命令也可以通过标识的快捷键执行。
- 菜单命令后标有省略符号：表示执行该菜单命令会打开一个对话框。

1.3.2　控制面板

控制面板位于菜单命令栏的下方，通过控制面板可以快速选取、调用与当前页面中所选工具或对象有关的选项、命令和其他面板。选择不同的工具或页面对象，控制面板会显示不同的选项，如图 1-4 所示。

选择工具的控制面板选项

文字工具的控制面板选项

水平网格工具的面板调板

图 1-4　控制面板的不同选项

默认情况下控制面板是固定于文档窗口上方的，用户可以根据个人习惯将其固定在文档窗口的下方或使之成为浮动面板。单击控制面板中的按钮，在弹出的菜单中选择【停放于顶部】、【停放于底部】或【浮动】命令，可以控制控制面板在工作界面中的位置，如图 1-5 所示。

图 1-5　控制面板菜单

提示

选择【窗口】|【控制】命令可以设置控制面板在工作界面中显示或隐藏，当控制面板处于浮动状态下时，拖动标题栏可以在工作界面范围内任意移动控制面板。

1.3.3　使用工具箱

在版面设计过程中，工具箱的使用起着至关重要的作用。熟练掌握工具箱的使用方法及快捷键，是创意得以实现、提高工作效率的前提。InDesign 的工具箱包括选择、编辑、线条、文字的颜色与样式、页面排版格式等各种工具，如图 1-6 所示。在工具箱中，工具只有被选择后才能使用，选中的工具以高亮样式显示。

当启动 InDesign 后，工具箱就会出现在窗口的左侧。如果在操作过程中不小心将工具箱隐

藏了，可以选择【窗口】|【工具】命令显示工具箱。单击工具箱顶端的⏩按钮，工具箱则可以依次显示为单列或双列竖排，如图 1-7 所示。在工具箱顶端按住鼠标左键拖动，可在工作区中移动工具箱位置。

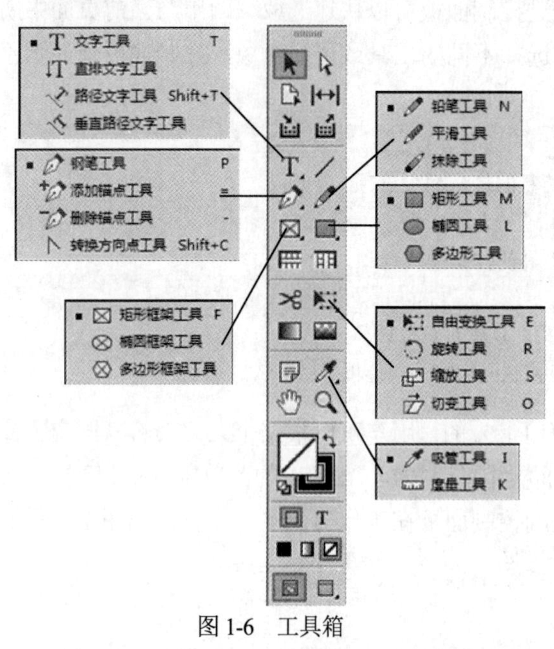

图 1-6　工具箱

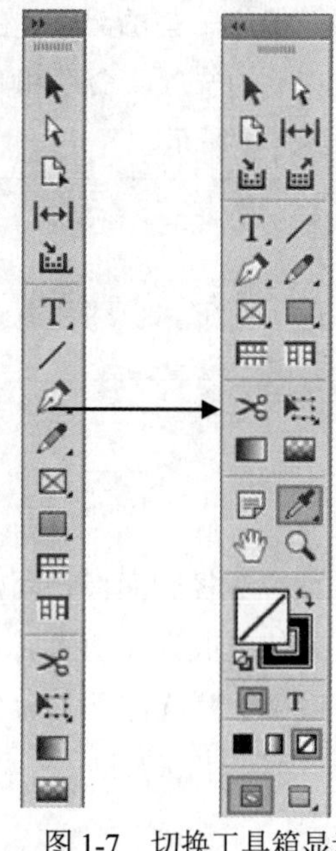

图 1-7　切换工具箱显示

要使用工具箱中的工具，只需单击工具箱中相应的工具或使用快捷键激活相应的工具。当该工具呈高亮显示时，则处于可用状态。在 InDesign 工具箱中，某些工具按钮的右下角带有一个小的倒三角标记，说明该工具还隐藏有其他功能近似的工具，单击所显示的工具，稍等片刻后将会显示隐藏的工具，如图 1-8 所示。

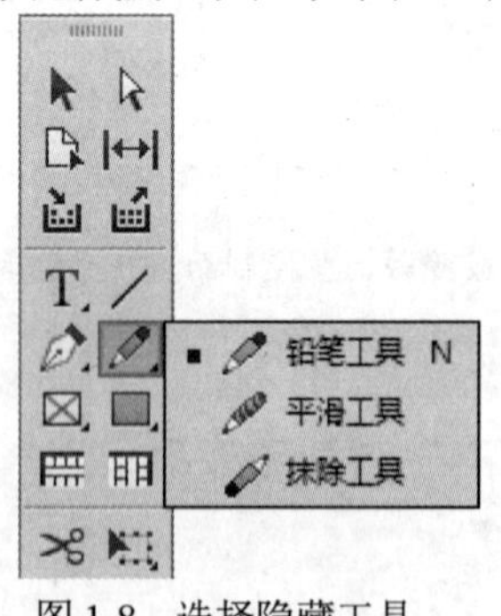

图 1-8　选择隐藏工具

提示

当用户想知道工具箱中某一工具的名称和快捷键时，将光标停放在此工具上，暂停两秒后会弹出黄色的提示框以显示工具的名称和快捷键。

1.3.4　使用面板

面板主要替代了部分菜单命令，从而使各种操作变得更加灵活、方便。控制面板不仅能够编辑、排列操作对象，而且还能够对图形进行着色、填充等操作。

1. 打开面板

如果需要使用某个面板时，只需在【窗口】菜单中选择相应的面板即可打开该面板，如图 1-9 所示。在每个面板的右上角有个按钮，单击它可以弹出面板菜单，在弹出的菜单上可以设置面板参数以及执行面板中的一些命令。

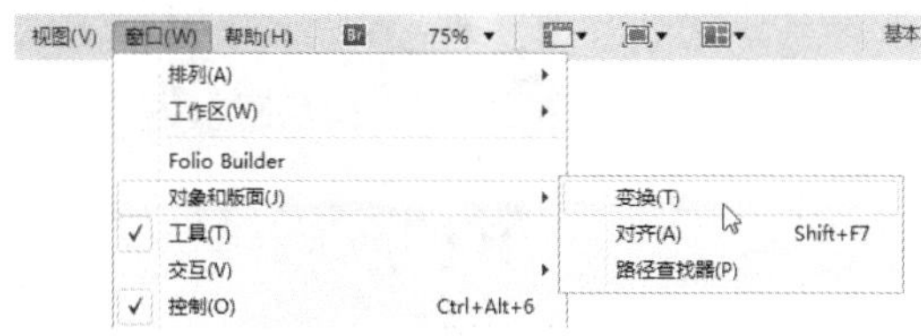

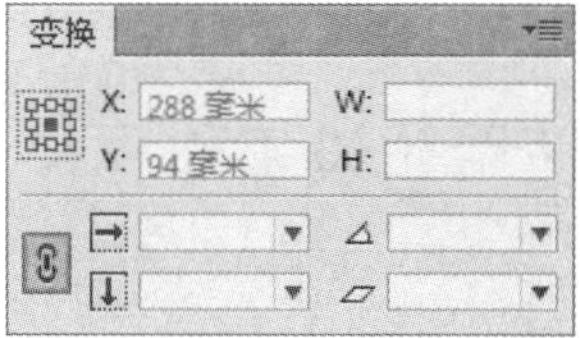

图 1-9　打开面板

2. 拆分面板

如果需要将一个面板从重叠状态分开，则可用鼠标按住需要分开的面板名称标签，然后向外拖动，就可以将该面板从重叠状态分开，分离出来的面板会自动创建一个单独的面板，如图 1-10 所示。

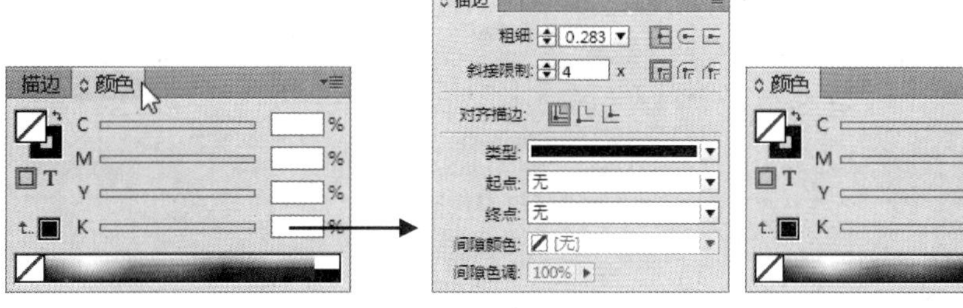

图 1-10　拆分面板

提示

按下键盘上的 Tab 键可以快速隐藏所有面板和工具箱，再次按下 Tab 键将再次将所有面板和工具箱显示出来。若按 Shift+Tab 组合键，则显示或隐藏除工具箱以外的所有控制面板，再次按下 Shift+Tab 组合键将所有控制面板显示出来。

第一次打开某些面板时，一些面板仅仅显示某些功能，单击面板名称左侧的按钮，可以逐一显示面板的所有选项，再次单击则可以隐藏其选项，如图 1-11 所示。

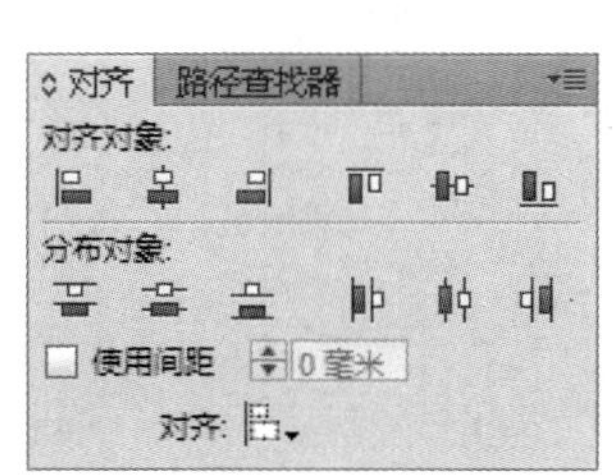

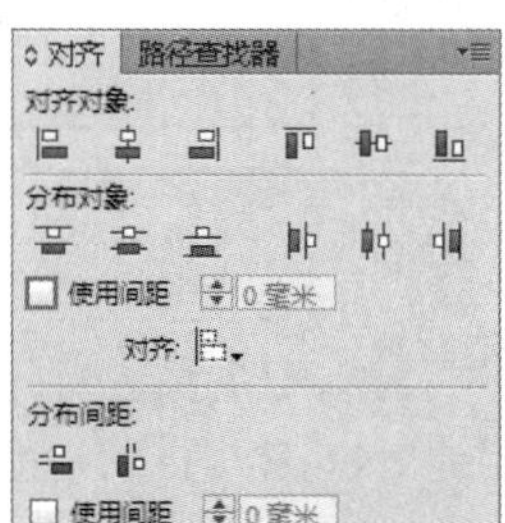

图 1-11　显示面板所有选项

1.4 自定义工作环境

在 InDesign 中，用户不仅可以使用软件预设的工作区，还可以根据个人操作需要配置工作区，并将工作区设置存储为预设。

1.4.1 使用预设工作区

在应用程序栏中单击【基本功能】按钮，打开一个下拉列表，在该菜单中可以选择系统预设的一些工作区。用户也可以通过选择【窗口】|【工作区】菜单下的子命令来选择合适的工作区，如图 1-12 所示。

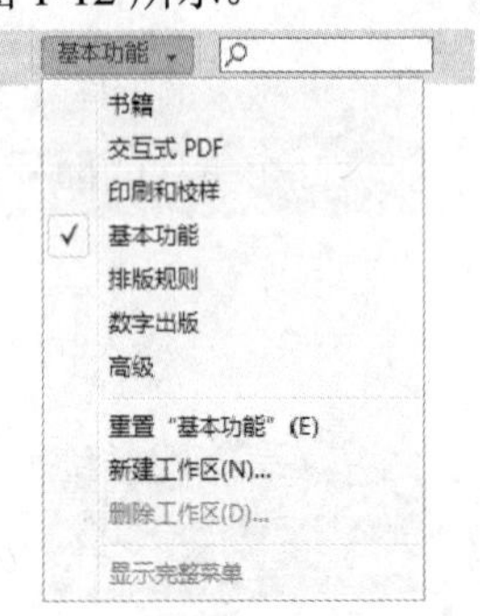

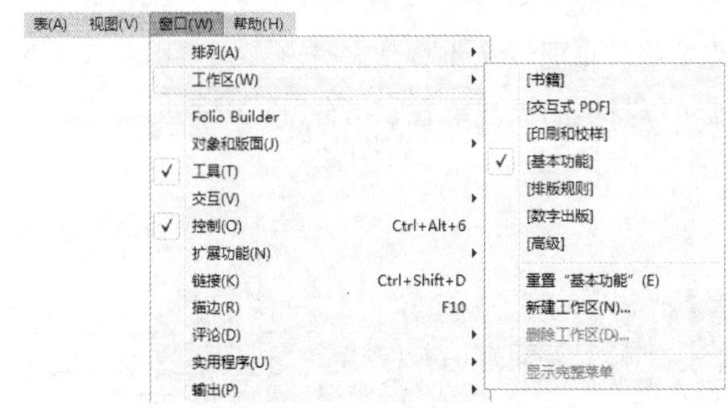

图 1-12　使用预设工作区

1.4.2 自定义工作区

在 InDesign 中，用户可以根据个人需要调整工具箱、控制面板或面板组中各面板的位置和组合，并可以将自定义的工作界面进行存储，以便以后调用。在工作界面调整完成后，选择【窗口】|【工作区】|【新建工作区】命令，在打开的如图 1-13 所示的对话框中可以定义用户个人的工作界面，自定义的工作界面名称将出现在【窗口】|【工作区】命令子菜单的最上端。

如果要删除自定义的工作界面，选择【窗口】|【工作区】|【删除工作区】命令，在打开的如图 1-14 所示的对话框中选择定义工作界面的名称，然后单击【删除】按钮即可将其删除。

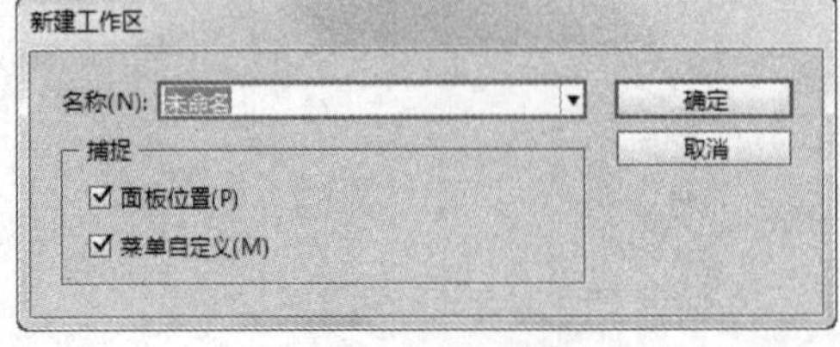

图 1-13　新建工作区

图 1-14　删除工作区

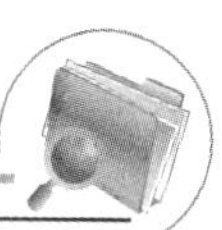

【例 1-1】将 InDesign 的默认工作区进行个性化的设置。

(1) 启动 InDesign，打开工作界面。在控制面板中单击【面板菜单】按钮，将弹出的菜单中选择【停放于底部】命令，将控制面板停放于工作界面窗口的底部，如图 1-15 所示。

(2) 选择【窗口】|【对象和版面】|【变换】命令，打开【变换】面板。将【变换】面板标签向上拖动至左侧工具箱附近，当出现蓝色的分隔线后释放鼠标，此时工作区效果如图 1-16 所示。

图 1-15　调整控制面板

(3) 选择【窗口】|【工作区】|【新建工作区】命令，打开【新建工作区】对话框。在该对话框的【名称】文本框中输入“自定义工作区”，然后单击【确定】按钮，这时用户自定义的工作界面名称将出现在【工作区】命令子菜单的顶端，如图 1-17 所示。

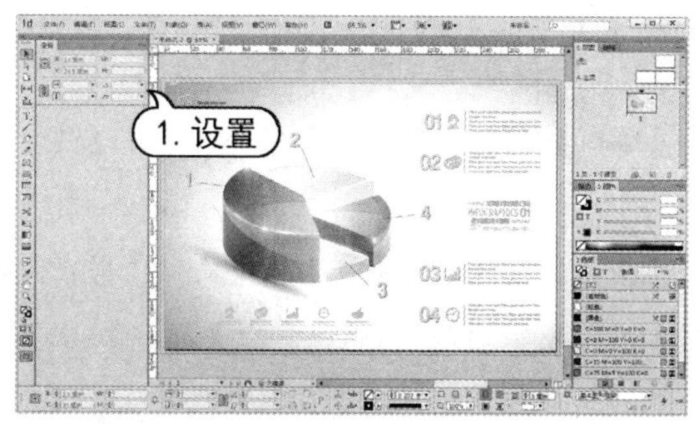

图 1-16　调整面板

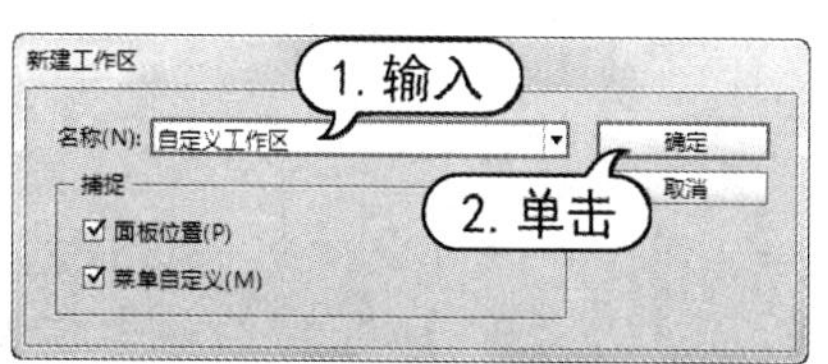

图 1-17　新建工作区

1.4.3　自定义快捷键

InDesign 为许多命令提供了快捷键。熟练使用快捷键可以大大提高工作效率。选择【编辑】|【键盘快捷键】命令，打开如图 1-18 所示的【键盘快捷键】对话框。在该对话框中，用户可以查看当前键盘快捷键设置，而且可以编辑或创建自己的快捷键，还可以将其打印出来以便查看。

- 单击【显示集】按钮，会弹出记事本，里面记录了全部快捷键，可以存储起来，或者打印出来以便参考。

- 单击【集】下拉列表，将显示 3 个选项：【默认】、【PageMaker 7.0 快捷键】和【QuarkXPress 4.0 快捷键】，用户可以选择自己熟悉的快捷键集。
- 默认设置集是不能更改的，要建立自己的快捷键，需要建立新集。单击【新建集】按钮，会弹出【新建集】对话框，在该对话框中指定集的名称，如图 1-19 所示，则会建立一个快捷键的副本，然后在新集上就可以进行设置了。
- 选中一个具体的菜单和命令行，下面的【当前快捷键】窗口中会显示其快捷键。在【新建快捷键】窗口中单击，然后按键盘上的组合键，接着单击【指定】按钮即可更改快捷键。

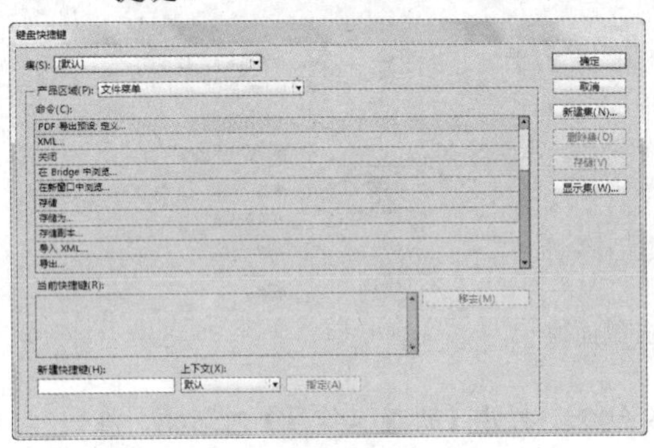

图 1-18 【键盘快捷键】对话框

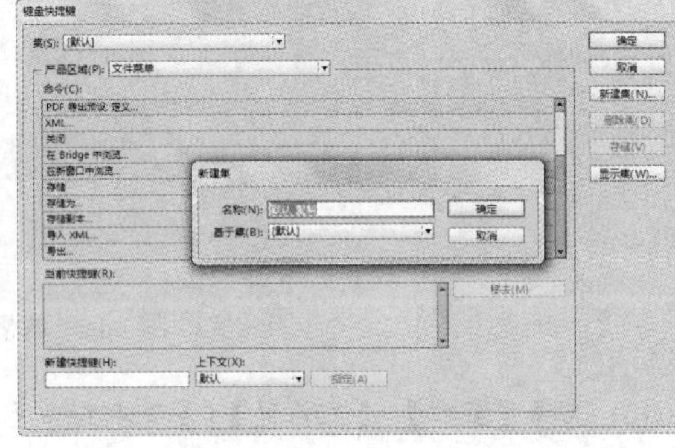

图 1-19 新建集

【例 1-2】新建基于 PageMaker 7.0 的用户快捷键集，为 InDesign 的常用菜单命令新增符合个人习惯的快捷键。设置完成后使用记事本浏览【我的快捷键】集，在确认所有的快捷键设置正确后，将用户快捷键集保存。

(1) 启动 InDesign，打开其工作界面。选择【编辑】|【键盘快捷键】命令，打开【键盘快捷键】对话框，如图 1-20 所示。

(2) 单击【新建集】按钮，打开【新建集】对话框。在【名称】文本框中输入“用户快捷键”，在【基于集】下拉列表框中选择【PageMaker 7.0 快捷键】选项，如图 1-21 所示，单击【确定】按钮，返回【键盘快捷键】对话框。

知识点

当用户想知道工具箱中某一工具的名称和快捷键时，将光标停放在此工具上，暂停两秒后会弹出黄色的提示框以显示工具的名称和快捷键。

(3) 在【产品区域】下拉列表框中选择【版面菜单】选项，在【命令】列表框中选择【第一页】选项，在【命令】列表框中选择【第一页】选项，此时在【默认快捷键】列表框中列出了系统默认的快捷键，如图 1-22 所示。

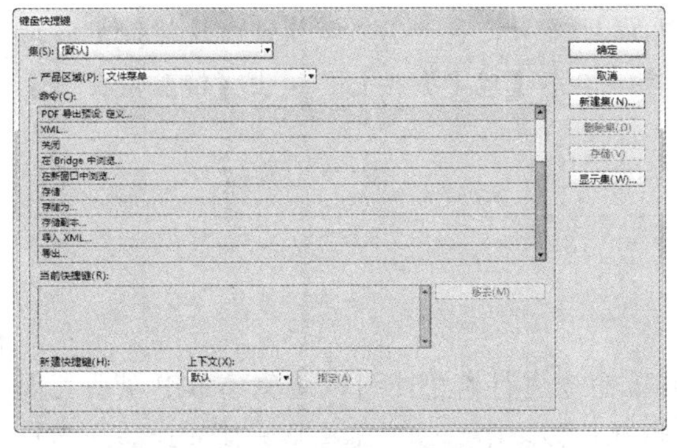

图 1-20　打开【键盘快捷键】对话框

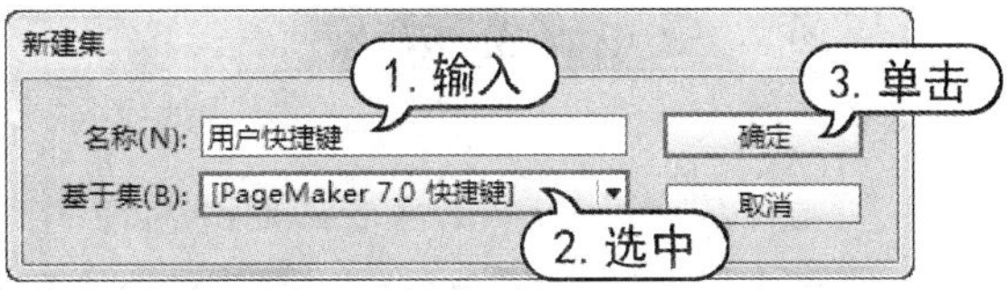

图 1-21　新建集

(4) 在【默认快捷键】列表框中单击系统默认的快捷键，再单击该列表框右边的【移去】按钮，即可删除默认的快捷键，如图 1-23 所示。

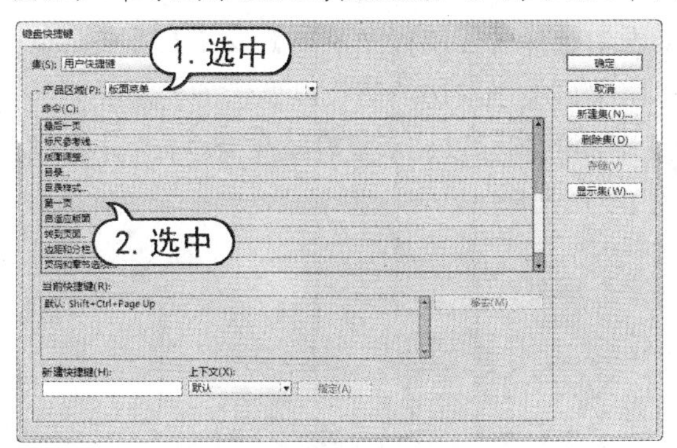

图 1-22　选择选项

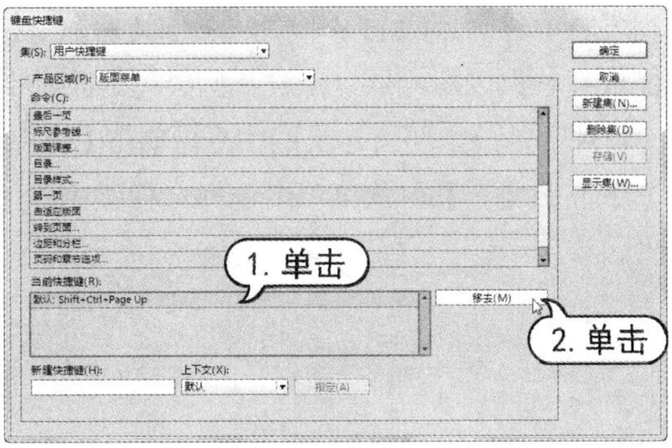

图 1-23　移去快捷键

(5) 在【新建快捷键】文本框中输入自定义的用于【第一页】命令的快捷键 Alt+Home 键，在【上下文】下拉列表框中选择【默认】选项，单击【指定】按钮，如图 1-24 所示，新的快捷键将出现在【默认快捷键】列表框中。

(6) 使用同样的方法，为其他命令或其他【产品区域】中的命令指定自定义快捷键。然后在对话框中，单击【显示集】按钮，InDesign 用记事本将打开【用户快捷键】集的列表，如图 1-25 所示。

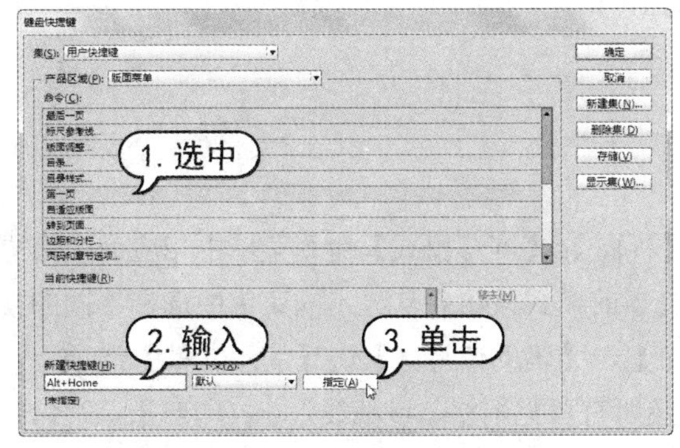

图 1-24　指定快捷键

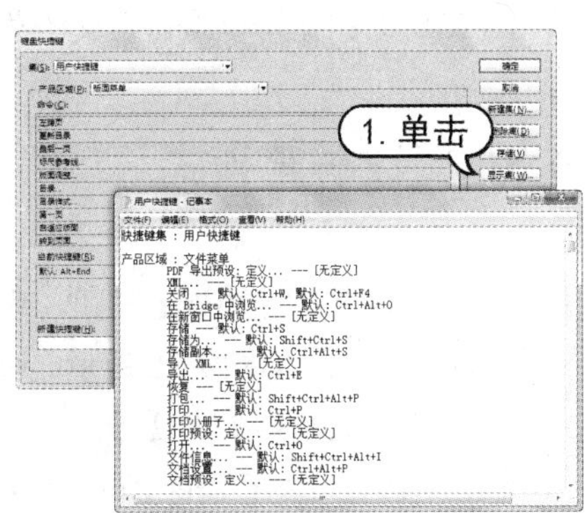

图 1-25　显示集

(7) 查看所有指定的快捷键是否正确，确认无误后关闭记事本，返回【键盘快捷键】对话框。单击【存储】按钮，将【用户快捷键】集保存。单击【确定】按钮，退出【键盘快捷键】对话框，完成自定义快捷键集的操作。

1.4.4 自定义菜单

隐藏不常使用的菜单命令或对经常使用的菜单命令进行着色，可以避免菜单出现杂乱现象，并可突出显示常用命令。隐藏菜单命令只是将其从视图中删除，不会影响任何功能。而且随时都可以选择菜单底部的【显示全部菜单项目】命令来查看隐藏的命令，或选择【显示完整菜单】命令来显示所选工作区的所有菜单。可以将自定菜单加入存储的工作区内。

选择【编辑】|【菜单】命令，打开如图 1-26 所示的【菜单自定义】对话框。从【集】下拉列表表中选择相应的菜单集，从【类别】下拉列表中选择【应用程序菜单】或【上下文菜单和面板菜单】以确定要自定义哪些类型的菜单。单击菜单类别左边的箭头以显示子类别或菜单命令。对于每一个要自定义的命令，单击【可视性】下面的图标以显示或隐藏此命令；单击【颜色】下方的【无】可从菜单中选择一种颜色，如图 1-27 所示。

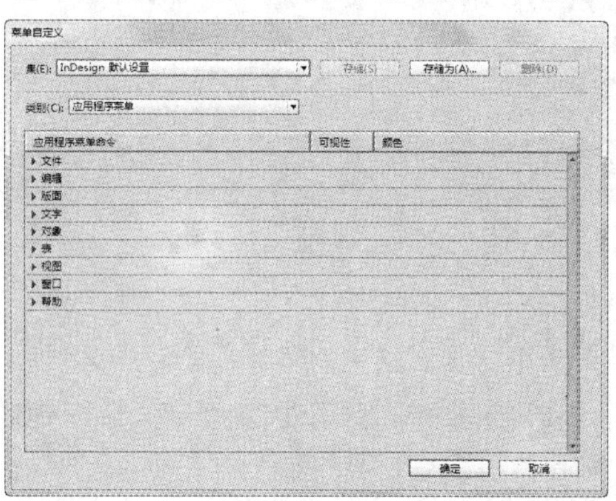
图 1-26 【菜单自定义】对话框

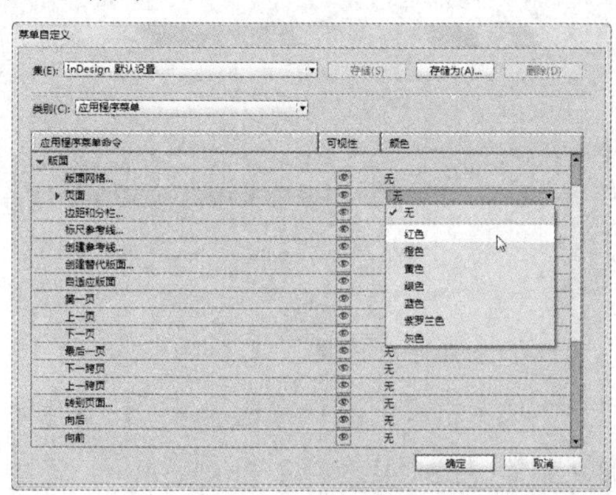
图 1-27 自定义菜单

自定义完成后，单击【存储为】按钮，在弹出的【存储菜单集】对话框中输入菜单集名称，然后单击【确定】按钮可以将自定义的菜单进行存储。

1.4.5 更改屏幕模式

单击工具箱底部的【模式】按钮，或选择【视图】|【屏幕模式】命令菜单中相应命令来更改文档窗口的可视性，如图 1-28 所示。通过单击当前模式按钮并从显示的菜单中选择不同的视图模式，其中包含【正常】、【预览】、【出血】、【辅助信息区】、【演示文稿】选项。

- 【正常】模式：在标准窗口中显示版面及所有可见网格、参考线、非打印对象、空白粘贴板等，如图 1-29 所示。

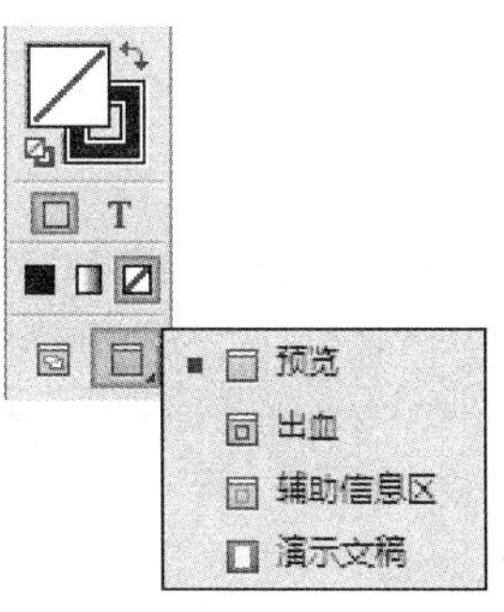

图 1-28　【模式】按钮

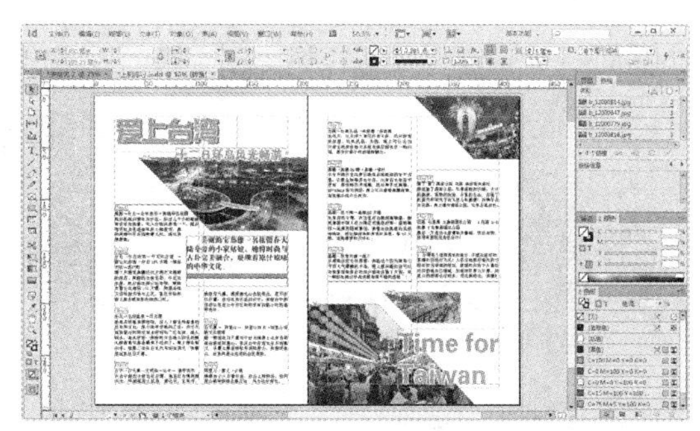

图 1-29　【正常】模式

- 【预览】模式：完全按照最终输出的标准显示图稿，所有非打印元素(网格、参考线、非打印对象等)都被禁止，粘贴板设置为【首选项】中所定义的预览背景色，如图 1-30 所示。
- 【出血】模式：完全按照最终输出的标准显示图稿，所有非打印元素(网格、参考线、非打印对象等)都被禁止，粘贴板被设置为【首选项】中所定义的预览背景色，而文档出血区内的所以可打印元素都会显示出来，如图 1-31 所示。

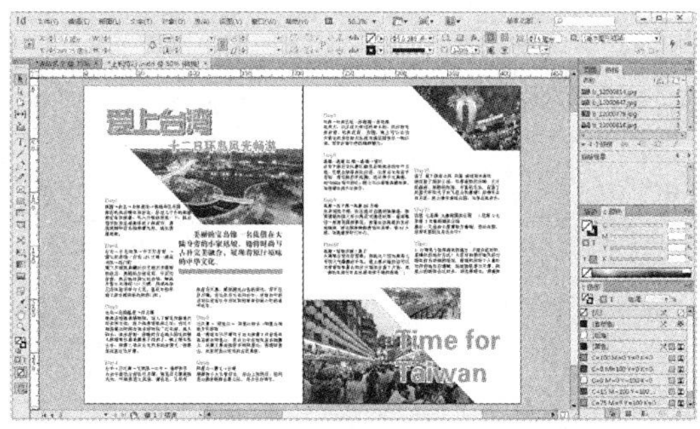

图 1-30　【预览】模式

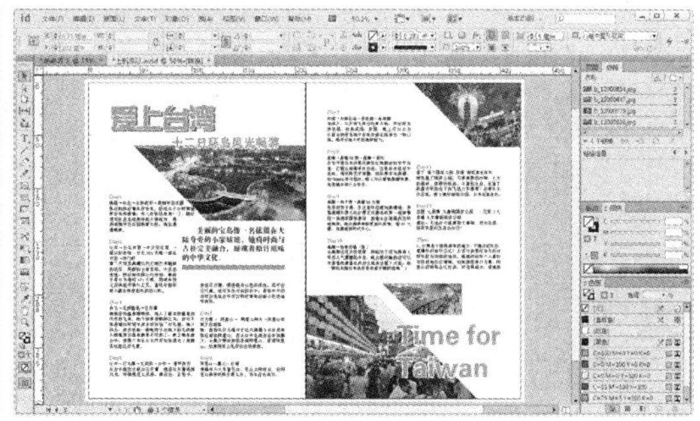

图 1-31　【出血】模式

- 【辅助信息区】模式：完全按照最终输出的标准显示图稿，所有非打印元素都被禁止，粘贴板被设置成【首选项】中所定义的预览背景色，而文档辅助信息区内的所有可打印元素都会显示出来，如图 1-32 所示。
- 【演示文稿】模式：以幻灯片演示的形式显示图稿，不显示任何菜单、面板或工具，如图 1-33 所示。

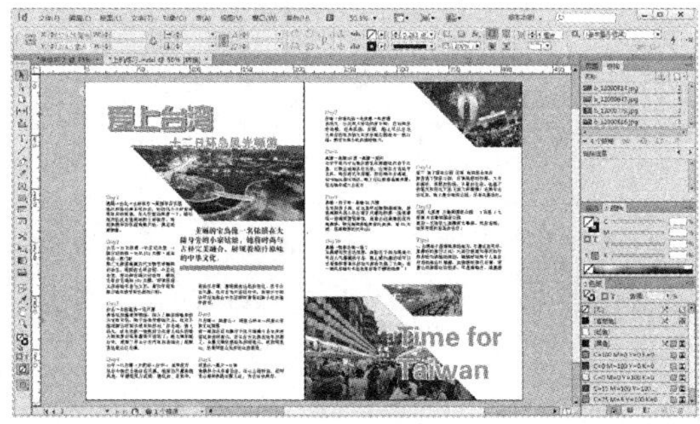

图 1-32　【辅助信息区】模式

图 1-33　【演示文稿】模式

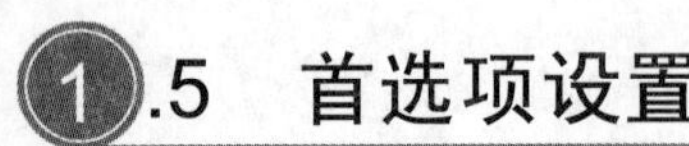

1.5 首选项设置

首选项设置用于指定 InDesign 文档和对象最初的行为方式。首选项包括界面、文字、图形及排版规则的显示选项等设置。默认设置的首选项适用于所有文档和对象，如果需要对首选项进行修改，那么可以选择【编辑】|【首选项】命令，从其子菜单中选择需要修改的首选项。

1.5.1 【常规】选项

在菜单栏中选择【编辑】|【首选项】|【常规】命令，或直接按 Ctrl+K 组合键即可打开【首选项】对话框。在【常规】选项中，包括【页码】、【字体下载和嵌入】、【对象编辑】等选项，如图 1-34 所示。

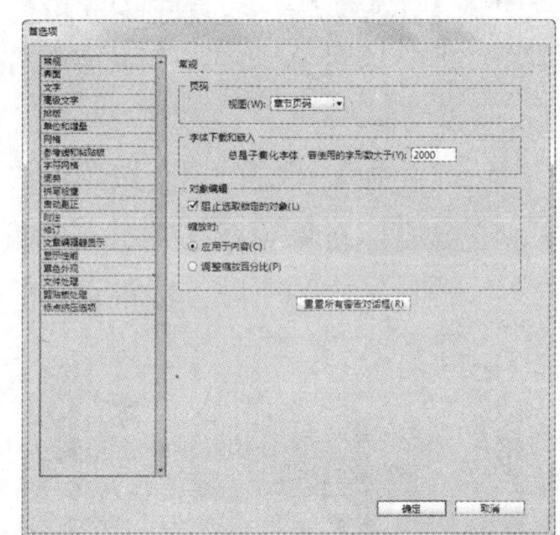

图 1-34 【常规】选项

在该对话框中有以下 3 个重要的参数。

- 【页码】选项区域：在【视图】下拉列表框中，有【章节页码】和【绝对页码】两个选项。【章节页码】指按照章节来显示不同的编码方式，第一页从本节的第一页算起，前面自动加上章节号；【绝对页码】指从文档的第一个页面开始编号，一直按顺序编排到全部页面结束。
- 【字体下载和嵌入】选项区域是设置根据字体所包含的字形数来指定触发字体子集的阈值。这些设置将影响【打印】和【导出】对话框中的字体下载选项。
- 【重置所有警告对话框】按钮：在操作过程中，用户可以关闭警告对话框的显示，若要再次显示被关闭了的警告对话框，可以再次单击该按钮。

1.5.2 【文字】选项

选择【编辑】|【首选项】|【文字】命令，打开【首选项】对话框的【文字】选项，设置界面如图 1-35 所示。

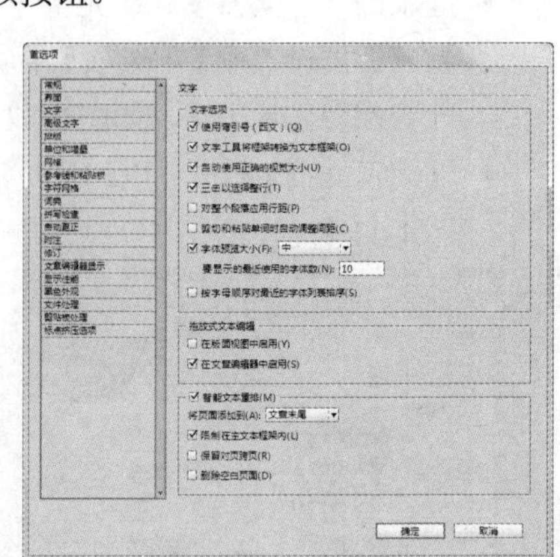

图 1-35 【文字】选项

在该对话框中的【文字选项】选项区域中有几个重要的参数。

- 【自动使用正确的视觉大小】复选框：选中该复选框后，系统会自动使用与当前文字大小相适应的字形显示。

◉ 【三击以选择整行】复选框：选中该复选框后，只需在某一行中三击就可以选中一整行。

◉ 【拖放式文本编辑】选项区域：包含两个选项，主要用来决定在版面视图，还是在文章编辑器中采用该功能。

1.5.3　【排版】选项

选择【编辑】|【首选项】|【排版】命令，打开【首选项】对话框的【排版】选项，设置界面如图 1-36 所示。

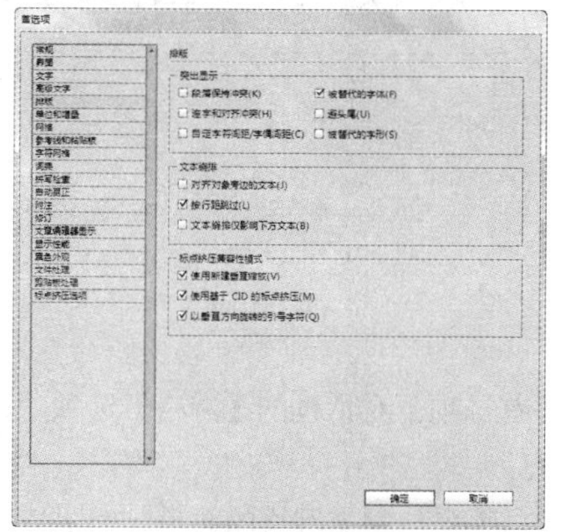

图 1-36　【排版】选项

知识点

【标点挤压兼容性模式】选项区域可以设置在文本中应用预定义的标点挤压集，以改善排版效果。

该对话框中有以下两个重要的参数。

◉ 【突出显示】选项区域：选中该选项区域中的相应复选框后，在排版过程中会高亮显示相应的变化状态。

◉ 【文本绕排】选项区域：选中该选项区域中的相应复选框，可以设定文本绕排方式。

1.5.4　【单位和增量】选项

选中【编辑】|【首选项】|【单位和增量】命令，打开【首选项】对话框的【单位和增量】选项，设置界面如图 1-37 所示。该对话框中有以下两个重要的参数。

◉ 【标尺单位】选项区域：其中【原点】下拉列表框用于设定页面原点的状态；【水平】和【垂直】下拉列表用于设定水平和垂直标尺的单位，并且可以设置不同的水平和垂直标尺的单位。

◉ 【键盘增量】选项区域：【光标键】文本框用于设定当使用键盘的上下左右键移动选中对象时，每按一次上下左右键所产生的移动增量；【大小/行距】文本框用于设定在使用快捷键更改大小或行距时，每按一次键所产生的改变量；【基线偏移】文本框用于设定在使用快捷键更改字符基线时，每按一次键所产生的改变量；【字偶间距/字符间距】文本框用于设定在使用快捷键调整字符间距时，每按键一次所产生的改变量。

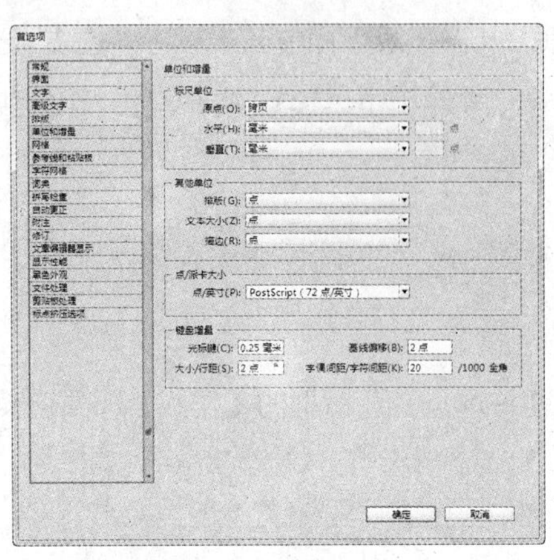

图 1-37 【单位和增量】选项

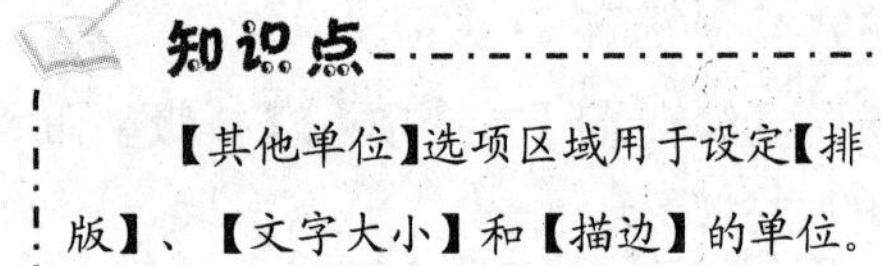

1.5.5 【网格】选项

计算机基础与实训教材系列

选择【编辑】|【首选项】|【网格】命令，打开【首选项】对话框的【网格】选项，设置界面如图 1-38 所示。该对话框中有以下两个重要的参数。

- 【基线网格】选项区域： 该选项区域中的选项用来自定义网格的颜色、间隔以及视图阈值等参数。
- 【文档网格】选项区域：该选项区域中的选项主要用于对齐版面对象。

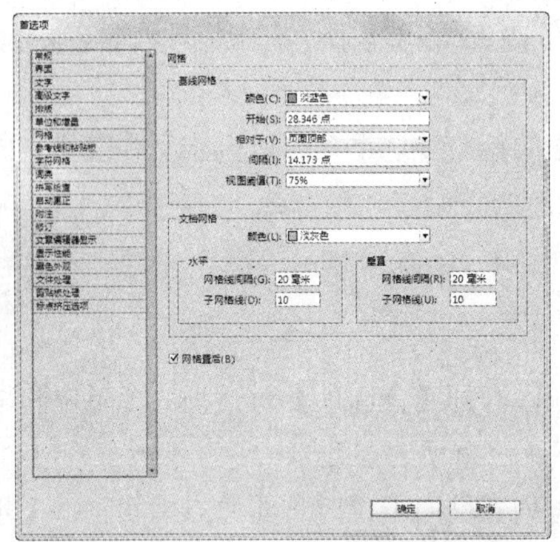

图 1-38 【网格】选项

知识点

在该对话框中可以为基线网格和文档格式设置不同的颜色和间隔，选中【网格置后】复选框后，可以将基线网格和文档网格移至任何版面对象的后面。

1.5.6 【参考线和粘贴板】选项

选择【编辑】|【首选项】|【参考线和粘贴板】命令，打开【首选项】对话框的【参考线和

粘贴板】选项，设置界面如图 1-39 所示。

【参考线选项】选项区域中的【靠齐范围】数值是指在捕获，对齐基线、文档网格、参考线时，离对齐线的最大距离。如果小于这个距离就可以捕获，大于这个距离则不对齐。改变这个值的大小在经常使用对齐功能时是很有用的。【粘贴板选项】用来指定粘贴板从页面或跨页向垂直方面扩展多远。可以在【垂直边距】文本框中设置数值。

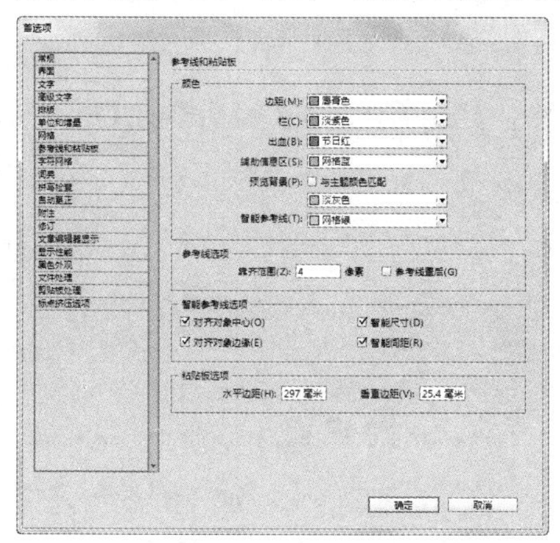

图 1-39　【参考线和粘贴板】选项

知识点

通过选择该对话框的【颜色】选项区域中的各个下拉列表框，可以为版面中各种不同的参考线设置不同的颜色，便于用户在工作中加以区别。

1.5.7　【文本编辑器显示】选项

选择【编辑】|【首选项】|【文本编辑器显示】命令，打开【首选项】对话框的【文本编辑器显示】选项，设置界面如图 1-40 所示。

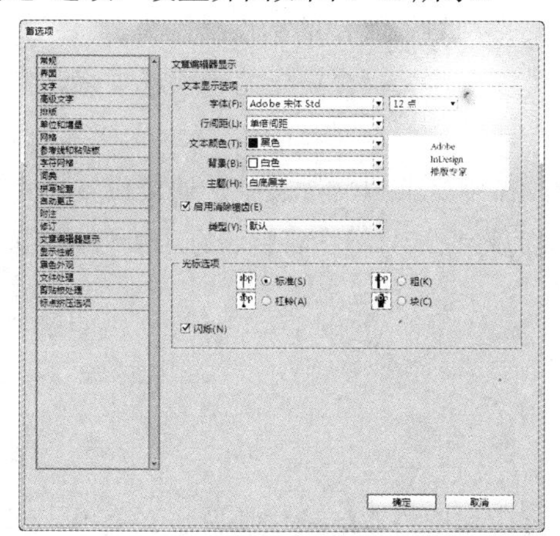

图 1-40　【文本编辑器显示】选项

知识点

使用该对话框可以设置文本编辑器中的文本属性、背景颜色和光标的形状，使用户能够在舒适的文本编辑环境中工作。

在该选项卡中，【启用消除锯齿】复选框用来平滑文字的锯齿边缘。其下方的【类型】下拉列表中有【默认】、【为液晶显示器优化】和【柔化】3 个选项，它们将使用灰色阴影来平滑文本。【为液晶显示器优化】选项使用颜色而非灰色阴影来平滑文本，在具有黑色文本的浅

色背景上使用时效果最佳。【柔化】选项使用灰色阴影，但比默认设置生成的外观亮，且更模糊。【光标选项】用来设置文本光标的外观，用户可根据需要选择不同的选项。如果希望光标闪烁，可以选择【闪烁】复选框。

1.5.8 【标点挤压选项】选项

选择【编辑】|【首选项】|【标点挤压选项】命令，打开【首选项】对话框的【标点挤压选项】选项，设置界面如图 1-41 所示。

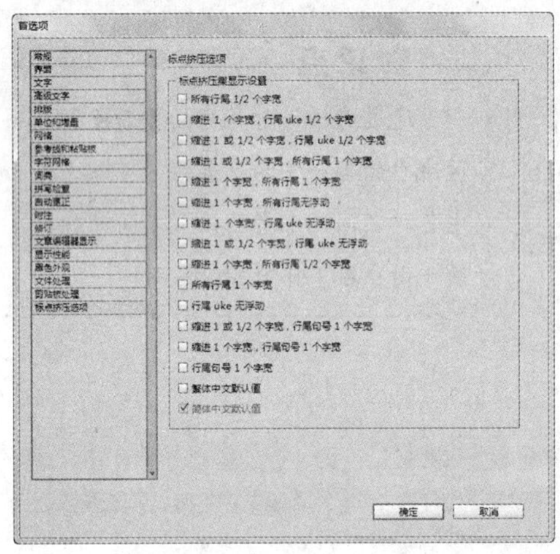

图 1-41 【标点挤压选项】选项

知识点

该对话框中列出了在文本编排的过程中标点符号可能出现的各种情况。选中不同复选框，可以对标点符号的相应情况进行控制，以保证被编排文本的美观性。这是编排一个专业出版物的基础。

InDesign 中现有标点挤压规则依照一般的排版标准而制定。可以从 InDesign 预定义的标点挤压集中选择。也可以从模板文件或其他 InDesign 文件中导入其他的标点挤压集。此外，还可以创建特定的标点挤压集，更改字符间距值。用户可以自定义标点挤压的一些选项来达到控制的目的。

标点挤压集显示设置选项一共包括 16 个选项，在中文或日文排版中，通过设置标点挤压控制中文(或日文)、罗马字母、数字和标点符号，其他特殊符号等在行首、行中及行尾的间距。而韩文多采用半角标点，通常不需要采用标点挤压。

1.6 上机练习

本章的上机练习主要通过新建用户自定义工作区，使用户更好地掌握自定义菜单、调整工作区组件、新建工作区等基本操作方法和技巧。

(1) 启动 InDesign，打开工作界面。选择【窗口】|【工作区】|【排版规则】命令，显示 InDesign 预设工作区，如图 1-42 所示。

(2) 在控制面板中单击【面板菜单】按钮，在弹出的菜单中选择【停放于底部】命令，将

控制面板停放于工作界面窗口的底部，如图 1-43 所示。

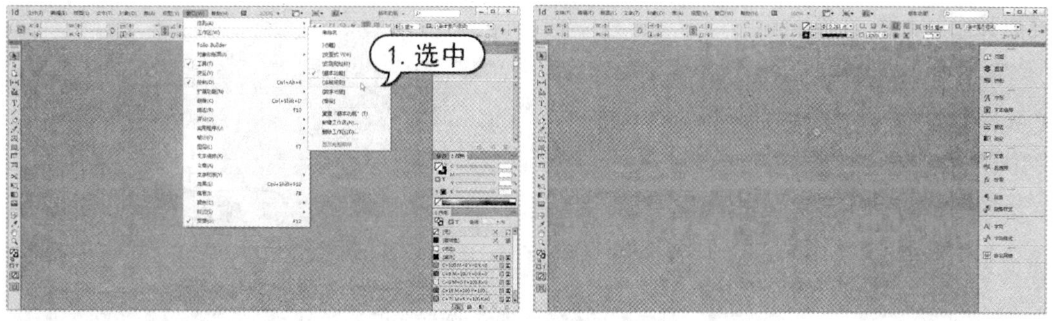

图 1-42　使用预设工作区

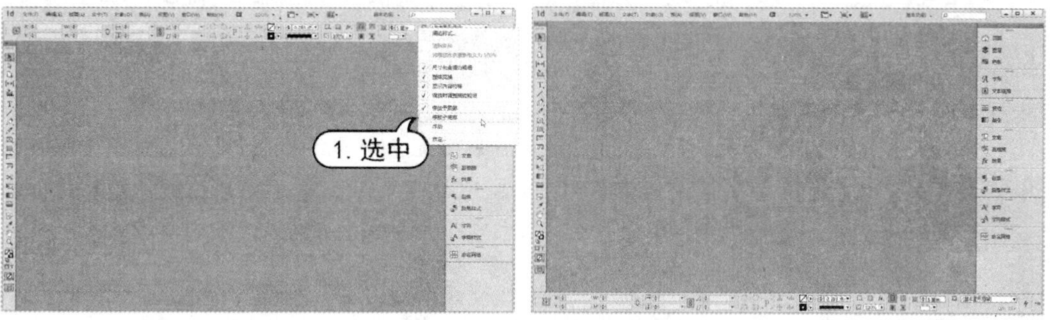

图 1-43　调整控制面板

(3) 选择【窗口】|【颜色】|【颜色】命令，打开【颜色】面板。将【颜色】面板标签拖动至工作区右侧的面板组，如图 1-44 所示。

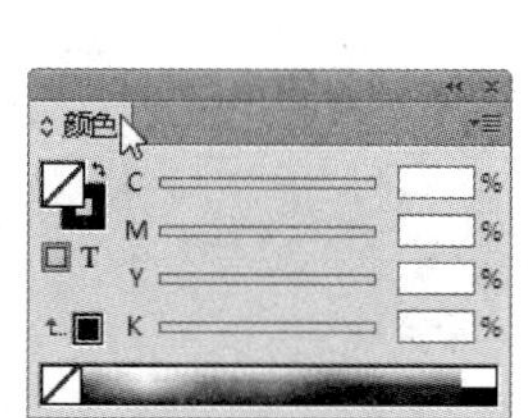

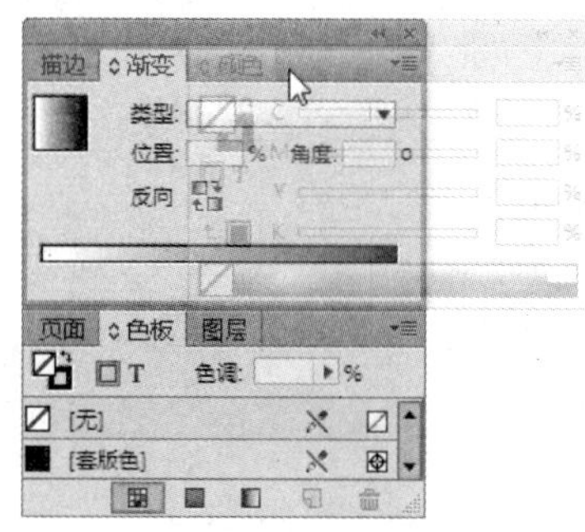

图 1-44　调整面板

(4) 选择【编辑】|【菜单】命令，打开【菜单自定义】对话框。在对话框中应用程序菜单命令列表中，选中【文件】|【新建】|【文档】命令，在【颜色】列中选择【红色】选项，如图 1-45 所示。

(5) 单击【菜单自定义】对话框中的【存储为】按钮，打开【存储菜单集】对话框，在【名称】文本框中输入“自定义菜单颜色”，然后单击【确定】按钮，如图 1-46 所示。

(6) 单击【确定】按钮关闭【菜单自定义】对话框。选择【窗口】|【工作区】|【新建工作区】命令，打开【新建工作区】对话框。在对话框中的【名称】文本框中输入“自定义排版规

则”，然后单击【确定】按钮新建工作区。新建工作区后，可以在【窗口】|【工作区】命令子菜单中显示，如图 1-47 所示。

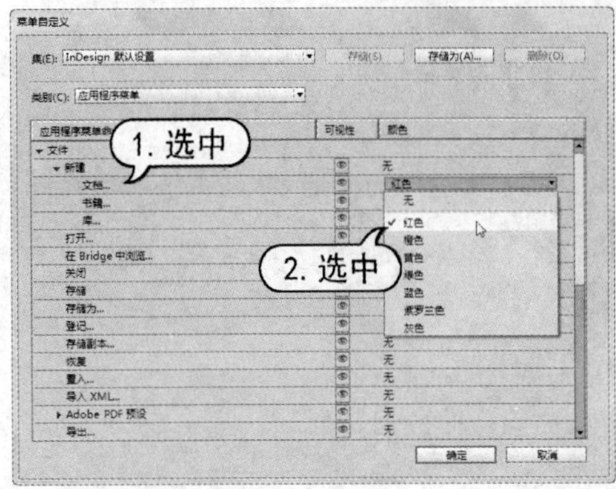

图 1-45　自定义菜单

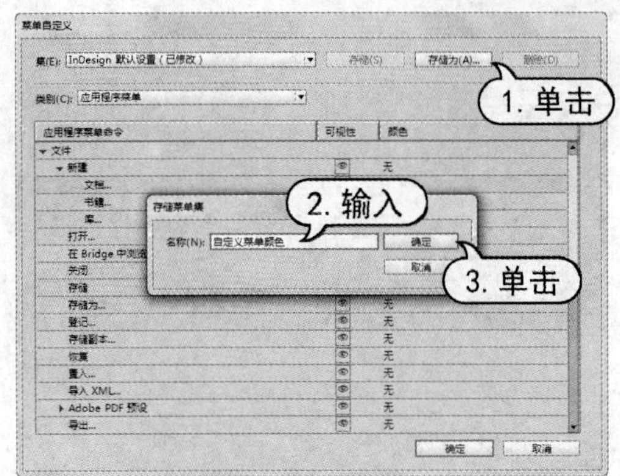

图 1-46　存储菜单集

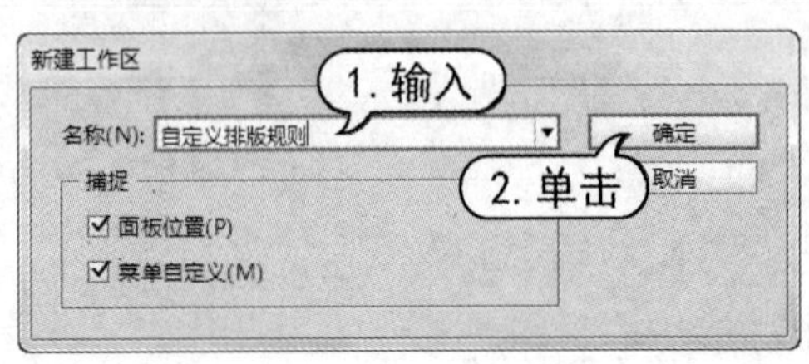

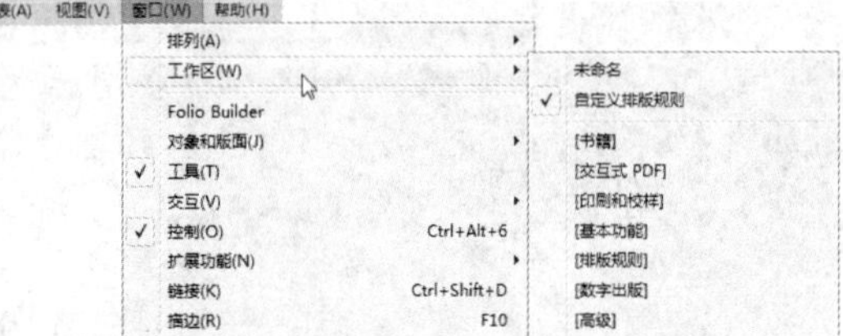

图 1-47　新建工作区

1.7　习题

1. 简述设置自定义工作区的过程。
2. 简述设置自定义快捷键的过程。

第2章 文档的基本操作

学习目标

用户在学习使用 InDesign CC 进行排版工作前，必须先掌握其基本操作技巧，以及辅助工具的使用方法。本章主要介绍 InDesign CC 的文档操作、文档设置以及辅助工具的设置与使用等内容。

本章重点

- 新建文档、书籍、库
- 置入文档
- 文档浏览
- 辅助工具

2.1 新建文档、书籍、库

文件类型共有 3 种，分别是文档、书籍和库。选择【文件】|【新建】命令，从其子菜单中选择需要的新建文件类型即可。

2.1.1 创建新文档

文档是用来编辑排版的页面，由单页或者多页构成，且包含了编辑时所有的信息。书籍是一个可以共享样式、色板、主页和其他项目的文档集，一个文档也可以隶属于多个书籍文件。库是以一种命名文件的形式存在的。与文档和书籍不同的是，创建库时要首先制定其存储的位置，并且打开后显示为面板形式。

选择菜单栏中的【文件】|【新建】|【文档】命令，打开【新建文档】对话框，如图 2-1 所示。通过设置【新建文档】对话框中的基本参数，用户可以创建不同的文档页面。

◉ 【页数】文本框：用于为每个文档设置页数，最多不超过 9999 页。

◉ 【对页】复选框：选中该复选框后，可以从偶数页开始同时显示正在编辑的两个页面，否则只显示当前正在编辑的单个页面，如图 2-2 所示。

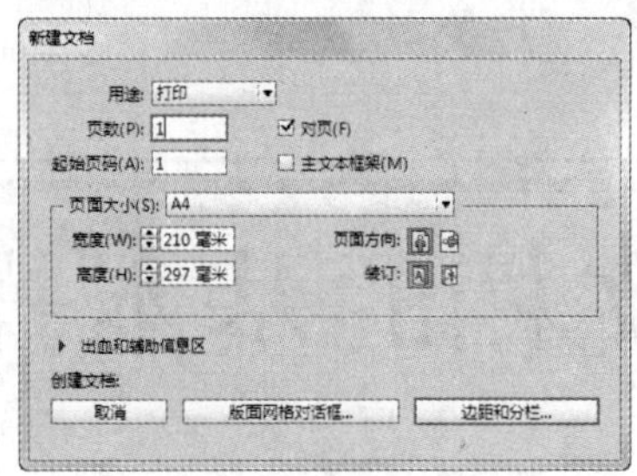

图 2-1 【新建文档】对话框

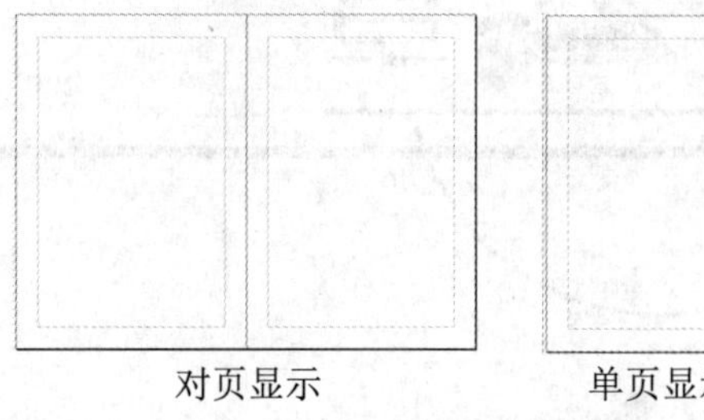

图 2-2 页面显示方式

◉ 【主文本框架】复选框：选中该复选框后系统能自动以当前的页边距大小创建一个文本框。

◉ 【页面大小】选项区域：在【页面大小】下拉列表框中可以选择一个标准的页面尺寸，如果选择了【自定义】选项，那么，在【页面方向】选项中提供了【纵向】和【横向】两个页面方向；在【装订】选项中提供了【从左到右】和【从右到左】两种装订方式。

◉ 【出血和辅助信息区】左侧的▶按钮：单击该按钮，【新建文档】对话框中会显示【出血和辅助信息区】选项区域。通过设置【上】、【下】、【内】和【外】的数值来控制【出血和辅助信息区】范围，如图 2-3 所示。

◉ 【创建文档】选项区域：该选项区域用于对文档的版面网格和边距分栏进行详细设置。

◉ 【版面网格对话框】按钮：单击该按钮将打开【新建版面网格】对话框，如图 2-4 所示。在【网格属性】选项区域中可以设置字符网格的文章排版方向，应用的字体、大小、缩放倍数、字距和行距；在【行和栏】选项区域中可以设置字符的栏数及栏间距，以及每栏的字符数和行数；在【起点】选项区域中可以设置字符网格的起点。单击【确定】按钮，系统将按用户的设置创建新文档。要更改一个跨页或某一单独页面的版面网格设计，可以选择【版面】|【版面网格】命令，打开【版面网格】对话框，重新对网格进行设置。

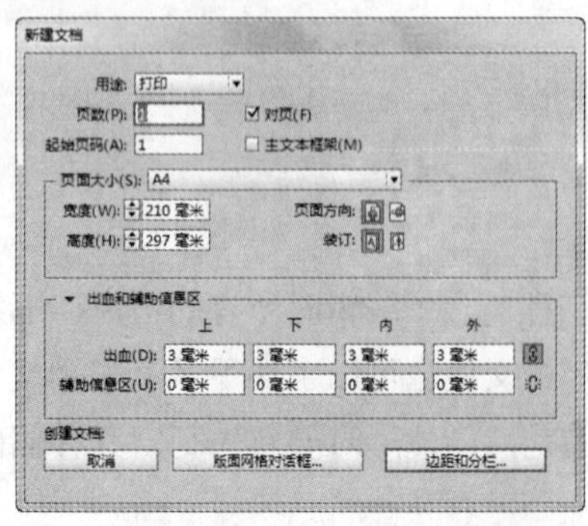

图 2-3 设置【出血和辅助信息区】选项

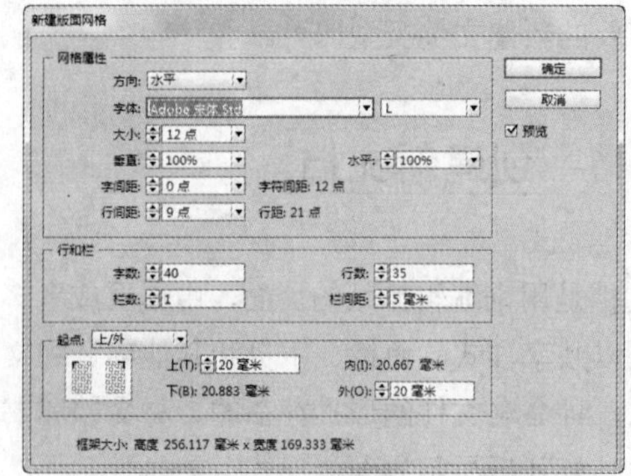

图 2-4 【新建版面网格】对话框

- 【边距和分栏】按钮：单击该按钮后，可以打开【新建边距和分栏】对话框，如图 2-5 所示。在该对话框中可以通过设置【边距】选项区域中的数值来控制页面四周的空白大小；可以在【栏】选项区域中设置页面分栏指示线的栏数和栏间距大小，以及文本框的排版方向。单击【确定】按钮，系统将按用户的设置创建新文档。

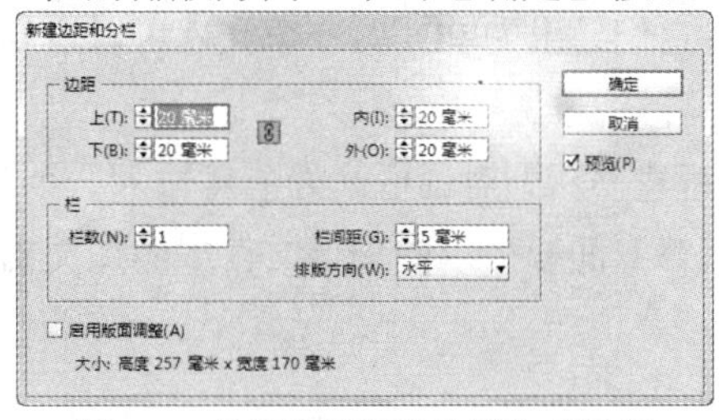

图 2-5 【新建边距和分栏】对话框

提示

更改主页上的分栏和边距设置时，该主页的所有页面都将随之改变。更改普通页面的分栏和边距时，只影响在【页面】面板中选中的页面。

【例 2-1】在 InDesign 中，新建一个 4 页空白文档。

(1) 启动 InDesign CC，打开工作界面，在菜单栏中选择【文件】|【新建】|【文档】命令，打开【新建文档】对话框，如图 2-6 所示。

(2) 打开【新建文档】对话框，在【页数】数值框中输入 4，选中【对页】复选框，设置【起始页码】为 2，在【页面大小】选项区域中设置【宽度】为 185 毫米，【高度】为 210 毫米，然后单击【边距和分栏】按钮，如图 2-7 所示。

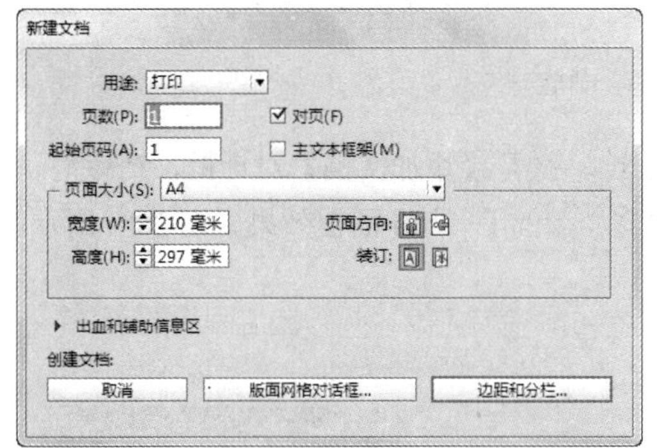

图 2-6 打开【新建文档】对话框

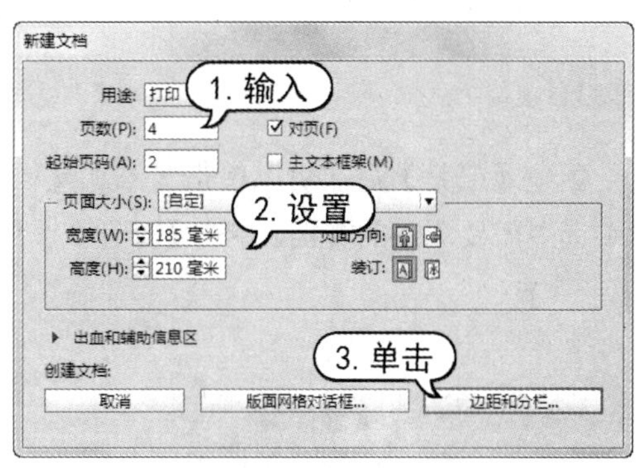

图 2-7 设置【新建文档】对话框

(3) 在【新建边距和分栏】对话框中，设置【上】、【下】、【内】和【外】均为 10 毫米，【栏数】为 2，然后单击【确定】按钮，创建新文档，如图 2-8 所示。

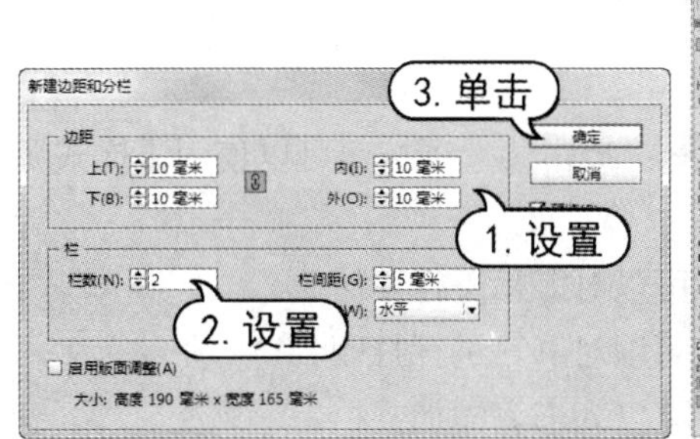

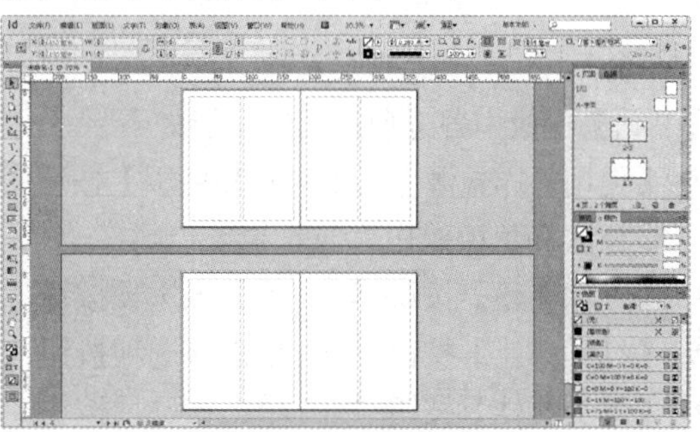

图 2-8 创建新文档

计算机 基础与实训教材系列

2.1.2 新建书籍

书籍文件是一个可以共享样式、色板、主页及其他项目的文档集。可以按顺序给编入书籍的文档中的页面编号、打印书籍中选定的文档或者将它们导出为 PDF。一个文档可以隶属于多个书籍文件。添加到书籍文件中的其中一个文档便是样式源。

选择【文件】|【新建】|【书籍】命令，打开【新建书籍】对话框。为书籍输入一个名称，指定保存的位置并单击【保存】按钮，然后弹出【书籍】面板可以向书籍文件中添加文档，如图 2-9 所示。

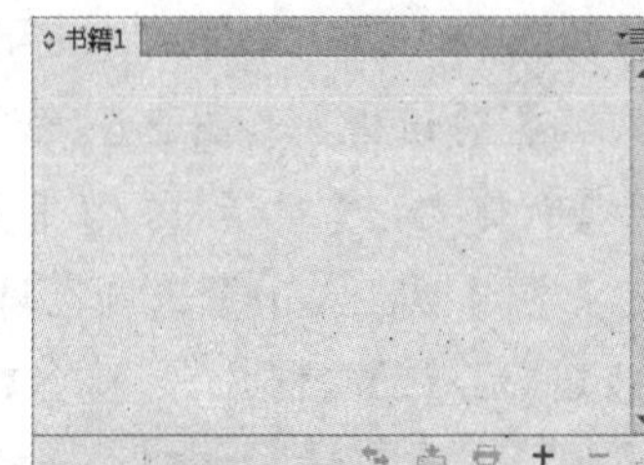

图 2-9　新建书籍

新建【书籍】后，可以单击【添加文档】按钮，打开【添加文档】对话框，在该对话框中选中需要添加的文档，单击【打开】按钮，添加文档后的【书籍】面板效果如图 2-10 所示。

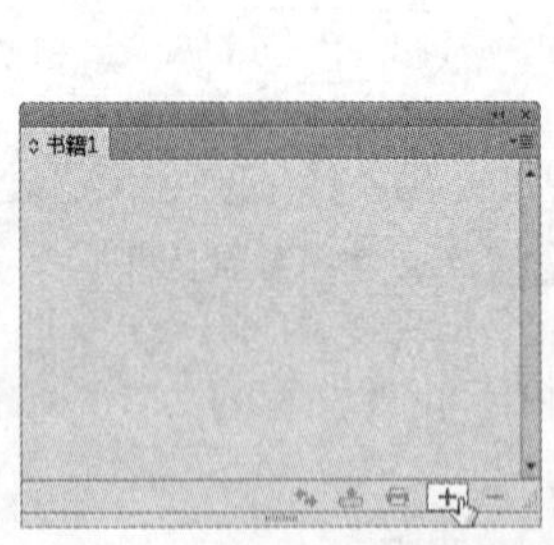

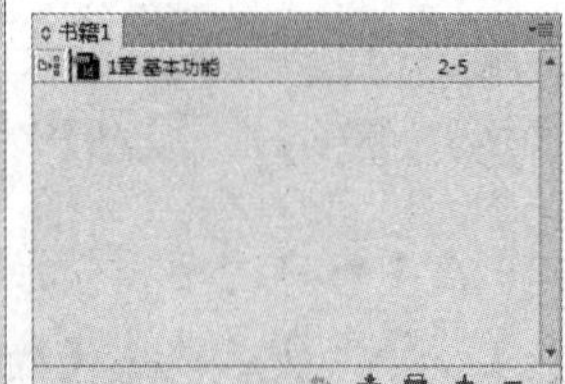

图 2-10　添加文档

【书籍】面板中各选项按钮的功能如下。

- 【使用“样式源”同步样式和色板】按钮：单击该选项按钮可以使用【样式源】同步样式和色板操作。
- 【存储书籍】按钮：单击该选项按钮，可以对书籍进行存储。
- 【打印书籍】按钮：单击该选项按钮，可以对书籍进行打印。
- 【添加文档】按钮：单击该选项按钮，可以为书籍添加文档。
- 【移去文档】按钮：单击该选项按钮，可以对书籍进行移去文档操作。

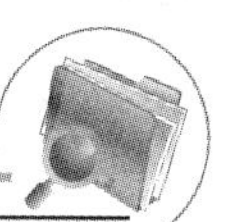

2.1.3　新建库

对象库在磁盘上是以命名文件的形式存在。创建对象库时，首先要指定其存储位置。对象库在打开后将显示为面板形式，可以与任何其他面板编组；对象库的文件名显示在它的面板选项卡中。关闭操作会将对象库从当前回话中删除，但并不删除它的文件。可以在对象库中添加(或删除)对象、选定页面元素或整页元素。可以将库对象从一个库添加或移动到另一个库。选择【文件】|【新建】|【库】命令，打开【新建库】对话框，为库文件指定保存位置和文件名称，然后单击【保存】按钮。所指定名称将成为弹出的【库】面板选项卡的名称，如图 2-11 所示。

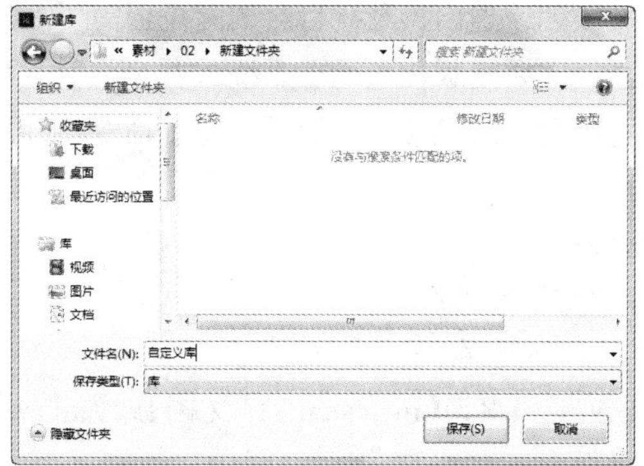

图 2-11　新建库

2.2　打开文档

如果用户要对已经存在的文档进行编辑，必须先将该文档打开。在启动 InDesign CC 应用程序后，用户可以选择【文件】|【打开】命令，或按快捷键 Ctrl+O 组合键，打开【打开文件】对话框，如图 2-12 所示。

图 2-12　打开【打开文件】对话框

知识点

在对话框中可以选择打开文件的不同版本。选择【正常】单选按钮时会直接打开原始文档或模板副本；选择【原稿】单选按钮时则会打开原始文档或模板；选择【副本】单选按钮时则会打开文档或模板的副本。

计算机　基础与实训教材系列

在【打开文件】对话框中可以设置以下的打开选项。

- 【查找范围】下拉列表框：用于查找文档所保存的位置。
- 【文件名】下拉列表框：用于输入或选择文件完整路径和名称来打开文档。
- 【文件类型】下拉列表框：用于选择不同的文件类型，在列表框中就会列出当前目录中的所有属于所选类型的文档。

2.3 存储文档

在新建出版物文件或编辑过原出版物文件后，用户可以通过相关的命令将文档保存，以备下次使用或修改。当出版物编辑完成后，如果要关闭或退出，系统将会询问是否需要存盘。若选择【是】，则存储文档；若选择【否】，则直接关闭出版物或退出系统。

对于一个从未保存过的文档，在第一次保存时可以选择【文件】|【存储】命令，打开【存储为】对话框，如图 2-13 所示。

在【存储为】对话框中可以设置以下保存选项。

- 【保存在】下拉列表框：用于选择要存放文档的路径。
- 【文件名】文本框：用于输入要保存的文档的名称。
- 【保存类型】下拉列表框：用于选择当前文档保存为【InDesign CC 文档】或【InDesignCC 模板】。

保存和另存文件时，若与某个已经存在文件的文件名和文件位置相同，则保存时会弹出提示框，如图 2-14 所示，用户选择【是】将覆盖原始文件，选择【否】将重新设置保存。

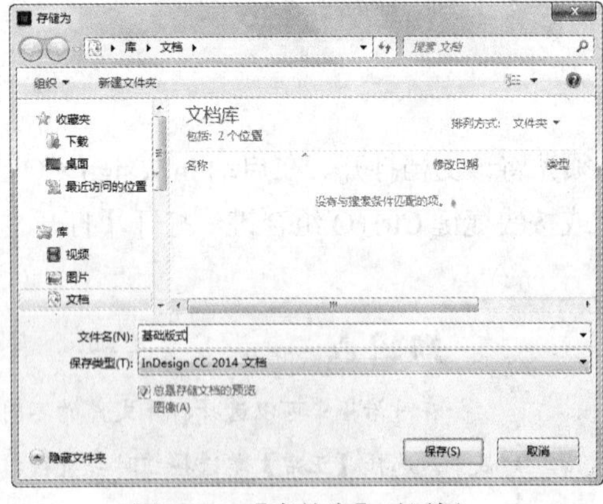

图 2-13 【存储为】对话框

图 2-14 【存储为】提示框

知识点

在对保存过的原始文档进行修改后，有时还需要保留一份编辑前的文档，此时必须将编辑后的文档另存为一个文件。这时，可以选择【文件】|【存储为】命令，或按组合键 Ctrl+Alt+S 快捷键打开【存储为】对话框设置保存。

2.4　关闭文档

若编辑的文档需要关闭，可以按 Ctrl+W 组合键或选择【文件】|【关闭】命令来退出文档。还可以直接单击文档窗口左上方的【关闭】按钮来关闭 InDesign 文档，如图 2-15 所示。当关闭的文档没有保存时，会打开如图 2-16 所示的对话框，询问用户是否对文件进行存储。单击【是】按钮，则会存储该文件；单击【否】按钮，则不保存退出；单击【取消】按钮，则取消此次操作，恢复到原来的操作状态。

图 2-15　关闭文档

图 2-16　关闭提示

2.5　置入文档

使用 InDesign 进行排版时经常需要使用外部素材，InDesign 作为排版软件并不能处理图片，它所用的图片都是从其他图像处理软件中获取的，这就需要使用【置入】命令。因为该命令提供了对文件格式、置入选项和颜色的最高级别的支持，使用【置入】命令不仅可以导入位图素材，还可以导入矢量素材以及文本文件、表格文件、InDesign 源文件等。置入文件后，可以使用【链接】面板来识别、选择、控制和更新文件。

选择【文件】|【置入】命令，在打开的【置入】对话框中选择需要的文件，单击【打开】按钮即可，如图 2-17 所示。

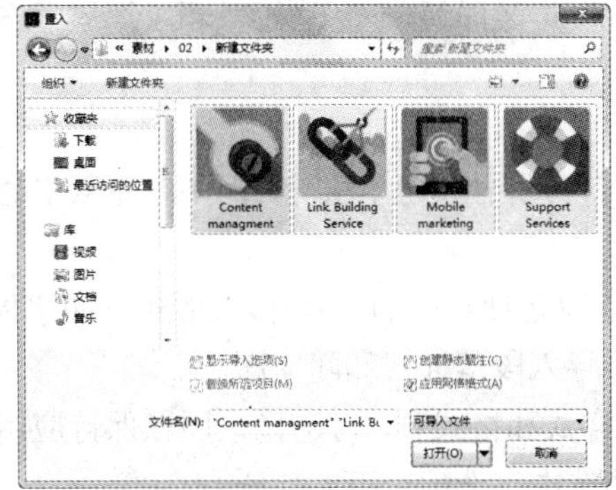

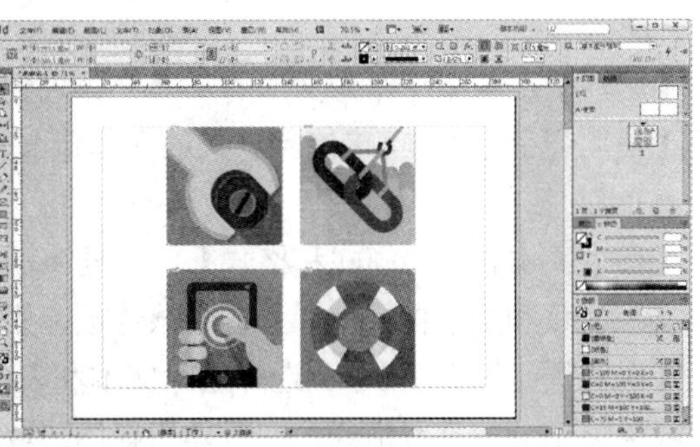

图 2-17　置入文档

- 【显示导入选项】：要设置特定格式的导入选项需要选中该项。
- 【替换所选项目】：导入的文件可以替换所选框架的内容、所选文本或添加到文本框架的插入点。取消选中该选项则将导入的文件排列到新框架中。
- 【创建静态题注】：要添加基于图像源数据的题注，则需要选中该选项。
- 【应用网格格式】：要创建带网格的文本框架，则选中该选项。要创建纯文本框架，则应取消选中该选项。

2.5.1 Microsoft Word 导入选项

如果在置入 Word 文件时，选择【显示导入选项】复选框，单击【打开】按钮，就会弹出【Microsoft Word 导入选项】对话框，在这里可以对导入的文档属性进行设置，如图 2-18 所示。

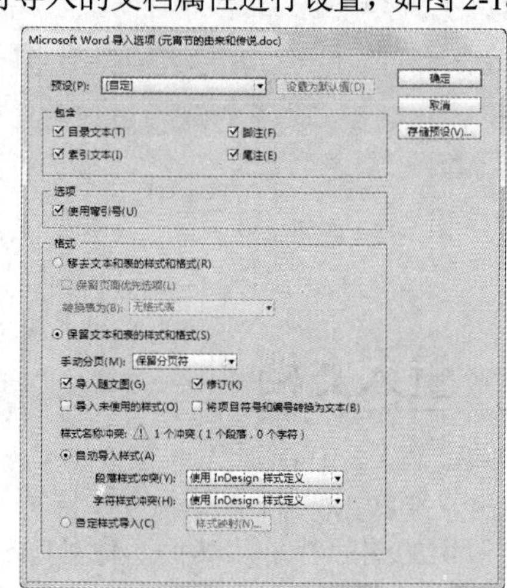

图 2-18 打开【Microsoft Word 导入选项】对话框

- 【目录文本】：将目录作为文本的一部分导入到文章中。这些条目作为纯文本导入。
- 【索引文本】：将索引作为文本的一部分导入到文章中。这些条目作为纯文本导入。
- 【脚注】：可以导入 Word 脚注。脚注和引用将保留，但会根据文档的脚注设置重新编号。如果 Word 脚注没有正确导入，尝试将 Word 文档另存为 RTF 格式，然后导入该 RTF 文件。
- 【尾注】：将尾注作为文本的一部分导入到文章的末尾。
- 【使用弯引号】：可以确保导入的文本包含左右弯引号和弯单引号，而不含直双引号和直单引号。
- 【移去文本和表的样式和格式】：从导入的文本(包括表中的文本)移去格式，如字体、文字颜色和文字样式。如果选中该选项，则不导入段落样式和随文图。
- 【保留页面优先选项】：选择删除文本和表的样式和格式时，可选择该项以保持应用到段落某部分的字符格式，如粗体和斜体。取消选中该选项，可删除所有格式。

- 【转换表为】：选择移去文本、表的样式和格式时，可将表转换为无格式的制表符分隔的文本。如果希望导入无格式文本和格式表，则导入无格式文本，然后将表从 Word 粘贴到 InDesign 中。
- 【保留文本和表的样式和格式】：在 InDesign 或 InCopy 文档中保留 Word 文档的格式。可使用【格式】部分中的其他选项来确定保留样式和格式的方式。
- 【手动分页】：确定 Word 文件中的分页在 InDesign 或 InCopy 中的格式设置方式。选择【保留分页符】可使用 Word 中用到的同一分页符，或者选择【转换为分栏符】或【不换行】。
- 【导入随文图】：在 InDesign 中保留 Word 文档的随文图。
- 【修订】：选择此选项会导致 Word 文档中的修订标记显示在 InDesign 文档中。在 InDesign 中，可以在文章编辑器中查看修订。
- 【导入未使用的样式】：可以导入 Word 文档中的所有样式，即使未应用于文本的样式也可导入。
- 【将项目符号和编号转换为文本】：将项目符号和编号作为实际字符导入，保留段落的外观。但在编号列表中，不会在更改列表项目时自动更新编号。
- 【自动导入样式】：将 Word 文档的样式导入到 InDesign 或 InCopy 文档中。如果【样式名称冲突】旁出现黄色三角形警告标志，则表明 Word 文档的一个或多个段落或字符样式与 InDesign 样式同名。
- 【自定样式导入】：通过此选项，可以使用【样式映射】对话框来选择对于导入文档中的每个 Word 样式，应使用哪个 InDesign 样式。
- 【存储预设】：存储当前的 Word 导入选项以便以后重复使用。指定导入选项，单击【存储预设】按钮，输入预设的名称，并单击【确定】按钮。下次导入 Word 样式时，可从【预设】菜单中选择创建的预设。如果希望所选的预设用作将来导入 Word 文档的默认设置，单击【设置为默认值】按钮。

2.5.2　Microsoft Excel 导入选项

如果在置入 Excel 表格文本文件时选中【显示导入选项】，就会打开【Microsoft Excel 导入选项】对话框，在这里可以对导入的表格文件选项进行设置，如图 2-19 所示。

在【Microsoft Excel 导入选项】对话框中，可以对 Excel 表格文件如下选项进行设置。

- 【工作表】：指定要导入的工作表。
- 【视图】：指定是导入任何存储的自定或个人视图，还是忽略这些视图。
- 【单元格范围】：指定单元格的范围，使用冒号来指定范围，如 A1∶B5。如果工作表中存在指定的范围，则在【单元格范围】菜单中将显示这些名称。
- 【导入视图中未保存的隐藏单元格】：包括格式设置为 Excel 电子表格中的隐藏单元格的任何单元格。
- 【表】：指定电子表格信息在文档中显示的方式。

- 【表样式】：将指定的表样式应用于导入的文档。仅当选中【无格式的表】时该选项才可用。
- 【单元格对齐方式】：指定导入文档的单元格对齐方式。
- 【包含随文图】：在 InDesign 中，保留来自 Excel 文档的随文图。
- 【包含的小数位数】：指定电子表格中数字的小数位数。
- 【使用弯引号】：确保导入的文本包含左右弯引号和弯单引号，而不包含直双引号和直单引号。

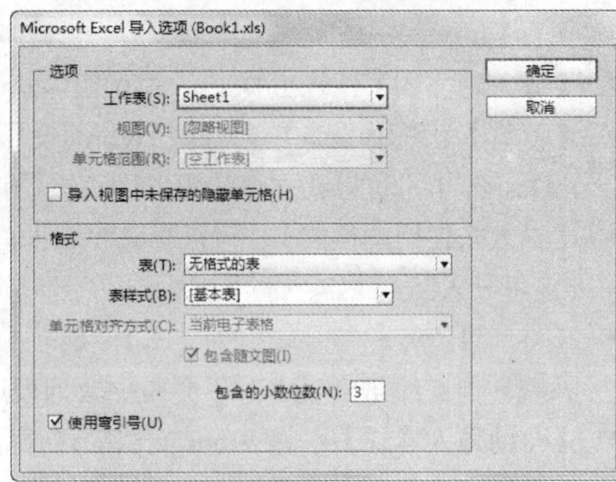

图 2-19　打开【Microsoft Excel 导入选项】对话框

2.6　文档浏览

在 InDesign 中可同时打开多个文档，至于能打开多少个文档，则视每台计算机的内存大小而定。通常在软件启动后，在打开多个文档的情况下，只有一个文档处于激活状态，即为当前编辑的文档。在 InDesign 中，可以很方便地利用菜单命令或工具来查看被编辑文档图形或控制其显示质量，也可以控制文档的显示区域。

2.6.1　排列文档窗口

当 InDesign 打开、处理多个文档窗口时，屏幕显示会很乱。为了方便查看，用户可以对窗口进行排列，以更加方便地工作。

选择【窗口】|【排列】命令，在其子菜单下可以选择【新建窗口】、【层叠】、【水平平铺】和【垂直平铺】命令排列文档窗口。

- 选择【窗口】|【排列】|【新建窗口】命令，可以为同一文档创建新窗口，并将按照创建它们的顺序编号。
- 选择【窗口】|【排列】|【层叠】命令，可以将所有窗口堆叠在一起，同时每一窗口的位置都稍有偏移，如图 2-20 所示。

◉ 选择【窗口】|【排列】|【水平平铺】或【垂直平铺】命令，可同等显示所有窗口，不会出现窗口重叠现象，如图 2-21 所示。

图 2-20　【层叠】窗口

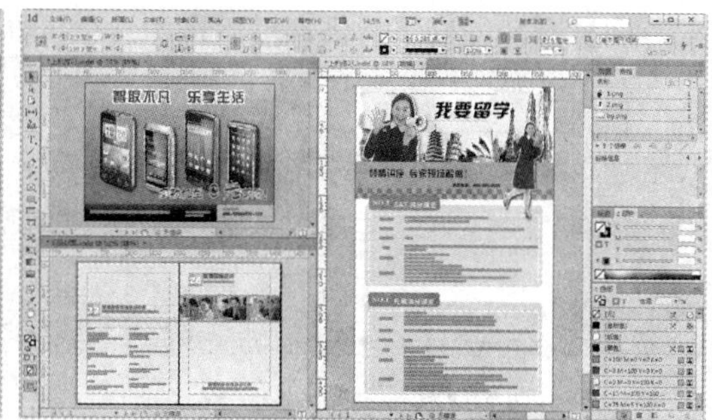

图 2-21　【垂直平铺】窗口

2.6.2　切换文档窗口

在 InDesign 中，对多个文档窗口进行同时操作，切换窗口有以下几种方式。

◉ 直接在绘图区顶部单击文档名称标签。

◉ 选择【窗口】菜单，其最底部显示出当前已经打开的文档清单，单击上面的文档名即可切换到相应的文档窗口，使之成为当前活动的窗口。文档清单中带有√号的表示当前编辑的文档窗口。

2.6.3　文档翻页

在 InDesign 中可以轻松地从文档的一页转换到另一页，同时 InDesign 也可以对查看过的文档页面的顺序进行跟踪。

◉ 要转至第一页或最后一页，在文档窗口的左下角单击【第一页】按钮⏮或【最后一页】按钮⏭，或选择【版面】|【第一页】或【最后一页】命令。

◉ 要转至下一页或上一页，在文档窗口底部单击【下一页】按钮▶或【上一页】按钮◀，或选择【版面】|【下一页】或【上一页】命令。

提示

页面翻页控制要区分文档的左右装订方向。例如，如果文档是从右到左读取的，◀将变成【下一页】按钮，而▶则变成【上一页】按钮。

◉ 要转到最近访问过的页面，可以选择【版面】|【向后】命令，要转到最近访问过的页面的前一页面，选择【版面】|【向前】命令。

- 要转至特定页面，选择【版面】|【转到页面】命令，打开【转到页面】对话框，在【页面】选项中指定页码，然后单击【确定】按钮，如图 2-22 所示。或者单击状态栏中页面框右边的向下箭头，然后选择一个页面，如图 2-23 所示。

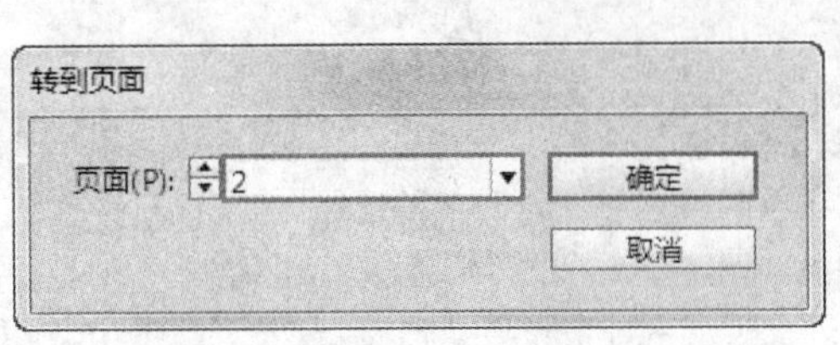

图 2-22　设置【转到页面】对话框

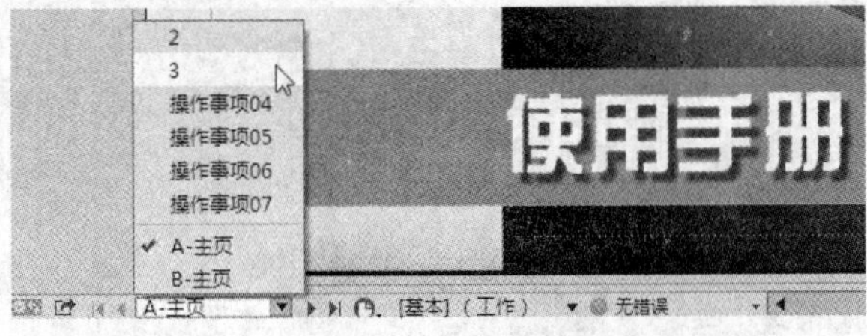

图 2-23　在文档中转换页面

2.6.4　缩放文档窗口

用户在实际制作中，为了便于编辑操作，可以将所编辑的文档放大数倍后显示，进行文本修改、填充颜色、绘制图形等操作。当文档的显示区域放大后，窗口中不能完整显示，因此，需要移动窗口中的文档，以便于编辑文档的其他区域。

1. 视图显示命令

在 InDesign 中，可以使用显示菜单进行文档窗口显示比例的调整。

- 选择【视图】|【放大】或【缩小】命令，可以成倍地放大和缩小窗口的显示比例。
- 选择【使页面适合窗口】命令，可以使页面与窗口进行调配，使当前所选择的页面最大显示于窗口中。
- 选择【使跨页适合窗口】命令，可以使跨页与窗口进行调配，使当前所选择的跨页最大显示于窗口中。
- 选择【实际尺寸】命令，可以使页面以设计的实际尺寸显示于窗口中，即显示比例为 100%。这个命令可以通过快捷键 Ctr+1 来实现，也可以双击工具箱中的【缩放】工具来显示实际大小。
- 选择【完整粘贴板】命令，可以显示当前页面所属的全部粘贴板，其快捷键为 Alt+Shift+Ctrl+0 组合键。

2. 使用【缩放】和【抓手】工具

另外，用户还可以选择工具箱中的【抓手】工具和【缩放】工具来改变视图尺寸。

使用【缩放】工具，可以直接在文档区域内单击放大文档视图，按住 Alt 键单击缩小文档视图。或在文档中拖动框选要放大的区域，然后释放鼠标，即可放大视图，如图 2-24 所示。

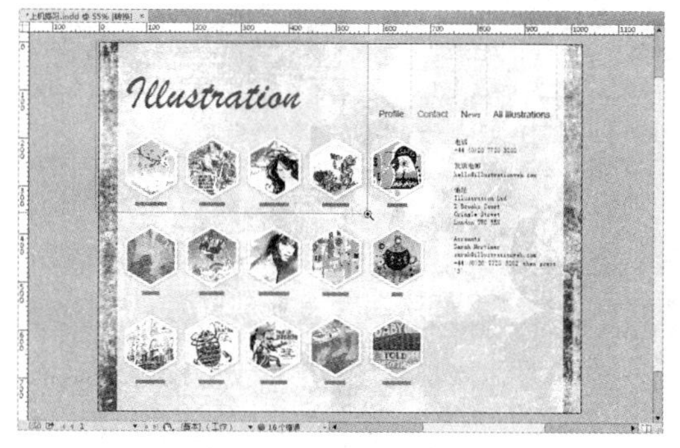

图 2-24　使用【缩放】工具

使用工具箱中的【抓手】工具，可以调整文档视图的显示区域。在使用其他工具时，按下空格键，则光标在文档窗口中显示为手形，此时可以进行文档视图的移动。或使用【抓手】工具在文档中单击，可以显示视图显示区域，然后拖动，即可调整文档视图的显示区域，如图 2-25 所示。若在工具箱中双击【抓手】工具，则可以使文档窗口以最适合的显示比例完整的显示出来，此功能与执行【使页面适合窗口】命令相同。

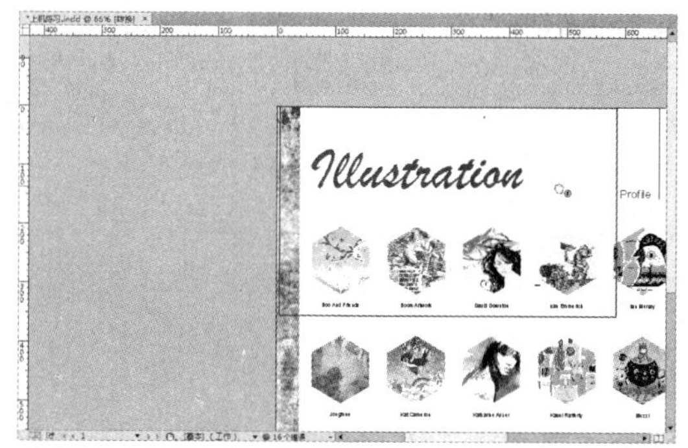

图 2-25　使用【抓手】工具

2.6.5　控制文档显示质量

在 InDesign 中，用户可以根据需要设置视图的显示质量。有 3 种显示质量可供选择，分别是【快速显示】、【典型显示】和【高品质显示】。不同的显示质量在屏幕上的显示效果有很大差异。一般情况下，软件默认使用【典型显示】显示质量。

如果计算机运行速度较慢，选择【视图】|【显示性能】|【快速显示】命令，这时被置入的图像会用灰框来代替；而绘制的图形，边缘显示粗糙，如图 2-26 所示。选择【视图】|【典型显示】命令，被置入的图像将以低分辨率显示，如图 2-27 所示。

如果希望看到接近于打印效果的视图质量，选择【视图】|【高品质显示】命令，可以显示最好的视图质量。如果计算机的速度比较快，建议选择这种视图质量。这样可以比较真实地在屏幕上再现图形、图像的原貌。

图 2-26　快速显示

图 2-27　典型显示

2.7　文档恢复

在编辑排版文档时，有些操作是不可恢复的。因此，建议在对原文档编辑修改前，先保存文档。如果对操作编辑后的效果不满意，可以采用恢复文档的方法来恢复其操作。InDesign 有以下几种方法可以恢复或取消已经编辑的操作。

- 选择【编辑】|【清除】命令，可以恢复到最近一次或数次的编辑操作。具体的【撤销】次数，要根据用户计算机的物理内存而定。
- 选择【编辑】|【还原】命令，或按 Ctrl+Z 组合键，可以向前还原到最近一次或数次的编辑操作，如图 2-28 所示。
- 选择【编辑】|【重做】命令，或按 Shift+Ctrl+Z 组合键来撤销还原，恢复到还原操作之前的状态。
- 选择【文件】|【恢复】命令，这时将打开【恢复】文档对话框，如图 2-29 所示。单击【是】按钮，将恢复到最近一次保存的文档版本；单击【否】按钮，则取消操作并返回到编辑状态下。

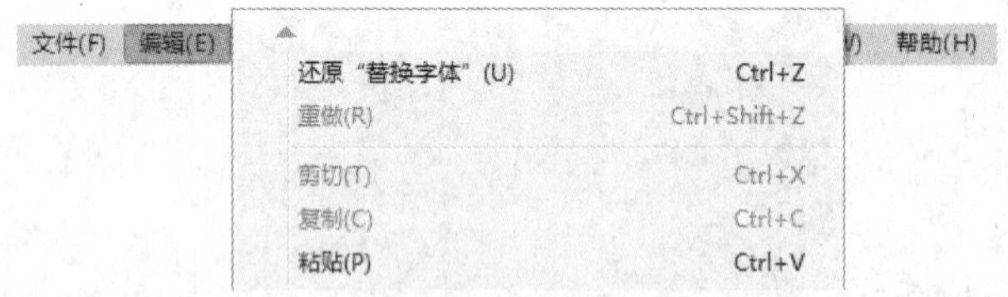

图 2-28　还原

图 2-29　恢复

2.8　辅助工具

在工作时会经常用到页面辅助元素。通过页面辅助元素，可以精确定位对象的位置和尺寸等，这样可以使工作更加轻松简单。

计算机基础与实训教材系列

2.8.1　【信息】面板

【信息】面板显示有关选定对象、当前文档或当前工具下的区域的信息，包括表示位置、大小和旋转的值。移动对象时，【信息】面板还会显示该对象相对于其起点的位置。

【信息】面板也可用于确定文章中的字数和字符数。与其他 InDesign 面板不同，【信息】面板仅用于查看；用户无法输入或编辑其中显示的值。但用户可以查看有关选定对象的附加信息，方法是从面板菜单中选择【显示选项】命令，如图 2-30 所示。

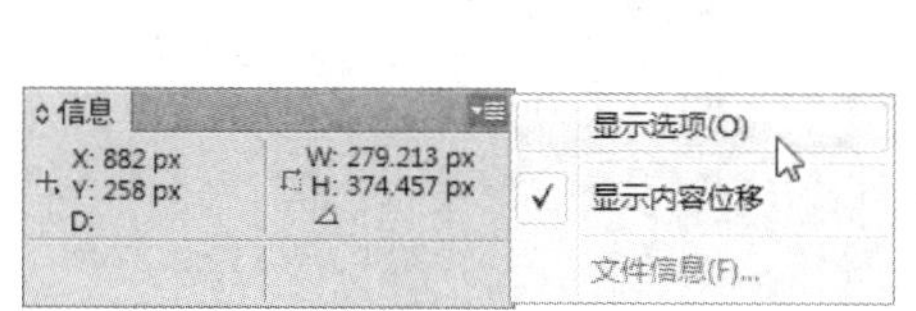

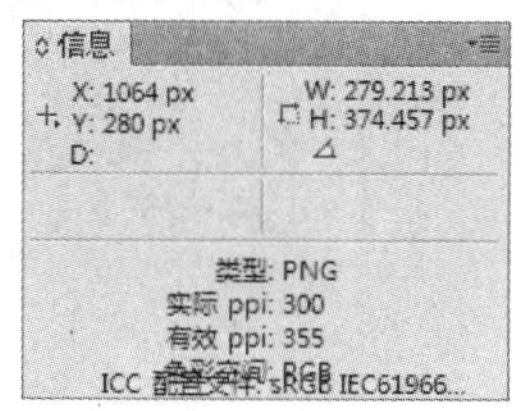

图 2-30　选择【显示选项】命令

2.8.2　度量工具

【度量】工具可计算文档窗口内任意两点之间的距离。从一点度量到另一点时，所度量的距离将显示在【信息】面板中。除角度外的所有度量值都以当前为文档设置的度量单位计算。使用【度量】工具测量了某一项目后，度量线会保持可见状态，直到用户进行了另外的测量操作或选择了其他工具。

【例 2-2】在 InDesign 中，使用【度量】工具测量图形。

(1) 在 InDesign CC 中，选中图像对象，然后选择【窗口】|【信息】命令打开【信息】面板，如图 2-31 所示。

(2) 选择【度量】工具测量两点之间的距离。单击第一点并拖动到第二点。按住 Shift 键进行拖动以将工具的运动约束为 45° 的倍数。不能拖动到单个粘贴板及其跨页之外。宽度和高度度量值显示在【信息】面板中，如图 2-32 所示。

图 2-31　打开【信息】面板

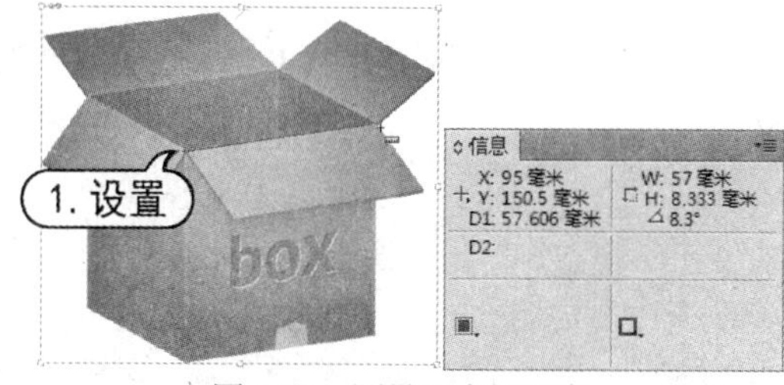

图 2-32　测量两点间距离

(3) 要度量自定角度，拖动以创建角的第一条边。将工具定位到度量边的任意一个端点上方。然后按住 Alt 键并拖动创建角度的第二条边。度量自定角度时，【信息】面板将把第一条边的长度显示为 D1，并将第二条边的长度显示为 D2，如图 2-33 所示。

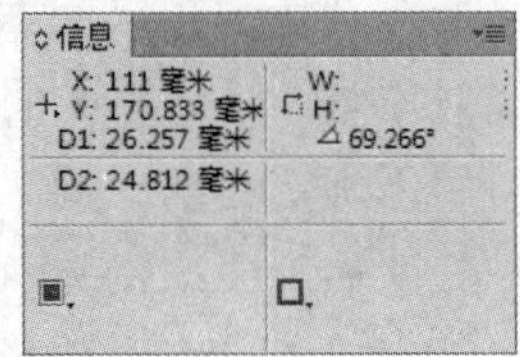

图 2-33　测量角度

2.8.3　标尺

在设计页面时，使用标尺可以帮助用户精确设计页面。默认设置下，InDesign 中的标尺不会显示出来，需要选择【视图】|【显示标尺】命令才能显示出来，且分为水平标尺和垂直标尺。选择【视图】|【隐藏标尺】命令即可隐藏标尺。在默认设置下，标尺原点位于 InDesign 视图的左上角。如果需要改变原点，拖动标尺的原点到需要的位置即可，此时会在视图中显示出两条垂直的相交直线，直线的相交点即调整后的标尺原点，如图 2-34 所示。在改变了标尺原点之后，如果想返回到原来的位置，在左上角的原点位置双击即可。

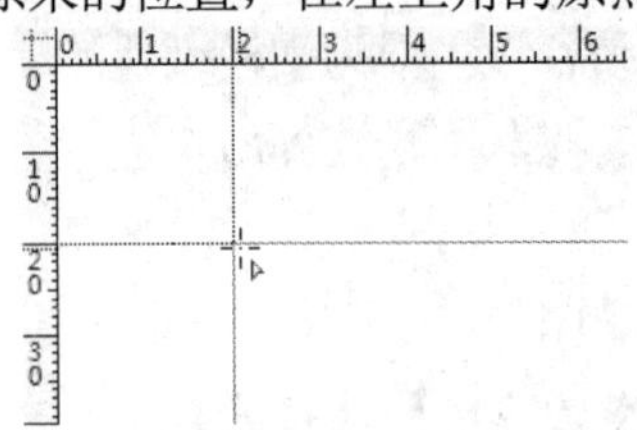

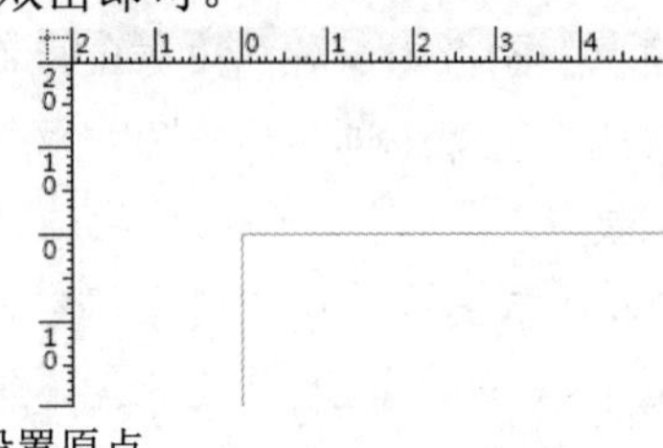

图 2-34　设置原点

在默认情况下，标尺的度量单位是毫米。用户也可以将度量单位更改为自定义标尺单位，并且可以控制标尺上显示刻度线的位置。而这些参数可以在【单位和增量】界面中进行设置。选择【编辑】|【首选项】|【单位和增量】命令，打开【单位和增量】界面进行设置，如图 2-35 所示。另一种方法是将光标移动到水平或垂直标尺上，右击打开快捷菜单，从中选择度量单位，如图 2-36 所示。

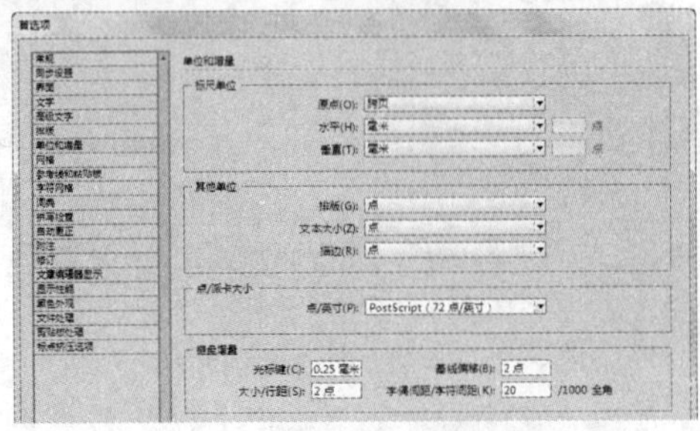

图 2-35　【单位和增量】界面

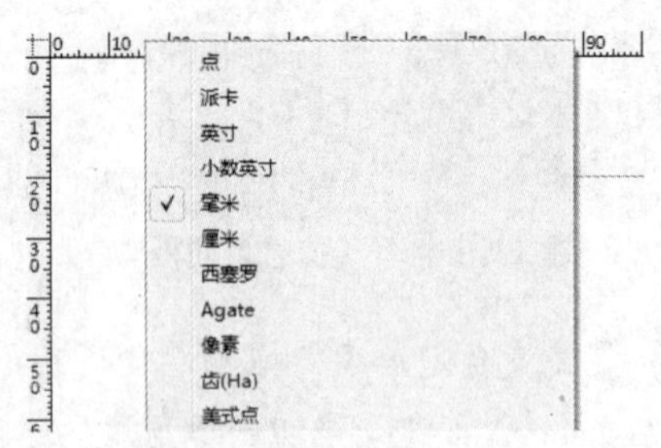

图 2-36　设置度量单位

知识点

将光标移动到水平或垂直标尺上，右击打开快捷菜单，从中选择的度量单位只能更改水平或垂直一侧标尺的度量单位。要同时更改水平和垂直标尺，可以在水平和垂直标尺的交叉点，右击打开快捷菜单，从中选择度量单位。

2.8.4　参考线

在 InDesign 中，使用参考线可以更加精确地定位文字和图形对象等。可以在页面或粘贴板上自由定位参考线，并且可以显示或隐藏它们。参考线分为页面参考线和跨页参考线两种。页面参考线仅在创建的页面上显示。跨页参考线可以跨越所有的页面和多页跨页的粘贴板，可以将任何标尺参考线拖动到粘贴板上。

1. 创建参考线

要创建参考线，先要确定标尺和参考线是可见状态。执行下列操作即可创建参考线。

- 要创建页面参考线，应将光标移动到水平或垂直标尺内侧，然后拖动到目标页面上期望位置，拖动时在光标后有数值显示。如果将参考线拖动到粘贴板上，它将跨越该粘贴板和跨页；如果此后将它拖动到页面上，它就变为页面参考线。
- 要创建跨页参考线，可以将光标移动到水平或垂直标尺内侧，然后在粘贴板内拖动鼠标至目标跨页上的期望的位置。
- 在粘贴板不可见时创建跨页参考线，应在按住 Ctrl 键的同时从水平或垂直标尺拖动到目标跨页。
- 要在不进行拖动的情况下创建跨页参考线，应双击水平或垂直表示上的特定位置。如果要将参考线与最近的刻度线对齐，应在双击标尺时按住 Shift 键。
- 要同时创建垂直和水平参考线，应按住 Ctrl 键，并从目标跨页的标尺交叉点拖动到期望位置。

在需要创建一组等间距的页面参考线时，可以选择【版面】|【创建参考线】菜单命令，打开【创建参考线】对话框，如图 2-37 所示。可以根据需要设置行数、栏数以及间距，还可以设置参考线适合的对象为【边距】或【页面】。

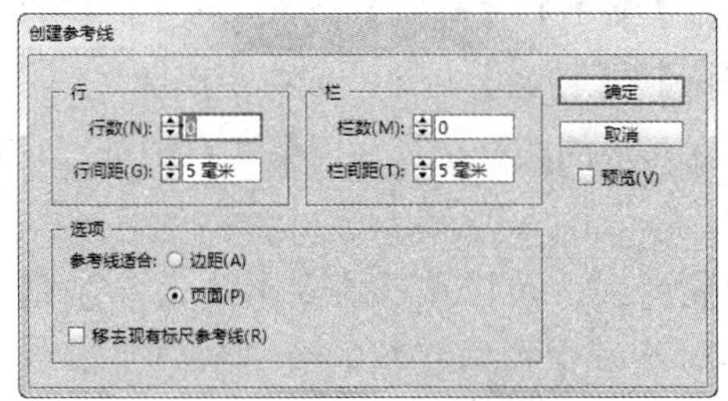

图 2-37　【创建参考线】对话框

提示

【创建参考线】命令仅可以创建页面参考线，不能创建跨页参考线。

2. 选择参考线

要编辑参考线，需先选中参考线。通过以下方法可以选择参考线。

- 要选择单个参考线，可以使用【选择】工具或【直接选择】工具，单击参考线以使用它所在图层的颜色对其进行突出显示。选中后，控制面板中的【参考点】图标更改为-■-或╋，表示被选中的参考线。
- 要选择多个标尺参考线，可以按住 Shift 键并使用【选择】工具或【直接选择】工具单击参考线。也可以在多个参考线上拖动，只要选择选框未触碰或包围任何其他对象。
- 要选择目标跨页上的所有标尺参考线，可以按 Ctrl+Alt+G 组合键。

3. 移动参考线

添加参考线后，选中参考线并拖动即可调整参考线位置。选中要移动的参考线后，在控制面板和【变换】面板中的 X、Y 值会显示参考线的位置。在控制面板或【变换】面板中的 X、Y 值数值框中输入具体数值，并按 Enter 键确定输入后，参考线会移动到与输入数值对应的位置。

用户也可以在选中参考线后，双击工具箱中的【选择】工具或右击，在弹出的菜单中选择【移动参考线】命令打开【移动】对话框，在该对话框中设置需要移动参考线的距离，然后单击【确定】按钮即可根据用户需要准确移动参考线，如图 2-38 所示。

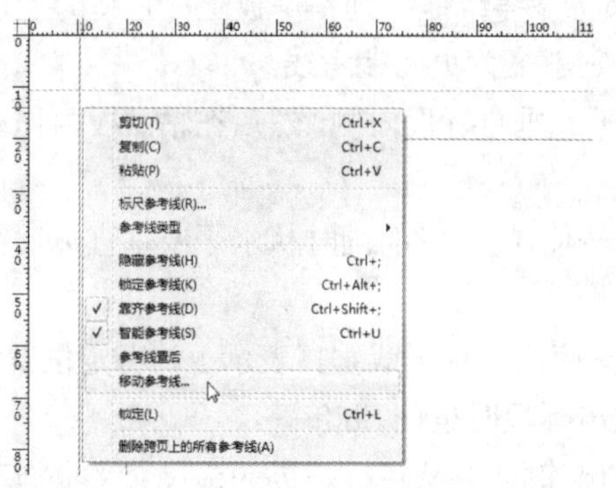

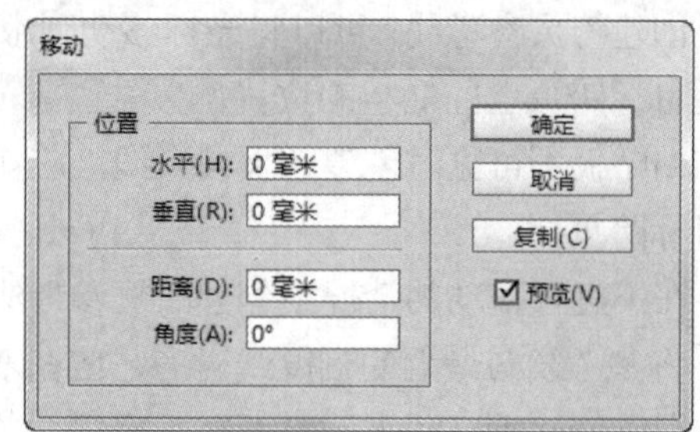

图 2-38　移动参考线

4. 复制参考线

如果需要在两个应用了不同主页的文档页面的相同位置放置标尺参考线，可以使用【选择】工具或【直接选择】工具选择需要的参考线后，选择【编辑】|【复制】命令或按快捷键 Ctrl+C 组合键复制参考线。切换到目标跨页后，选择【编辑】|【粘贴】命令，或按快捷键 Ctrl+V 组合键，将参考线按照源页面中的位置设定粘贴到目标跨页的相同位置。需要注意的是，应确保源页面和目标页面的尺寸一样。

在设计过程中需要创建具有固定偏移距离的参考线，可以在选中参考线后，选择【编辑】|【多重复制】命令，在打开的【多重复制】对话框中指定复制的数量和偏移距离，如图 2-39 所示。

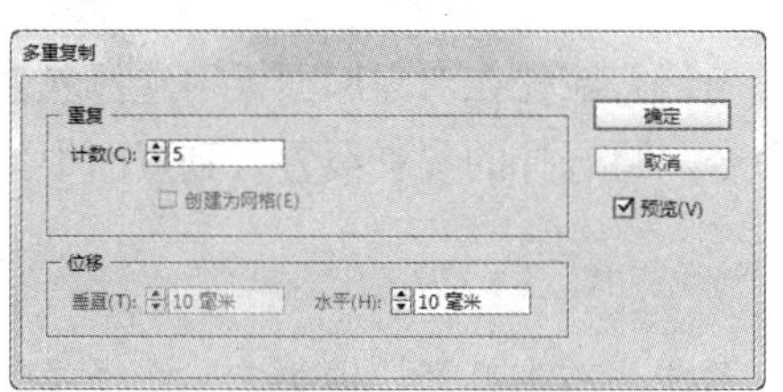

图 2-39　使用【多重复制】命令

提示

在页面中选中多条参考线后，也可以使用【对齐】面板中的对齐和分布按钮指定参考线间的间距大小。

5. 自定参考线属性

要更改参考线属性，可以先选择参考线，然后选择【版面】|【标尺参考线】命令，打开如图 2-40 所示的【标尺参考线】对话框，在【视图阈值】下拉列表中指定合适的放大倍数，在【颜色】下拉列表中选择一种颜色，然后单击【确定】按钮。

6. 锁定或解锁参考线

要锁定或解锁所有参考线，可以选择【视图】|【网格和参考线】|【锁定参考线】命令以选择或取消该菜单命令。如果只需要锁定特定的标尺参考线，可以在选中需要锁定的参考线后，选择【对象】|【锁定位置】命令即可。这样可以将参考线的位置锁定，以防止意外的移动，但锁定位置后仍可以选择参考线，并更改参考线颜色。

要仅锁定或解锁一个图层上的参考线且不更改该图层中对象的可视性，可以在【图层】面板中双击该图层名称，打开如图 2-41 所示的对话框，选中【锁定参考线】复选框，然后单击【确定】按钮即可。

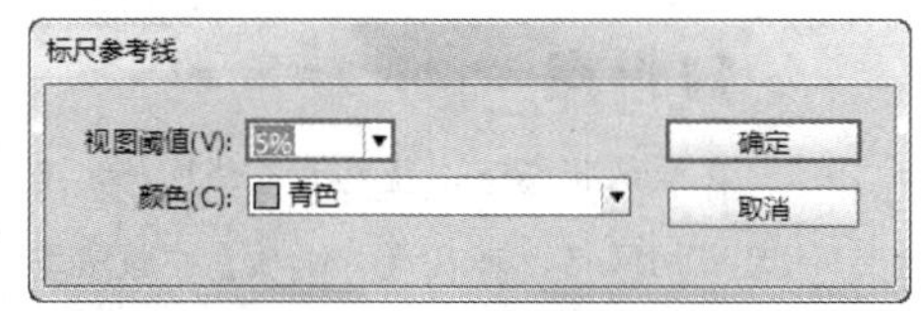

图 2-40　【标尺参考线】对话框

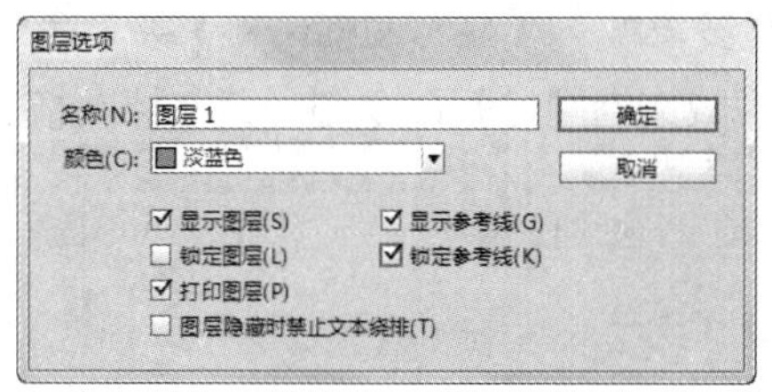

图 2-41　锁定参考线

7. 存储参考线

可以将常用的参考线的排列方式保存下来，以便下次使用。选择【文件】|【新建】|【库】命令，新建一个对象库。然后选择页面上需要保存的参考线，再单击对象库面板右上角的面板菜单图表，在弹出的菜单中选择【添加项目】命令即可存储参考线，如图 2-42 所示。

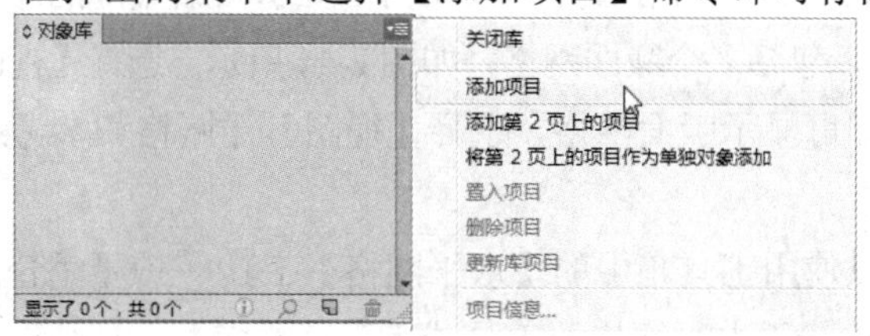

图 2-42　存储参考线

如果需要在当前页面中放入保存在对象库中的参考线，应先在对象库面板中选择包含参考线的项目，然后在库面板菜单中选择【置入项目】命令，将选择的参考线置入到页面中。

8. 删除参考线

要删除现有的所有参考线，可以选择其中一条参考线，右击打开快捷菜单，选择【删除跨页上的所有参考线】命令即可。另一种方法是将光标移动到水平标尺上，右击打开快捷菜单，选择【删除跨页上的所有参考线】命令。要删除某一指定的参考线，选择该参考线，按 Delete 键即可。

2.8.5 网格

InDesign 还提供了 3 种用于参考的网格，分别是基线网格、文档网格和版面网格。用户可以决定在页面中显示或者隐藏网格。

基线网格用于将多个段落根据其罗马字基线进行对齐，基线网格覆盖整个跨页，但不能为主页指定网格，基线网格类似于笔记本中的行线。选择【视图】|【网格和参考线】|【显示基线网格】命令即可显示基线网格。选择【视图】|【网格和参考线】|【隐藏基线网格】命令则隐藏基线网格。

文档网格用于对齐对象，它可以显示在整个跨页中，但不能为主页指定文档网格；还可以设置文档网格相对于参考线、对象或者图层的前后位置。文档网格如图 2-43 所示。选择【视图】|【网格和参考线】|【显示文档网格】菜单命令即可显示文档网格，选择【视图】|【网格和参考线】|【隐藏文档网格】命令则隐藏文档网格。

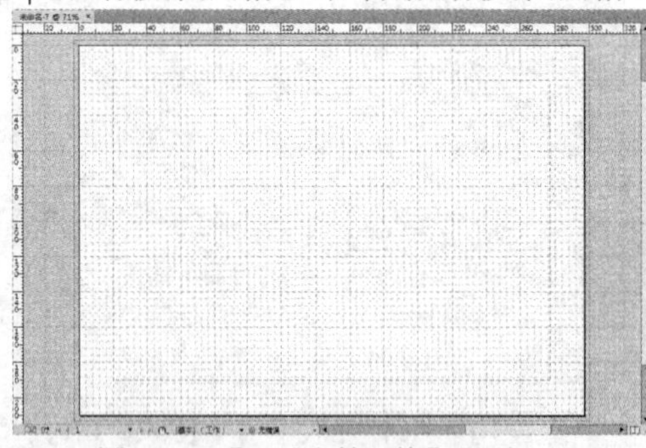

图 2-43 【显示文档网格】界面

知识点

在默认状态下，蓝色为基线网格，灰色为文档网格，可在【首选项】中设置其颜色。文档窗口中的网格都是沿着标尺的尺寸格，以粗细不同的线条形成一个总的网格。这样，利用网格就可以更方便地定位文本框，图形及图像的位置和尺寸。

版面网格用于将对象和正文文本大小的单元格对齐。版面网格显示在最底部的图层中，可以为主页指定版面网格，且一个文档可以包括多个版面网格，如图 2-44 所示。选择【视图】|【网格和参考线】|【显示版面网格】命令即可显示版面网格，选择【视图】|【网格和参考线】|【隐藏版面网格】菜单命令则隐藏版面网格。

除了可以设定版面网格外，也可以使用工具箱中的【水平网格】工具▦或【垂直网格】工具▥来绘制含有字符网格的文本框。选择【水平网格】工具或【垂直网格】工具，当光标变为

形状时，进行拖动，拖动到合适位置后释放鼠标即可绘制出网格。

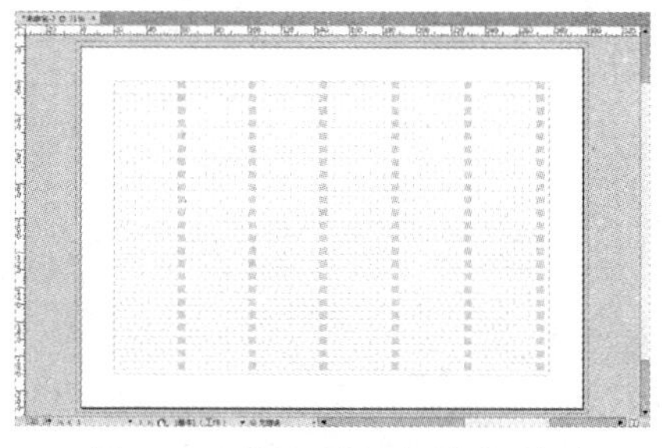

图 2-44　【显示版面网格】界面

知识点

版面网格具有吸附功能，即可以把对象与正文文本大小的单元格自动对齐。选择【视图】|【网格和参考线】|【靠齐版面网格】命令即可打开该功能，再次执行该命令就会把版面网格的靠齐功能关闭。

选中绘制的版面网格后，控制面板上会出现网格相关的各项参数设置，根据需要可以再次修改网格的各项参数，如图 2-45 所示。

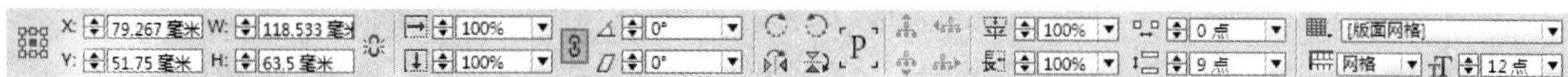

图 2-45　修改网格参数

创建好版面网格后，在网格的右下角有一行数字 27W×13L=351，27W 是指每一行的字符数为 27 格，13L 是指每栏的行数为 13 行，351 是指该网格包含的单元格数量。选择【视图】|【网格和参考线】|【隐藏框架字数统计】命令，或按 Alt+Ctrl+E 组合键，可以不显示此行提示。要显示该行执行同样操作即可。

2.9　上机练习

本章的上机练习通过制作简单的版式，使用户更好地掌握本章所介绍的新建文档、置入图像等基本操作方法和技巧。

(1) 启动 InDesign CC，选择【文件】|【新建】|【文档】命令，打开【新建文档】对话框。在对话框中，设置【宽度】和【高度】为 160 毫米，单击【边距和分栏】按钮打开【新建边距和分栏】对话框。在对话框中，设置【上】、【下】、【内】、【外】边距为 5 毫米，然后单击【确定】按钮，如图 2-46 所示。

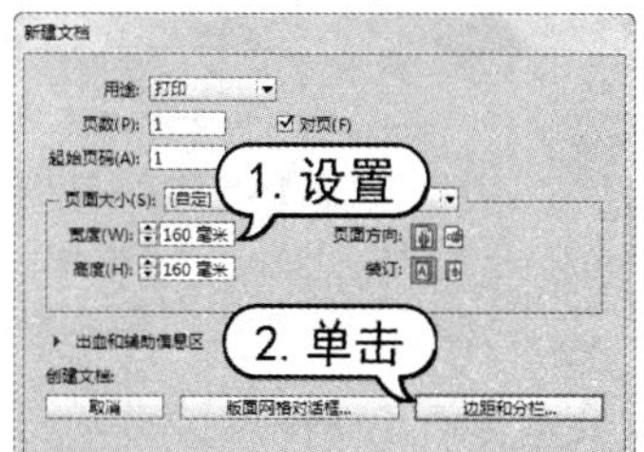

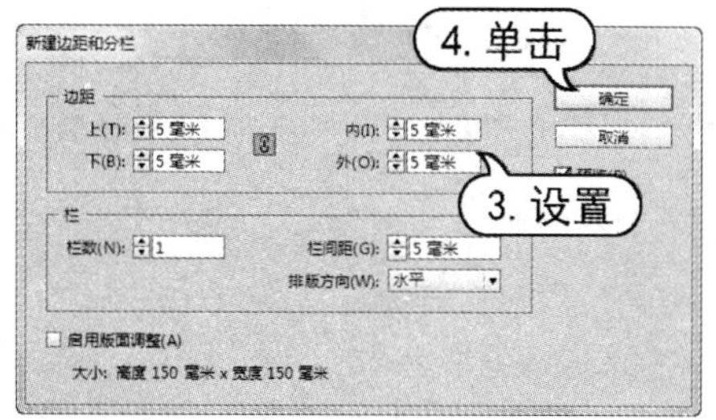

图 2-46　新建文档

(2) 选择【视图】|【显示标尺】命令，将光标放置在水平标尺上，拖动至页面内边距，创建参考线，如图 2-47 所示。

(3) 右击创建的参考线，在弹出的快捷菜单中选择【移动参考线】命令，打开【移动】对话框。在对话框中，设置【垂直】数值为 55 毫米，然后单击【确定】按钮，如图 2-48 所示。

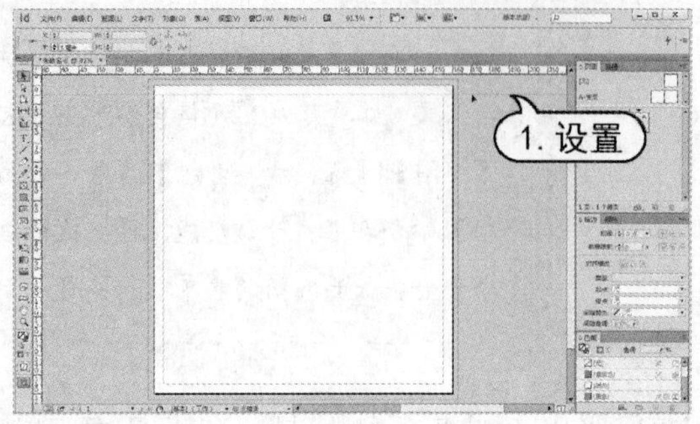

图 2-47　创建参考线

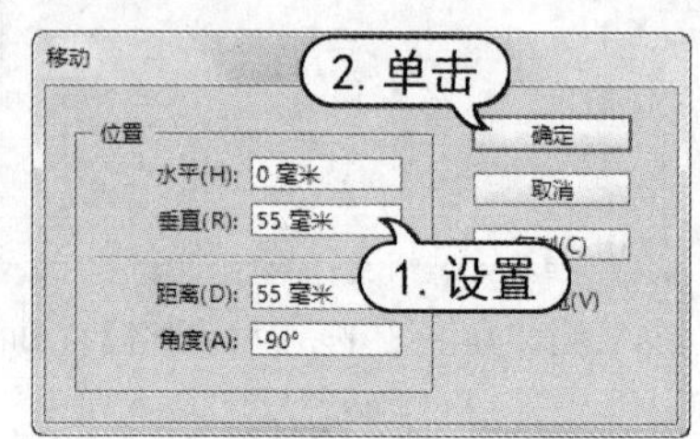

图 2-48　移动参考线(1)

(4) 再次右击创建的参考线，在弹出的快捷菜单中选择【移动参考线】命令，打开【移动】对话框。在对话框中，设置【垂直】数值为 5 毫米，然后单击【复制】按钮，如图 2-49 所示。

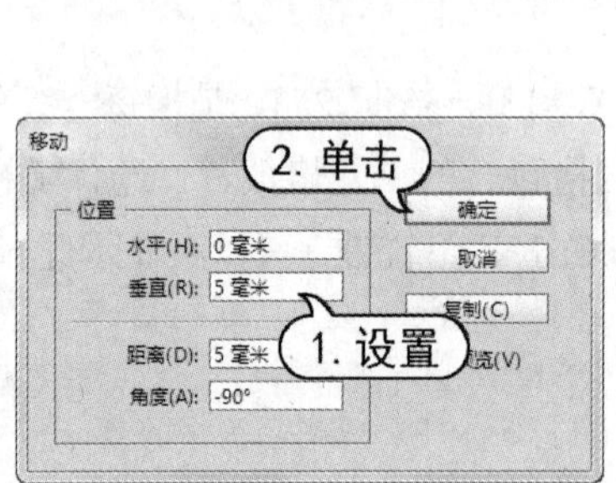

图 2-49　移动参考线(2)

(5) 将光标放置在垂直标尺上，拖动至页面内边距创建参考线，并在控制面板中设置 X 为 90 毫米，如图 2-50 所示。

(6) 使用步骤(5)的相同的操作方法，创建垂直参考线，并在控制面板中设置 X 为 95 毫米，如图 2-51 所示。

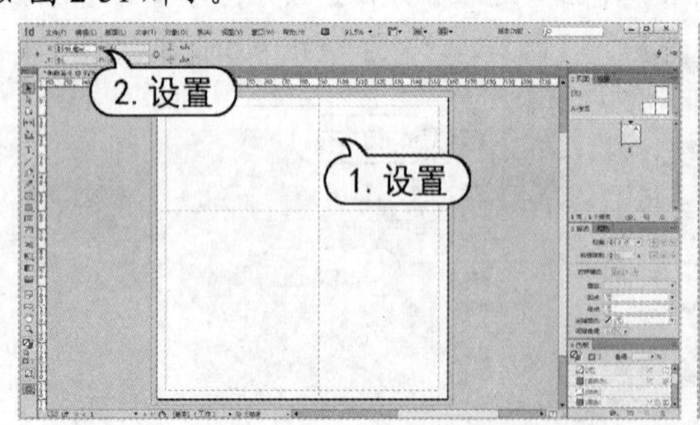

图 2-50　创建参考线(1)

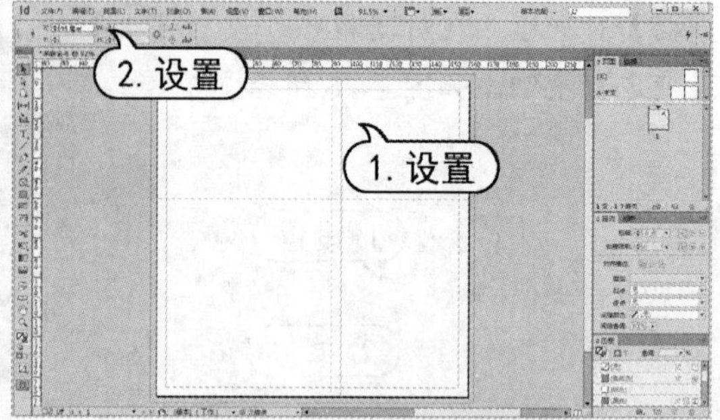

图 2-51　创建参考线(2)

(7) 将光标放置在水平标尺上，拖动至页面内边距创建参考线，并在控制面板中设置 Y 为 45 毫米，如图 2-52 所示。

(8) 使用步骤(7)的操作方法创建水平参考线，并在控制面板中设置 Y 为 50 毫米，如图 2-53 所示。

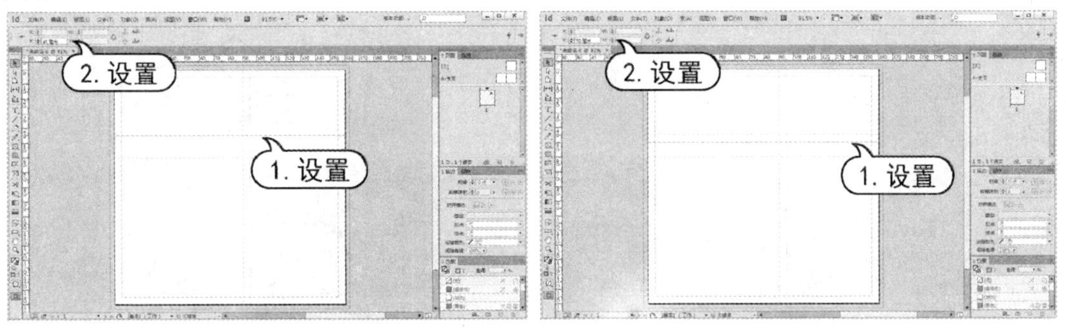

图 2-52　创建参考线(3)　　　　图 2-53　创建参考线(4)

(9) 选择【视图】|【网格和参考线】|【锁定参考线】命令。选择【矩形】工具，依据参考线绘制矩形，并在【颜色】面板中，设置描边色为无，填充色为 C=39 M=0 Y=75 K=0，如图 2-54 所示。

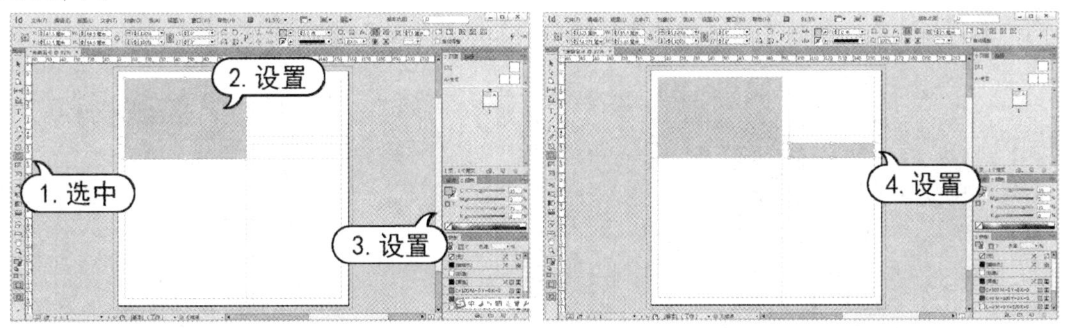

图 2-54　绘制矩形

(10) 选择【矩形框架】工具，依据参考线创建框架，如图 2-55 所示。

(11) 选择【文件】|【置入】命令，打开【置入】对话框。在对话框中，选中需要置入的图片，然后单击【打开】按钮，如图 2-56 所示。

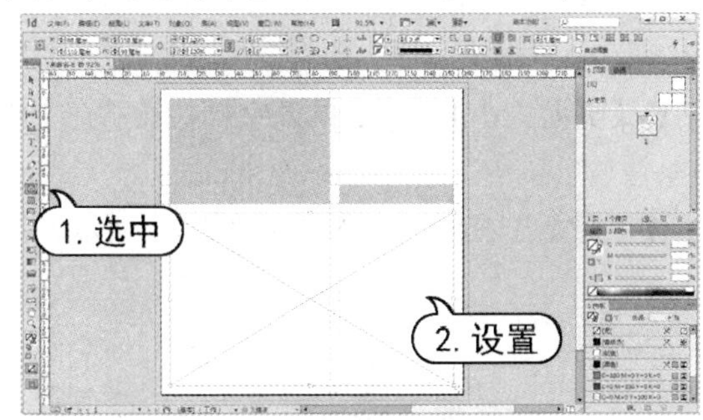

图 2-55　创建框架

图 2-56　置入图像

(12) 选择【选择】工具右击矩形框架，在弹出的快捷菜单中选择【适合】|【按比例填充框架】命令，如图 2-57 所示。

(13) 使用步骤(10)至步骤(12)的操作方法，依据参考线创建矩形框架，并置入图像，如图2-58 所示。

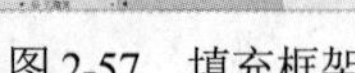

图 2-57　填充框架

图 2-58　置入图像

(14) 选择【文字】工具，在页面中创建文本框，在控制面板中设置字体为 Impact，字体大小为 76 点，字体颜色为纸色，并单击【居中对齐】按钮，然后输入文字内容，如图 2-59 所示。

(15) 选择【文件】|【存储】命令，打开【存储为】对话框。在对话框的【文件名】文本框中输入“基础版式”，然后单击【保存】按钮存储文档，如图 2-60 所示。

图 2-59　输入文字

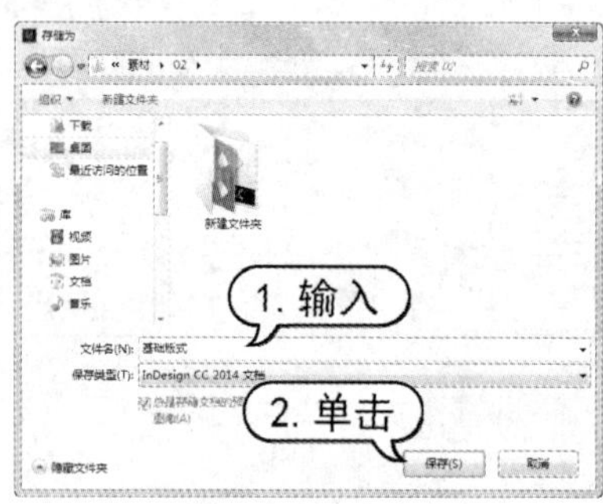

图 2-60　存储文档

2.10　习题

1. 使用【文件】|【新建】|【文档】命令创建【页面大小】为 B5 的新文档，然后在文档中添加 2 条参考线将文档划分为等距 3 栏。

2. 在 InDesign 中，打开习题文档，并使用【度量】工具测量图像，如图 2-61 所示。

图 2-61　测量图像

图形的创建与编辑

学习目标

InDesign CC 提供了一些图形绘制工具，灵活使用这些绘图工具，可以对整个出版物的设计和排版进行便捷的操作。本章将主要介绍 InDesign CC 中提供的图形绘制工具的使用。

本章重点

- 图形工具组
- 钢笔工具组
- 编辑路径
- 描边设置

3.1 直线工具

在 InDesign 中，利用工具箱中的【直线】工具可以绘制任意角度的直线。在拖动过程中按下 Shift 键可强制直线方向为水平、垂直或 45° 倾斜；要想精确控制直线的长度和角度，可以通过控制面板上的相关选项来实现，如图 3-1 所示。

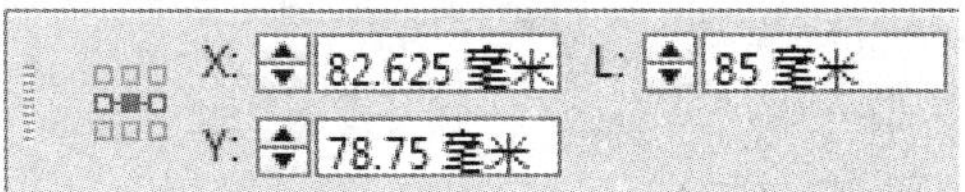

图 3-1　绘制直线

提示

当需要在其他对象的中心或在页面上的特定位置绘制直线或形状时，按 Alt 键，可以从中心向外绘制直线或形状。

绘制直线后，可以在控制面板中设置直线的粗细和类型，或在【描边】面板中设置直线的

粗细和类型，还可以为直线添加起点和终点样式，如图 3-2 所示。

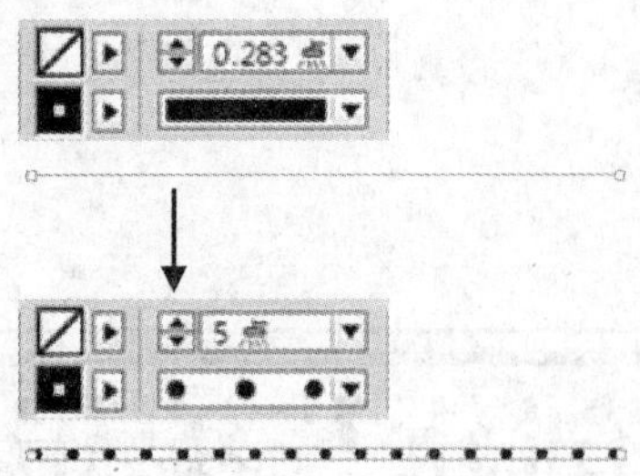

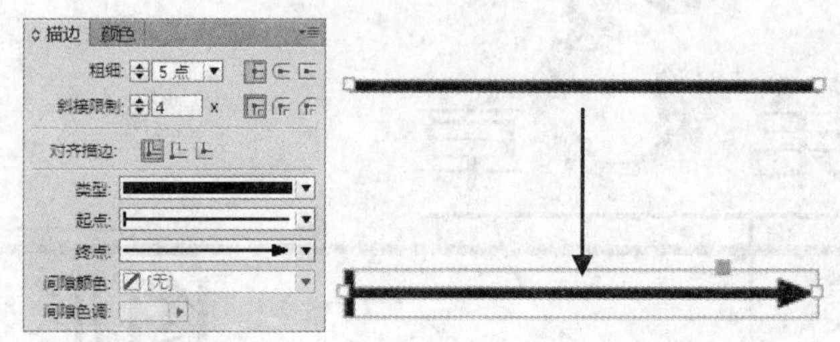

图 3-2　设置直线

3.2　图形工具组

InDesign 提供了 3 种基本形状工具：【矩形】工具、【椭圆】工具、【多边形】工具。使用这些工具能够绘制出矩形、圆角矩形、正方形、圆角正方形、椭圆形、正圆形、多边形与星形等图形。在版式设计中用途非常广泛。

3.2.1　矩形工具

在 InDesign 中，【矩形】工具用于绘制矩形与正方形。在页面上拖动一定距离，即可以绘制出一个矩形。拖动过程中按下 Shift 键可绘制正方形。若在绘制时同时按下 Alt 键，此时绘制的矩形将以鼠标的落点为矩形的中心点，向四周扩展。选择工具箱中的【矩形】工具，将光标移至页面上光标变为形状。单击，打开【矩形】对话框，如图 3-3 所示。在对话框中，输入所需数值，单击【确定】按钮就可绘制出精确的矩形。

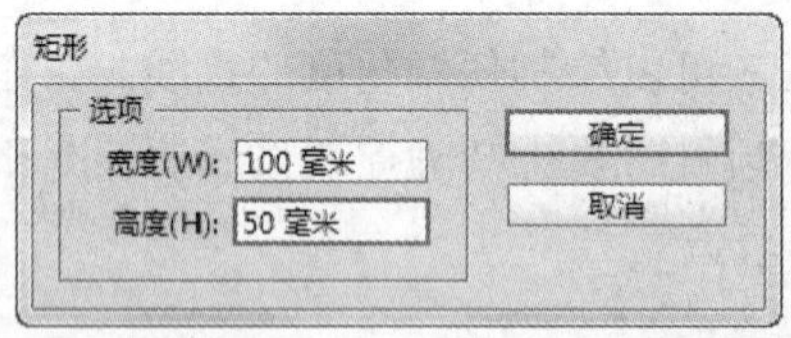

图 3-3　绘制矩形

绘制一个矩形后，若想精确控制其大小，可以先选择该形状，通过修改控制面板上的相关选项实现。W 和 H 分别表示矩形的宽度和高度，输入相应数值后按回车键确定，即可改变其形状，如图 3-4 所示。

图 3-4　通过控制面板绘制矩形

3.2.2　椭圆工具

【椭圆】工具是最常用的绘图工具之一。在 InDesign 中，使用工具箱中的【椭圆】工具能够制作椭圆和圆形。绘制的方法是由一角向另一对角拖动，就会生成所需要的椭圆形。在绘制中，如果在拖动【椭圆】工具的同时按住 Shift 键绘制图形，得到的是圆形。

选择【椭圆】工具，在页面上单击，将弹出【椭圆】对话框，输入相应的宽度和高度值即可绘制出精确的形状，如图 3-5 所示。

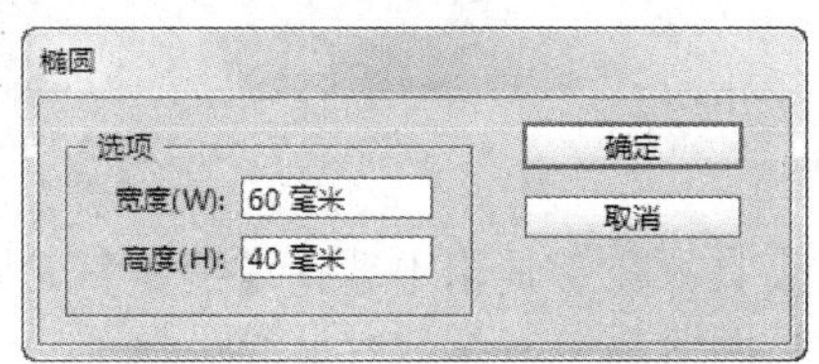

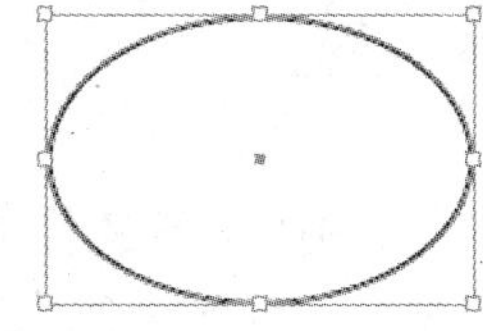

图 3-5　绘制椭圆

当绘制一个圆形后，想精确控制其大小，可以先选择该形状，通过控制面板上的相关选项实现，如图 3-6 所示。控制面板中的 W 和 H 选项分别表示所绘制的椭圆形的水平和垂直直径的长度，在其数值框中输入数值后按 Enter 键即可改变其形状。

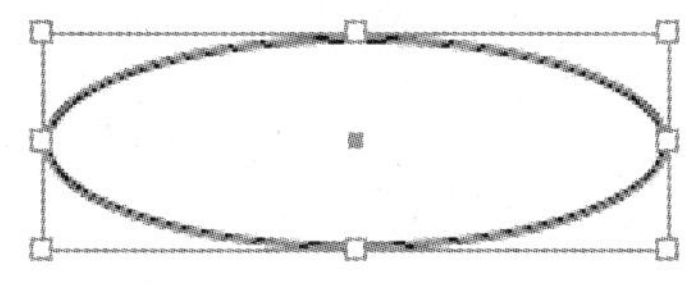

图 3-6　通过控制面板绘制椭圆形

3.2.3　多边形工具

在 InDesign 中，【多边形】工具用于绘制多边形，可以通过工具箱中的【多边形】工具绘制出多种多边形。绘制的方法很简单，首选选择工具箱中的【多边形】工具，将光标移至页面上变为-¦-形状，进行拖动，页面上就会出现一个多边形。双击工具箱中【多边形】工具，打开如图 3-7 所示的【多边形设置】对话框。在此可以对多边形的边数和星形内陷程度进行控制，设置完成后，在页面上拖动即可绘制出相应的形状。

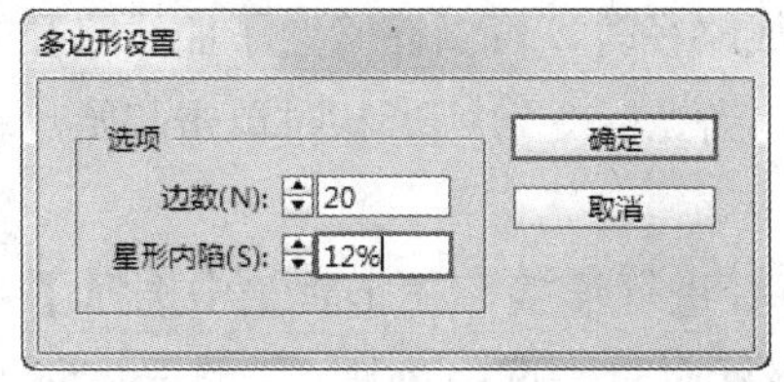

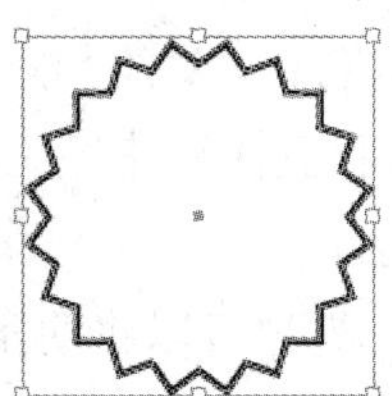

图 3-7　绘制多边形

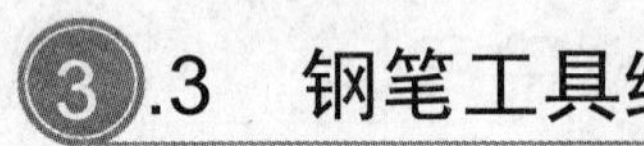

3.3 钢笔工具组

InDesign 中的【钢笔】工具是一个功能相当强大的绘图类工具，能够绘制和修改精细、复杂的路径。该工具为右下角有一个黑色三角按钮，当把光标移到【钢笔】工具按钮后的黑色三角上单击，会显示【钢笔】工具所包含的隐藏工具：【添加锚点】工具、【删除锚点】工具和【转换方向点】工具。

3.3.1 钢笔工具

【钢笔】工具是绘制高精度路径最常用的工具。在工具箱中选择【钢笔】工具后，当光标在页面中变为✎形状时，在页面中任意位置单击即可确定一条路径的起始锚点；在页面的另一位置再次单击，可以确定这条路径的结束锚点，两点之间将自动连成一条直线路径，如图 3-8 所示。如果反复执行这样的操作，就会得到一系列连续的折线构成的路径，如图 3-9 所示。

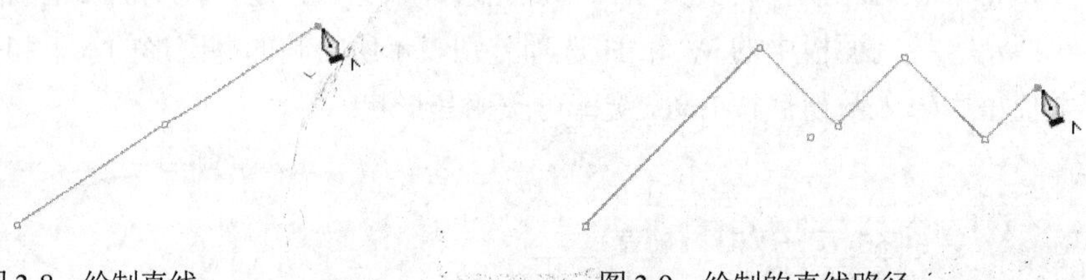

图 3-8 绘制直线　　图 3-9 绘制的直线路径

绘制曲线路径是【钢笔】工具的主要功能。在工具箱中选择【钢笔】工具后，在页面中向上或向下拖动鼠标，会出现两条控制句柄，此时就定义好了曲线路径的第一个锚点；移动鼠标到此锚点的一边，向刚才的反向拖动鼠标，在这两个锚点就会出现圆弧状的路径，拖动控制句柄可以调节曲线的形状。用类似的方法继续使用【钢笔】工具，就可以得到一条光滑的波浪线，如图 3-10 所示。

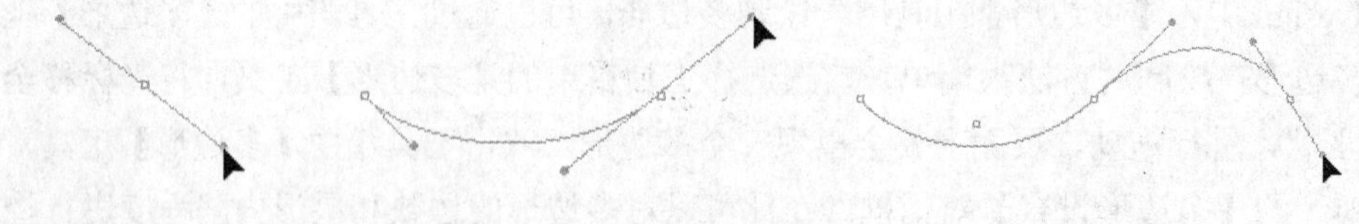

图 3-10 绘制曲线

当需要使用【钢笔】工具绘制封闭的曲线路径时，可以在确定了曲线路径的最后一个锚点后，将【钢笔】工具移到曲线路径的起始点，当光标变为✎。形状时单击起始点就可以将该路径封闭，如图 3-11 所示。

使用【钢笔】工具也可以将两条开放路径进行连接。在工具箱中选择【钢笔】工具后，将光标移到一条路径的端点，当其 变为✎形状时单击选中该锚点；将光标移到另一条路径的端点，当其变为✎。形状时单击该锚点，两条开放路径即被连接成一条路径，如图 3-12 所示。

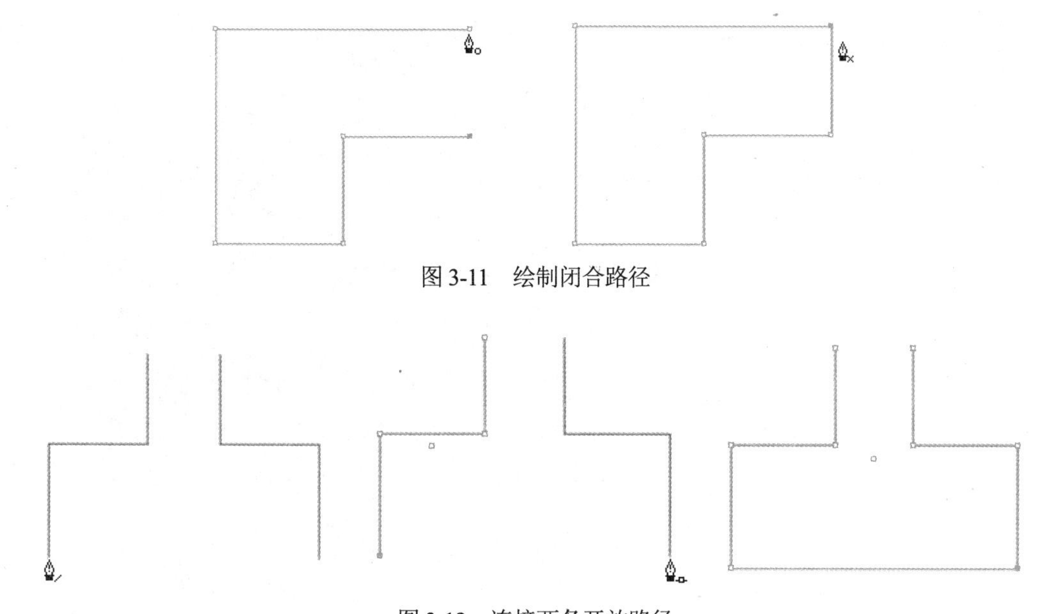

图 3-11　绘制闭合路径

图 3-12　连接两条开放路径

3.3.2　添加锚点工具

【添加锚点】工具用于在路径上添加控制点，来实现对路径形状进行修改，默认快捷键为=键。使用【添加锚点】工具在路径上任意位置单击就可添加一个锚点。如果是直线路径，添加的锚点就是直线点；如果是曲线路径，添加的锚点就是曲线点，如图 3-13 所示。操作时路径需处于被选择状态。添加后的锚点可以使用【直接选择】工具调整其位置。

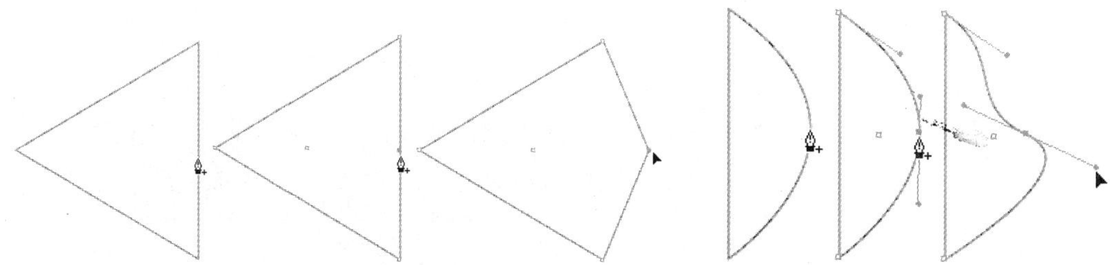

图 3-13　使用【添加锚点】工具

3.3.3　删除锚点工具

【删除锚点】工具用于减少路径上的控制点，默认快捷键为-键，使用【删除锚点】工具在路径锚点上单击就可将锚点删除，删除锚点后会自动调整形状，如图 3-14 所示，锚点的删除不会影响路径的开放或封闭属性。操作时路径需要处于被选择状态。

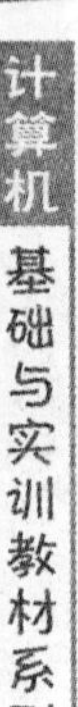

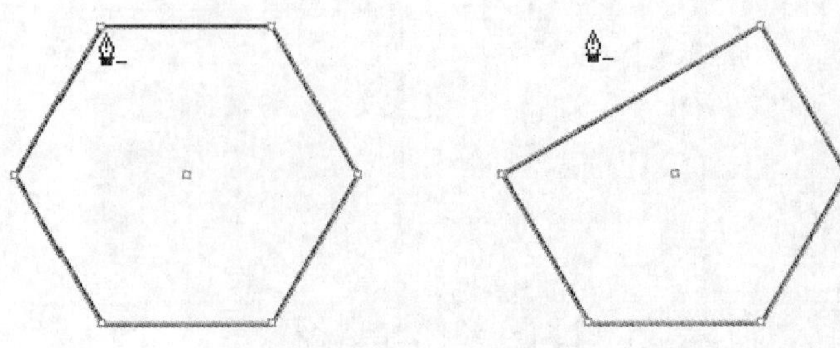

图 3-14　使用【删除锚点】工具

3.3.4　转换锚点工具

【转换方向点】工具用于对路径上锚点的属性进行转换。在工具箱中选择【直接选择】工具，选中需要转换锚点属性的路径；选择【转换方向点】工具，在路径上需要转换属性的锚点上直接单击，就可以将曲线上的锚点转换为直线上的锚点，或者将直线上的锚点转换为曲线上的锚点，如图 3-15 所示。在使用【钢笔】工具时，按住 Alt 键切换为【转换方向点】工具。

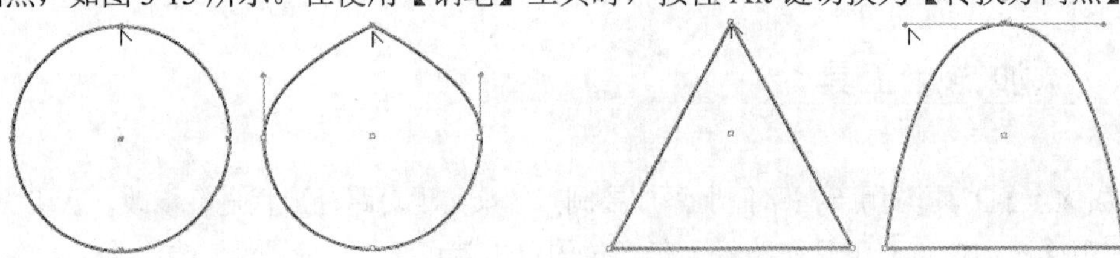

图 3-15　使用【转换方向点】工具

3.4　铅笔工具组

铅笔工具组包含 3 个工具：【铅笔】工具、【平滑】工具、【抹除】工具。【铅笔】工具主要用于创建路径，而【平滑】工具和【抹除】工具则用于快速地修改和删除路径。使用铅笔工具组的工具可以快速地制作绘画效果。

3.4.1　铅笔工具

使用【铅笔】工具进行绘制就像使用铅笔在纸张上进行绘制一样，可以自由绘制路径，并可以修改选中的路径外观，这常用于绘制非精确的路径。

1. 设置【铅笔】工具首选项

双击工具箱中的【铅笔】工具，可以打开如图 3-16 所示的【铅笔工具首选项】对话框，修

改器首选项。

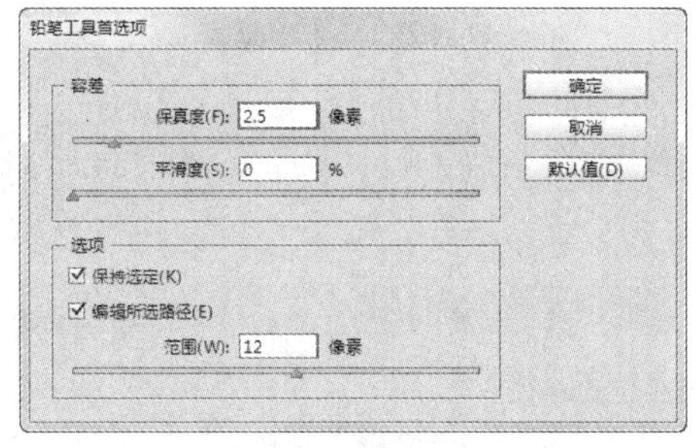

图 3-16　【铅笔工具首选项】对话框

知识点

【编辑所选路径】复选框默认为选中状态，如果取消该复选框，则无法使用【铅笔】工具编辑或合并路径。

使用较低的保真度时，曲线将紧密匹配光标的移动，从而将生成更尖锐的角度。使用较高的保真度值，路径将忽略光标的微小移动，从而将生成更平滑的曲线。【保真度】选项取值范围是 0.5~20 像素。

较低的平滑度值通常生成较多的锚点，并保留线条的不规则性；较高的值则生成较少的锚点和更平滑的路径。【平滑度】选项取值范围是 0%~100%，默认值是 0%。这意味着在使用【铅笔】工具时将不会自动应用平滑。

2. 【铅笔】工具的使用

【铅笔】工具的使用方法非常简单，在工具箱中选择【铅笔】工具后，光标在页面中变为形状时，拖动就会出现虚线轨迹；释放鼠标后，虚线轨迹便会形成完整的路径并且处于被选中的状态，如图 3-17 所示。

图 3-17　使用【铅笔】工具绘制路径

使用【铅笔】工具同样可以绘制闭合路径。在拖动时，按下 Alt 键，此时【铅笔】工具右下角会显示出一个小的圆环，并且它的橡皮条部分是实心的，表示正在绘制一条闭合路径。松开鼠标，然后再松开 Alt 键，路径的起点和终点会自动连接起来成为一条闭合路径。

【铅笔】工具还可以对已经绘制好的路径进行修改。首先选中路径，然后使用【铅笔】工具在路径要修改的部位画线(铅笔的起点和终点必须在原路径上)，达到所要形状时释放鼠标，就会得到期望的形状。如果铅笔的起点不在原路径上，则会画出一条新的路径。如果终点不在原路径上，则原路径被破坏，终点变为新路径的终点。

使用【铅笔】工具还可以将两条独立的路径进行合并。使用【直接选择】工具，同时选中两条独立的路径；选择【铅笔】工具，将光标放置在其中一条路径的端点，光标变为形状；进行拖动开始向另一条路径的某个端点绘制连接路径，同时按住 Ctrl 键，铅笔工具会显示一个小的合并符号以指示正添加到现有路径。当光标与另一条路径的端点重合后，释放鼠

标和 Ctrl 键即可合并两条独立的路径，如图 3-18 所示。

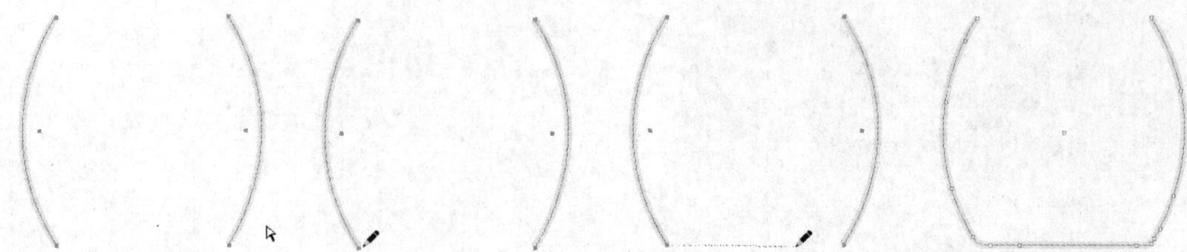

图 3-18　连接两条独立的路径

3.4.2　平滑工具

当使用【铅笔】工具绘制了曲线路径后，可以使用【平滑】工具对手绘的不光滑曲线进行平滑处理。要进行路径的平滑处理，首先选中路径，然后选择【平滑】工具，沿着需要平滑的路径外侧反复拖动，释放鼠标后会发现路径上的锚点数量明显减少，平滑度明显提高，如图 3-19 所示。

图 3-19　使用【平滑】工具修饰曲线

3.4.3　抹除工具

【抹除】工具是修改路径时所用的一种有效工具。【抹除】工具允许删除现有路径的任意部分，包括开放路径和闭合路径。

在工具箱中选中【抹除】工具后，光标变为形状，将光标在已选中路径上拖动即可删除当前路径的一部分，使用效果如图 3-20 所示。擦除后，自动在路径的末端生成一个新的锚点，并且路径处于被选中状态。

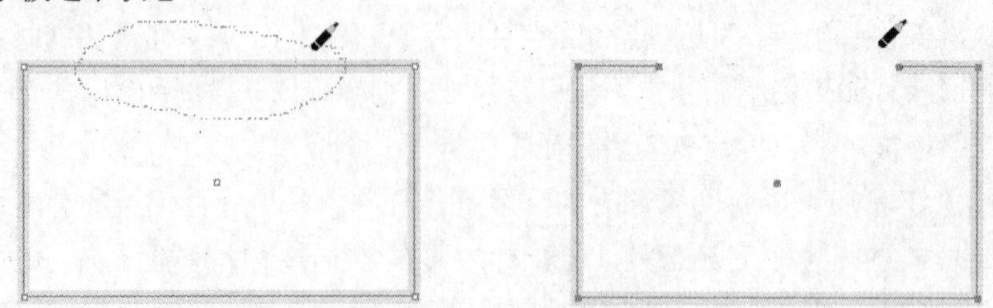

图 3-20　使用【抹除工具】

3.5 剪刀工具

选择工具箱中的【剪刀】工具可以在任何锚点处或沿路径段拆分路径、图形框架或空白文本框架。

选择【剪刀】工具并单击路径上要进行拆分的位置。在路径段中间拆分路径时，两个新端点将重合(一个在另一个上方)并且其中一个端点被选中。如果要将封闭路径拆分为两个开放路径，必须在路径上的两个位置进行切分。如果只切分封闭路径一次，则将路径切分为开放路径。由拆分操作产生的任何路径都将继承原始路径的路径设置，如描边粗细和填色颜色。使用【直接选择】工具可以调整新锚点或路径段。如图 3-21 所示为使用【剪刀】工具将封闭路径拆分为开放路径，并使用【直接选择】工具调整路径。

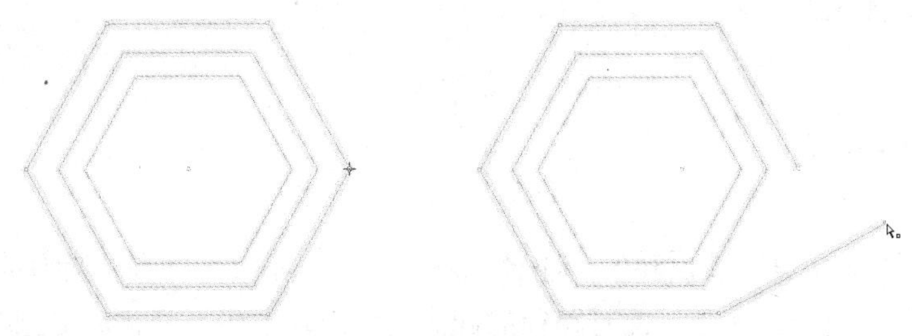

图 3-21　拆分路径

3.6 编辑路径

InDesign 为用户提供了一些对于路径和描边的高级编辑功能，可以更好地完成路径的绘制，更快捷地完成任务。选择【对象】|【路径】命令，在该命令子菜单中可以看到多个用于路径编辑的命令。

3.6.1 连接路径

选中两条路径，然后选择【对象】|【路径】|【连接】命令，即可将两条开放路径进行连接，连接后的路径具有相同的描边或填充属性，如图 3-22 所示。

3.6.2 开放路径

选中封闭路径，然后选择【对象】|【路径】|【开放路径】命令，此时封闭的路径转换为开放路径，使用【直接选择】工具选中开放处，可以将闭合路径张开，如图 3-23 所示。

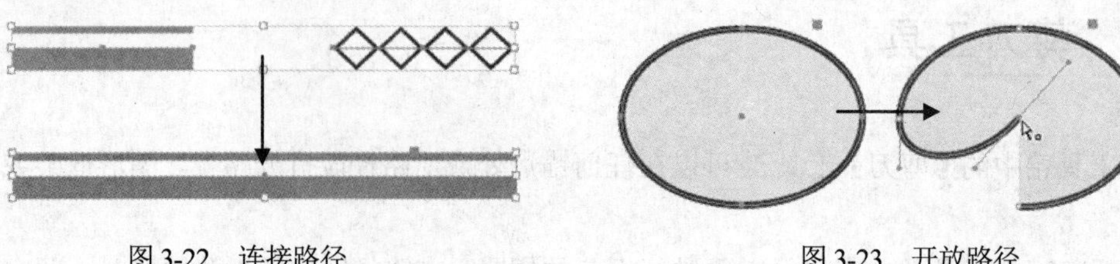

图 3-22　连接路径　　图 3-23　开放路径

3.6.3　封闭路径

选择开放路径，然后选择【对象】|【路径】|【封闭路径】命令，即可将开放路径转换为封闭路径，如图 3-24 所示。

3.6.4　反转路径

使用【直接选择】工具在要反转的子路径上选择一点，不要选择整个复合路径。选择【对象】|【路径】|【反转路径】命令，此时路径的起点与终点均发生了变化，如图 3-25 所示。

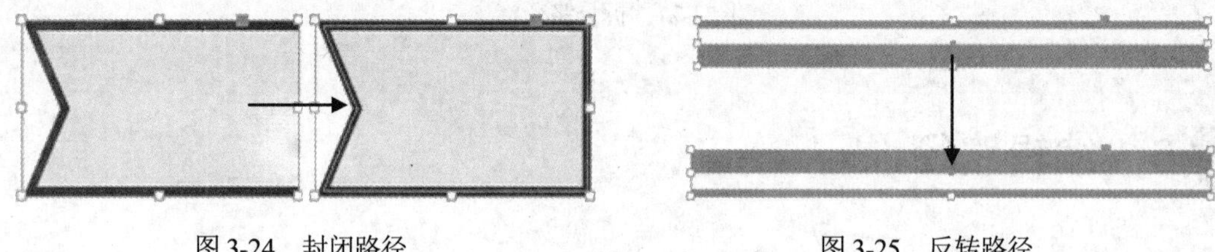

图 3-24　封闭路径　　图 3-25　反转路径

3.6.5　建立复合路径

使用【建立复合路径】命令可以将两个或更多个开放或封闭路径创建为复合路径。创建复合路径时，所有最初选定的路径都将成为新复合路径的子路径。使用选择工具选中所有要包含在复合路径中的路径，选择【对象】|【路径】|【建立复合路径】命令，如图 3-26 所示。

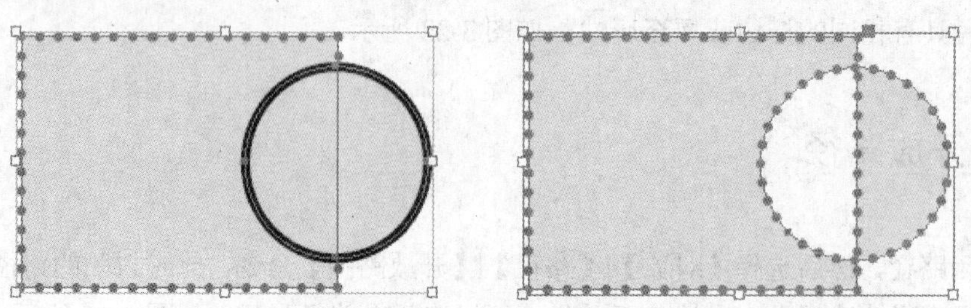

图 3-26　建立复合路径

3.6.6　释放复合路径

可以通过【释放复合路径】命令来分解复合路径。方法是使用【选择】工具选中一个复合路径，然后选择【对象】|【路径】|【释放复合路径】命令即可，如图 3-27 所示。当选定的复合路径包含在框架内部，或该路径包含文本时，【释放复合路径】命令将不可用。

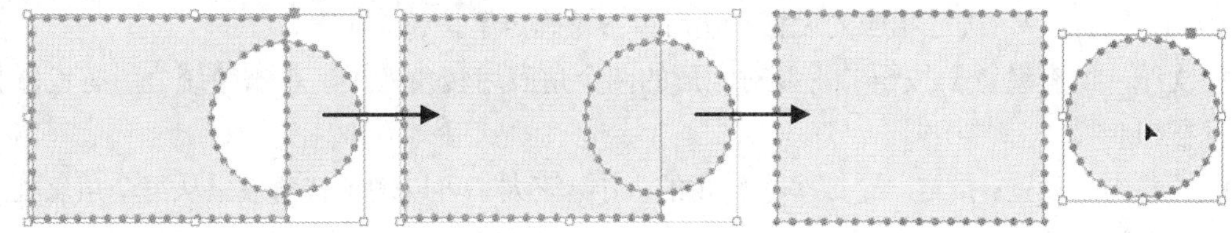

图 3-27　释放复合路径

3.7　路径查找器

在 InDesign 中，除了可以很方便地创建复合路径外，还可以很方便地创建复合形状。创建复合形状时，一般使用【路径查找器】面板。【路径查找器】面板可以使两个以上的图形结合、分离或通过图形重叠部分建立新的图形，即复合形状，对制作复杂的图形很有帮助。选择【窗口】|【对象和版面】|【路径查找器】命令即可将其打开。

【路径查找器】面板的中间一行是用于制作复合形状的按钮，它们的名称及效果如图 3-28 所示。在选中两个或两个以上图形后，单击【路径查找器】面板中的按钮即可创建复合形状。

【路径查找器】面板中的各个按钮作用如下。

- 【相加】按钮：可以跟踪所有对象的轮廓以创建单个形状。
- 【减去】按钮：将前面的对象在底层的对象上减去以创建单个形状。
- 【交叉】按钮：从重叠区域创建一个形状。
- 【排除重叠】按钮：不重叠的区域创建一个形状。
- 【减去后方对象】按钮：后面的对象在最顶层的对象上减去创建一个形状。

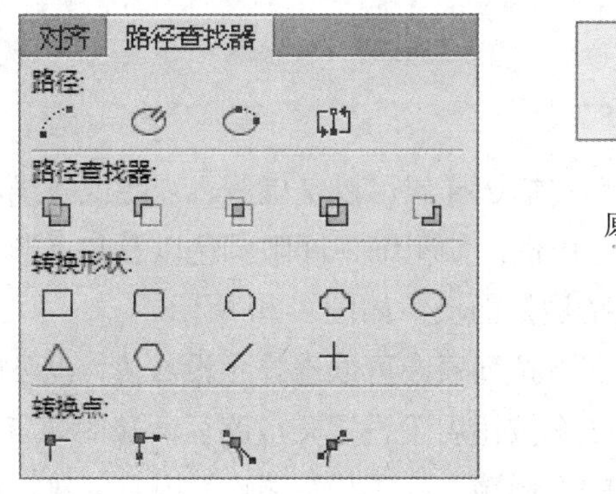

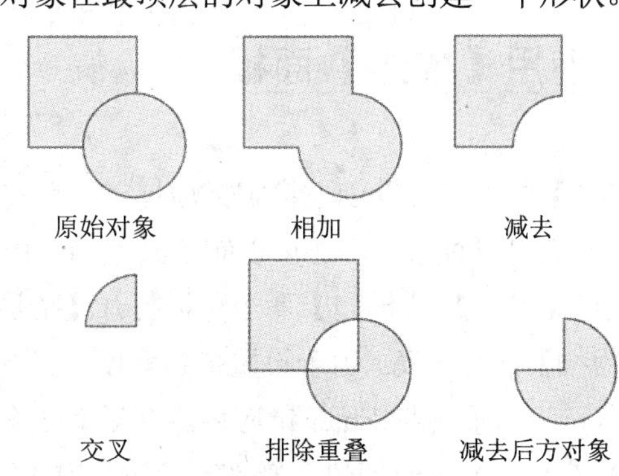

图 3-28　【路径查找器】面板与复合形状效

3.8 角选项的设置

使用【角选项】命令可以将角点效果快速应用到任何路径。可用的角效果有很多，从简单的圆角到花式装饰，各式各样。

使用【选择】工具选择路径，选择【对象】|【角选项】命令，在打开的如图 3-29 所示的【角选项】对话框中，进行相应的设置，然后单击【确定】按钮。

- 【统一所有设置】按钮：要对矩形的四个角应用转角效果，单击【统一所有设置】按钮。
- 转角大小设置：指定一个或多个转角的大小。该大小可以确定转角效果从每个角点处延伸的半径。
- 转角形状设置：从列表框中选择一个转角效果，包括【无】、【花式】、【斜角】、【内陷】、【反向圆角】、【圆角】等效果。
- 【预览】：选中该选项，可以在应用效果前查看效果。

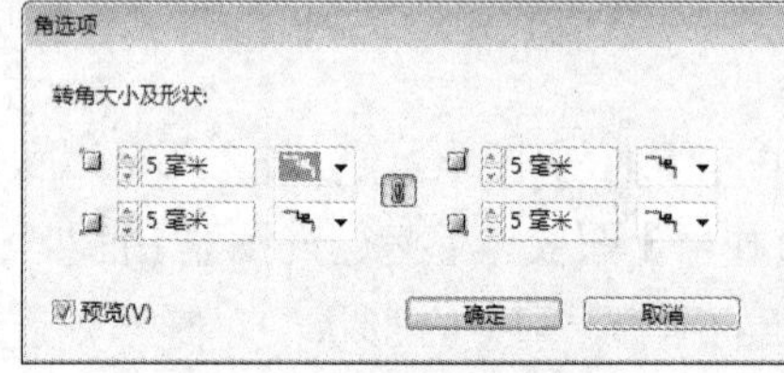

图 3-29　设置【角选项】

3.9 描边设置

在 InDesign 中，可以将描边设置应用于路径、形状、文本框架和文本轮廓。通过【描边】面板可以控制描边的粗细和外观，包括路径段之间的连接方式、起点形状、终点形状以及用于角点的选项。选定路径或框架时，还可以在控制面板中选择描边设置。

3.9.1 使用【描边】面板

在【描边】面板中可以创建自定描边样式，自定描边样式可以是虚线、点线或条线。在将自定描边样式应用与对象后，还可以制定其他描边属性，如粗细、间隙颜色以及起点形状和终点形状。选择【窗口】|【描边】命令可以打开【描边】面板，如图 3-30 所示。

- 【粗细】下拉列表：用于设置描边宽度。在下拉列表中可以选择预设数值，也可以自行输入一个数值并按 Enter 键应用。其后有 3 个按钮用于设置开放路径两端的端点外观。【平头端点】用于创建邻接(终止于)端点的方形端点；【圆头端点】用于创建的端点之

外扩展半个描边宽度的半圆端点；【投射末端】用于创建在端点之外扩展半个描边宽度的方形端点。此选项使描边粗细沿路径周围的所有方向均匀扩展。

图 3-30　【描边】面板

> **知识点**
>
> 需要注意的是，如果路径被设置的过细，如小于 0.25 毫米时，在某些输出设备上可能无法再现。输入 0 时，则不会有描边宽度。

- 【斜接限制】数值框：用于指定在斜角连接成为斜面连接之前相对于描边宽度对拐点长度的限制。例如，输入数值为 7，则要求在拐点称为斜面之前，拐点长度是描边宽度的 7 倍。其后 3 个按钮分别用于指定不同形式的路径拐角外观。【斜接连接】用于创建当斜接的长度位于斜接限制范围内时扩展至端点之外的尖角；【圆角连接】用于创建在端点之外扩展半个描边宽度的圆角；【斜面连接】用于创建与端点邻接的方角。
- 【对齐描边】：共 3 种选择，单击某个图标以指定描边相对于路径的位置。分别为描边在路径的两侧、内侧和外侧。
- 【类型】下拉列表：在此列表中可以选择一个描边类型。
- 【起点】和【终点】下拉列表：用于设置路径起始点或终点的样式。
- 【间隙颜色】下拉列表：指定要应用于线、点线或多条线条间隙中的颜色。
- 【间隙色调】选项：用于在指定了间隙颜色后，指定一个色调。

【例 3-1】在新建文档中，使【钢笔】工具创建路径并对路径使用描边效果。

(1) 在 InDesign 中，选择【文件】|【新建】|【文档】命令，打开【新建文档】对话框。在该对话框中创建【宽度】为 80 毫米，【高度】为 100 毫米，单击【边距和分栏】按钮。在打开的【新建边距和分栏】对话框中，设置【边距】为 5 毫米，然后单击【确定】按钮，创建新文档，如图 3-31 所示。

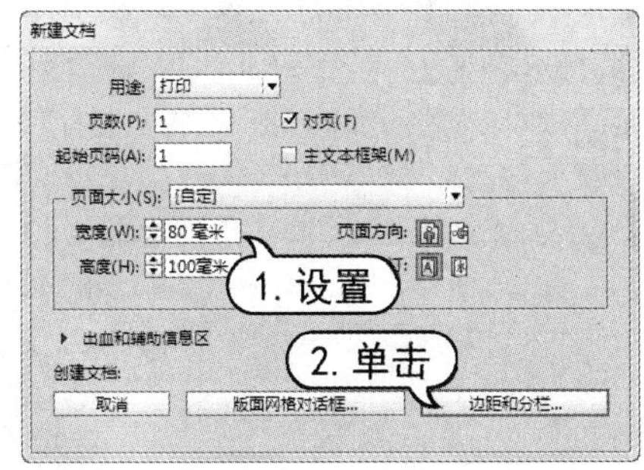

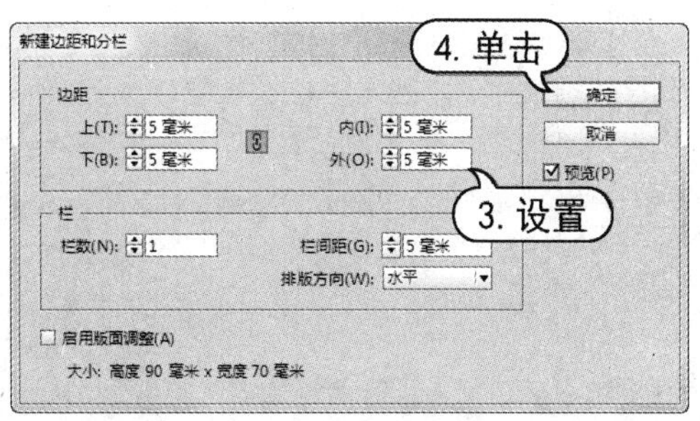

图 3-31　创建新文档

(2) 选择【文件】|【置入】命令，打开【置入】对话框，在该对话框中选择需要置入的文件，

然后单击【打开】按钮，接着在文档页面中单击，将图像置入。操作界面及效果如图 3-32 所示。

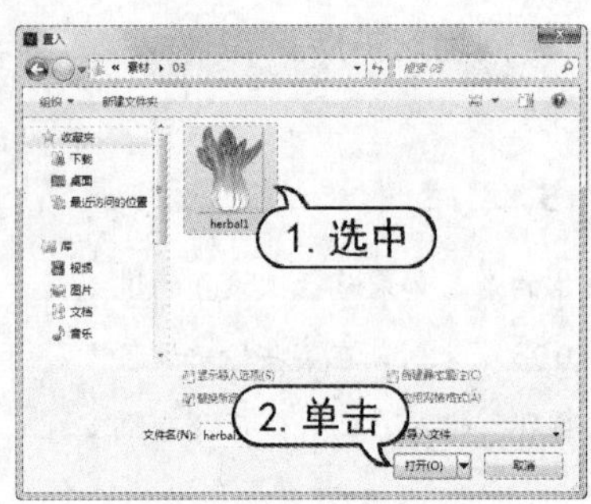

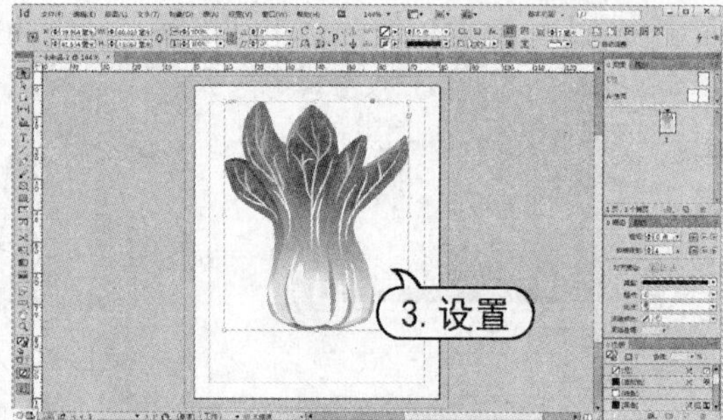

图 3-32　置入图像

(3) 选择【文字】工具在页面中拖动创建文本框，在控制面板中设置字体为 Arial，样式为 Bold，字体大小 35 点，在【颜色】面板中设置字体填充颜色为 C=78 M=0 Y=100 K=50，然后在文本框中输入文字，如图 3-33 所示。

(4) 选择工具箱中的【选择】工具选中文字，右击，在弹出的快捷菜单中选择【适合】|【使框架适合内容】命令，并将文字移动到页面中合适位置，如图 3-34 所示。

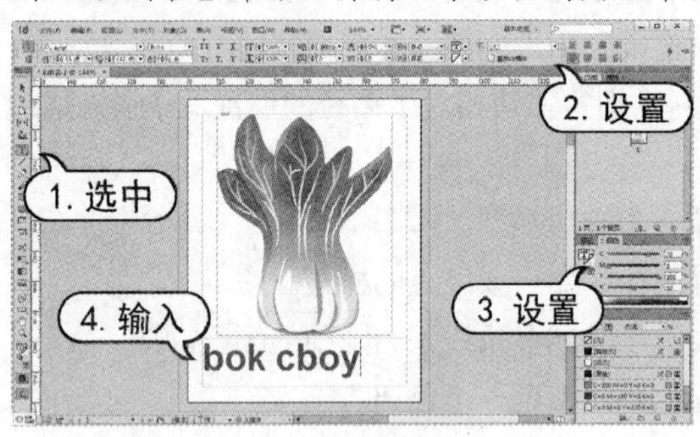

图 3-33　输入文字

图 3-34　调整文本框

(5) 按 Ctrl+L 组合键将文字锁定，然后选择工具箱中的【钢笔】工具在文档页面中，沿字母边缘绘制如图 3-35 所示的路径。

(6) 使用【选择】工具在页面中选中绘制的路径，在【颜色】面板中设置路径的描边颜色为 C=80 M=0 Y=85 K=0，填充颜色为 C=0 M=13 Y=87 K=0；在【描边】面板中设置【粗细】为 2 点，在【类型】下拉列表中选择【粗-细】选项，得到的效果如图 3-36 所示。

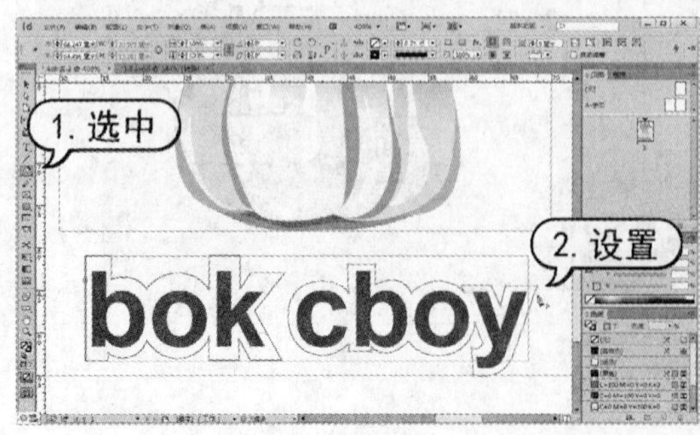

图 3-35　创建路径

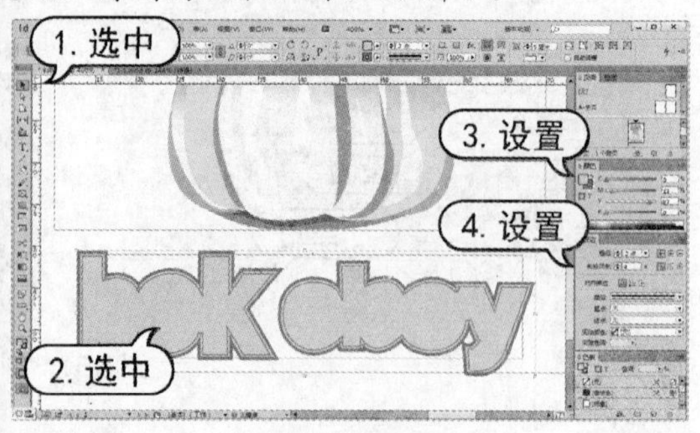

图 3-36　设置描边

(7) 选择【对象】|【排列】|【置为底层】命令，将绘制的图形放置在文字的下方，如图 3-37 所示。

(8) 选择工具箱中的【钢笔】工具在文档页面中绘制直线，然后在【描边】面板中设置【粗细】为 2 点，【起点】和【终点】均为【实心圆】，并设置描边颜色为 C=80 M=0 Y=100 K=50，得到的效果如图 3-38 所示。绘制完成后，选择【文件】|【存储】命令，在打开的【存储为】对话框中保存创建的文档。

图 3-37　排列对象

图 3-38　绘制直线

3.9.2　自定描边样式

在 InDesign 中，可以使用【描边】面板创建自定描边样式。自定描边样式可以是虚线、点线或条纹线。在【描边】面板菜单中，选择【描边样式】命令，打开【描边样式】对话框，如图 3-39 所示。在对话框中单击【新建】按钮，打开【新建描边样式】对话框，如图 3-40 所示。在该对话框中的各选项含义如下。

- 【名称】文本框：用于输入描边样式的名称。
- 【类型】下拉列表：用于选择描边样式。选择【虚线】选项，用于定义一个以固定或变化间隔分隔虚线的样式。选择【条纹】选项，用于定义一个具有一条或多条平行线的样式。选择【点线】选项，用于定义一个以固定或变化间隔分隔点的样式。

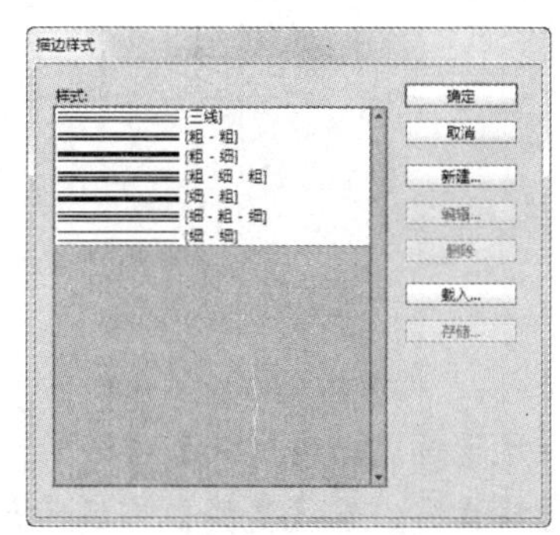

图 3-39　【描边样式】对话框

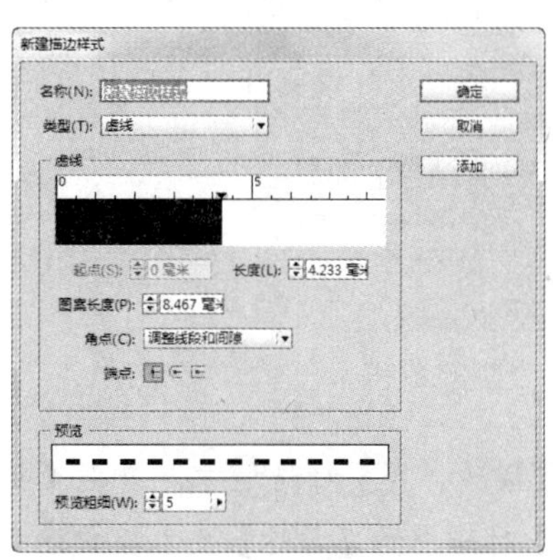

图 3-40　【新建描边样式】对话框

- 【图案长度】数值框：可以指定重复图案的长度(只限虚线或点线样式)。标尺将自动更
- 新以便与用户指定的长度匹配。
- 【预览粗细】数值框：用于指定一个线条粗细，使用户在不同的线条粗细下预览描边。
- 【角点】选项：对于虚线和点线图案，决定如何处理虚线或点线，以在拐角的周围保持有规则的图案。
- 【端点】选项：对于虚线图案，选择一个样式以决定虚线的形状。此设置将覆盖【描边】面板中的【端点】设置。

【例 3-2】在置入的图像文档中创建自定描边样式。

(1) 【文件】|【打开】命令，打开【打开文件】对话框，选择需要打开的图像文件，单击【打开】按钮，如图 3-41 所示。

(2) 选择工具箱中的【钢笔】工具，在打开的图像中拖动绘制如图 3-42 所示的图形框。

图 3-41　打开文档

图 3-42　绘制矩形

(3) 在【描边】面板中，设置【粗细】为 3 点，在面板菜单中选择【描边样式】命令，打开【描边样式】对话框，如图 3-43 所示。

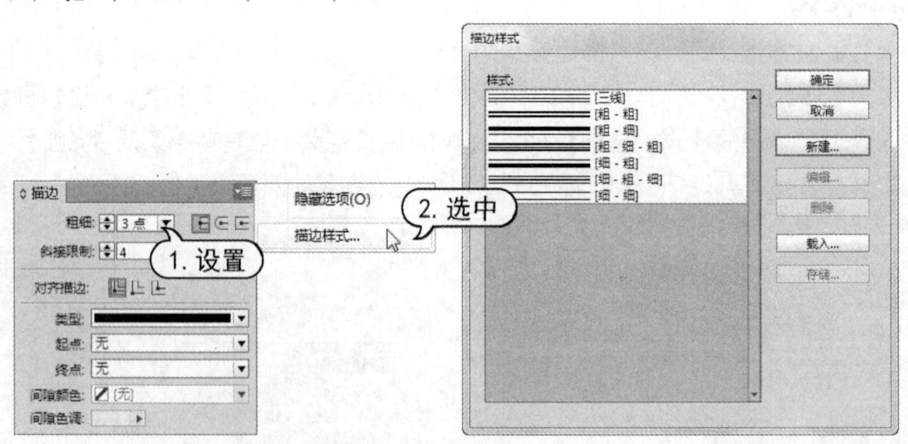

图 3-43　【描边样式】命令

(4) 在【描边样式】对话框中，单击【新建】按钮打开【新建描边样式】对话框。在【新建描边样式】对话框的【名称】文本框中输入“我的描边样式”，在【类型】下拉列表中选择【条纹】选项，调整条纹的宽度，单击【添加】按钮。再单击【完成】按钮关闭【新建描边样

式】对话框。然后单击【确定】按钮，关闭【描边样式】对话框，如图 3-44 所示。

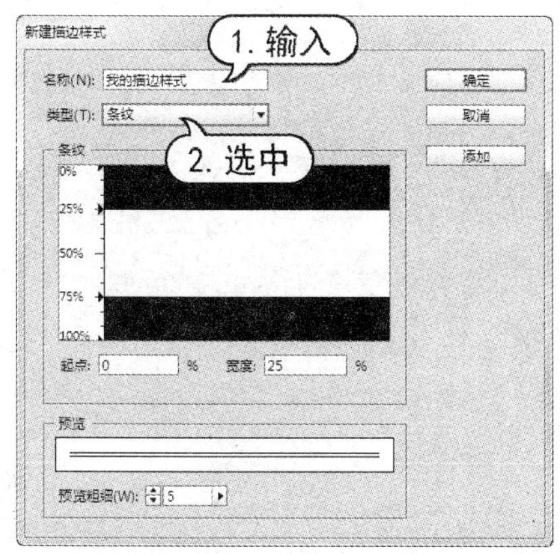

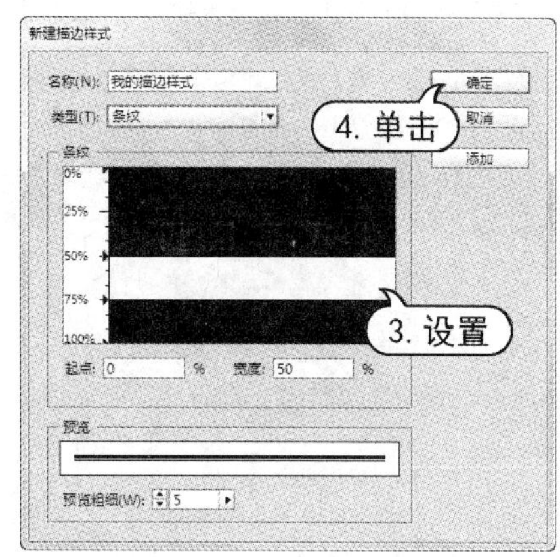

图 3-44　新建描边样式

(5) 在【描边】面板中的【类型】下拉列表中选择【我的描边样式】选项。并在【颜色】面板中设置描边颜色为 C=84 M=32 Y=100 K=0。然后选择【视图】|【屏幕模式】|【预览】命令查看，如图 3-45 所示。

图 3-45　应用描边样式

3.10　上机练习

本章的上机练习通过制作简单的页面版式，使用户更好地掌握绘图工具在版式设计中的操作方法和应用技巧。

(1) 选择【文件】|【新建】|【文档】命令，打开【新建文档】对话框。在对话框中的【页面大小】下拉列表中选择 A4 选项，单击【页面方向】区域中的【横向】按钮，然后单击【边距和分栏】按钮。在打开的【新建边距和分栏】对话框中，设置【上】、【下】、【内】、【外】边距数值为 5 毫米，然后单击【确定】按钮，如图 3-46 所示。

(2) 选择【矩形框架】工具在页面中拖动创建框架，然后选择【编辑】|【多重复制】命令，打开【多重复制】对话框。在对话框中，设置【计数】数值为 3，【垂直】为 0 毫米，【水平】

为 75.5 毫米，单击【确定】按钮应用，如图 3-47 所示。

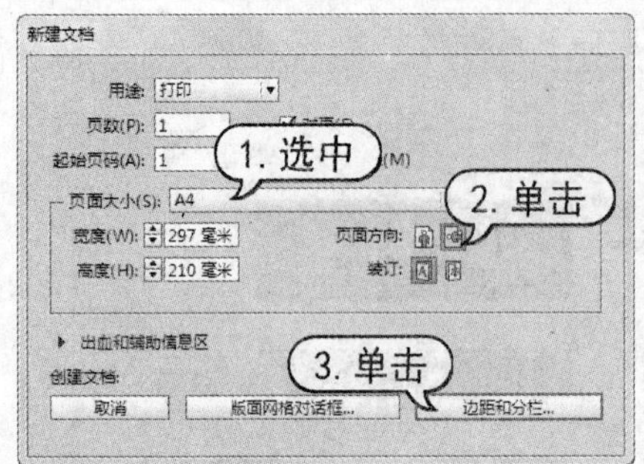

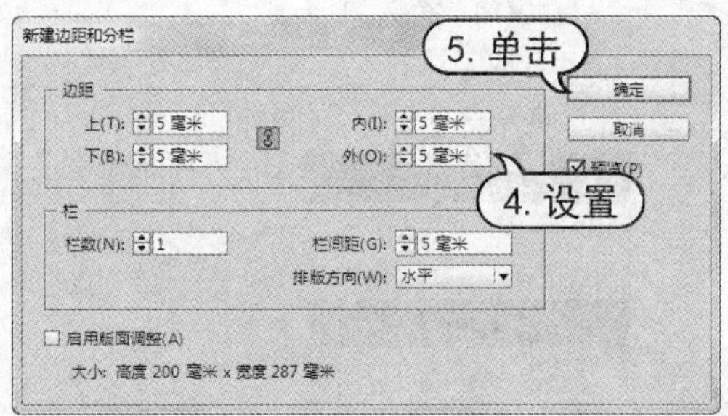

图 3-46　新建文档

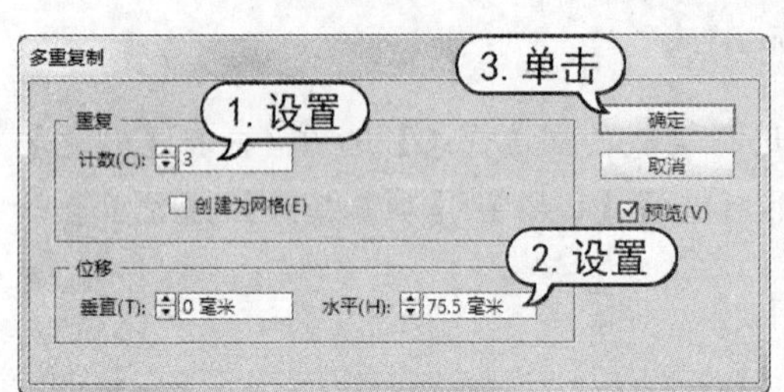

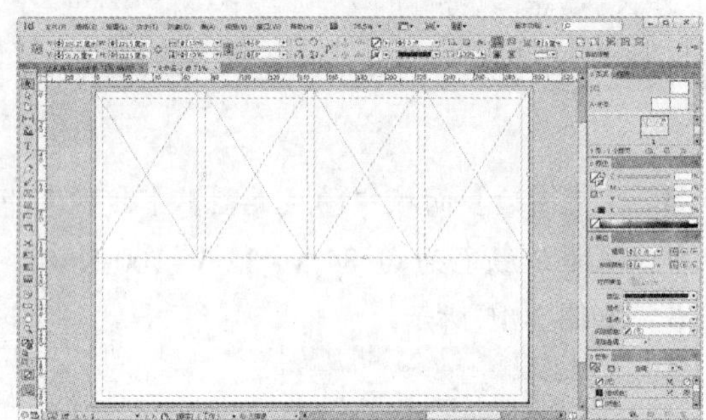

图 3-47　创建框架

(3) 使用【选择】工具选中第一个矩形框架，选择【文件】|【置入】命令，打开【置入】对话框。在对话框中，选中需要置入的图片，取消【显示导入选项】复选框，然后单击【打开】按钮，如图 3-48 所示。

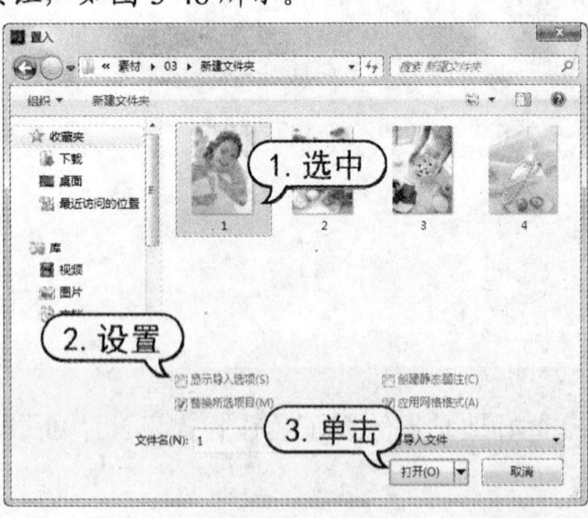

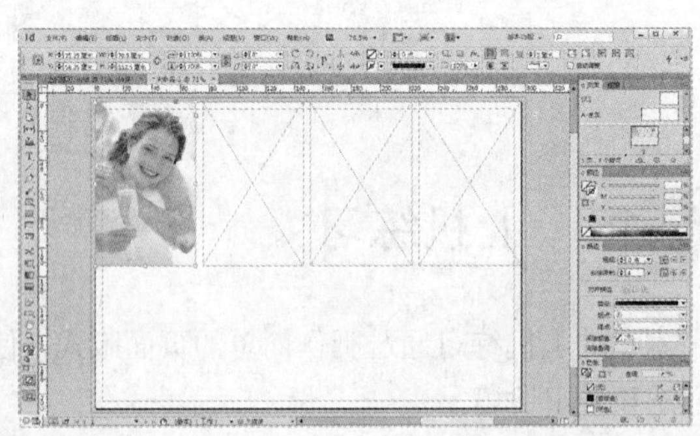

图 3-48　置入图像(1)

(4) 使用步骤(3)相同操作方法，分别选中复制的矩形框架，并置入图片，如图 3-49 所示。

(5) 选择【钢笔】工具在页面中绘制如图 3-50 所示的图形，并在【颜色】面板中设置描边色为无，填充色为白色。

(6) 选择【选择】工具，右击刚绘制的图形，在弹出的快捷菜单中选择【变换】|【移动】

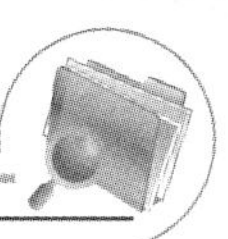

命令，打开【移动】对话框。在对话框中，设置【垂直】为 5 毫米，然后单击【复制】按钮，并单击【色板】面板中的 C=15 M=100 Y=100 K=0 色板，如图 3-51 所示。

图 3-49　置入图像(2)

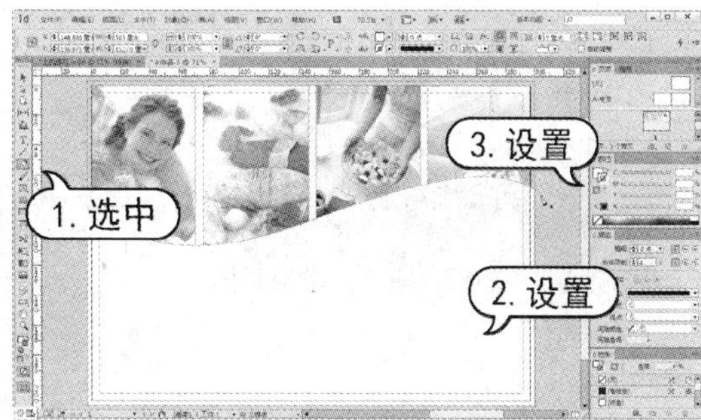

图 3-50　绘制图形

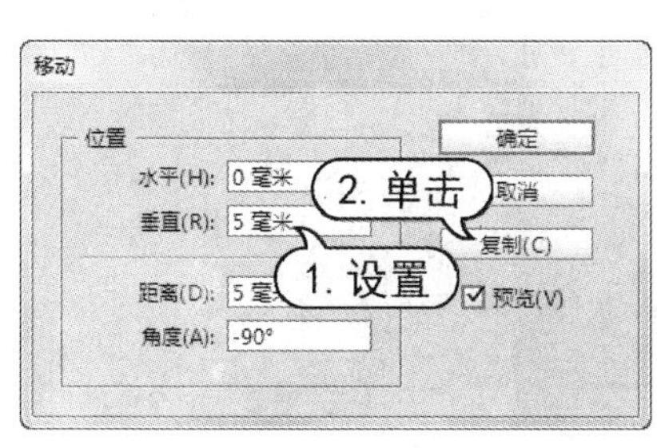

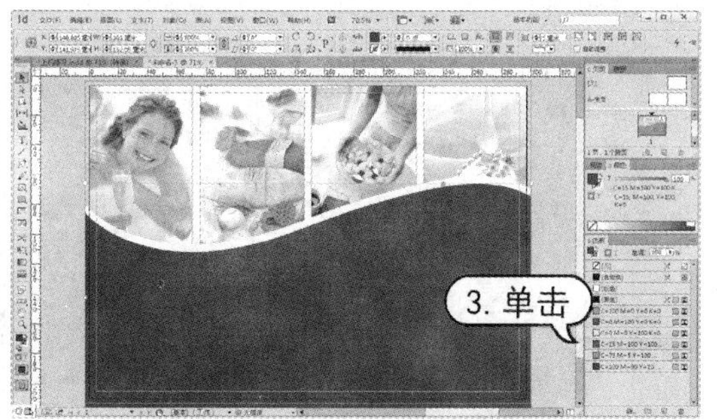

图 3-51　移动、复制图形

(7) 选择【直接选择】工具选中刚复制图形底部的两个锚点，右击，在弹出的快捷菜单中选择【变换】|【移动】命令，打开【移动】对话框。在对话框中，设置【垂直】数值为-5 毫米，然后单击【确定】按钮调整锚点位置，如图 3-52 所示。

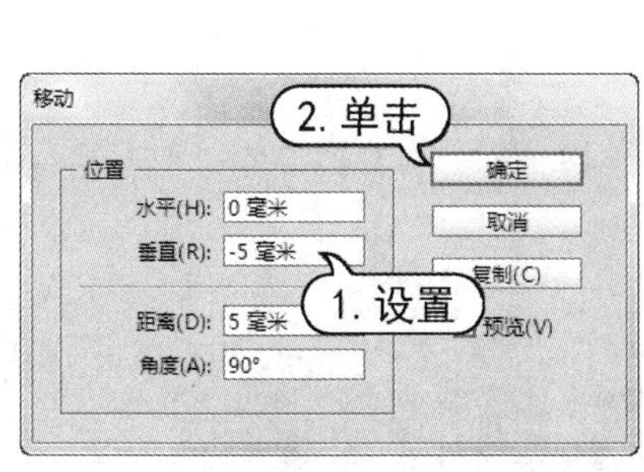

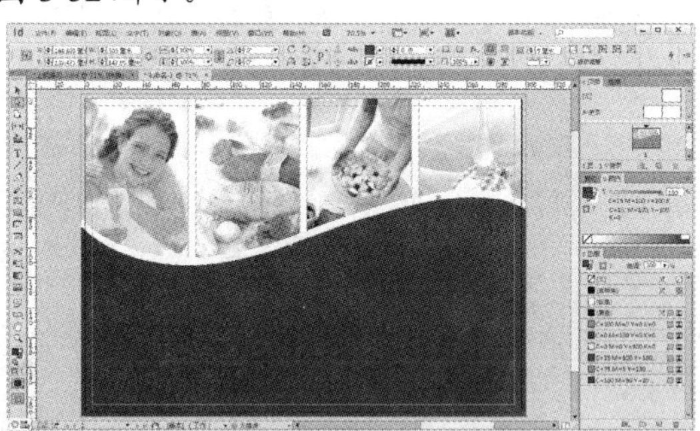

图 3-52　移动锚点

(8) 选择【钢笔】工具在页面中分别绘制形状，并在【颜色】面板中设置描边色为【无】，填充颜色为 C=0 M=20 Y=75 K=15，如图 3-53 所示。

(9) 选择【直线】工具根据页面内边距绘制一条直线，在【颜色】面板中设置描边色为白色，并在【描边】面板中，设置【粗细】为 2 点，在【类型】下拉列表中选择【虚线】选项，【起点】下拉列表中选择【圆】选项，设置虚线间隔为 6 点，如图 3-54 所示。

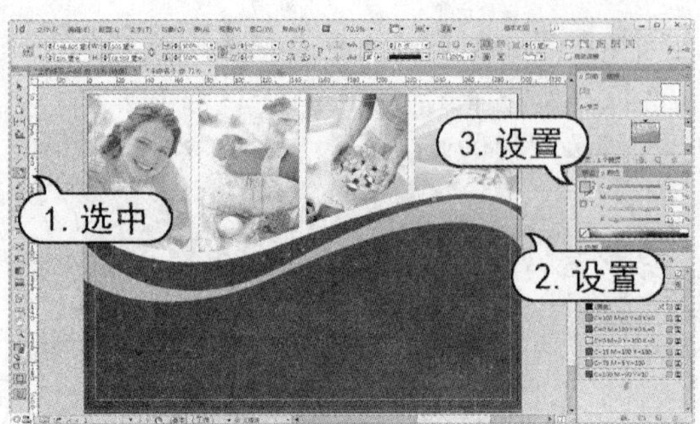

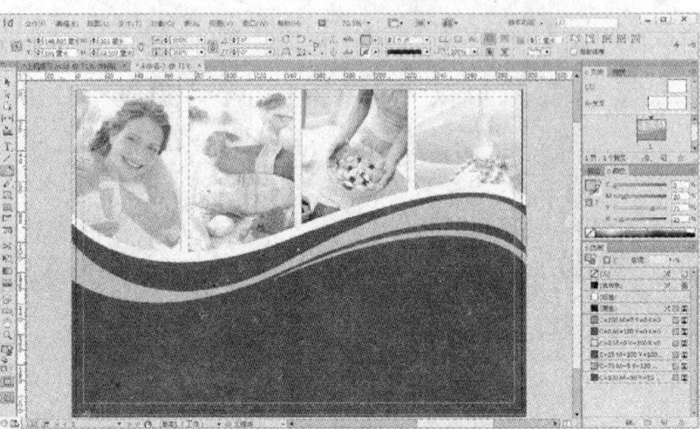

图 3-53　绘制图形

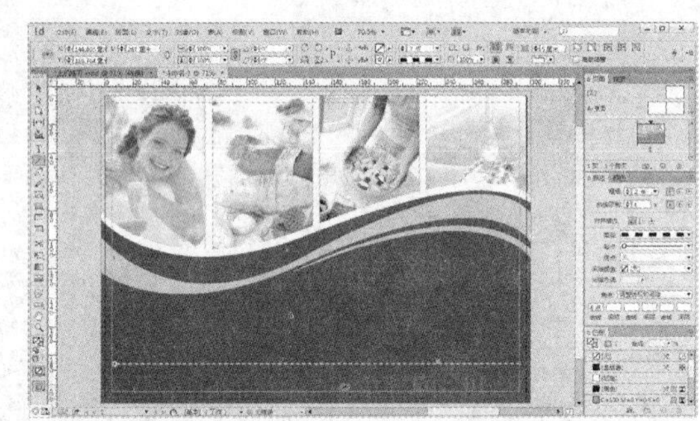

图 3-54　绘制直线

(10) 选择【文字】工具在页面中依据内边距创建文本框，选择【文件】|【置入】命令，打开【置入】对话框。在对话框中，选中需要置入的 Word 文档，单击【打开】按钮，如图 3-55 所示。

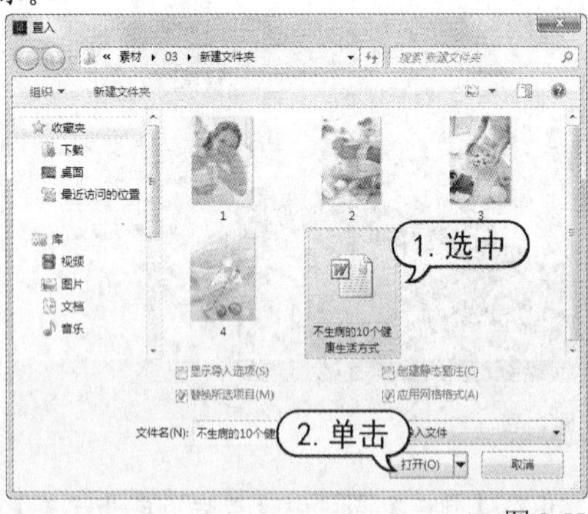

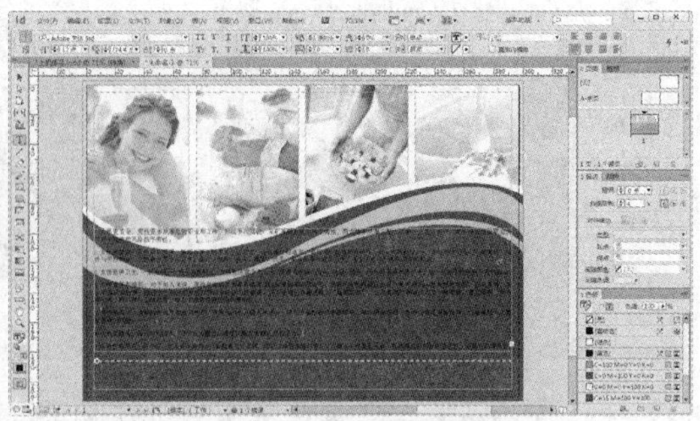

图 3-55　置入文档

(11) 按 Ctrl+A 组合键全选置入的文本，在控制面板中设置字体为黑体，字体大小为 9 点，字体颜色为白色。单击控制面板中【段落格式控制】按钮，设置【首行左缩进】数值为 8 毫米，【段后间距】数值为 1 毫米，如图 3-56 所示。

(12) 选择【对象】|【文本框架选项】命令，打开【文本框架选项】对话框。在对话框中，

设置【栏数】数值为 4，然后单击【确定】按钮，如图 3-57 所示。

图 3-56　设置文本

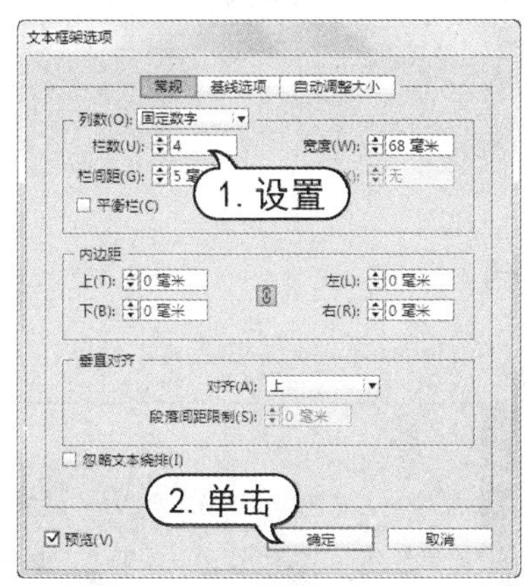

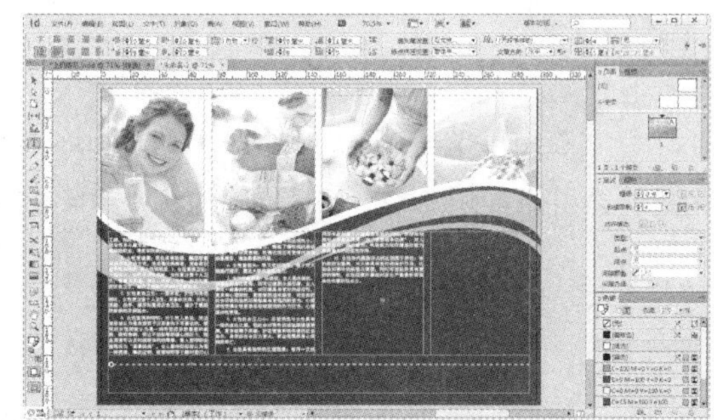

图 3-57　设置文本框架

(13) 使用【直接选择】工具选中文本框架，选择【添加锚点】工具在文本框架上添加两个锚点，再选择【直接选择】工具选中锚点，调整文本框形状，如图 3-58 所示。

(14) 选择【文字】工具创建文本框，在控制面板中设置字体为【方正综艺_GBK】，字体大小为 34 点，填色为白色，然后输入文字内容，如图 3-59 所示。

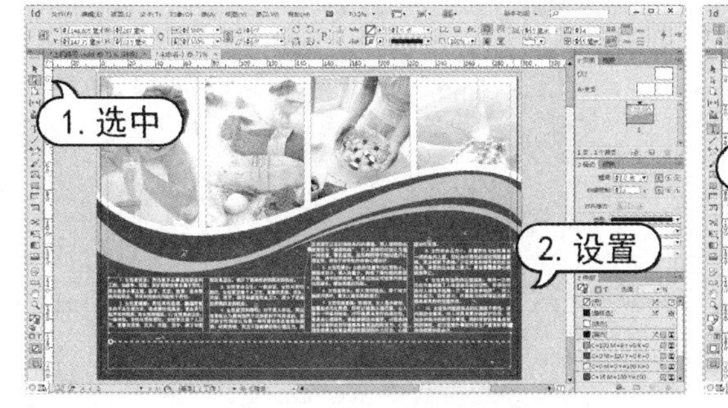

图 3-58　调整文本框架

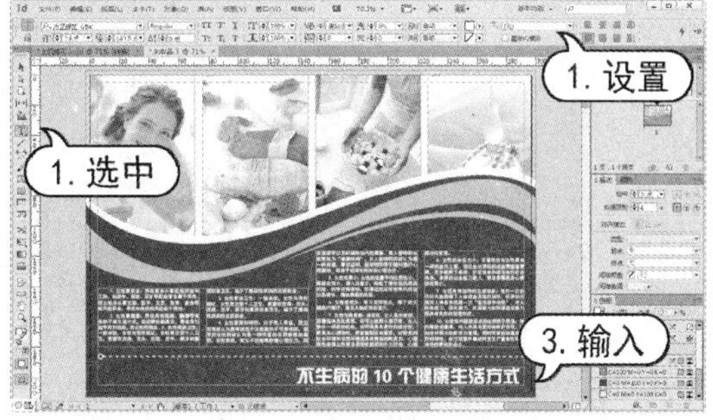

图 3-59　输入文字(1)

(15) 选择【文字】工具创建文本框，在控制面板中设置字体为黑体，字体大小为 12 点，填色为白色，然后输入文字内容，如图 3-60 所示。

(16) 选择【文件】|【存储】命令，打开【存储为】对话框。在对话框的【文件名】文本框中，输入“杂文版式”，然后单击【保存】按钮，如图 3-61 所示。

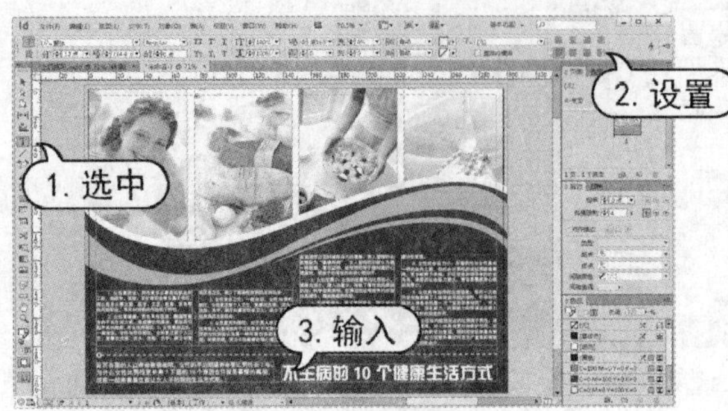

图 3-60 输入文字(2)

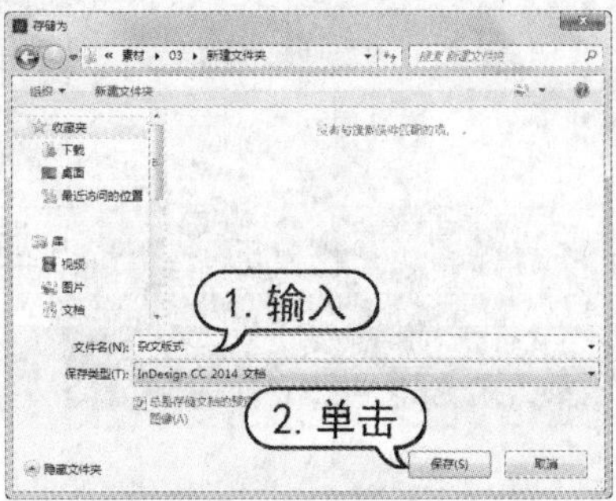

图 3-61 存储

3.11 习题

1. 新建一个文档，使用绘图工具，并结合【描边】面板制作如图 3-62 所示的图案效果。
2. 新建一个文档，使用绘图工具制作如图 3-63 所示的图像效果。

图 3-62 图像效果

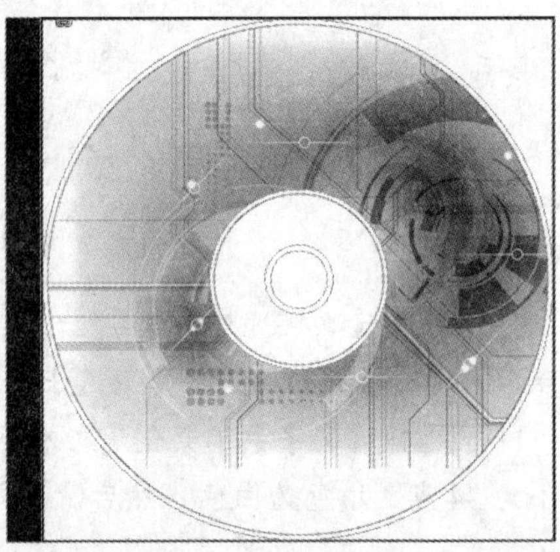

图 3-63 图像效果

第4章 对象的编辑操作

学习目标

InDesign 中对象包括可以在文档窗口中添加或创建的任何项目，其中包括路径、复合形状、文字、图形图像、表格和任何置入的文件。在页面中添加了不同的对象以后，就需要对所有的对象进行布局和调整的控制，才能进一步丰富页面的设计效果。

本章重点

- 选择对象
- 变换对象
- 对齐与分布对象
- 框架的创建与使用

4.1 选择对象

要编辑已存在的图形，必须先选中图形。在 InDesign 中提供了【选择】工具和【直接选择】工具两种选择工具，不仅可以用来选择矢量图形，还可以选择位图、成组对象、框架等。

4.1.1 【选择】工具

【选择】工具主要用来选择、移动对象。在用户编辑一个对象之前，必须使用【选择】工具将对象从其他对象中选中。用户可以通过拖动光标将对象选中，无论对象是否完全被包含在光标划过的范围中，都将被选中，如图 4-1 所示。选中的任何对象都有具有边界框，甚至一条直线也是如此。可以通过边界框上面的控制柄，并结合其他按键可以轻松地实现移动、复制或按比例缩放所选择的对象。

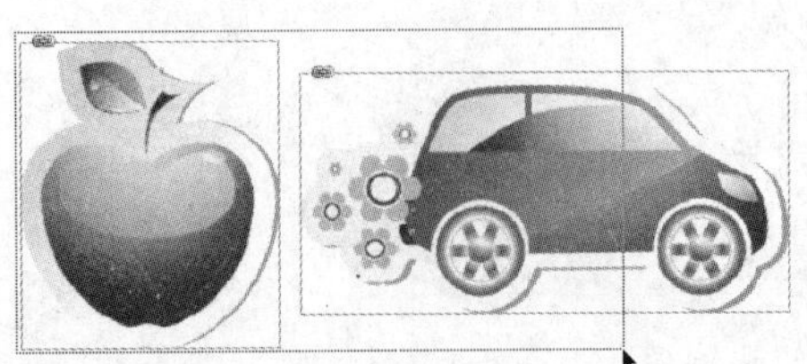
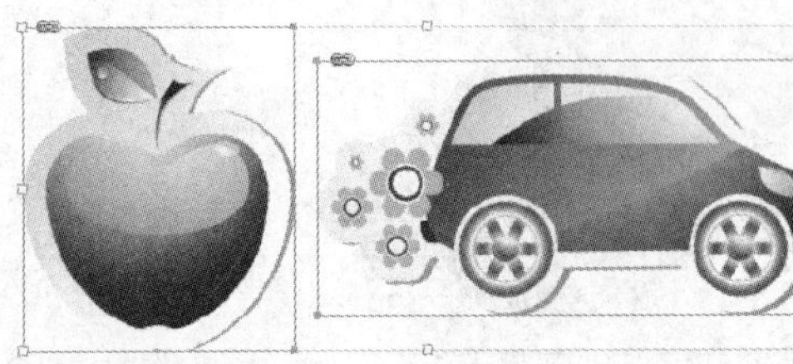

图 4-1　选择对象

如果按住 Shift 键的同时，使用【选择】工具单击，可以连续选中或取消选择对象。当多个对象重叠时，往往无法选中位于上层对象之下的对象，此时用户可以按住 Ctrl 键的同时单击下层的对象，即可选中被遮盖住的对象。在按住 Alt 键时，用【选择】工具拖动操作对象即可复制该对象。

4.1.2　【直接选择】工具

在 InDesign 中，用户可以操作的对象除文字和图像外基本都具有整体编辑状态和锚点编辑状态两种编辑状态。选择【直接选择】工具，然后把光标移至图形的路径对象上，这时只要单击就可选中对象了。两种编辑状态的区别在于，当选中的对象处于整体编辑状态时，用户无法改变操作对象的锚点位置，能够进行的编辑操作仅是缩放、旋转和移动位置。当选中的对象处于锚点编辑状态时，用户可以改变其锚点的位置和类型。

除了对上述对象进行编辑外，按住 Alt 键，用户可以使用【直接选择】工具拖动操作对象实现对该对象复制的操作。在操作过程中需要注意的是，如果在按住 Alt 键的状态下，用【直接选择】工具拖动操作对象的边缘线，则可以创建对象边缘线的副本，如图 4-2 所示。如果在按住 Alt 键的状态下，用【直接选择】工具拖动操作对象的锚点，则创建的对象副本与原对象部分将重合，如图 4-3 所示。

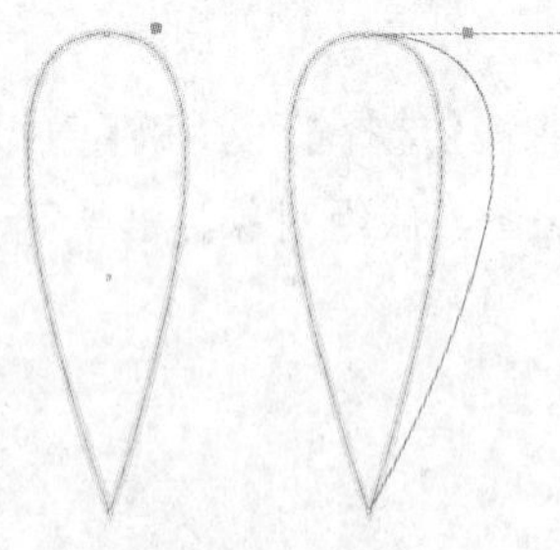

图 4-2　复制边缘线

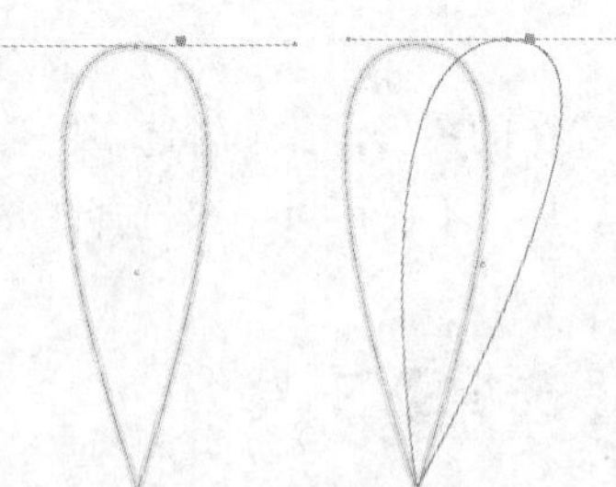

图 4-3　拖动锚点复制

4.1.3　【选择】命令

在 In Design 中，对象的叠放次序是依据它们被创建的顺序而决定的。每创建一个新的对

象，都出现在现有对象之上。对于一组叠放的对象，要选择不同层次的对象，有多种不同的选择方法。选择如图 4-4 所示的【对象】|【选择】命令，在弹出的子菜单中选择相应的命令，可以选择重叠、嵌套或编组中的单个对象或成组对象。

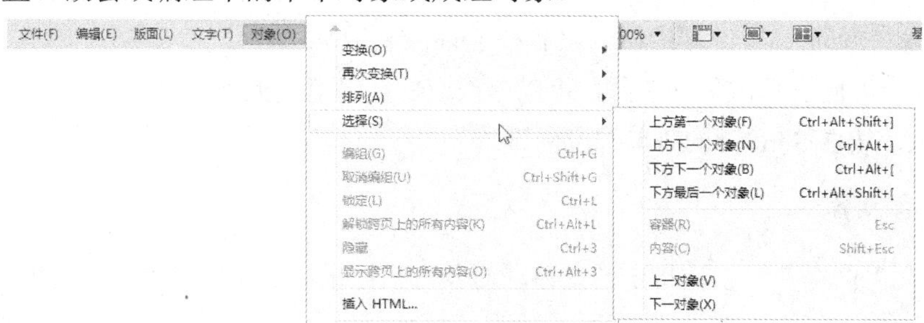

图 4-4　【选择】命令

- 【上方第一个对象】：选择该命令，可以选择堆栈最上面的对象。
- 【上方下一个对象】：选择该命令，可以选择当前对象上方的对象。
- 【下方下一个对象】：选择该命令，可以选择当前对象下方的对象。
- 【下方最后一个对象】：选择该命令，可以选择堆栈最底层的对象。
- 【容器】：选择该命令，可选择选定对象周围的框架；如果选择了某个组内的对象，则选择包含该对象的组。此外，也可通过单击控制面板中的【选择容器】按钮来实现同样的功能。
- 【内容】：选择该命令，可以选择选定图形框架的内容；如果选择了某个组，则选择该组内的对象。此外，也可以通过控制面板中的【选择内容】按钮来实现同样的功能。
- 【上一对象】/【下一对象】：如果所选对象是组的一部分，选择该命令，则选择组内的上一个或下一个对象。如果选择了取消编组的对象，则选择跨页上的上一个或下一个对象。按住 Shift 键单击，可跳过 5 个对象；按住 Ctrl 键单击，可以选择堆栈中的第一个或最后一个对象。

选择【编辑】|【全选】命令，可以选择跨页和剪贴板上的所有对象。【全选】命令不能选择嵌套对象、位于锁定或隐藏图层上的对象、文档页面上未覆盖的主页项目或其他跨页和剪贴板上的对象(串接文本除外)。要取消选择跨页及其剪贴板上的所有对象，可以选择【编辑】|【全部取消选择】命令即可。

4.2　移动对象

移动对象是控制对象最基本的操作，在 InDesign 中可以通过多种方式来移动对象，不仅可以将对象移动到任意位置，还可以将对象移动到指定位置。

1. 移动对象

要移动对象，在选择对象后，用户可以参考以下几种方法进行操作。

- 可以使用【选择】工具将该对象拖动到新位置即可。按住 Shift 键拖动，可以使对象在水平、垂直或对角线方向上移动。
- 要将对象移动到特定的数值位置，可以在【变换】面板或控制面板中输入 X(水平方向)或 Y(垂直方向)位置选项的值，然后按 Enter 键应用。
- 要在一个方向上稍微移动对象，可以单按或按住键盘上的方向键；要按 10 倍的距离位移对象，按住 Shift 键同时单按方向键。

2. 精确移动对象

使用【移动】命令，可以按指定数量移动对象，也可以独立于内容来只移动框架，或者移动选定对象的副本，而将原稿保留在原位。

选中要移动的对象，然后选择【对象】|【变换】|【移动】命令，或者双击工具箱中的【选择】工具或【直接选择】工具，打开【移动】对话框进行设置，即可移动对象，如图 4-5 所示。

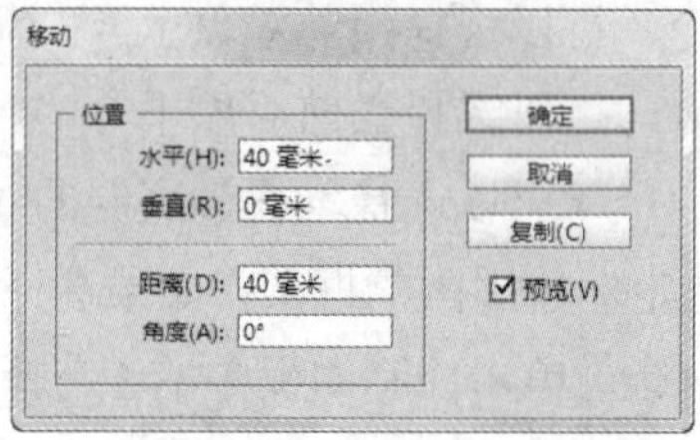

图 4-5　移动对象

- 【水平】和【垂直】数值框：用于输入使对象移动的水平和垂直距离。
- 【距离】数值框：用于输入要将对象移动的精确距离。
- 【角度】数值框：可以输入要移动对象的角度。输入的角度从 X 轴开始计算，正角度指定逆时针移动，负角度指定顺时针移动。
- 【预览】复选框：选择该项，可以在应用前预览效果。
- 【复制】按钮：单击该按钮可以创建移动对象的副本。

4.3　旋转对象

要旋转对象，可以选择对象后，用户可以参考以下几种方法进行操作：

- 选择工具箱中的【旋转】工具，将该工具放置在远离原点的位置，并围绕原点拖动。要将该工具约束在 45°倍数的方向上，可以在拖动时按住 Shift 键。或者选择工具箱中的【自由变换】工具，将光标放置在定界框外变成双箭头曲线时拖动，可以围绕原点旋转对象。
- 要按照预设角度旋转，可以在【变换】面板或控制面板中的【旋转角度】选项中选择预设的角度或直接输入旋转数值。

◉ 选择【对象】|【变换】|【旋转】命令，打开【旋转】对话框可以将对象旋转一个特定量，还可以独立于内容只旋转框架，或旋转选定对象的副本，而将原稿保留在原位，如图 4-6 所示。

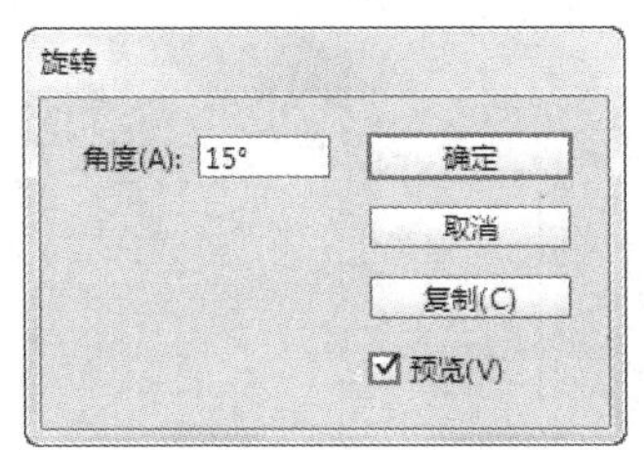

图 4-6　旋转对象

4.4　缩放对象

缩放对象是指相对于指定原点，在水平方向(沿 X 轴)、垂直方向(沿 Y 轴)或者同时在水平或垂直方向上，放大或缩小对象。

要缩放对象，可以选择对象后，用户可以参考以下几种方法进行操作。

◉ 使用【选择】工具，按住 Ctrl 键拖动可以同时缩放内容和框架，按住 Shift 键拖动可按比例调整对象大小。

◉ 选择【对象】|【变换】|【缩放】命令，打开【缩放】对话框可以按指定数值缩放对象，还可以独立于内容只缩放框架，或者缩放选定对象的副本，而将原稿保留在原位，如图 4-7 所示。

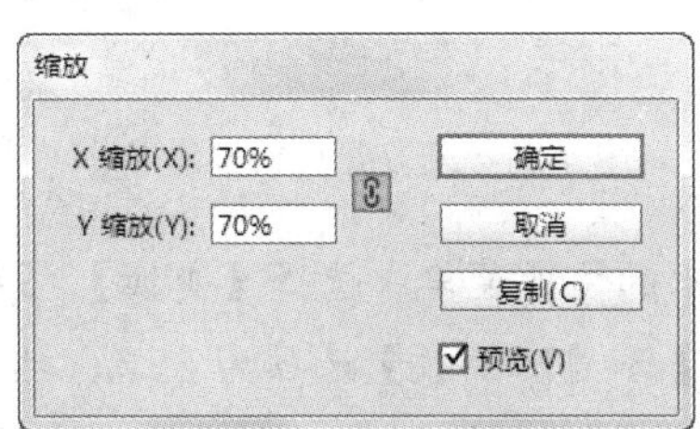

图 4-7　缩放对象

◉ 使用【缩放】工具，将【缩放】工具放置在远离参考点的位置并拖动。如果要只缩放 X 或 Y 轴，沿着一个轴方向开始拖动【缩放】工具即可。如果要按比例进行缩放，在拖动缩放工具的同时按住 Shift 键。

◉ 在【变换】面板和控制面板中，选中【约束缩放比例】图表，然后在【X 缩放百分比】或【Y 缩放百分比】选项中选择预设数值或者输入数值。

【例 4-1】使用形状工具，并结合【缩放】命令在文档中制作一个标志。

(1) 启动 InDesign CC 应用程序，创建一个新文档。

(2) 选择【多边形】工具，在页面中单击打开【多边形】对话框。在该对话框中，设置【多边形宽度】和【多边形高度】选项均为 150 毫米，【边数】选项为 30，【星形内陷】选项为 20%，然后单击【确定】按钮创建多边形，如图 4-8 所示。

(3) 在【颜色】面板中，取消描边颜色，设置填色为 C=15 M=1 Y=20 K=0，设置多边形颜色如图 4-9 所示。

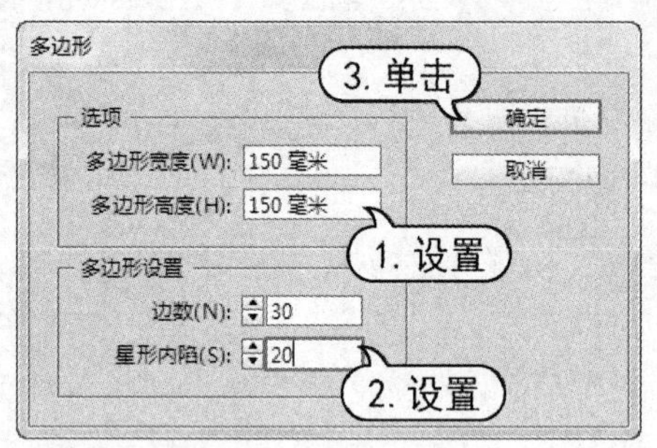

图 4-8　创建多边形

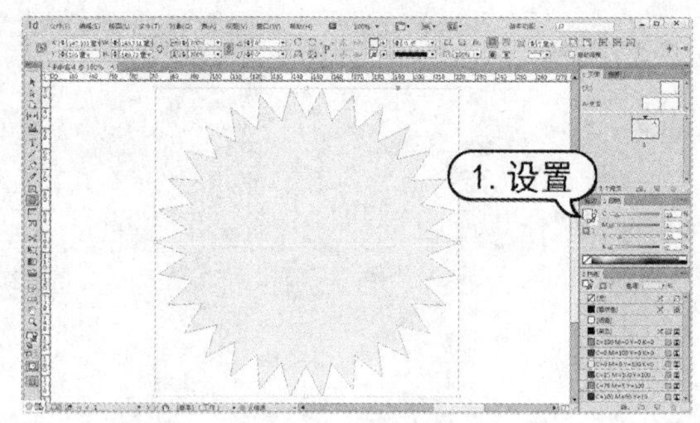

图 4-9　设置颜色

(4) 在多边形上右击，在弹出的快捷菜单中选择【变换】|【缩放】命令，打开【缩放】对话框，在对话框中设置【X 缩放】和【Y 缩放】选项为 95%，然后单击【复制】按钮缩放并复制多边形。并在【颜色】面板中设置填色为 C=75 M=5 Y=100 K=0，如图 4-10 所示。

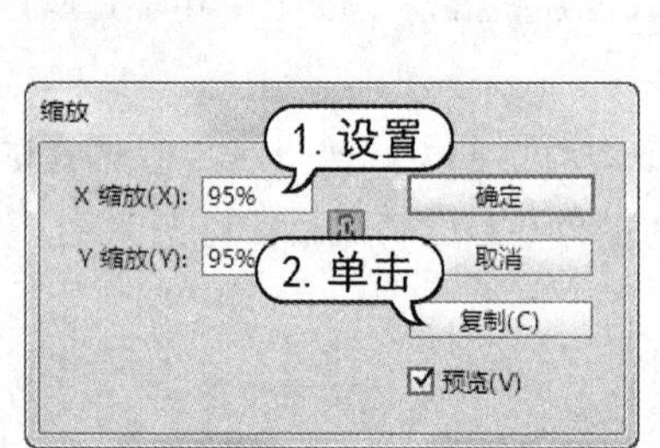

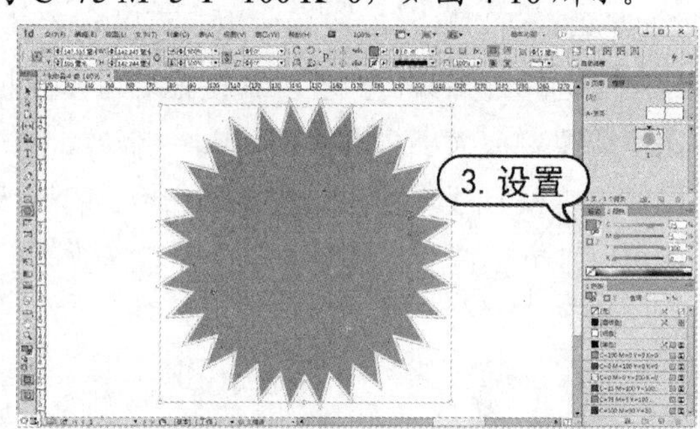

图 4-10　缩放并复制多边形

(5) 在多边形上右击，在弹出的快捷菜单中选择【变换】|【缩放】命令，打开【缩放】对话框，在对话框中设置【X 缩放】和【Y 缩放】选项为 85%，然后单击【复制】按钮缩放并复制多边形。并在【颜色】面板中设置填色为 C=15 M=1 Y=20 K=0，如图 4-11 所示。

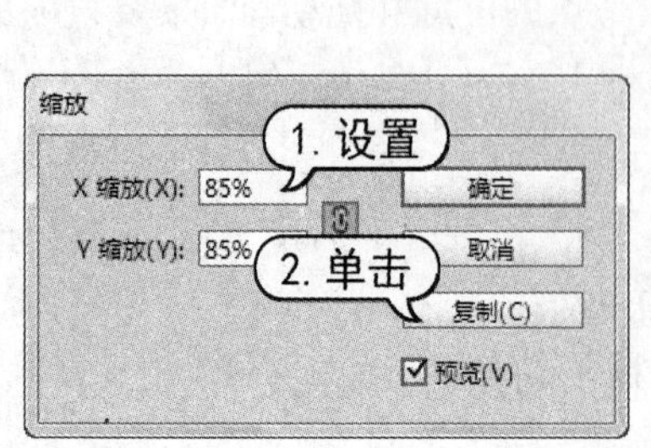

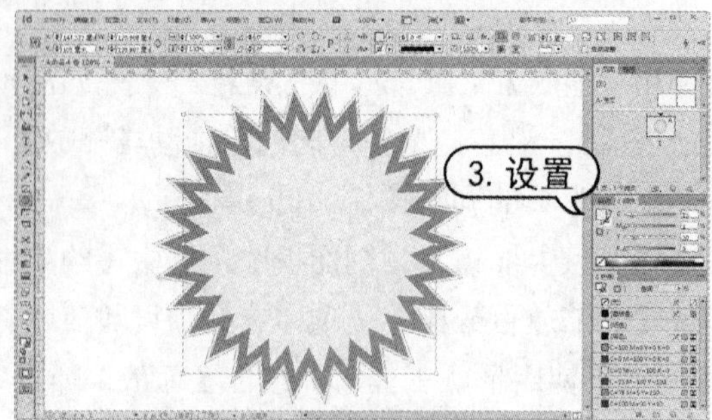

图 4-11　缩放并复制多边形

(6) 选择【窗口】|【对象和版面】|【路径查找器】命令，打开【路径查找器】面板，然后单击【转换为椭圆形】按钮◯，如图 4-12 所示。

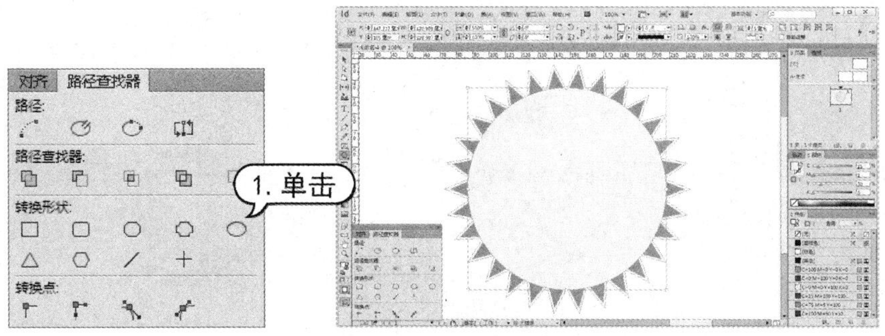

图 4-12　转换圆形

(7) 在圆形上右击，在弹出的快捷菜单中选择【变换】|【缩放】命令，打开【缩放】对话框。在该对话框中设置【X 缩放】和【Y 缩放】选项为 95%，然后单击【复制】按钮缩放并复制圆形。并在【颜色】面板中设置填色为 C=75 M=5 Y=100 K=0，如图 4-13 所示。

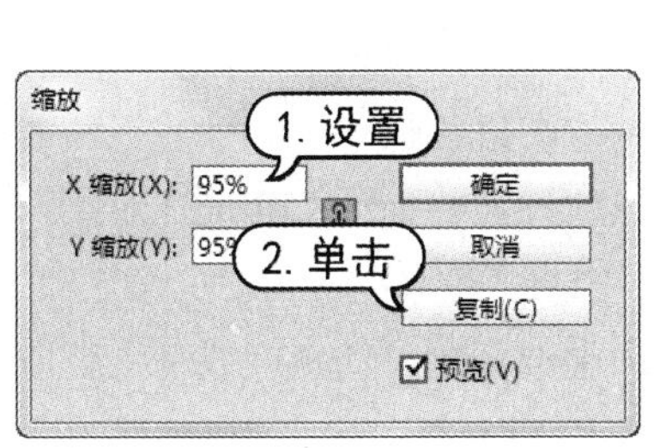

图 4-13　缩放并复制图形

(8) 使用步骤(7)相同的方法，分别缩放并复制 90%、95%、98%、98%的圆形，如图 4-14 所示。

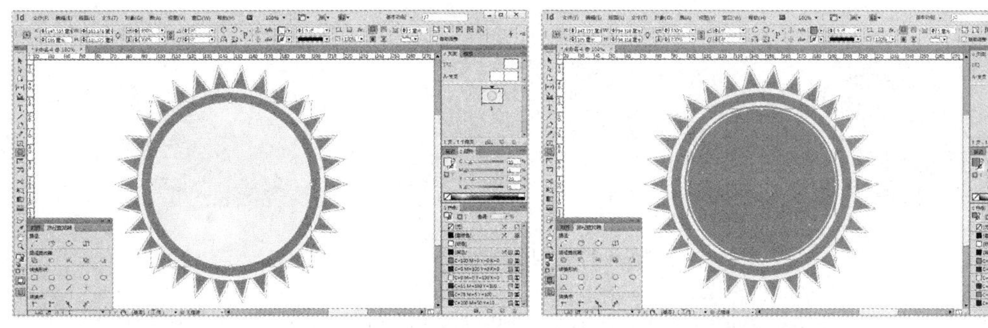

图 4-14　缩放圆形

(9) 选择【直线】工具，按住 Shift 键拖动绘制直线，然后使用【选择】工具选中绘制的直线，在【描边】面板中设置【粗细】为 3 点，【颜色】面板中设置描边色为 C=15 M=1 Y=20 K=0，如图 4-15 所示。

(10) 选择【文字】工具，在控制面板中设置字体样式、字符大小，字符颜色为【纸色】，然后在页面中创建文本框并输入文字，如图 4-16 所示。

图 4-15　绘制直线　　　　图 4-16　输入文字

4.5　切变、翻转对象

切变对象会将对象沿着其水平轴或垂直轴倾斜，还可以旋转对象的两个轴。切变可用于模拟某些类型的透视、倾斜和投影等。

要切变对象，可以选择对象后，用户可以参考以下几种方法进行操作。

- 选择【切变】工具，将【切变】工具放置在远离原点的位置并拖动切变选定对象。按住 Shift 键拖动可以将切变约束在 45° 的增量内。
- 在【变换】面板和控制面板中，【X 切变角度】选项中选择预设的角度或输入数值，然后按 Enter 键应用。要创建对象副本并将切变应用于该副本，则在按 Enter 键的同时按住 Alt 键。
- 选择【对象】|【变换】|【切变】命令可以按指定量切变对象，还可以独立于内容只切变框架，或者切变选定对象的副本，而将原稿保留在原位，如图 4-17 所示。

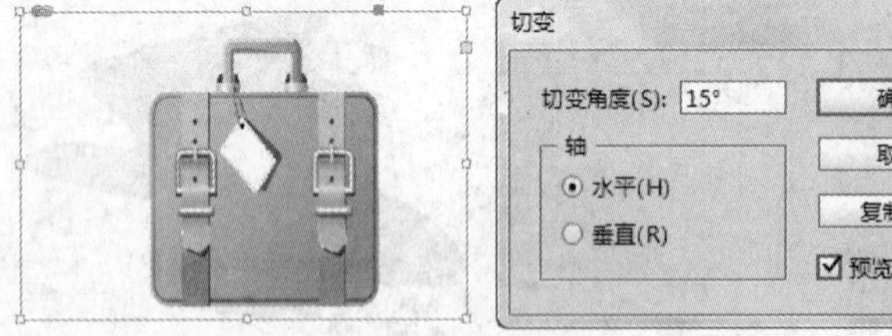

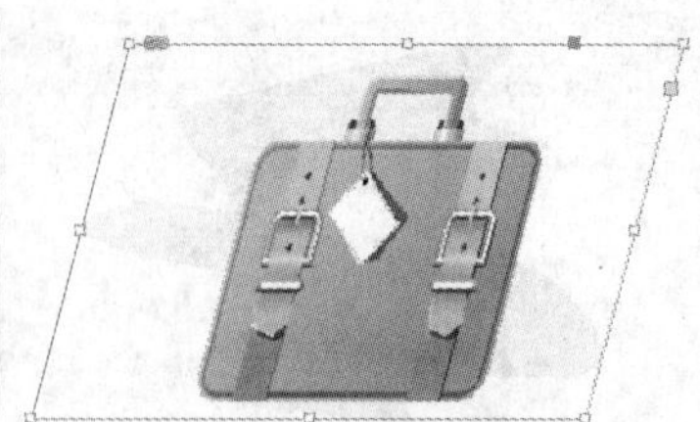

图 4-17　切变对象

翻转对象是指在指定原点处使对象翻转到不可见轴的另一侧。可以通过使用【选择】工具或【自由变换】工具将对象的定界框的一边拖动到相对的一边，或者在控制面板中单击【水平翻转】按钮或【垂直翻转】按钮，或在【变换】面板菜单中选择【水平翻转】或【垂直翻转】命令即可。使用命令的同时按住 Alt 键，可在翻转对象的同时产生对象副本。

4.6 变换对象

InDesign 提供了多种变换对象的方法，可以轻松、快捷地修改对象的大小、形状、位置及方向等。

1. 精确变换对象

除了可以使用旋转、缩放和自由变换等工具对图形对象进行变换操作外，还可以通过【变换】面板来对对象进行操作。选择【窗口】|【对象和版面】|【变换】命令，可以打开【变换】面板，如图 4-18 所示。

其中，X、Y 中的数值为该对象在页面中的位置，X、Y 中的数值为 X 轴和 Y 轴方向上的数值，增加其数值为沿 X 轴向右移动或沿 Y 轴向上移动。W、H 中的数值为对象的长和宽的数值，可以通过更改其中数值的方法更改对象的长和宽的数值。

下面的【水平缩放】和【垂直缩放】选项框中为对象水平和垂直缩放的百分比。可在其下拉项中直接选择数值，也可在其中直接输入数值。其和运用【缩放】工具的作用是一样的。

【旋转】和【倾斜角度】选项框中为对象旋转和倾斜的角度，可在其下拉列表中直接选择数值，也可在其中直接输入数值。这和运用【旋转】工具和【切变】工具是一样的。

2. 使用【自由变换】工具

选中要变换的一个或多个对象，然后单击工具箱中的【自由变换】工具，可以进行多种变换操作，具体如下。

- 要移动对象，在外框中的任意位置上单击，然后拖动即可。
- 要缩放对象，只要拖动外框上的任一手柄，直到对象变为所需的大小为止，按住 Shift 键并拖动手柄，可以保持选区的缩放比例；要从外框的中心缩放对象，按住 Alt 键并拖动鼠标即可。
- 要旋转对象，可将光标放置在外框外面的任意位置，当其变为↷形状时拖动，直至选区旋转到所需角度，如图 4-19 所示。

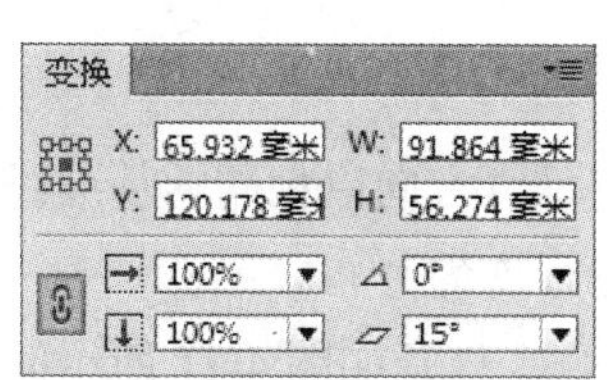

图 4-18　使用【变换】面板

图 4-19　旋转

- 要制作对象镜像效果，可以先复制出一个副本，然后将外框的手柄拖动到另外一侧，直到对象对称，如图 4-20 所示。

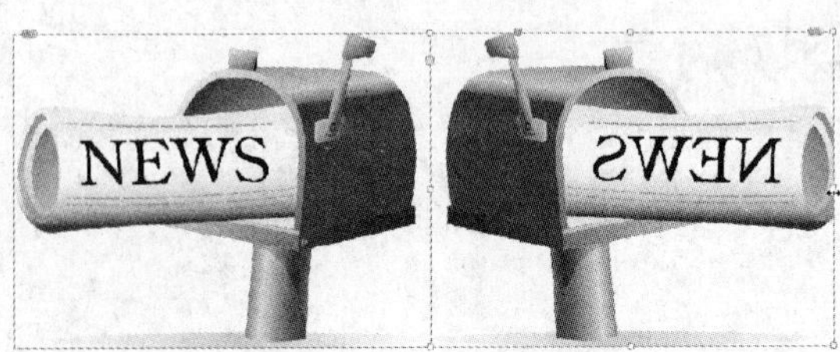

图 4-20　镜像对象

- 要切变对象，可以按住 Ctrl 键的同时拖动手柄；如果按住 Alt+Ctrl 组合键的同时拖动手柄，则可以从对象的两侧进行切变。

3. 使用【变换】命令

选择要变换的对象，选择【对象】|【变换】命令，在弹出的子菜单中选择【移动】、【缩放】、【旋转】、【切变】、【顺时针旋转 90°】、【逆时针旋转 90°】、【旋转 180°】等多种变换命令。

4.7　排列对象

对于已选中的对象，可以通过【对象】|【排列】命令下的子菜单调整该对象与其他对象之间的叠放层次。

- 要将已选中对象上移一层，可按 Ctrl+]组合键或选择【对象】|【排列】|【前移一层】命令。
- 要将已选中对象下移一层，可按 Ctrl+[组合键或选择【对象】|【排列】|【后移一层】命令。
- 要将已选中对象移至顶层，可按 Shift+Ctrl+]组合键，或选择【对象】|【排列】|【置于顶层】命令。
- 要将已选中对象移至底层，可按 Shift+Ctrl+[组合键，或选择【对象】|【排列】|【置为底层】命令。

4.8　对齐与分布对象

对象和分布对象操作，可以将当前选中的多个对象在水平或垂直方向以相同的基准线进行精确的对齐，或者使多个对象以相同的间距在水平或垂直方向进行均匀分布。

在 InDesign 中，选择【窗口】|【对象和版面】|【对齐】命令，打开如图 4-21 所示的【对齐】面板。使用【对齐】面板可以沿选区、边距、页面或跨页水平或垂直地对齐或分布对象。

在【对齐】面板的【对齐对象】选项区域中，提供了 6 种对齐对象的方式。

- 【左对齐】按钮：单击该按钮后，所有选中的对象，将以选中的对象中最左边的对象的左边边缘进行垂直方向的对齐。

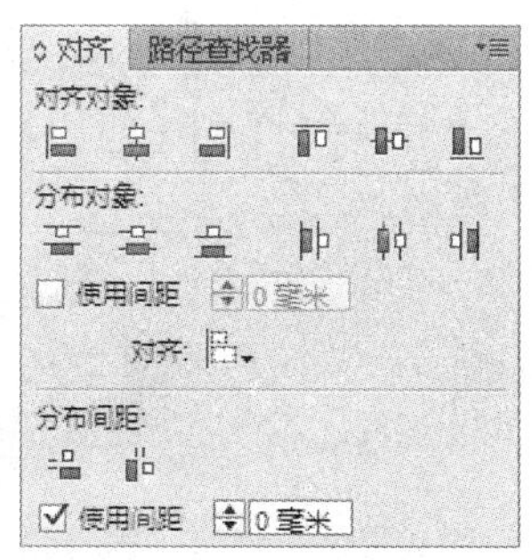

图 4-21　【对齐】面板

提示

【对齐】面板不会影响已经应用【锁定】命令的对象，而且不会改变文本段落在其框架内的对齐方式。

- 【水平居中对齐】按钮：单击该按钮后，所有选中的对象，将在垂直方向以各对象的中心点进行对齐。
- 【右对齐】按钮：单击该按钮后，所有选中的对象，将以选中的对象中最右边的对象的右边缘进行垂直方向的对齐。
- 【顶对齐】按钮：单击该按钮后，所有选中的对象，将以选中的对象中最上边的对象的上边缘进行水平方向的对齐。
- 【垂直居中对齐】按钮：单击该按钮后，所有选中的对象，将在水平方向以各对象的中心点进行对齐。
- 【底对齐】按钮：单击该按钮后，所有选中的对象，将以选中的对象中最下边的对象的下边缘进行水平方向的对齐。

在【对齐】面板的【分布对象】选项区域中，提供了 6 种分布对象的方式。

- 【按顶分布】按钮：单击该按钮后，可使所有选中的对象在垂直方向上，保持相邻对象顶边之间的间距相等。
- 【垂直居中分布】按钮：单击该按钮后，可使所有选中的对象在垂直方向上，保持相邻对象中心点之间的间距相等。
- 【按底分布】按钮：单击该按钮后，可使所有选中的对象在垂直方向上，保持相邻对象底边之间的间距相等。
- 【按左分布】按钮：单击该按钮后，可使所有选中的对象在水平方向上，保持相邻对象左边缘之间的间距相等。
- 【水平居中分布】按钮：单击该按钮后，可使所有选中的对象在水平方向上，保持相邻对象中心点之间的间距相等。
- 【按右分布】按钮：单击该按钮后，可使所有选中的对象在水平方向上，保持相邻对象右边缘之间的间距相等。

4.9　剪切、复制、粘贴对象

剪切是把当前选中的对象移入剪切板中，原位置的对象将消失。【剪切】命令经常与【粘

贴】命令配合使用，通过【粘贴】命令可以调用剪切板中的对象。在 InDesign 中，剪切和粘贴对象可以在同一文件或不同文件中进行。选中一个对象后，选择【编辑】|【剪切】命令或按 Ctrl+X 组合键，即可将所选对象剪切到剪切板中，如图 4-22 所示。

图 4-22　剪切

在排版过程中经常会出现重复的对象，如果逐一创建，既耗时又费力。在 InDesign 中，只需选中对象，然后进行复制和粘贴操作即可。选中要复制的对象，然后选择【编辑】|【复制】命令或按 Ctrl+C 组合键，再选择【粘贴】命令即可复制出所需的对象，如图 4-23 所示。

图 4-23　复制、粘贴对象

用户还可以使用【多重复制】命令直接创建成行或成列的副本。选中要复制的对象，选择要复制的对象，选择【编辑】|【多重复制】命令，在打开的【多重复制】对话框中进行相应的设置，然后单击【确定】按钮即可，如图 4-24 所示。

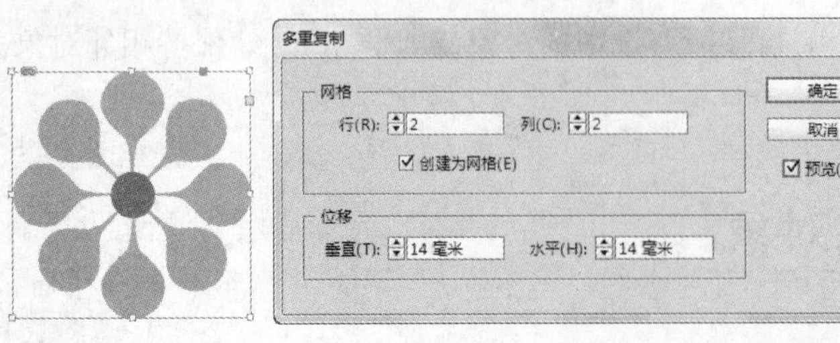

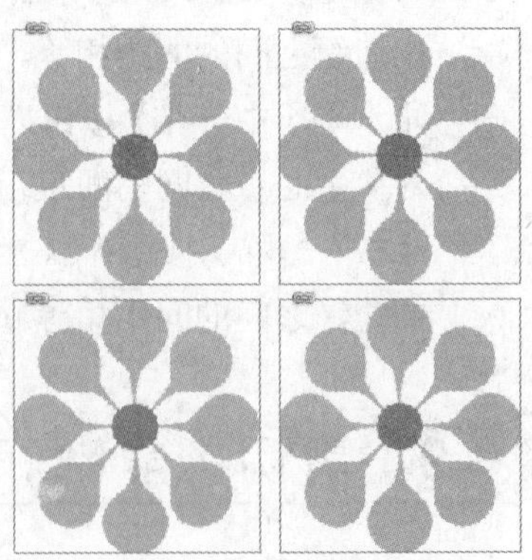

图 4-24　多重复制

- 【网格】选项组中的【行】和【列】：用来指定生成副本的数量。
- 【位移】选项组中的【垂直】和【水平】数值：分别指定在 X 轴和 Y 轴上的每个新副本位置与原副本的偏移量。

在对对象进行复制或剪切操作后，接下来要做的就是进行粘贴操作。在 InDesign 中，提供了多种粘贴方式，可以将复制或剪切的对象进行原位粘贴、贴入内部，还可以设置粘贴时是否包含格式，具体如下。

- 要将对象粘贴到新位置，选择【编辑】|【剪切】或【复制】命令，然后将光标定位到目标页面，选择【编辑】|【粘贴】命令或按 Ctrl+V 组合键，对象就会出现在页面中。
- 剪切或复制其他应用程序或 InDesign 文档中的文本后，如果要将内容粘贴到画面中却不想保留之前的格式，可以使用【粘贴时不包含格式】命令来完成。选中文本或在文本框架中单击，然后选择【编辑】|【粘贴时不包含格式】命令。
- 使用【贴入内部】命令可以在框架内嵌套图形，甚至可以将图形嵌套到嵌套框架内。要将一个对象粘贴到框架内，可选中该对象，然后选择【编辑】|【复制】命令，再选中路径或框架，选择【编辑】|【贴入内部】命令。
- 要将副本粘贴到对象在原稿中的位置，可以选中对象后，选择【编辑】|【复制】命令，然后选择【编辑】|【原位粘贴】命令。执行操作后，粘贴的对象与原对象在位置上是重合的。
- 在 InDesign 中，可以在粘贴文本时保留其原格式属性。如果从一个框架网格中复制修改了属性的文本，然后将其粘贴到另一个框架网格，则只保留那些更改的属性。要在粘贴文本时不包含网格格式，可以选择【编辑】|【粘贴时不包含网格格式】命令。

4.10　编组与取消编组对象

编组对象就是将几个对象组合为一个组，以便可以把它们作为一个单元被处理，并且移动或变换这些对象也不会影响它们各自的位置或属性。组也可以嵌套，使用【选择】工具、【直接选择】工具和【编组选择】工具可以选择嵌套组层次结构中的不同级别。

选择要编组的对象，然后选择【对象】|【编组】命令可以将对象编组。如果要取消编组，可以选择已编组对象，然后选择【对象】|【取消编组】命令，如图 4-25 所示。

图 4-25　编组对象

4.11 锁定与解除锁定对象

在制作出版物的过程中，如果对象的位置已经被确定，不希望再被更改时，可以通过锁定对象位置的操作来防止对该对象的位置进行误操作。

选中需要锁定位置的对象后，选择【对象】|【锁定】命令，即可将选中对象的位置锁定。此时，对象边框上显示一个锁的形状。要撤销对象位置的锁定，可以使用【选择】工具在边框上锁形状上单击，也可以选择【对象】|【解锁跨页上的所有内容】命令解锁对象，如图 4-26 所示。

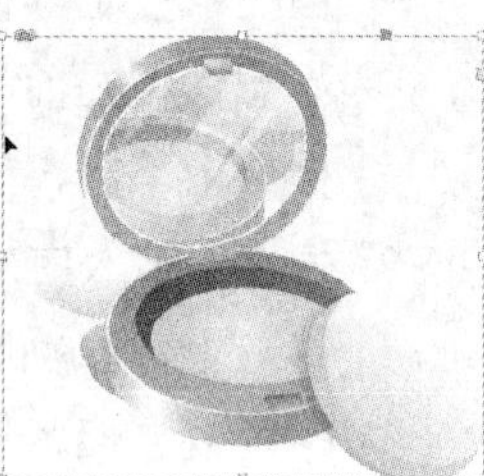

图 4-26 锁定、解锁对象

知识点

在选中对象后，可以直接按 Ctrl+L 组合键锁定对象，按 Ctrl+Alt+L 组合键解锁锁定对象。

4.12 隐藏与显示对象

当文件中包含的对象过多时，可能会影响对细节的观察。在 InDesign 中可以将一个或多个对象进行隐藏，以便于对其他对象的观察。隐藏的对象不可见、不可选择、而且也是无法打印出来的，但仍然存在于文档中。

要隐藏某个对象，将其选中后选择【对象】|【隐藏】命令或按 Ctrl+3 组合键即可，如图 4-27 所示。要显示被隐藏的对象，可以选择【对象】|【显示跨页上的所有内容】命令，或按 Ctrl+Alt+3 组合键即可。

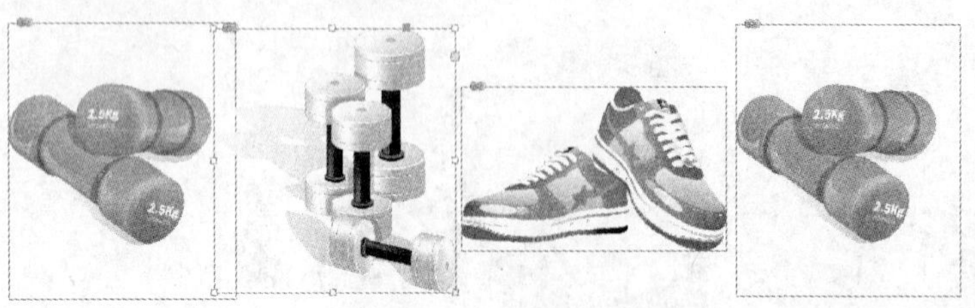

图 4-27 隐藏对象

知识点

选中一个或多个对象，然后选择【编辑】|【清除】命令，或按 Delete 键，即可删除所选对象。另外，在【图层】面板中删除图层的同时会删除其中的所有图稿。

4.13　框架的创建与使用

框架是可以容纳文本或图像等其他对象的框，称为文本框或图像框。在 InDesign 中，用户在创建框架的时候不必指定所创建的是什么类型的框架，用文本填充的就是文本框，用图像填充的就是图像框，而且用户可以把这两种框架进行相互转换。

4.13.1　新建图形框架

在工具箱中提供了 3 种框架工具，分别为【矩形框架】工具、【椭圆框架】工具与【多边形框架】工具。框架工具的使用方法与【矩形】工具、【椭圆】工具和【多边形】工具类似，可以快速创建出矩形框架、正方形框架、椭圆框架、正圆框架、多边形框架以及星形框架，如图 4-28 所示。

4.13.2　编辑框架

框架对象与形状对象在很多地方都非常相似。创建框架对象后，同样可以调整框架形状、设置框架的描边和填充等。

1. 调整框架的形状

如果需要调整框架的形状，可以使用【直接选择】工具选中框架上的锚点，然后调整锚点位置，即可改变框架的形状，如图 4-29 所示。

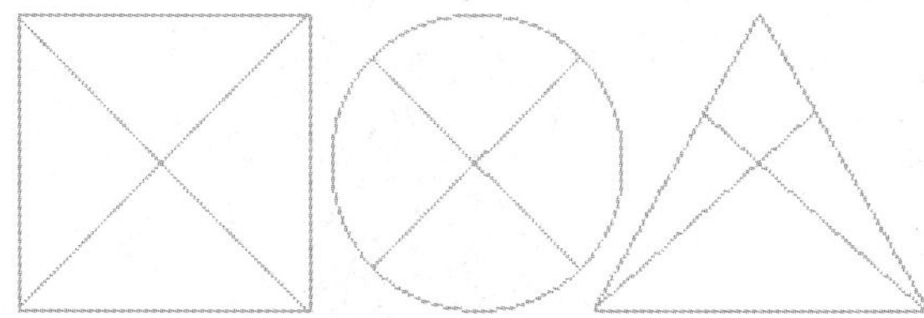

图 4-28　创建框架

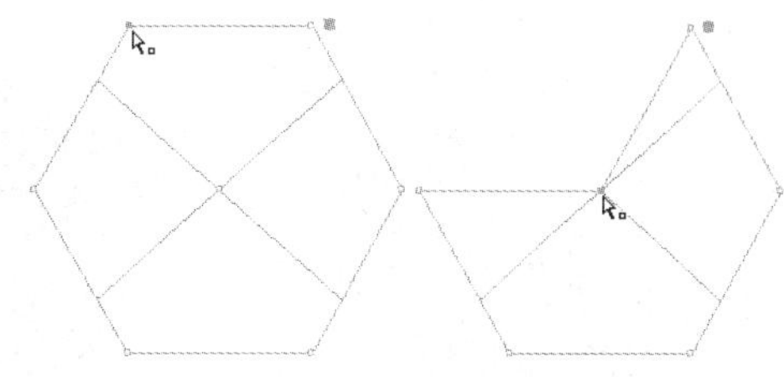

图 4-29　调整框架形状

如果需要绘制更为复杂的框架形状，也可以使用钢笔工具组中的工具对框架进行添加锚点、删除锚点、转换方向点等操作。对于框架，同样可以进行填充色与描边色的设置。

2. 为框架添加内容

选中框架，选择【文件】|【置入】命令，在弹出的对话框中选择需要置入的内容，然后单击【打开】按钮，即可将所选内容置入框架中，如图 4-30 所示。

图 4-30　将内容置入框架

如果要将现有的对象粘贴到框架内，首选选中要置入框架的对象，选择【编辑】|【复制】命令，然后选中框架，选择【编辑】|【贴入内部】命令，即可将当前对象粘贴到框架中，如图 4-31 所示。

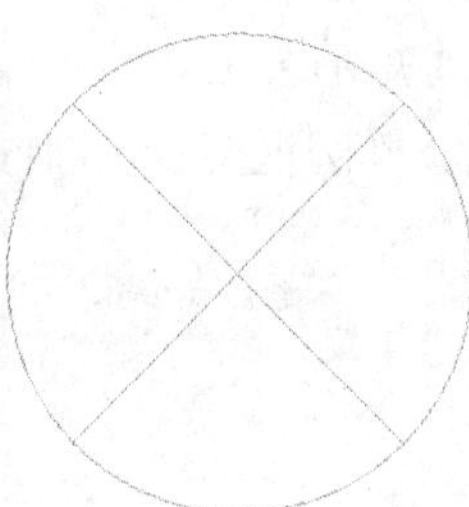

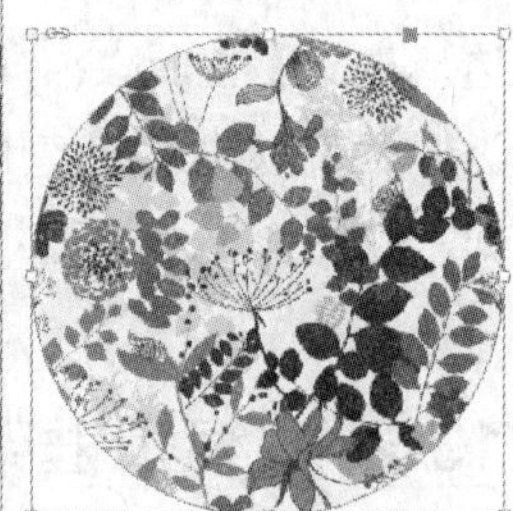

图 4-31　贴入内部

3. 移动框架或内容

单击工具箱中的【选择】工具，然后将光标移动到对象上，当其变为▶形状，框架周围出现蓝色界定框时，可以一起移动框架与内容；将光标移至中心，当其变为✋形状，内容周围出现棕色界定框时将只能移动内容，如图 4-32 所示。

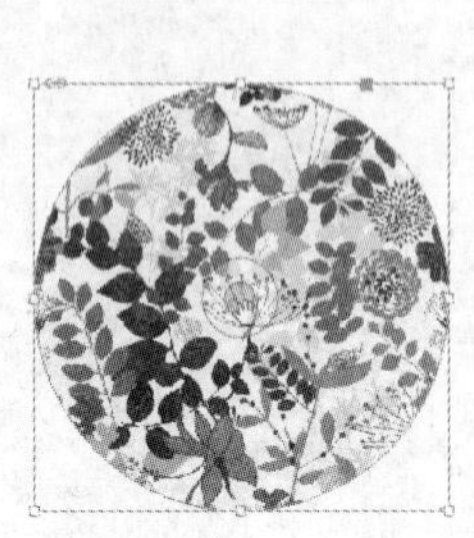

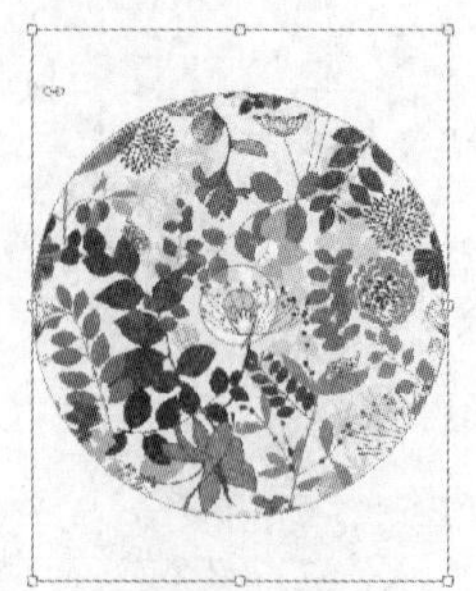

图 4-32　移动内容

要移动内容而不移动框架，也可以使用工具箱中的【直接选择】工具，然后将光标移动到内容上，当其变为抓手形状时，进行拖动，即可移动内容而不影响框架。也可以将光标定位到内容的一角上，然后进行拖动来调整内容的大小。配合【自由变换】工具，还可以对内容进行旋转、斜切等自由变换操作。

4. 使用【适合】命令

使用【适合】命令来自动调整内容与框架的关系。首先使用【选择】工具选中对象，然后选择如图 4-33 所示的【对象】|【适合】命令，在弹出的菜单中可以选择一种类型来重新适应此框架。

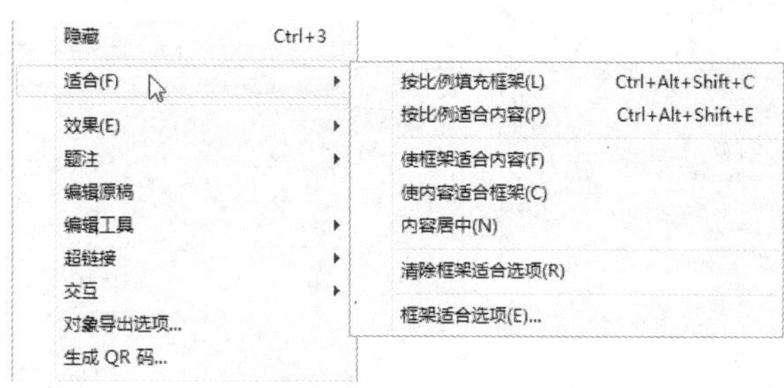

图 4-33　【适合】命令

- 【按比例填充框架】：调整内容大小以填充整个框架，同时保持内容的比例。框架的尺寸不会更改，但是如果内容和框架的比例不同，框架的外框将会裁剪部分内容。
- 【按比例适合内容】：调整内容大小以适合框架，同时保持内容的比例。框架的尺寸不会更改，但是如果内容和框架的比例不同，将会出现一些空白区。
- 【使框架适合内容】：调整框架大小以适合内容。
- 【使用内容适合框架】：调整内容大小以适合框架，并允许更改内容比例。框架的尺寸不会更改，但如果内容和框架具有不同的比例，则内容可能显示为拉伸状态。
- 【内容居中】：选择该项将内容放置在框架的中心，内容和框架的大小不会改变，其比例会保持。
- 【框架适合选项】：选择【对象】|【适应】|【框架适合选项】命令，在打开的【框架适合选项】对话框中可以对框架适合选项进行相应的设置，如图 4-34 所示。

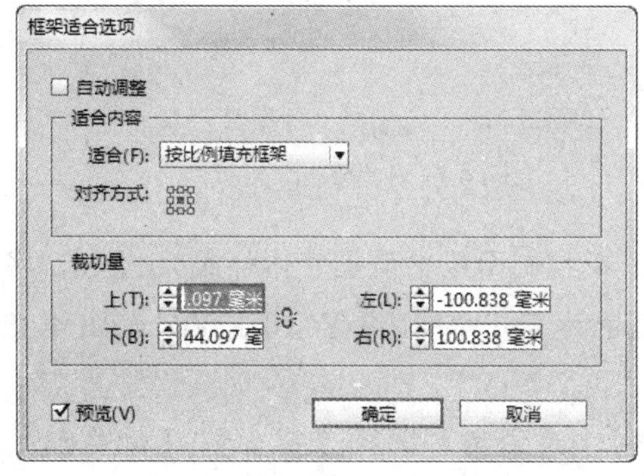

图 4-34　【框架适合选项】对话框

知识点

选中【自动调整】复选框图像的大小会随框架的大小变化自动调整。【适合】选项指定是希望内容适合框架、按比例适合内容还是按比例适合框架。【对齐方式】选项可指定一个用于裁剪和适合操作的参考点。【裁切量】选项用于指定图像外框相对于框架的位置。

4.14 上机练习

本章的上机练习通过制作 Web 页面版式，使用户更好地掌握本章所介绍的对象的编辑操作操作方法和技巧。

(1) 选择【文件】|【新建】|【文档】命令，打开【新建文档】对话框。在对话框中的【用途】下拉列表中选择 Web，在【页面大小】下拉列表中选择 1024 × 768，然后单击【边距和分栏】按钮打开【新建边距和分栏】对话框。在【新建边距和分栏】对话框中单击【将所有设置设为相同】按钮，并设置边距为 55px，然后单击【确定】按钮，如图 4-35 所示。

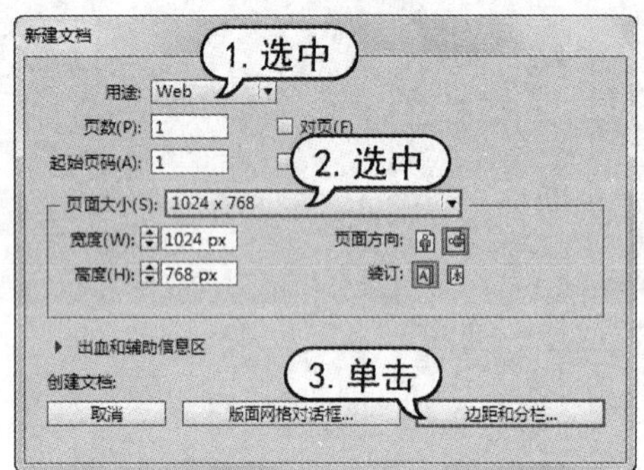

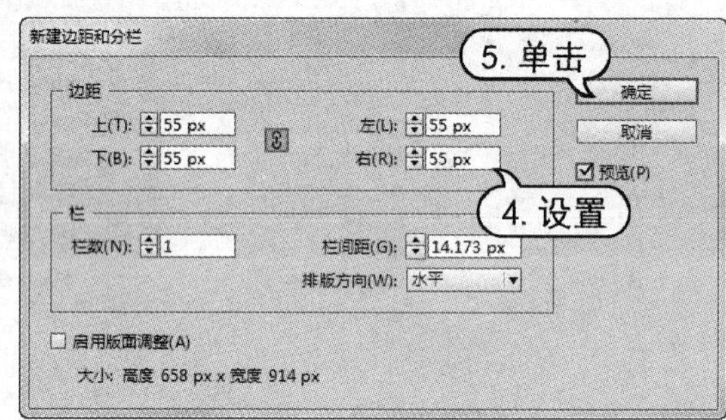

图 4-35　新建文档

(2) 选择【文字】工具在页面中依据边距创建一个文本框，当文本框中显示文字插入点时，在控制面板中设置字体样式为 Brush Script MT，字体大小为 100 点，在【颜色】面板中设置文字填充色为 C=0 M=100 Y=10 K=0，然后输入文字内容，如图 4-36 所示。

(3) 选择【选择】工具，在输入的文字内容上右击，在弹出的快捷菜单中选择【适合】|【使框架适合内容】命令，如图 4-37 所示。

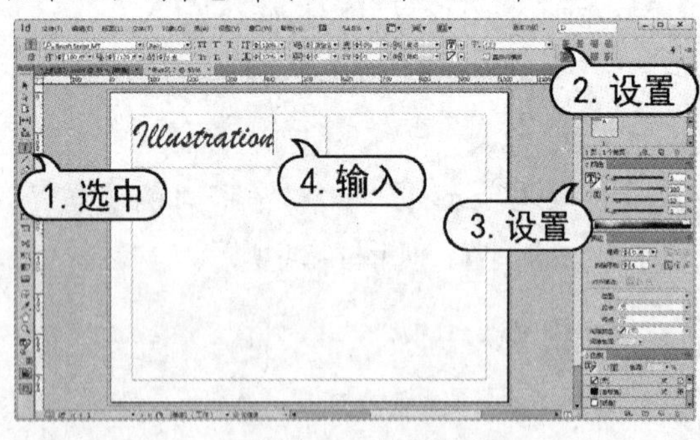

图 4-36　输入文字

图 4-37　调整框架

(4) 使用步骤(2)的操作方法，选择【文字】工具，在控制面板中设置字体样式为 Arial，字体大小为 19 点，分别输入文字内容，并设置字体填充色为 C=0 M=100 Y=10 K=0，如图 4-38 所示。

(5) 使用【选择】工具选择步骤(2)至步骤(4)中创建的文字，选择【窗口】|【对象和版面】|【对齐】命令打开【对齐】面板。在面板的【对齐】选项中选择【对齐选区】选项，

然后单击【底对齐】按钮，如图 4-39 所示。

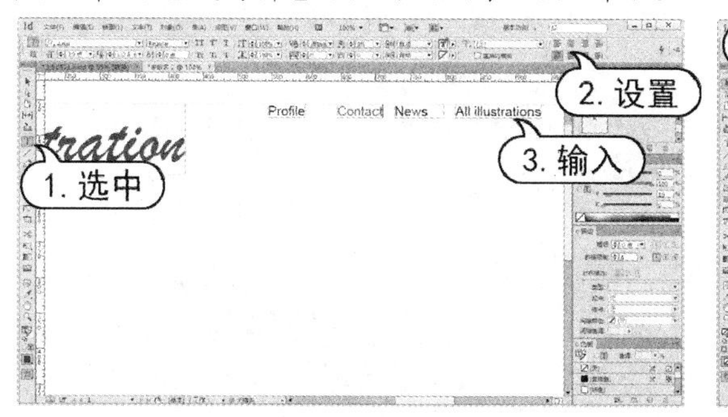

图 4-38　输入文字

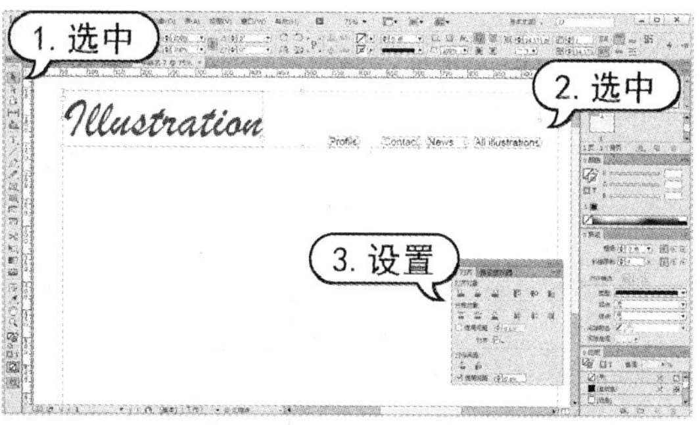

图 4-39　对齐文字

(6) 使用【选择】工具分别选中步骤(4)中创建的文字，在控制面板中设置相同的 W 值，并调整文字的位置，然后选中步骤(4)中创建的文字，单击【对齐】面板中【水平分布间距】按钮，如图 4-40 所示。

(7) 选择【直线】工具在页面中按 Shift 键拖动绘制，并在【描边】面板中设置【粗细】为 0.5 点，如图 4-41 所示。

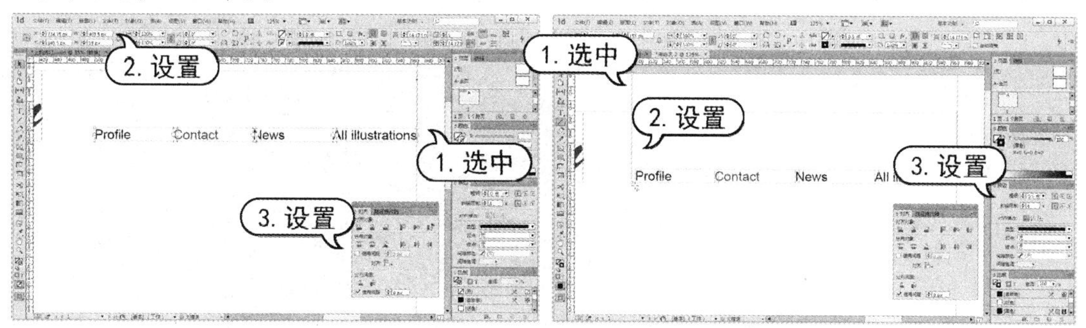

图 4-40　分布对象

图 4-41　绘制直线

(8) 选择【选择】工具，选择【编辑】|【多重复制】命令，打开【多重复制】对话框。在对话框的【计数】文本框中输入 3，设置【水平】为 116px，然后单击【确定】按钮，如图 4-42 所示。

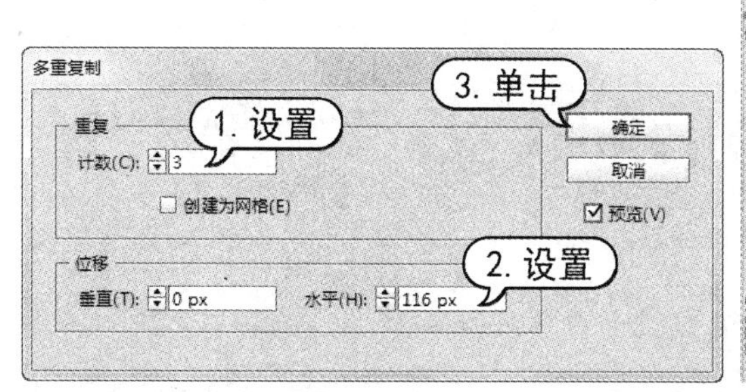

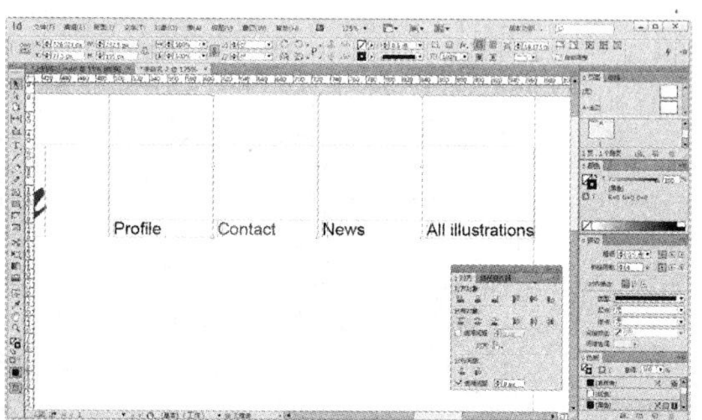

图 4-42　多重复制

(9) 选择【多边形】工具在页面中单击，打开【多边形】对话框。在对话框中，设置【多

边形宽度】为 166px，【多边形高度】为 144px，【边数】为 6，【星形内陷】为 0%，然后单击【确定】按钮，如图 4-43 所示。

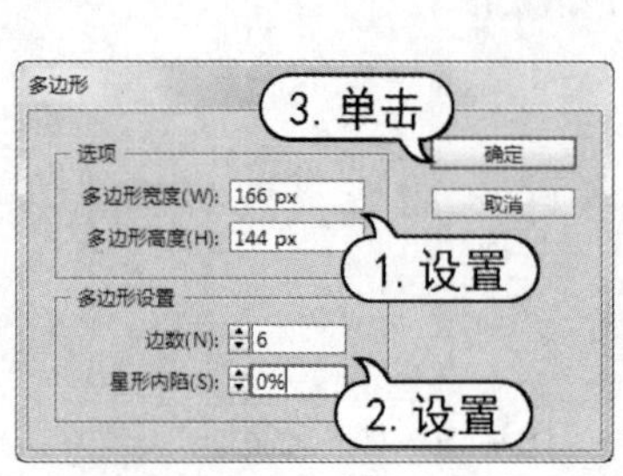

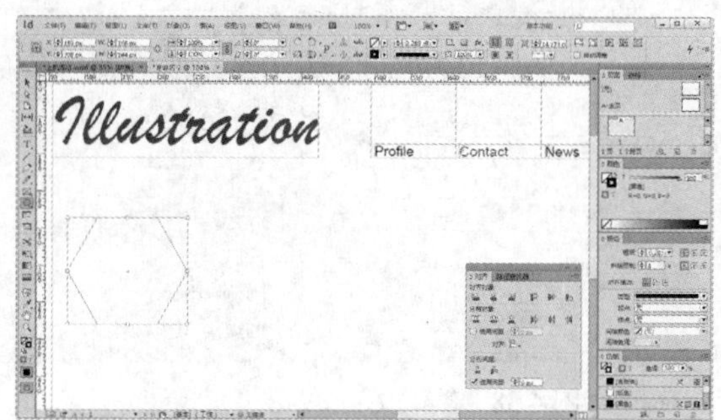

图 4-43　创建图形

(10) 在控制面板中设置【旋转角度】为 90°，在【描边】面板中设置【粗细】为 8 点，单击【描边居外】按钮，在【色板】面板中单击【纸色】色板，如图 4-44 所示。

(11) 选择【对象】|【效果】|【投影】命令，打开【效果】对话框。设置【不透明度】为 30%，【距离】为 2px，然后单击【确定】按钮，如图 4-45 所示。

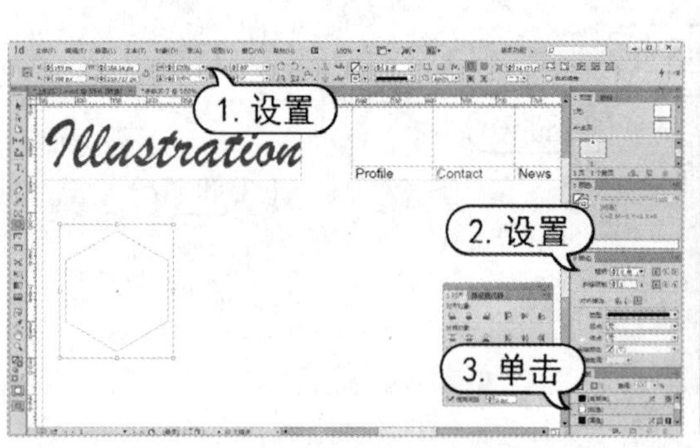

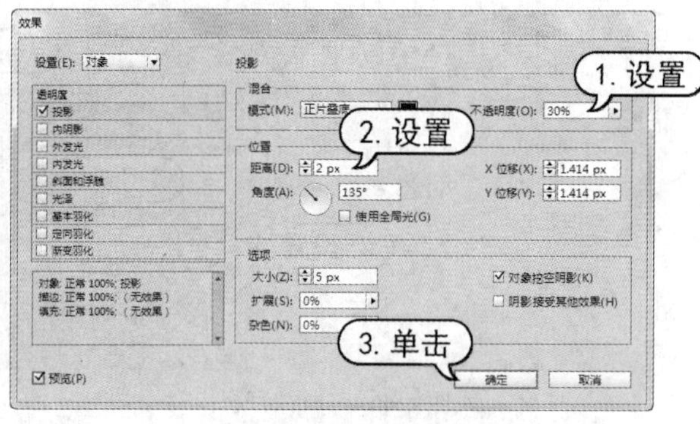

图 4-44　编辑图形　　　　图 4-45　添加效果

(12) 按 Ctrl+D 组合键打开【置入】对话框，在对话框中选中需要置入的图像，单击【打开】按钮，如图 4-46 所示。

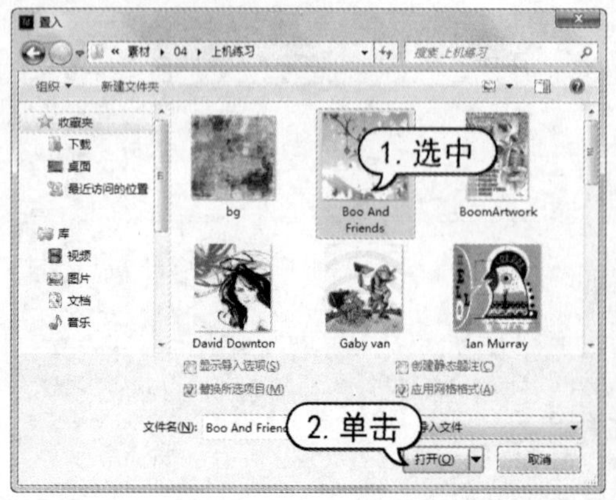

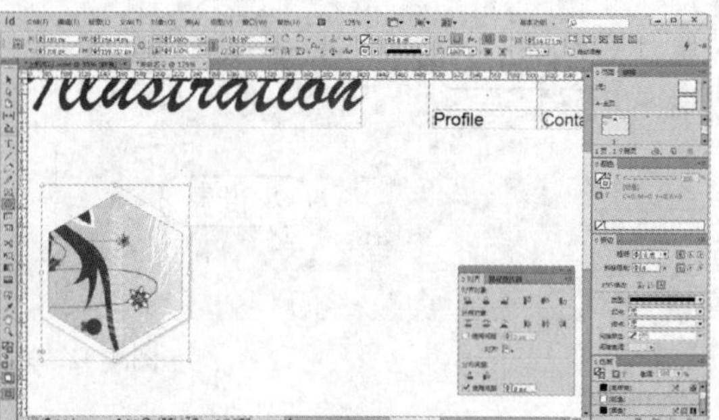

图 4-46　置入图像

计算机 基础与实训教材系列

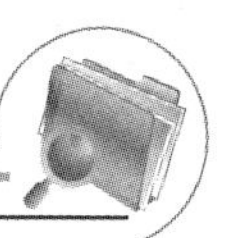

(13) 使用【选择】工具右击置入的图像，在弹出的快捷菜单中选择【适合】|【按比例填充框架】命令，然后在控制面板中设置【旋转角度】为 0°，如图 4-47 所示。

(14) 使用【选择】工具选中六边形对象，右击，在弹出的快捷菜单中选择【变换】|【缩放】命令，打开【缩放】对话框。在对话框中，设置【X 缩放】为 75%，【缩放】为 75%，然后单击【确定】按钮，如图 4-48 所示。

图 4-47　调整图像

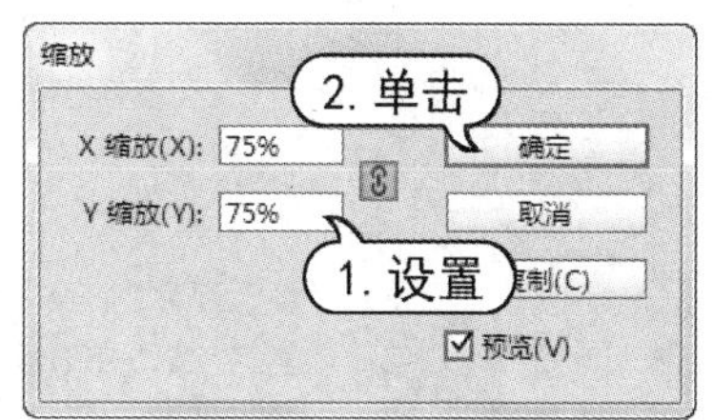

图 4-48　缩放

(15) 选择【文字】工具，在控制面板中设置字体样式为 Arial，字体大小为 9 点，输入文字内容，并使框架适合内容，如图 4-49 所示。

(16) 使用【选择】工具选中步骤(9)至步骤(15)中创建的对象，在【对齐】面板中的【对齐】选项中选择【对齐关键对象】选项，使用【选择】工具单击绘制的六边形将其设置为关键对象，然后单击【水平居中对齐】按钮，如图 4-50 所示。

图 4-49　输入文字

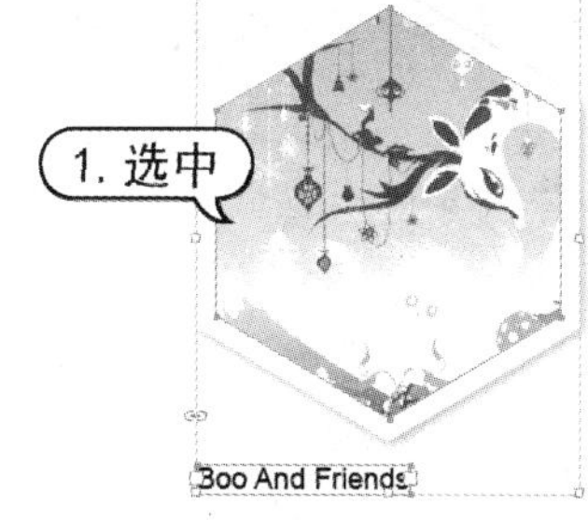

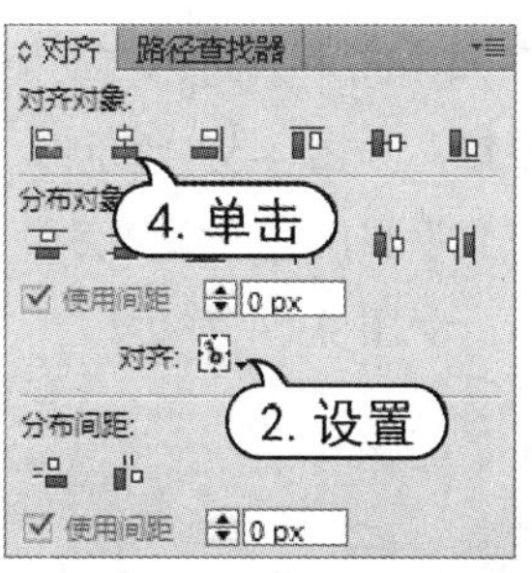

图 4-50　水平居中对齐

(17) 保持对象的选中状态，右击，在弹出的快捷菜单中选择【编组】命令，并调整其位置。然后选择【编辑】|【多重复制】命令，打开【多重复制】对话框。在对话框中，选中【创建为网格】复选框，设置【行】为 3，【列】为 5，【垂直】为 185px，【水平】为 130px，然后单击【确定】按钮，如图 4-51 所示。

(18) 选择【直接选择】工具，单击复制的一个六边形对象，按 Ctrl+D 组合键打开【置入】对话框。在对话框中选中需要置入的图像，单击【打开】按钮。并使用【直接选择】工具调整置入的图像，如图 4-52 所示。

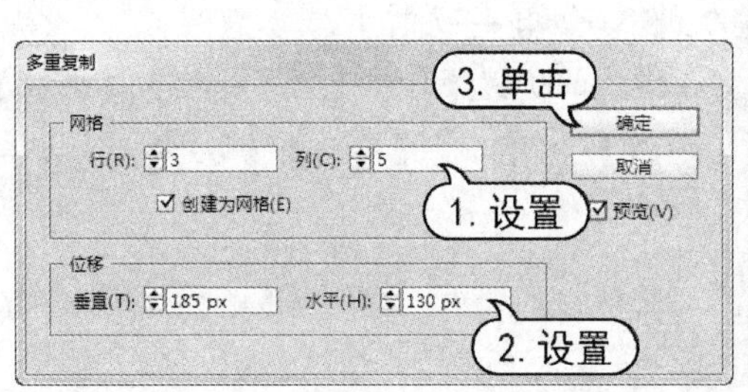

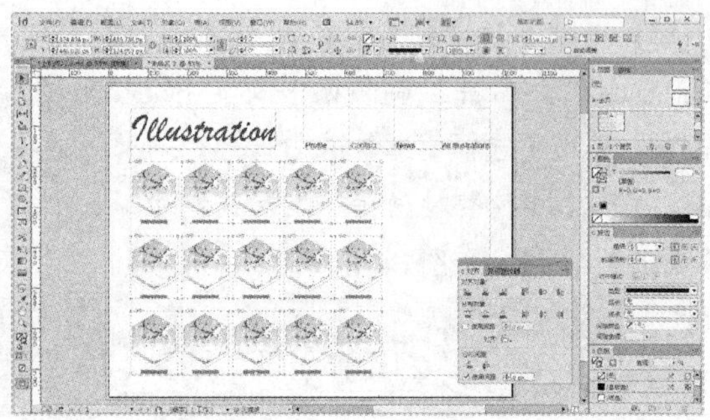

图 4-51　多重复制

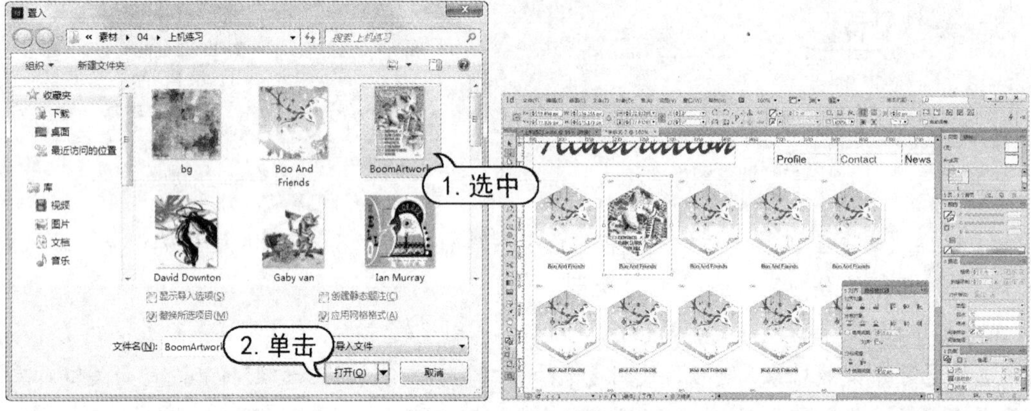

图 4-52　置入图像

(19) 使用【文字】工具选中六边形下方对应的文字，重新输入文字内容，然后在控制面板中单击【居中对齐】按钮，如图 4-53 所示。

(20) 使用步骤(18)至步骤(19)的操作方法，替换其他六边形内置入图像，并重新输入六边形下方对应的文字内容，如图 4-54 所示。

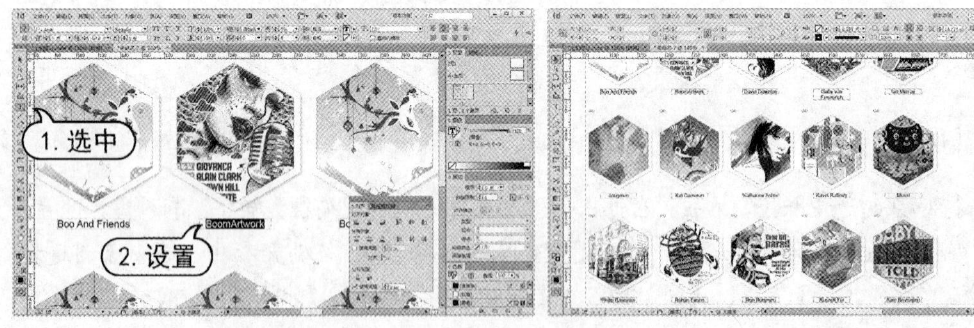

图 4-53　输入文字　　　　图 4-54　调整对象

(21) 选择【文字】工具在页面中依据边距创建一个文本框，当文本框中显示文字插入点时，在控制面板中设置字体样式为宋体，字体大小为 14 点，然后输入文字内容，如图 4-55 所示。

(22) 选择【矩形框架】工具依据页面大小拖动绘制一个矩形，按 Ctrl+D 组合键打开【置入】对话框，在对话框中选择需要置入的背景图像，然后单击【打开】按钮，如图 4-56 所示。

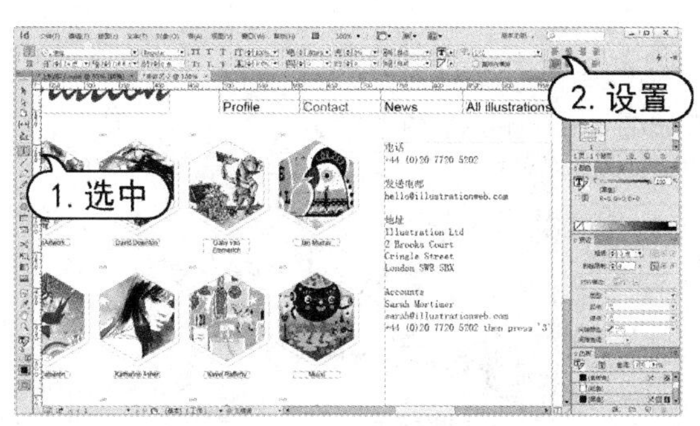

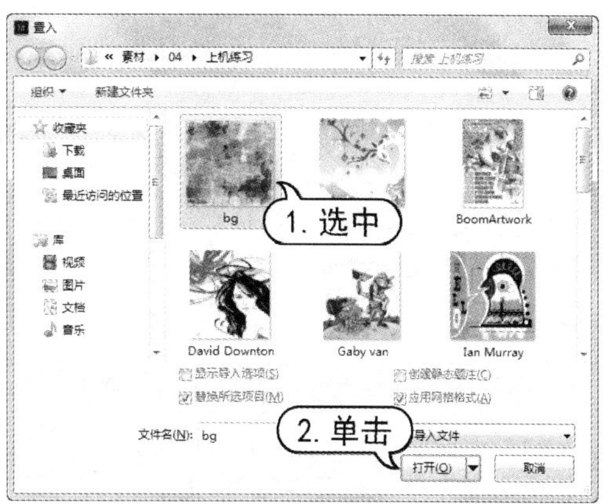

图 4-55 输入文字 图 4-56 置入图像

(23) 选择【选择】工具右击置入的图像，然后选择【对象】|【排列】|【置为底层】命令，如图 4-57 所示。

(24) 选择【矩形】工具在页面中单击，打开【矩形】对话框。在对话框中，设置【宽度】为 945px，【高度】为 768px，然后单击【确定】按钮，如图 4-58 所示。

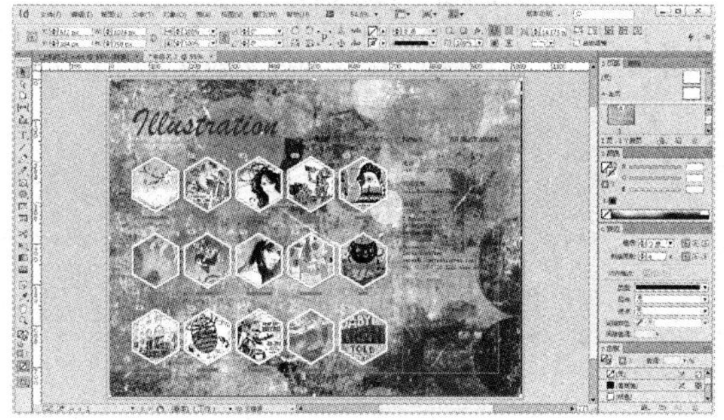

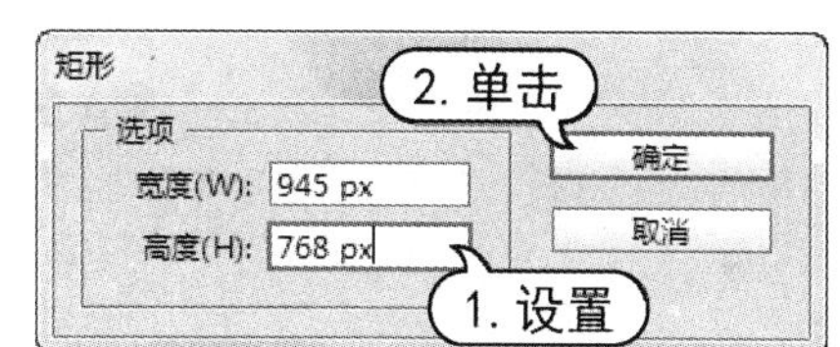

图 4-57 调整对象 图 4-58 创建图形

(25) 在【色板】面板中，将矩形的描边色设置为无，设置填充色为【纸色】色板，并在控制面板中设置【不透明度】为 80%。并连续按 Ctrl+[组合键将其置为背景图上方，如图 4-59 所示。

(26) 在【对齐】面板中的【对齐】选项中选择【对齐页面】选项，然后分别单击【水平居中对齐】和【垂直居中对齐】按钮，如图 4-60 所示。

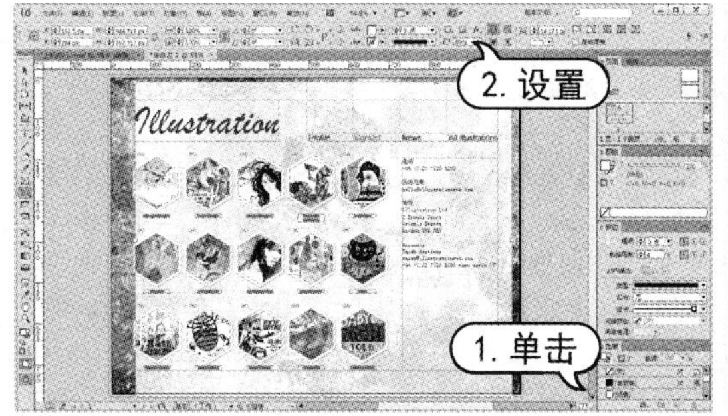

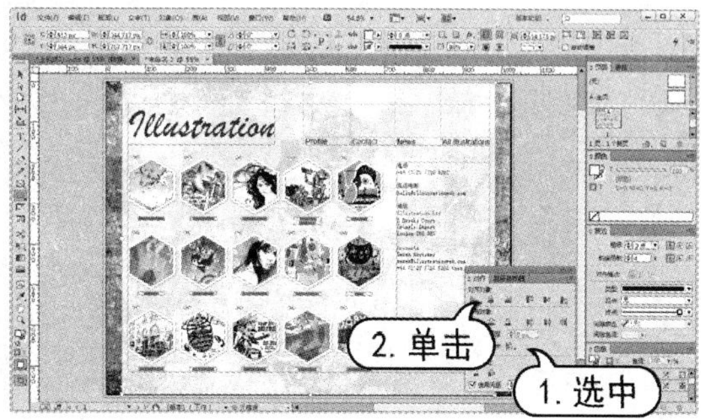

图 4-59 调整图形 图 4-60 对齐对象

4.15 习题

1. 新建文档，使用绘图工具创建如图 4-61 所示的图像效果。
2. 新建文档，使用绘图工具创建框架，制作如图 4-62 所示的图像效果。

图 4-61　完成效果

图 4-62　完成效果

第5章 文本与段落

学习目标

文本的编排是版式设计的重要内容。InDesign 提供了很强的文字编辑处理功能，使用户可以使用多种处理文字的工具，方便灵活地添加、编辑文本，控制文本在页面中的版式。本章主要介绍文本创建、编辑和排版等方面的内容。

本章重点

- 创建文本
- 路径文字
- 编辑文字
- 字符样式与段落样式

5.1 创建文本

作为排版软件，InDesign 具有强大的文字处理能力。用户可以随意在工作页面的任何位置放置所需的文字，也可以将文字或文字段落赋予任何一种属性，甚至将文字转换成为路径进行处理。用户既可以从其他软件中导入文字，又可以利用工具箱中的文字工具输入文字。

5.1.1 文字工具

在 InDesign 中，无论是一个文字或字母，还是成段的文字都被包括在文本框中。用户可以拖动文本框将文字放置在页面的任何位置，以创建灵活、丰富的版面效果。在 InDesign 中输入文字时，用户选择工具箱中的【文字】工具，当鼠标移动到视图中时，光标将变为形状，在工作页面上进行拖动，画出一个文本框区域，释放鼠标后，将有闪动的文本光标出现在文本框的左上角，用户即可在其中输入文字，且文字都将显示在此光标之前，如图 5-1 所示。

图 5-1 输入文本

右击工具箱中的【文字】工具，从弹出的工具组中选择【直排文字】工具。使用【直排文字】工具输入、选取文字的方法与【文字】工具的用法相同。只是使用【文字】工具创建水平方向的文字，而【直排文字】工具创建的是垂直方向的文字，如图 5-2 所示。

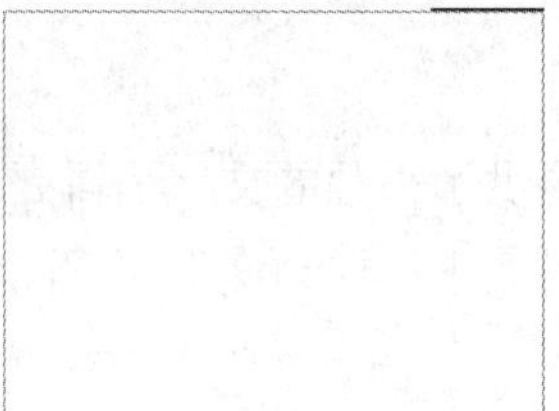

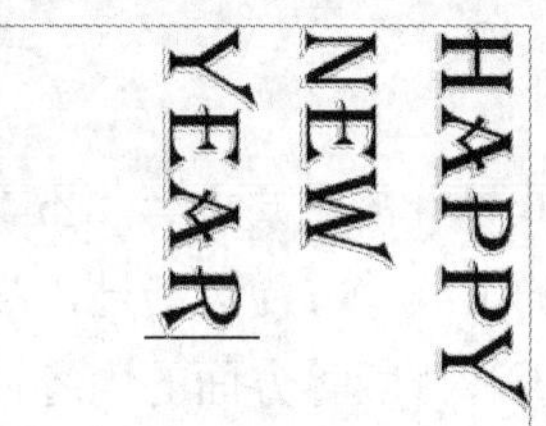

图 5-2 创建直排文字

当用【文字】工具创建了水平方向文字后，还可以让它改变方向，即变成垂直方向的文字。使用【选择】工具将文字或文本框中的文字选中，然后选择【文字】|【排版方向】|【垂直】命令，就可以改变文字的方向了。

5.1.2 选取文本

文字的选取是指选中一部分文字作为当前操作的对象，选中的文字以反白的形式显示，如图 5-3 所示。

图 5-3 选取文字

选择文字的方法是：选择工具箱中的【文字】工具后，光标在非文字区域内移动时呈形状；当光标移动到文字块区域时呈形状，光标在文字块中某一个位置长时间单击，就可以实现光标的定位。

当只有少量文字时，使用工具箱中的【文字】工具来选择文字非常有效。选取【文字】工具，直接在要选中的文字上拖动，选中的文字反白显示。

当文字内容较多时，按住 Shift 键结合【文字】工具使用比较合适。将光标移到要选取文字的起点，按住 Shift 键，将光标移到要选取文字的尾部单击。然后松开 Shift 键和鼠标，完成文字的选取。

除此之外，利用键盘也可以选中文字。将光标移动到要选取文字的起点，按住 Shift 键，同时使用键盘上的方向键↑、↓、←、→键，选取要选取的文字。松开 Shift 键及键盘方向键，完成文字的选取。几种快捷选取文字的方法如下。

- 选中光标当前位置到行末的文字，具体操作方法为：将光标移动到要选取文字的起点，按 Shift+End 组合键，则选取从起点位置到本行末的文字内容。
- 选取当前位置到行首的文字，具体操作方法为：将光标移动到要选取文字的起点，按 Shift+Home 组合键，则选取起点位置到本行首的文字内容。
- 选中整个文字块的文字内容，具体操作方法为：将光标放在文字块中的任何位置，按 Ctrl+A 组合键，则光标所在文字块的文字都被选中。或者，按 Ctrl+Home 组合键将光标移动到光标所在的文字块的块首；按 Ctrl+Shift+End 组合键，则光标所在的整个文字块的文字内容都被选中。

5.1.3　编辑文本框架

文本框的属性是指一个文本框具有一系列排版特征，每一特征都是对一个文本框的整体而言的，即对该文本框内的所有文字起作用。文本框的各种属性是在文本框操作状态下通过执行各种排版命令来赋予所选中的文本框。

1. 修改文本框常规选项

选中要更改的文本框，选择【对象】|【文本框架选项】命令，打开【文本框架选项】对话框，对话框中包括【常规】、【基线选项】和【自动调整大小】三组设置选项。默认情况下，显示为【常规】选项，如图 5-4 所示。

在对话框中，【列数】选项组可以对文本框的分栏进行设置，其中提供了【栏数】、【栏间距】、【宽度】和【最大值】等设置功能，并允许设置多个栏。

- 【栏数】：用户可以根据版面的具体情况，在该数值框中输入栏数数值，也可以通过上下按钮来调整栏数。
- 【栏间距】：是指栏与栏之间空白部分的距离，在【栏间距】右面的文本框中，用户可以直接输入间距的大小，也可以通过左侧的上下按钮来调整间距的大小。
- 【宽度】：是指单个栏的宽度，用户直接在【宽度】右面的文本框中输入数值设定宽度，也可以通过左侧的上下按钮来调整栏的宽度。

- 【最大值】：InDesign 默认设置为该选项未被设定，当该选项未被选中时，调整栏间距，栏宽的值会发生改变，以保证整个文本框的宽度不变。当该选项被选中时，改变栏间距，栏宽不发生改变，而文本框的宽度将发生变化。

【内边距】选项组是指在文本框的上、下、左、右四周根据用户对文本框的要求加入适当的空白部分，系统默认上、下、左、右边距的设置为 0。

【垂直对齐】选项组用于设置文字在文本框中纵向排列方式，在【对齐】选项中系统提供 4 种排列方式。

- 【对齐】：用于设置文本在文本框中对齐方式，其中包括【上/右】、【居中】、【下/左】和【两端对齐】4 个选项，如图 5-5 所示。选择【上/右】选项文本将靠顶对齐；
- 选择【居中】选项文本将纵向居中对齐；选择【下/左】选项文本将纵向靠底左对齐；
- 选择【两端对齐】选项文本将根据文本框的高度平均分配行间距。
- 【段落间距限制】：当在纵向文本对齐设定中选择了【对齐】后，该选项被激活，用户可根据需要在文本框中直接输入数值或在下拉列表中选择，系统默认该值为 0。

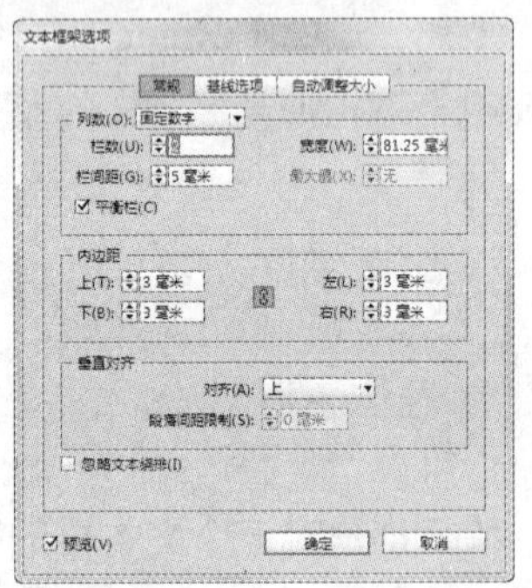

图 5-4 【常规】选项卡

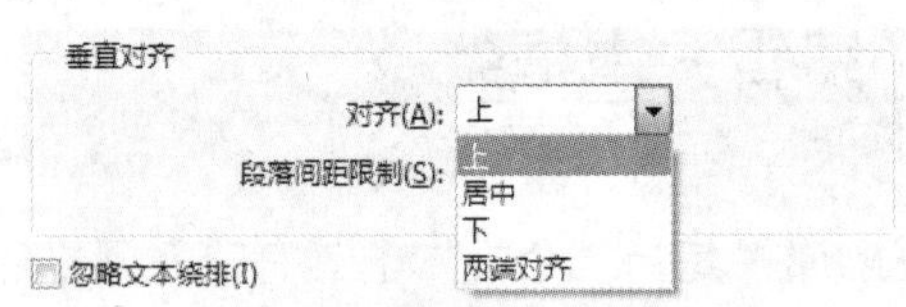

图 5-5 对齐选项

【例 5-1】在 InDesign 中，设置文本框属性。

(1) 在打开的文档中，选择【选择】工具选中文本框，如图 5-6 所示。

(2) 选择【对象】|【文本框架选项】命令，打开【文本框架选项】对话框，选中【预览】复选框，设置【栏数】为 2，并选中【平衡栏】复选框。在对话框中的【内边距】选项组中，设置【上】、【下】、【左】、【右】为 3 毫米，然后单击【确定】按钮，如图 5-7 所示。

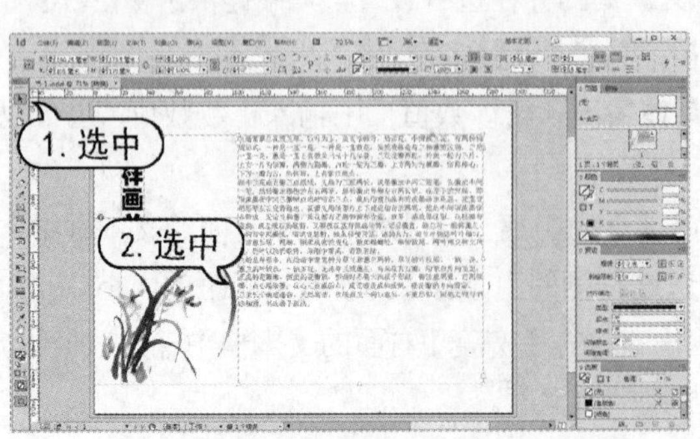

图 5-6 选中文本

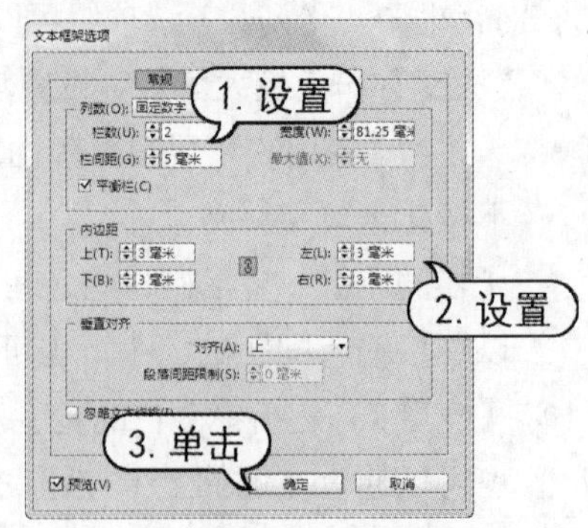

图 5-7 设置文本框

计算机 基础与实训教材系列

(3) 使用【文字】工具在文本框中单击，并按 Ctrl+A 组合键全选文字内容。然后在控制面板中单击【段落格式控制】按钮段，设置【首行左缩进】为 10 毫米，设置【段后间距】为 5 毫米，如图 5-8 所示。

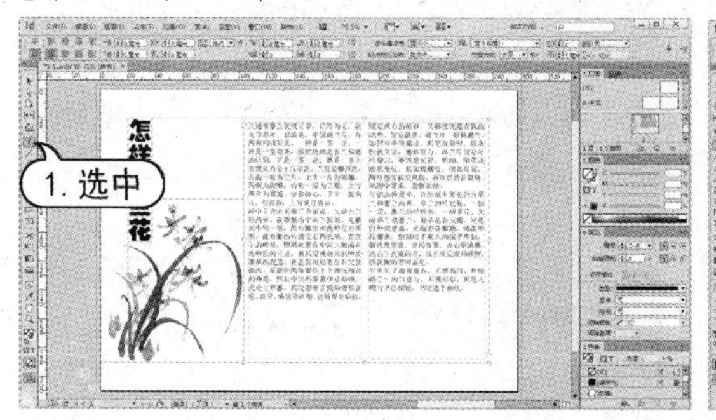

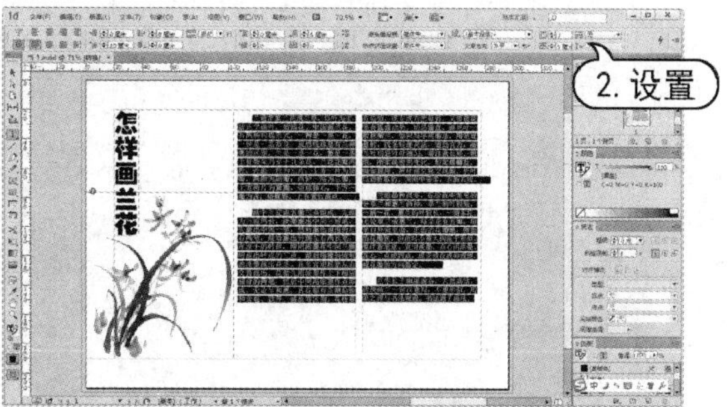

图 5-8　设置段落

2. 修改文本框的基线选项

【文本框架选项】对话框中，【基线选项】选项用来设置文本框架基线网格的各项参数，如图 5-9 所示。【首行基线】选项组用来设置首行基线的参数。

- 【位移】选项：指文本框中文字第一行的基线位置，其中包含 6 个选项。
- 【最小】选项：指文本中文字第一行的基线位移最小数值。

选中【基线网格】选项组中的【使用自定基线网格】复选框，可以使用其下选项将基线网格应用于文本框架。

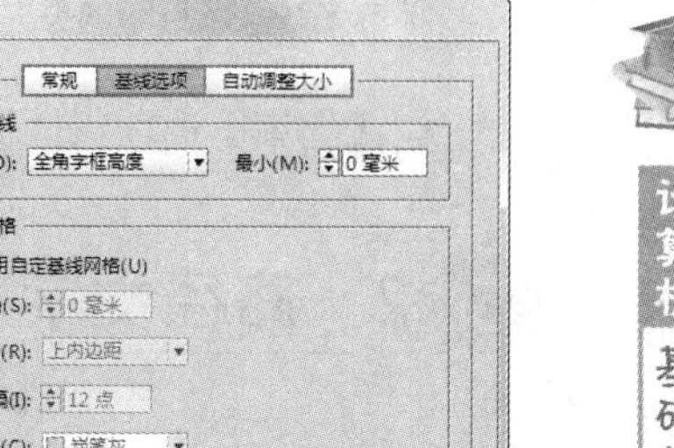

图 5-9　【基线选项】选项卡

- 【开始】：在该文本框中设置数值，可以确定基线网格的起始位置。
- 【相对于】：在该下拉列表中，可以选择从页面顶部、页面的上边距、框架顶部或框架的上内陷为基线网格起始位置的依据标准。
- 【间隔】：在该文本框中设置数值可以作为网格线之间的间距。在大多数情况下，设置数值等于正文文本行距的值，以便文本行能恰好对齐网格。
- 【颜色】：使用该选项可以为网格线选择一种颜色，或者选择【图层颜色】以便与显示文本框架的图层使用相同颜色。

3. 自动调整文本框

【文本框架选项】对话框中，【自动调整大小】选项用来调整文本框架的大小，如图 5-10 所示。

- 【自动调整大小】：可以选择一种文本框架的调整方式，在其下方可以设置调整的中心点，如图 5-11 所示。

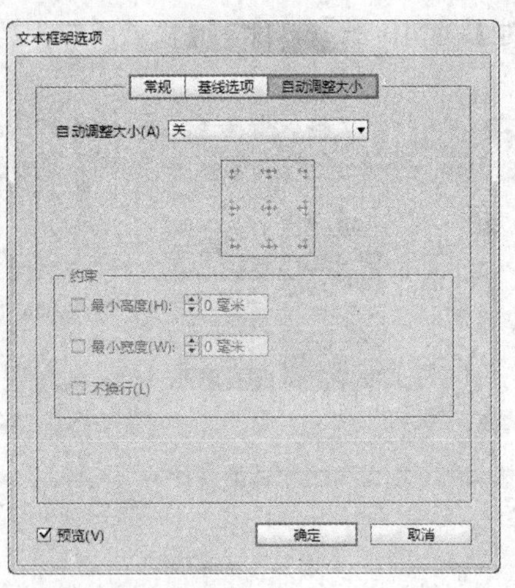

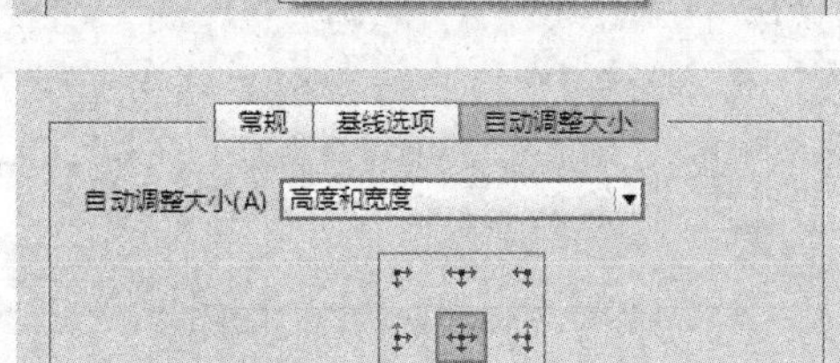

图 5-10 【自动调整大小】选项卡

图 5-11 【自动调整大小】选项

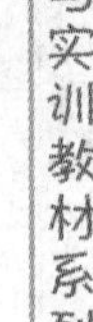

- 【约束】选项组：可以设置文本框的调整数值。

5.2 路径文字

路径文字工具用于将路径转换为文字路径，然后在文字路径上输入和编辑文字，常用于制作特殊形状的沿路径排列的文字效果。

5.2.1 路径文字工具

【路径文字】工具和【垂直路径文字】工具是创建路径文字的工具。要使用【路径文字】工具或【垂直路径文字】工具创建路径文字，首先需要选择【钢笔】工具或【铅笔】工具任意绘制一条路径。然后再选择工具箱中的【路径文字】工具，当它移动到页面上时，光标会变为形状。此时单击路径，输入的文字会自动沿路径排布，如图 5-12 所示。【垂直路径文字】工具的使用方法与【路径文字】工具相同。

图 5-12 路径文字

使用【选择】工具选中路径和文字，然后将【选择】工具放置在文字起始的位置，此时光标变为形状，注意不要放置在小方框内(否则就会出现文本框图标，在页面上拖动光标就会把路径上的文字分离出来)，进行拖动就可以移动文字的位置，如图 5-13 所示。

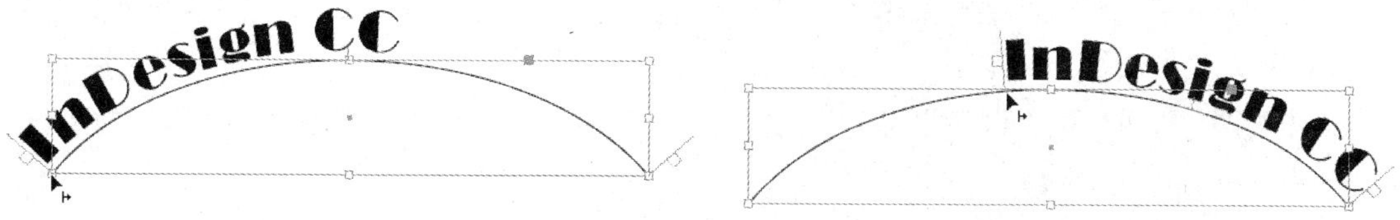

图 5-13　移动路径文字

将【选择】工具放置在路径文字中间的图标上，此时光标变为形状。向路径另一边拖动，可将文字移动到路径的另一边，如图 5-14 所示。

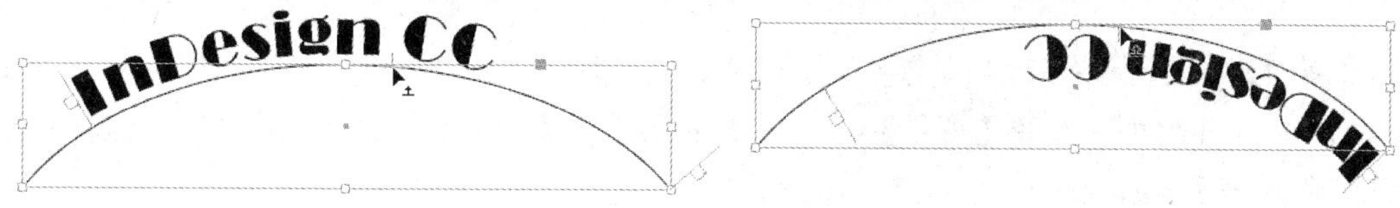

图 5-14　翻转路径文字

知识点

如果路径不够长，文字没有完全显示的话，则文字右侧会出现一个红色的⊞图标，表示有文字未排完，可用【直接选择】工具单击路径，将路径选中后再作修改。

5.2.2　路径文字选项

在 InDesign 中，还可以通过命令来具体控制路径文字的属性。用【选择】工具选中路径文字，然后选择【文字】|【路径文字】|【选项】命令，可以打开【路径文字选项】对话框，如图 5-15 所示。

- 【效果】选项：可以指定路径文字的效果，默认设置为【彩虹效果】。用户还可以从下拉列表中选择【彩虹效果】、【倾斜】、【3D 带状效果】、【阶梯效果】或【重力效果】选项。

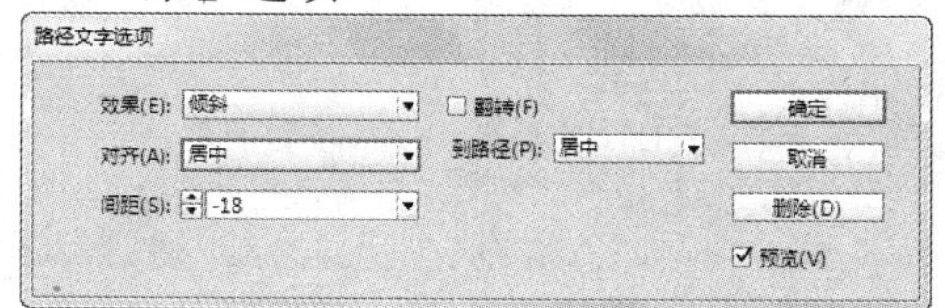

图 5-15　【路径文字选项】对话框

- 【翻转】复选框：选中【翻转】复选框，则翻转文字在路径上的排列方向。
- 【对齐】选项：指文字字符和路径的对齐效果，正常默认状态下是文字基线对齐于路径。用户还可以从下拉列表中选择【全角字框上方】、【居中】、【全角字框下方】、【表意字框上方】或【表意字框下方】选项。

- 【到路径】选项：指字符到路径的对齐方式，在下拉列表中有【上】、【下】和【居中】3 种方式供选择。
- 【间距】选项：可以调整字符之间的间距。用户可以直接输入数值或直接在其下拉列表中选择相应的数值。

知识点

如果想删除路径上的文字，可直接选择【删除】按钮，或选择【文字】|【路径文字】|【删除路径文字】命令即可。

【例 5-2】在页面中创建路径文字，并调整文字效果。

(1) 在 InDesign 中，选择【文件】|【打开】命令，在【打开文件】对话框中选择需要打开的图像文档，如图 5-16 所示。

(2) 使用【钢笔】工具，在页面中根据图形边缘绘制路径，如图 5-17 所示。

图 5-16 打开文档

图 5-17 绘制路径

(3) 选择【路径文字】工具，在刚绘制的路径上单击，并输入文字内容，如图 5-18 所示。

(4) 按 Ctrl+A 组合键全选路径文字，在控制面板中设置字体为 Berlin Sans FB Demi，字体大小为 40 点，如图 5-19 所示。

图 5-18 输入路径文字

图 5-19 设置文字

(5) 选择【文字】|【路径文字】|【选项】命令，可以打开【路径文字选项】对话框。在如图 5-20 所示的对话框中，设置【效果】为【倾斜】，【对齐】为【居中】，【间距】为 20，然后单击【确定】按钮。

(6) 选择【选择】工具，在工具箱底部的颜色控件组中设置【描边】为【应用无】，如图 5-21 所示。

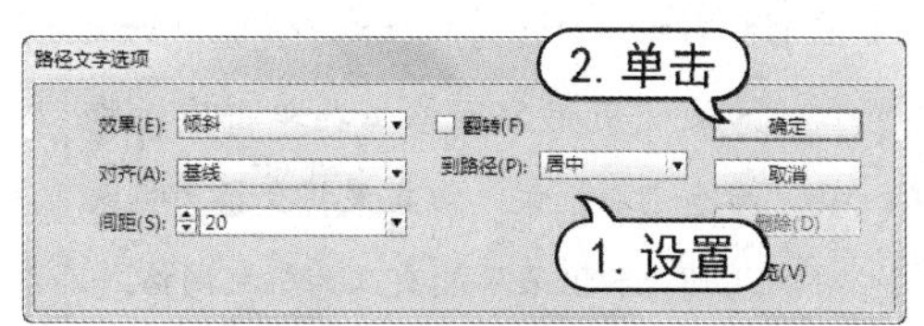

图 5-20 设置【路径文字选项】

图 5-21 设置描边

5.3 框架网格文字

使用水平网格工具或垂直网格工具可以创建框架网格，并输入或置入文本。在【命名网格】面板中设置的网格格式属性，将应用于使用网格工具创建的框架网格。【框架网格】对话框中更改框架网格设置。

5.3.1 网格工具

在 InDesign 中，单击工具箱中的【水平网格】工具按钮，在页面中单击并拖动标，即可确定所创建的框架网格的高度和宽度，如图 5-22 所示。在拖动的同时按住 Shift 键，就可以创建出方形框架网格。

单击工具箱中的【垂直网格】工具按钮，在页面中单击并拖动，确定所创建框架网格的高度和宽度。在拖动的同时按住 Shift 键，就可以创建方形框架网格，在网格中输入相应的文字，如图 5-23 所示。

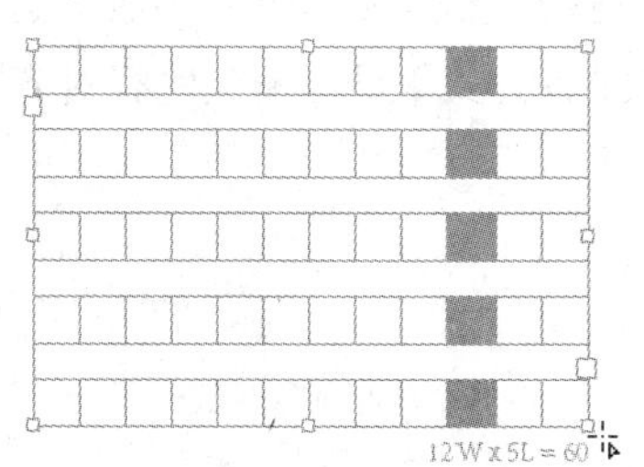

图 5-22 创建水平网格

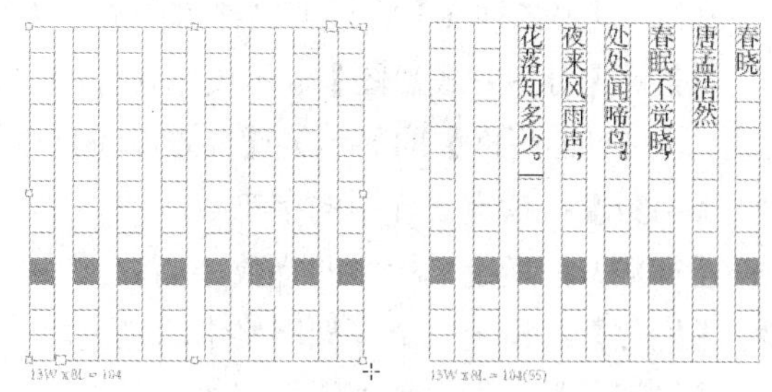

图 5-23 使用【垂直网格】工具

5.3.2 编辑网格框架

使用【选择】工具选中要修改其属性的框架，然后选择【对象】|【框架网格选项】命令，

在弹出的【框架网格】对话框中进行相应设置，如图 5-24 所示。

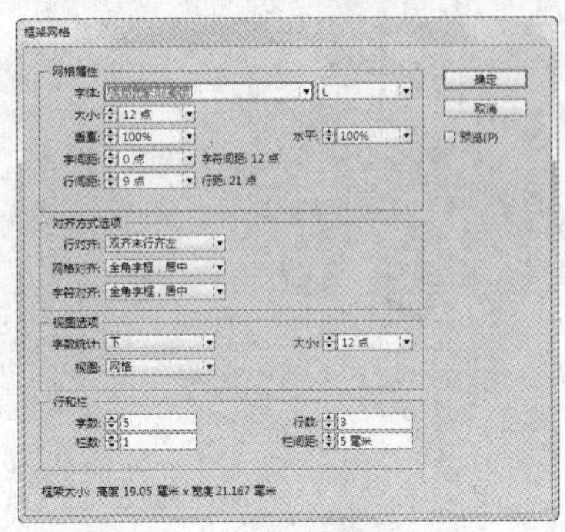

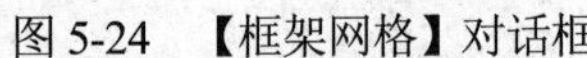

图 5-24 【框架网格】对话框

提示

如果使用框架网格工具单击空白框架，而非文本框架，该框架将变换为框架网格。纯文本框架不能更改为框架网格。

- 【字体】：该下拉列表中可以选择字体系列和字体样式。这些字体设置将根据版面网格应用到框架网格中。
- 【大小】：指定文字大小。这个值将作为网格单元格的大小。
- 【垂直】、【水平】：以百分比形式为全角亚洲字符指定网格缩放。
- 【字间距】：指定框架网格中单元格之间的间距。这个值将用作网格间距。
- 【行间距】：指定框架网格中行之间的间距。这个值被用作从首行中网格的底部(或左边)，到下一行中网格的顶部(或右边)之间的距离。
- 【行对齐】：选择一个选项，以指定文本的行对齐方式。
- 【网格对齐】：选择一个选项，以指定文本与全角字框、表意字框对齐，还是与罗马字基线对齐。
- 【字符对齐】：选择一个选项，以指定将同一行的小字符与大字符对齐的方法。
- 【字数统计】：选择一个选项，以确定框架网格尺寸和字数统计的显示位置。
- 【视图】：选择一个选项，以指定框架的显示方式。【网格】显示包含网格和行的框架网格。【N/Z 视图】将框架网格方向显示为深蓝色的对角线，插入文本时并不显示这些线条。【对齐方式视图】显示仅包含行的框架网格。【对齐方式】显示框架的行对齐方式。【N/Z 网格】的显示为【N/Z 视图】与【网格】的组合。
- 【字数】：指定一行中的字符数。
- 【行数】：指定一栏中的行数。
- 【栏数】：指定一个框架网格中的栏数。
- 【栏间距】：指定相邻栏之间的间距。

5.3.3 文本框架与网格框架的转换

文本框架与框架网格可以相互转换，可以将纯文本框架转换为框架网格，也可以将框架网格转换为纯文本框架。如果将纯文本框架转换为框架网格，对于文章中未应用字符样式或段落

样式的文本，会应用框架网格的文档默认值。

使用【选择】工具选中框架网格，选择【对象】|【框架类型】|【文本网格】命令，即可将框架网格转换为纯文本框架，如图 5-25 所示。选择【对象】|【框架类型】|【框架网格】命令，即可将纯文本框架转换为框架网格，转换后的框架网格以默认的网格格式为准。

图 5-25　框架网格转换为纯文本框架

5.3.4　命名网格

选择【文字】|【命令网格】命令，打开【命名网格】面板，以命名网格格式存储框架网格设置，然后将这些设置应用于其他框架网格。使用命名网格格式，可以有效地应用或更改框架网格格式，让文档保持统一外观。

选中框架网格对象，选择【窗口】|【文字和表】|【命名网格】命令，打开【命名网格】面板菜单中选择【新建命名网格】命令，在【新建命名网格】对话框。在对话框中对选项进行相应的设置，如图 5-26 所示。

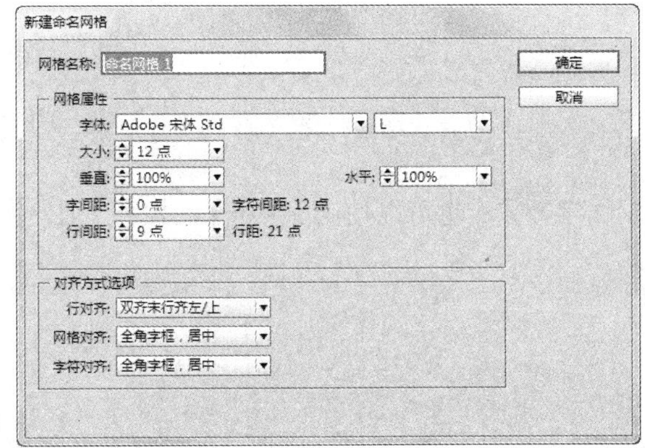

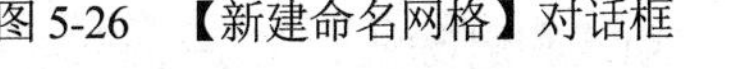
图 5-26　【新建命名网格】对话框

提示

在【命名网格】面板中，默认情况命名网格下显示【版面网格】格式。当前选中页面的版面网格设置将反映在该网格格式中。如果为一个文档设置了多个版面网格，【命名网格】面板的【版面网格】中显示的设置将根据所选页面版面网格内容的不同而有所差异。如果选择了具有网格格式的框架网格，将在【命名网格】面板中突出显示当前网格格式的名称。

- 【网格名称】：输入网格格式的名称。
- 【字体】：选择字体系列和字体样式，为需要置入网格中的文本设置默认字体。
- 【大小】：指定单个网格大小。
- 【垂直】和【水平】：以百分比形式为全角亚洲字符指定网格缩放。

- 【字间距】：指定框架网格中单元格之间的间距。这个值将作为网格单元格的大小。
- 【行间距】：输入一个值，以指定框架网格中行之间的间距。此处使用的值，为首行字符全角字框的下(或左)边缘，与下一行字符全角字框的上(或右) 边缘之间的距离。
- 【行对齐】：选择一个选项，以指定框架网格的行对齐方式。
- 【网格对齐】：选择一个选项，以指定将文本与全角字框、表意字框对齐，还是与罗马字基线对齐。
- 【字符对齐】：选择一个选项，以指定将同一行的小字符与大字符对齐的方法。

5.3.5 应用网格格式

可以将自定命名网格或版面网格应用于框架网格。如果应用了版面网格，则会在同一框架网格中使用在【版面网格】对话框中定义的相同设置。

使用【选择】工具选中框架网格，也可使用文字工具单击框架，然后放置文本插入点或选择文本，在【命名网格】面板中，单击要应用的格式名称即可，如图 5-27 所示。

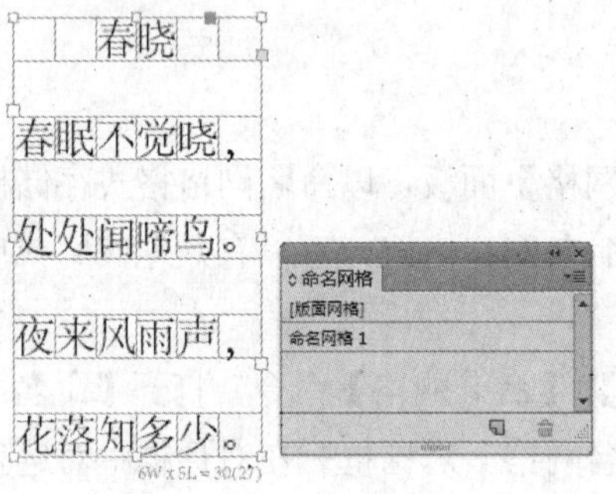

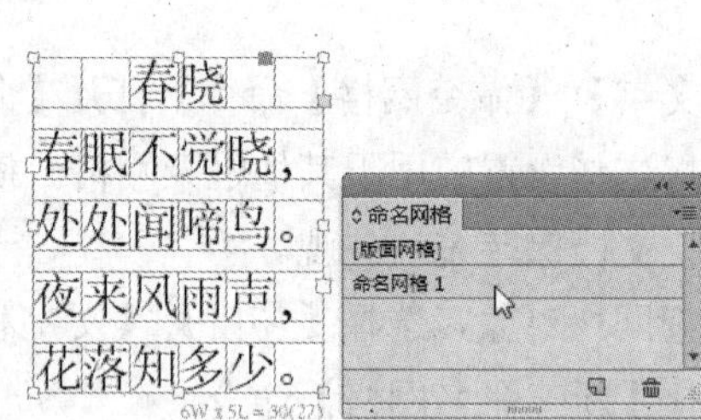

图 5-27　将命名网格应用于框架网格

5.4 编辑文字

在 InDesign 中，用户可以通过控制面板编辑文字效果，也可以使用【字符】面板和【段落】面板编辑文字效果使其符合版式设计的要求。

5.4.1 【字符】面板

文本的属性包括字体、字号、垂直和水平缩放、下划线和删除线、文字样式、字符间距以及文字旋转等。通过调整文本的属性，可以针对不同文字灵活多样地实现各种特殊的文字效果，以满足当前版面布局的需要。

通常使用【字符】面板和【文字】菜单中的相应菜单命令来设置字符属性。按 Ctrl+T 组合键或选择【文字】|【字符】菜单命令，或选择【窗口】|【文字和表】|【字符】命令，都可以

打开【字符】面板，如图 5-28 所示，可以通过更改其中的选项或通过执行面板菜单中相应的命令来实现对文本属性的修改。

1. 设置文本度量单位

在 InDesign 中，默认状态的文本以“点”为度量单位。常用的文字处理软件，如 Word、PageMaker 等也使用“点”为默认的文字度量单位。如果有特殊需要，用户可以根据自己的需要修改这个度量单位。具体方法是，选择【编辑】|【首选项】|【单位和增量】命令，打开【首选项】对话框，在【其他单位】栏中的【文本大小】下拉列表中设置文本的度量单位，如图 5-29 所示。

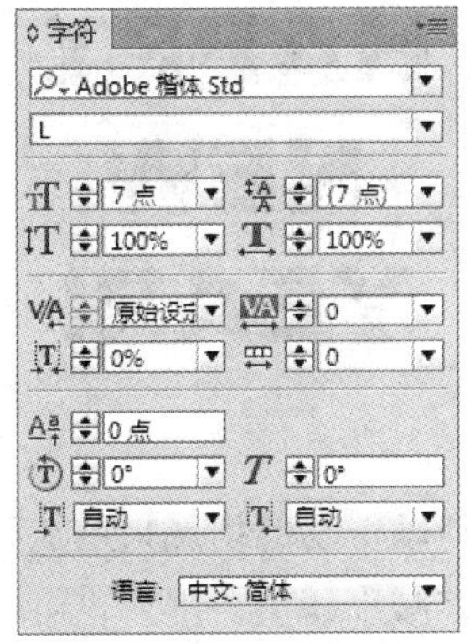

图 5-28　【字符】面板

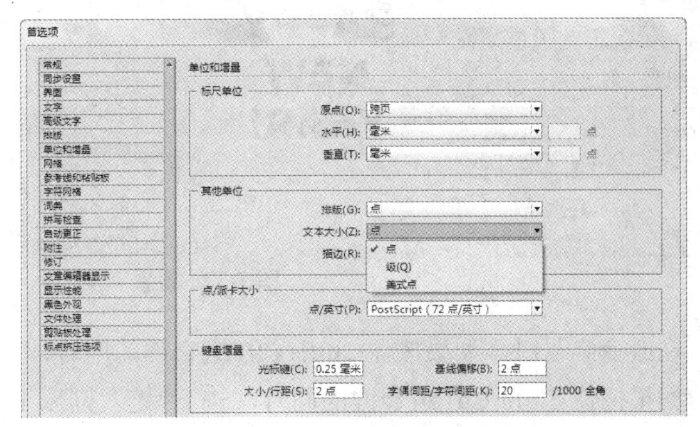

图 5-29　【首选项】对话框

2. 设置字体

用户可以根据版面的需要使用字体，通常所用的字体有：黑体、宋体、Times New Roman 和 Arial 等。用户可以在【字符】面板或控制面板中的 Adobe 楷体 Std 下拉列表中选择一种字体，或者输入字体的名称，如图 5-30 所示。

除了选择字体外，通常英文字体还需要在同种字体之间选择不同的字体样式，如 Regular(正常)、Italic(斜体)、Bold(粗体)、Bold Italic(粗斜体)等。用户可以在【字符】面板的样式下拉列表中选择字体样式，如图 5-31 所示。

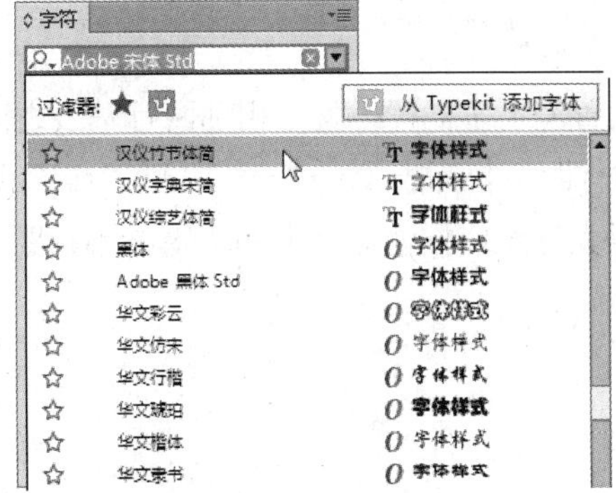

图 5-30　选择字体

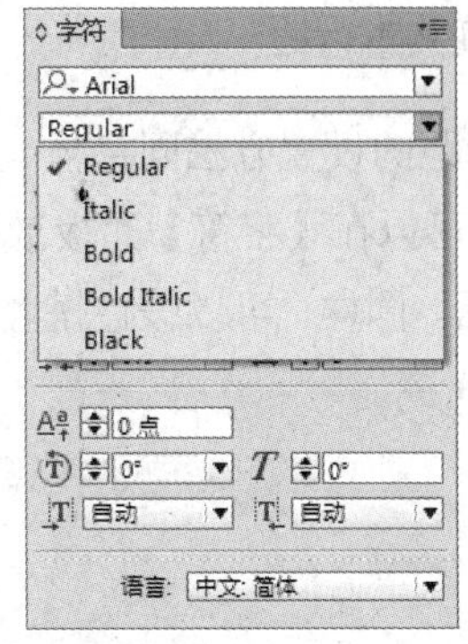

图 5-31　选择字体样式

提示

书籍中常用的字体有黑体(多用于标题及图题)、宋体(多用于正文)。一般书籍应控制使用字体的数量不超过 5 种，使其看起来比较规范；而杂志和其他宣传品的版面则没有过多的要求，一般以美观为标准。

3. 设置字体大小

可以在【字符】面板或控制面板中的字体大小下拉列表框 中选择文字的大小，也可以直接输入所需要的字符大小，如图 5-32 所示。在 InDesign 中，默认的文本大小是 12 点。

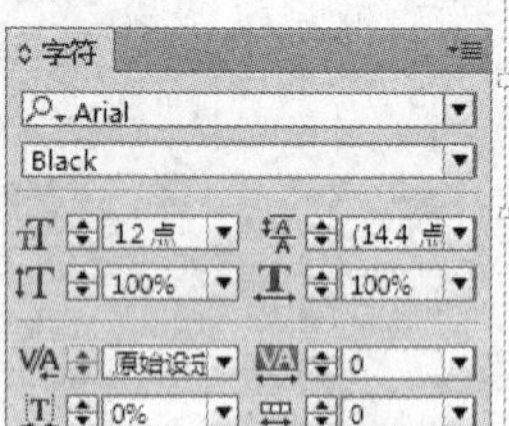

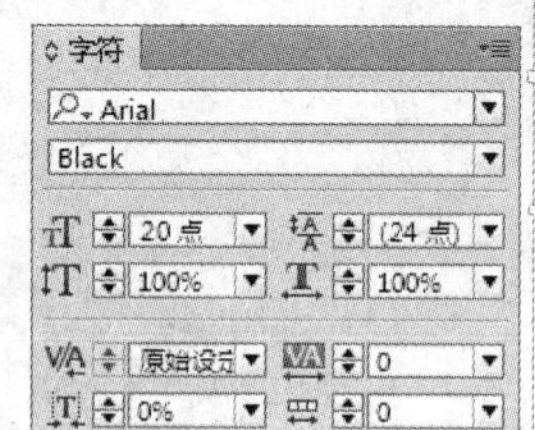

图 5-32　设置字体大小

在改变字号时，如果按住 Shift+Ctrl 组合键的同时，按下>键，则以 1 磅的增量来增加磅值。如果按住 Shift+Ctrl 组合键的同时，按下<键，则以 1 磅的增量来减小磅值。用户也可以通过按键盘上的↑键来增大字符尺寸或按住↓键来减小字符尺寸。尺寸将按【首选项】对话框中【键盘增量】选项组的【大小/行距】文本框中的增量设置逐级更改，默认值为 2 点，如图 5-33 所示。

图 5-33　设置增量

选择【文字】|【大小】菜单命令，选择合适的大小。如果没有合适的大小，可选择其他命令，这时会打开【字符】面板来设置尺寸。

4. 设置文本行距

文本行距的设置方法同字体、字号属性的设置差不多。行距就是相邻两行基线之间的垂直纵向间距，可以在【字符】面板或控制面板上的行距下拉列表 中进行设置，如图 5-34 所示。同样，可以按住键盘上的↑键来增大行距或按住键盘上的↓键减小行距，其默认增(减)量为 1 磅。

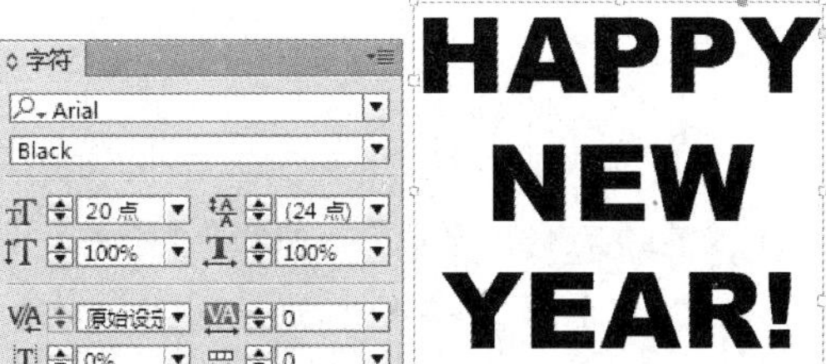

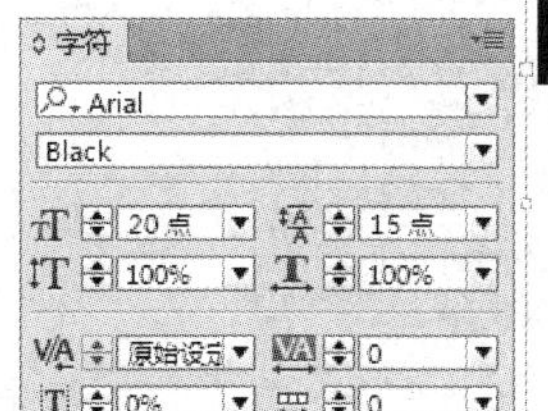

图 5-34　设置文本行距

5. 设置文本缩放

缩放文本时，可以根据字符的原始宽度和高度，指定文字的宽高比。无缩放字符的比例值为 100%。要缩放文字，可以在【字符】面板或控制面板中输入一个数值，以更改【水平缩放】或【垂直缩放】的百分比，如图 5-35 所示。

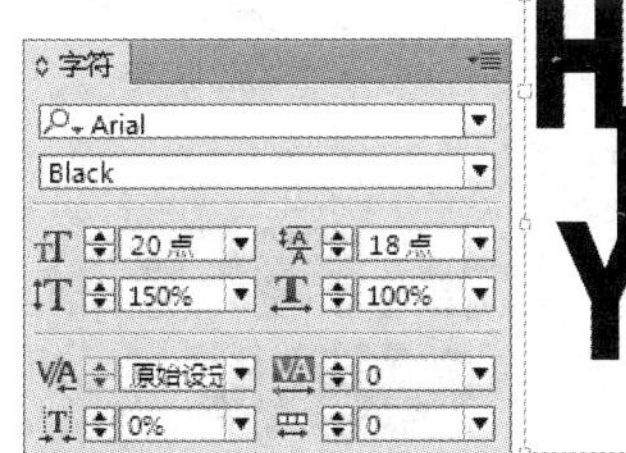

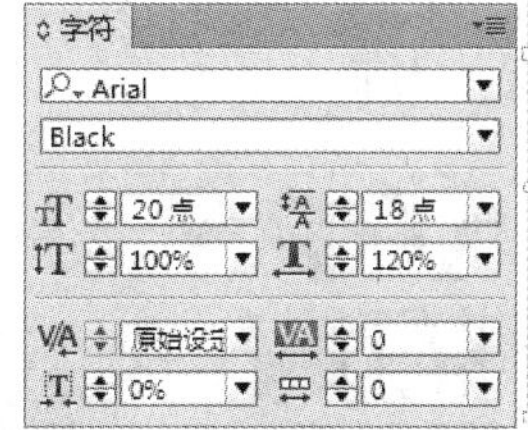

图 5-35　设置文字缩放

6. 设置文本字符间距

在 InDesign 中，用户可以在【字符】面板或控制面板中的字距微调下拉列表框 0 中调整字符间距，可以在选定文字之间插入一致的字符间距。使用字符间距来调整一个单词或整个文本块的间距。字符间距调整有 3 种方法。

字偶间距 原始设定 调整是增大或减小特定字符对之间间距的过程。字符间距调整是加宽或紧缩文本块的过程。可以使用原始设定或视觉方式自动进行字偶间距调整，如图 5-36 所示。原始设定方式针对特定的字符对(字偶)预先设定间距调整值(大多数字体都已包含)。字偶间距调整包含有关特定字母对间距的信息。其中包括：LA、P、To、Tr、Ta、Tu、Te、Ty、Wa、WA、We、Wo、Ya 和 Yo 等。默认情况下，InDesign 使用原始设定，这样，当导入或键入文本时，系统会自动对特定字符对进行字偶间距调整。

【原始设定】字偶间距调整是基于成对出现的特定字符对之间的间距信息来进行紧缩的。原始设定的字偶间距调整量，以字符的等比宽度为基础。一般来说，原始设定是针对罗马字体进行调整的功能。

【视觉】字偶间距调整根据相邻字符的形状调整它们之间的间距，适用于罗马字形。某些字体中包含完整的字偶间距调整规范。不过，如果某一字体仅包含极少的内建字偶间距，甚至根本没有，或者是同一行的一个或多个单词使用了两种不同的字形或大小，则可能需要对文档中的罗马字文本使用【视觉】字偶间距调整选项。

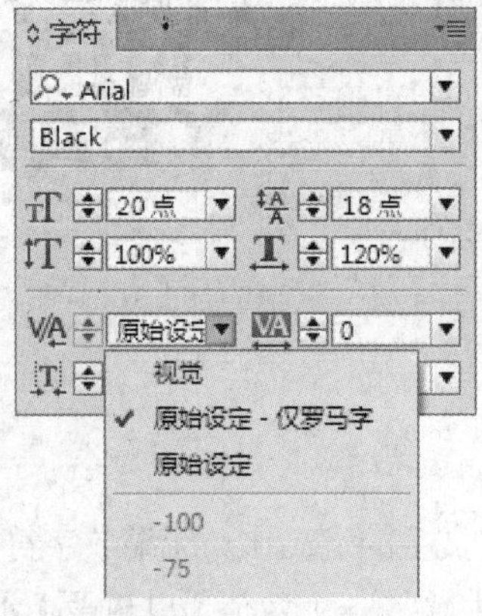

图 5-36　设置字偶间距

> **提示**
>
> 字偶间距和字符间距调整的值会影响中文文本，但一般来说，这些选项用于调整罗马字之间的间距。

对字符应用比例间距 0% 会使字符周围的空间按比例压缩，如图 5-37 所示。但字符的垂直和水平缩放将保持不变。

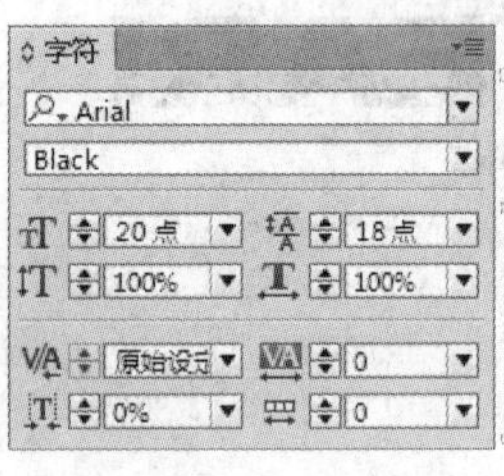

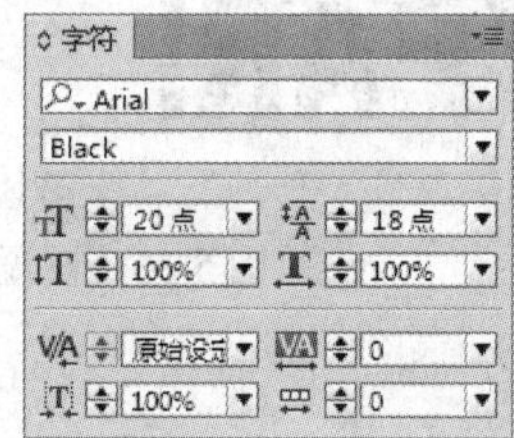

图 5-37　设置比例间距

字符间距调整可以加宽或紧缩文本块的间距。在选中几个字符或一段文本后，单击【字符间距调整】右侧的按钮，选择下拉列表框中的数值或输入一个数值均可，如图 5-38 所示。

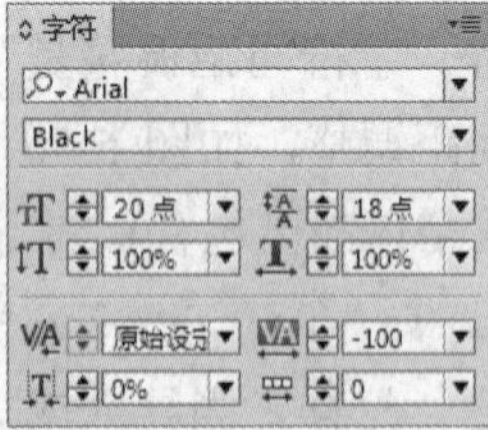

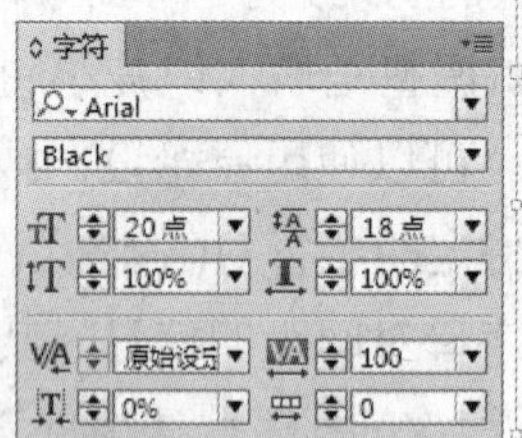

图 5-38　设置字符间距

> **提示**
>
> 用户也可以通过键盘的方式来微调字符之间的距离。字距微调的单位是字长的 1%~100%。用户可以在选择文字的情况下，通过按下 Alt+←键，按一次则使光标右侧的字符向左移动 20‰，按两次则向左移动 40‰，以此类推；用户若按下 Alt+→快捷键，按一次则是使用光标右侧的字符向右移动 20‰，按两次则为 40‰，以此类推。

7. 设置文本基线

在 InDesign 中，用户不仅可以改变文字的长宽属性，还可以改变文字的基线，使选取的文字位于基线上方或基线下方。基线是一条无形的线，多数字母(不含字母下缘)的底部均是以它为准对齐的。相邻行文字间的垂直间距称为行距。使用【行距】选项可以计算一行文本的基线到上一行文本基线的距离，如图 5-39 所示。默认的【自动行距】选项按文字大小的 120%设置行距(如 10 点文字的行距为 12 点)。使用自动行距时，InDesign 会在【字符】面板的【行距】选项中，将行距值显示在圆括号中。

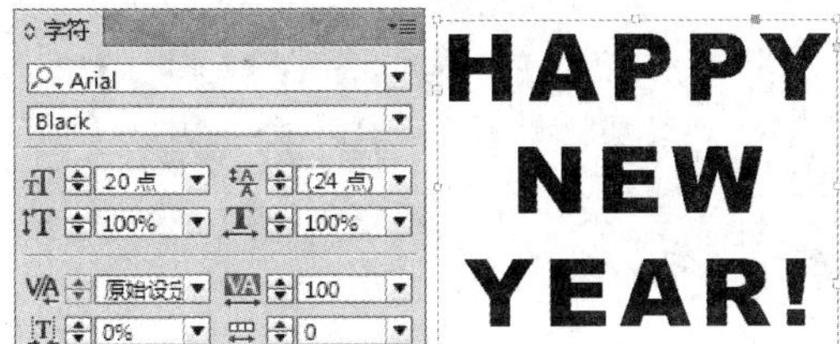

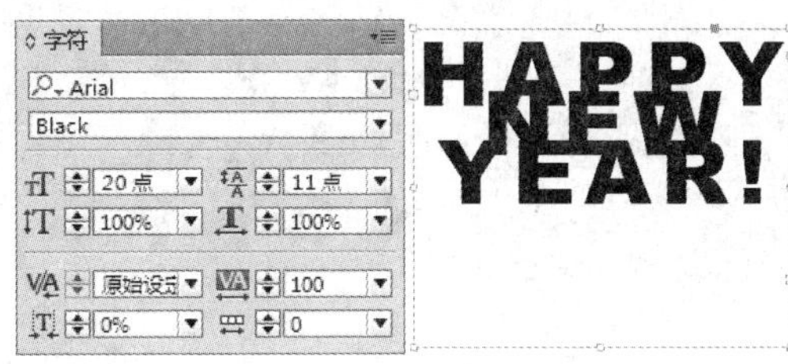

图 5-39　设置行距

使用【基线偏移】可以相对于周围文本的基线上下移动选定字符，如图 5-40 所示。手动创建的分子和分母的数字或调整随文图形的位置时，该选项特别有用。可以调整【字符】面板上的【基线偏移】值，或使用 Shift+Alt+↑或↓键可以快速增大或减小基线偏移值。

图 5-40　设置文本基线

8. 设置文本倾斜

在 InDesign 的有些情况下，通常能够将显示的文字设置成斜体字，斜体字的出现对于整个版面布局和编排以及美化版面起着很重要的作用。如果要将文本设置成斜体字，首先选中文本，然后在【字符】面板的中的 T 0° 文本框中输入一定数值，输入数值的正负和大小将决定斜体字的倾斜方向以及倾斜幅度的大小，如图 5-41 所示。当输入的数值为正值时，斜体字向右倾斜；当输入的数值为负值时，斜体字向左倾斜。倾斜的程度随着数值的大小增大而增大。在这里需要注意的是，输入的数值范围必须在–85°和 85°之间，否则会出现警示框提示用户。

图 5-41　设置文本倾斜

9. 设置文字旋转

在 InDesign 的有些情况下，通常能够将显示的文字设置成旋转，旋转字多用于杂志标题排版，以达到美化版面的效果。在【字符】面板或控制面板中的 0° 文本框中输入一定数值，输入数值的正负和大小将决定字体的旋转方向以及旋转的角度。

当输入的数值为正值时，字体沿字符本身的中心点按逆时针旋转；当输入的数值为负值时，字体沿字符本身的中心点按顺时针旋转，如图 5-42 所示。需要注意的是，输入的数值范围必须在–360°~360°之间，否则会出现警示框提示用户。

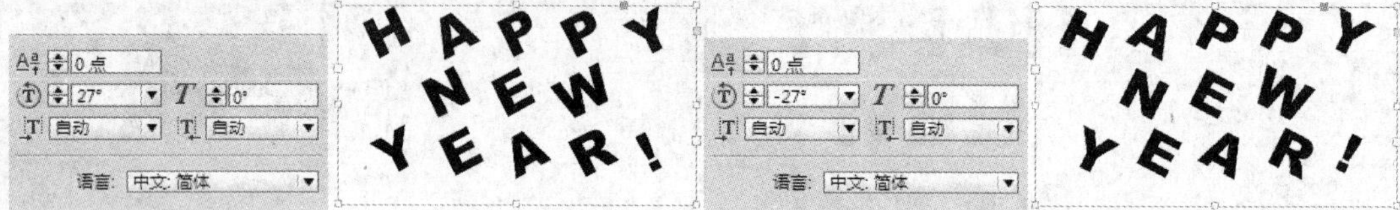

图 5-42　设置文字旋转

10. 使用下划线和删除线

在 InDesign 中，可以为所选取的文字添加下划线和删除线等效果。如果要为文本设置下划线和删除线效果，则先选取需要修改的文字，单击【字符】面板右侧的面板菜单按钮，在打开的菜单中选择【下划线】和【删除线】即可，如图 5-43 所示。

使用下划线和删除线　使用下划线和删除线

图 5-43　使用下划线和删除线

在打开的菜单中选择【下划线选项】和【删除线选项】命令，可以打开【下划线选项】和【删除线选项】对话框分别设置下划线、删除线的粗细、位移、颜色和线类型等属性，如图 5-44 所示。

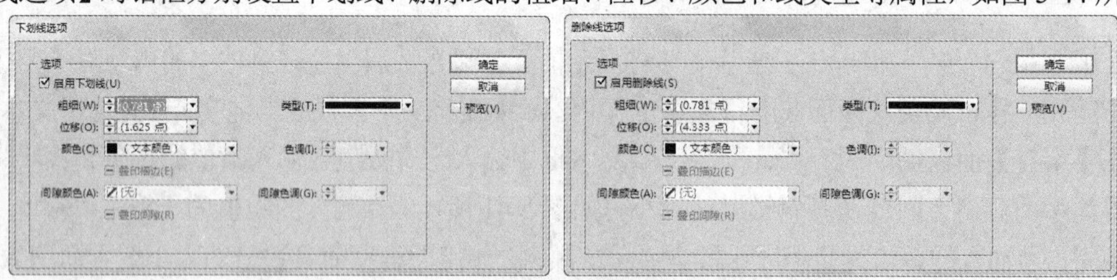

图 5-44　设置【下划线选项】和【删除线选项】对话框

11. 设置上标和下标

有时，表示二次方、三次方等要用到上标或者下标。在 InDesign 中，设置文字的上下标属性时，InDesign 将自动获取被选取文字的字号以及预先设定的离开基线的移动距离。移动距离的值是当前文字字号的一个百分比值，是以系统对文字设置对话框中【上标】、【下标】设定的【尺寸】和【位置】的值为依据的。【尺寸】的百分比数决定了被选文字修改成【上标】或

【下标】属性时的字号大小比例；【位置】的百分数决定了被选取文字修改成上下标属性时所在的位置。

【例 5-3】在 InDesign 中，将文本设置为上标效果。

(1) 在打开的文档中，使用【文字】工具选择文本框中需要改变属性的文字内容，如图 5-45 所示。

图 5-45　选取文字

提示

根据需要，可以改变上标和下标的默认值，修改系统设定中文字的相关选项即可，选择【编辑】|【首选项】|【高级文字】命令，在【首选项】对话框中的【上标】和【下标】选项中设定上、下标的参数。

(2) 选择【窗口】|【文字和表】|【字符】命令，打开【字符】面板。在面板中菜单命令中选择【上标】命令，如图 5-46 所示。

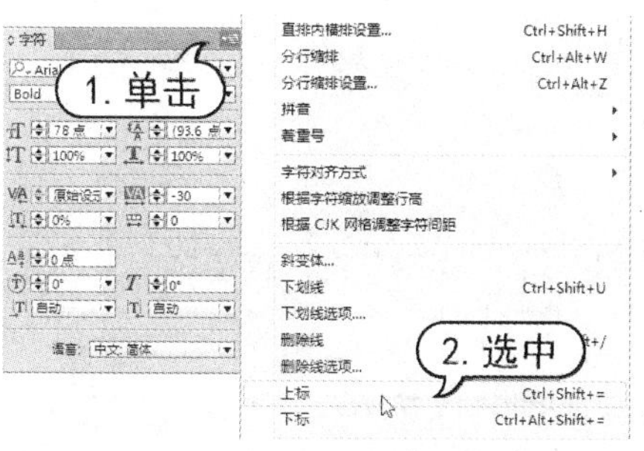

图 5-46　设置【上标】

12. 为文本添加着重号

InDesign 能将选中的横排文字的上边或下边，或者竖排文字的左边或右边，添加着重符号，起到醒目和提示的作用。系统中提供了几种常用的着重符号。若要为文字添加着重号，首先要用【文字】工具选中文字；然后在【字符】面板菜单中选择【着重号】命令子菜单中相应着重号样式命令即可，如图 5-47 所示。

图 5-47　设置【着重号】

若想自定义着重号的符号和一些相关的设置，可以选择【字符】面板中的【着重号】|【自

定】命令，系统将会打开【着重号】对话框，如图 5-48 所示。【着重号设置】选项可以设置着重号的【偏移】、【位置】和【大小】等选项。【着重号颜色】选项可以设置着重号的颜色等选项。

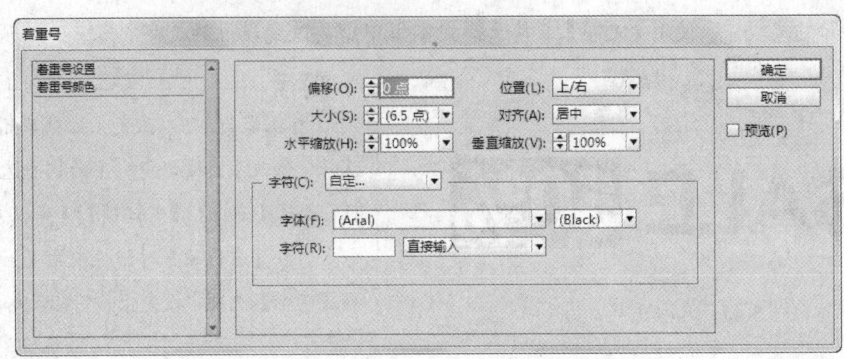

图 5-48　【着重号】对话框

- 【偏移】选项：指着重号离字符的距离。
- 【位置】选项：该选项用于设置着重号的方向和着重号在上或下，相对于竖排文字则是左或右。
- 【大小】选项：可以设定着重号的大小。
- 【对齐】选项：该选项可以用于设置着重号和字符的对齐方式，有【居中】和【左】对齐可供选择。
- 【水平缩放】和【垂直缩放】选项：指着重号的缩放百分比。
- 【字符】选项组：可以设置系统自带的着重符或自定义着重符的某些选项。
- 【字体】选项：可以设置着重号的字体。
- 【字符】选项：可以输入自定义的着重符号。

计算机 基础与实训教材系列

13. 分行缩排

【字符】面板菜单中的【分行缩排】命令可以将选中的多个字符水平或竖直地堆叠成一行或多行，而宽度却只有指定数量的正常字符框，如图 5-49 所示。

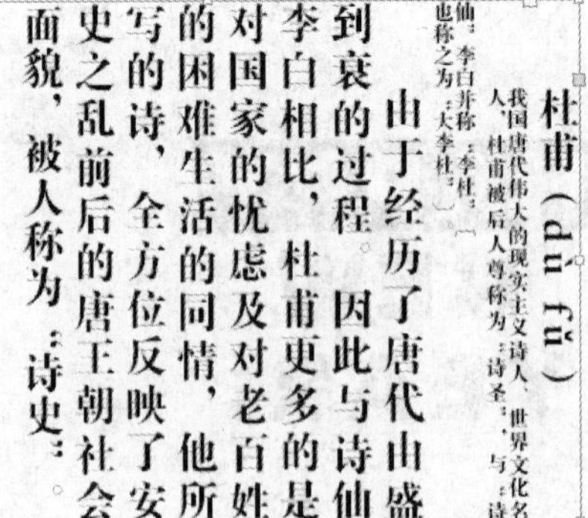

图 5-49　分行缩排

选择【字符】面板菜单中的【分行缩排设置】命令，打开如图 5-50 所示的【分行缩排设置】对话框。在对话框中提供了以下一些设置选项。

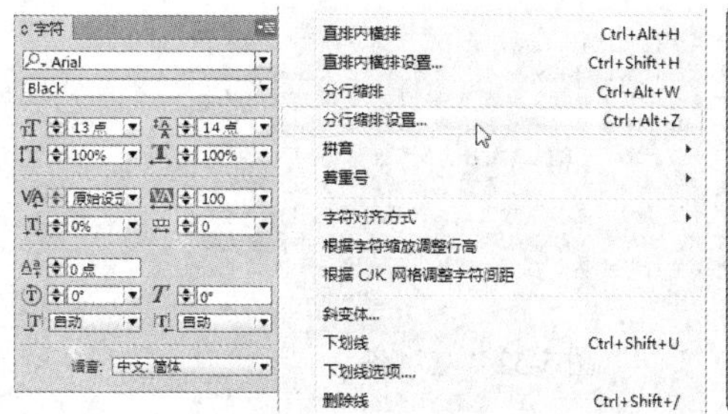

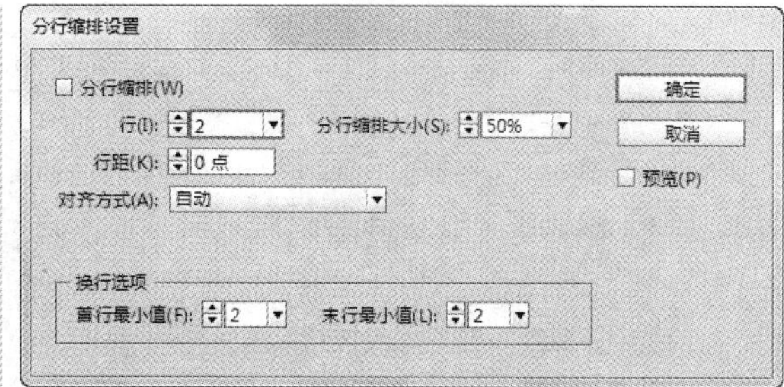

图 5-50　分行缩排设置

- 【行】选项：指定堆叠为多少行。
- 【行距】选项：决定行间的间距。
- 【分行编排大小】选项：指定单个分行缩排字符缩放的比例(采用正文文本大小的百分比的形式)。
- 【对齐方式】选项：指定应用后的字符的对齐方式。
- 【换行选项】选项：指定在开始新的一行时，换行符前后所需的最少字符数。

5.4.2 【段落】面板

InDesign 作为专业排版软件，在文字排版、宣传品制作等方面有着特殊的优势。对段落文本进行格式化操作，可以增强段落的可读性，并给读者留下深刻的印象。

用户通常使用【段落】面板来格式化段落文本。选择【窗口】|【文字和表】|【段落】命令，或按 Alt+Ctrl+T 组合键，打开【段落】面板。

【段落】面板包括大量的功能，这些功能可以用来设置段落对齐方式、文本缩排、文字段基线对齐、段前和段后距离、首字下沉、设置制表符标记，以及使文本适合某组宽度。使用连字符功能，甚至还可以指定单词在段落中的断开位置等。

1. 对齐方式

对齐方式是指文字采用何种方式在文本框中靠齐。【段落】面板的对齐按钮可用于设置段落中各行文字的对齐情况，其中包括左对齐、居中对齐、右对齐、双齐末行齐左、双齐末行居中、双齐末行齐右、全部强制双齐、朝向书脊对齐和背向书脊对齐等对齐方式。所有对齐方式的操作对象可以是一段文字，也可以是多段文字，并且被操作的文字必须要用工具箱中的【文字】工具将文本选取或将光标定位在相应的位置。选择文本，在【段落】面板中单击其中一个对齐方式按钮，如图 5-51 所示，即可指定文本对齐方式。各种对齐方式如下所示。

- 左对齐：可以将段落中每行文字与文本框的左边对齐，如图 5-52 所示。

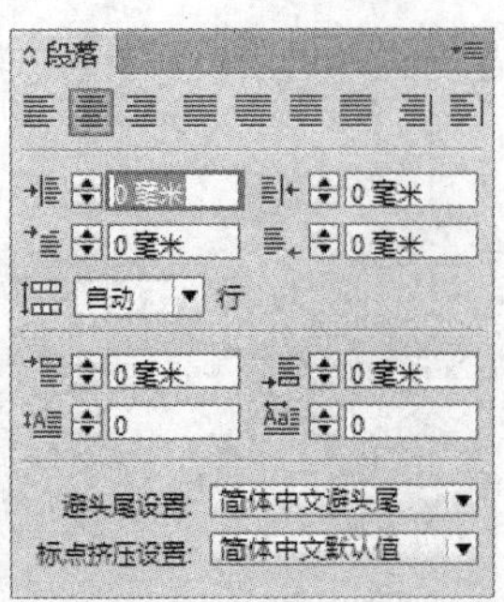

图 5-51 对齐方式按钮

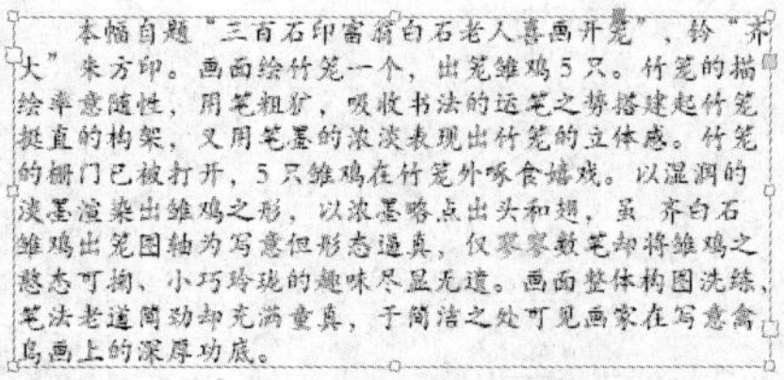

本幅自题“三百石印富翁白石老人喜画开笼”，钤“齐大”朱方印。画面绘竹笼一个，出笼雏鸡5只。竹笼的描绘率意随性，用笔粗犷，吸收书法的运笔之势搭建起竹笼挺直的构架，又用笔墨的浓淡表现出竹笼的立体感。竹笼的栅门已被打开，5只雏鸡在竹笼外啄食嬉戏。以湿润的淡墨渲染出雏鸡之形，以浓墨略点出头和翅，虽 齐白石雏鸡出笼图轴为写意但形态逼真，仅寥寥数笔却将雏鸡之憨态可掬、小巧玲珑的趣味尽显无遗。画面整体构图洗练，笔法老道简劲却充满童真，于简洁之处可见画家在写意禽鸟画上的深厚功底。

图 5-52 左对齐

- 居中对齐：可以将段落中每一行文字对准页面中间，如图 5-53 所示。
- 右对齐：可以将段落中每行文字与文本框架的右边对齐，如图 5-54 所示。

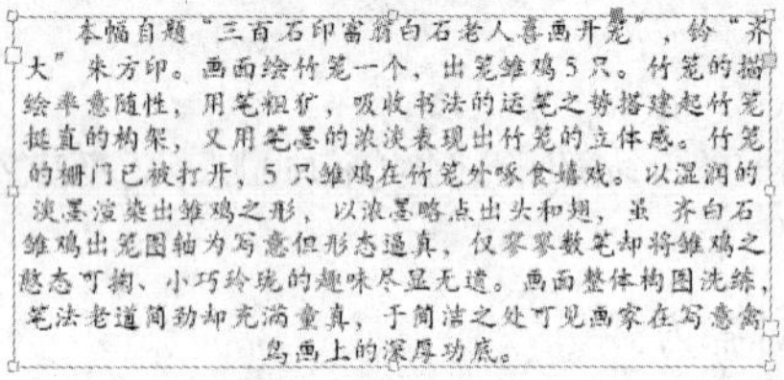

本幅自题“三百石印富翁白石老人喜画开笼”，钤“齐大”朱方印。画面绘竹笼一个，出笼雏鸡5只。竹笼的描绘率意随性，用笔粗犷，吸收书法的运笔之势搭建起竹笼挺直的构架，又用笔墨的浓淡表现出竹笼的立体感。竹笼的栅门已被打开，5只雏鸡在竹笼外啄食嬉戏。以湿润的淡墨渲染出雏鸡之形，以浓墨略点出头和翅，虽 齐白石雏鸡出笼图轴为写意但形态逼真，仅寥寥数笔却将雏鸡之憨态可掬、小巧玲珑的趣味尽显无遗。画面整体构图洗练，笔法老道简劲却充满童真，于简洁之处可见画家在写意禽鸟画上的深厚功底。

图 5-53 居中对齐

图 5-54 右对齐

- 双齐末行居左：可以将段落最后一行文本左对齐，而其他行左右两边分别对齐文本框的左右边界，如图 5-55 所示。
- 双齐末行居中：可以将段落中最后一行文本居中对齐，而其他行左右两边分别对齐文本框的左右边界，如图 5-56 所示。

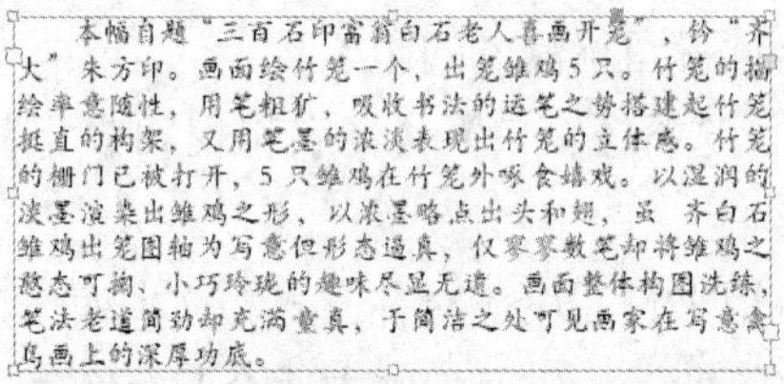

图 5-55 双齐末行居左

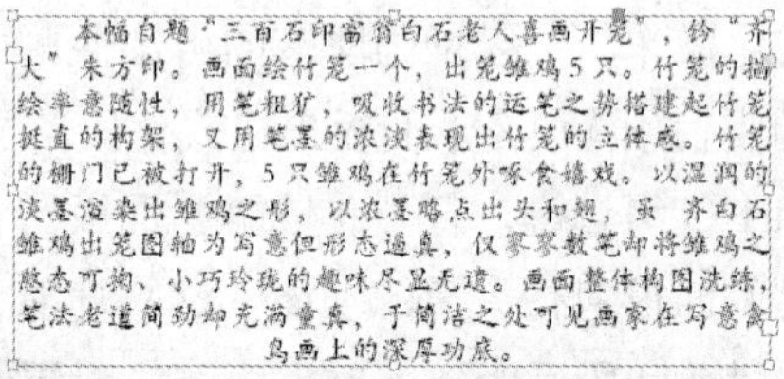

图 5-56 双齐末行居中

- 双齐末行居右：可以将段落最后一行文本右对齐，而其他行左右两边分别对齐文本框的左右边界，如图 5-57 所示。
- 全部强制双齐：可以将段落中的所有文本行的左右两端分别对齐文本框的左右边界，如图 5-58 所示。

图 5-57 双齐末行居右

图 5-58 全部强制双齐

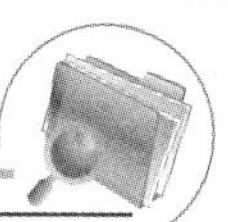

2. 设置文本缩进

使用缩进可以改变段落文本与边框之间的距离。它可以调整整个文本段落到文本边框之间的距离，也可以单独调整首行文本外的段落到文本边框之间的距离。同样可以设置文本到右边框之间的距离，还可以对段落第一行的缩进量进行设定，便于实现排版中经常使用的首行缩进两个字的段落样式。

【例 5-4】在 InDesign 中，设置文本缩进方式。

(1) 在打开的页面文档中，使用【选择】工具选择文本，并选择【窗口】|【文字和表】|【段落】命令，打开【段落】面板，如图 5-59 所示。

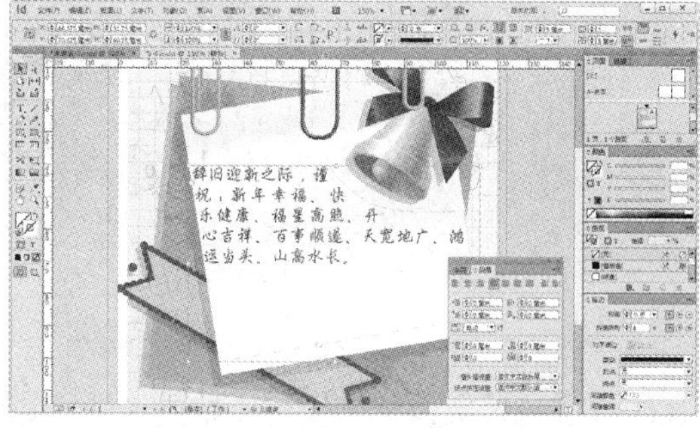

图 5-59　选择文本并打开【段落】面板

(2) 在【段落】面板中的【左缩进】的文本框中设置为 4 毫米，或单击左侧的增减箭头来调整，然后按 Enter 键应用，如图 5-60 所示。

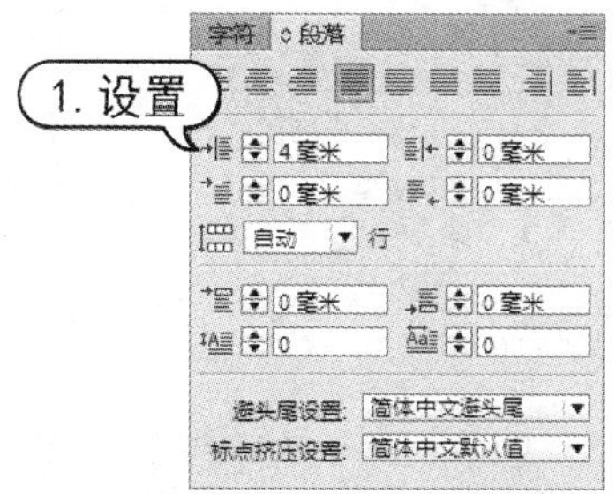

图 5-60　设置【左缩进】

(3) 在【首行左缩进】的文本框中设置数值 13 毫米，然后在页面上的任何位置单击或按 Enter 键应用即可，如图 5-61 所示。

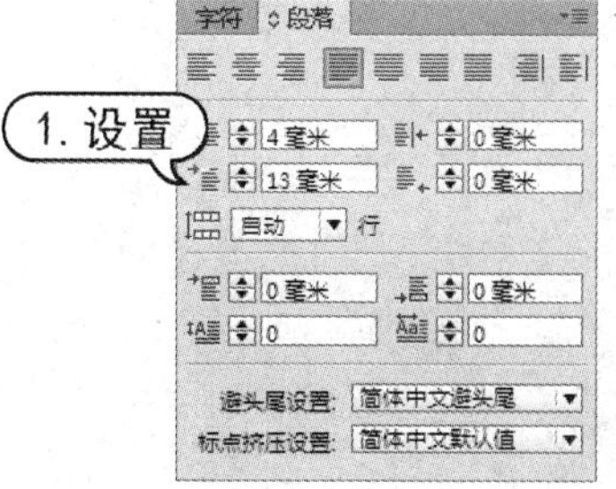

图 5-61　设置【首行左缩进】

3. 设置文本段间距

在 InDesign 中，用户能够利用【段落】面板有效地控制文字段两段之间的距离，有利于突出显示重要段落。

【例 5-5】在 InDesign 中，设置文本段间距。

(1) 在打开的页面文档中，使用【选择】工具选择文本，并选择【窗口】|【文字和表】|【段落】命令，打开【段落】面板，如图 5-62 所示。

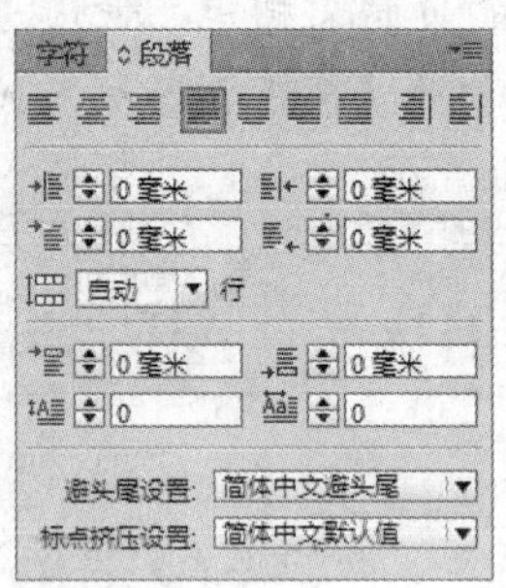

图 5-62　选择文本并打开【段落】面板

(2) 在【段落】面板中设置【首行左缩进】为 9 毫米，【段前间距】为 2 毫米，如图 5-63 所示。

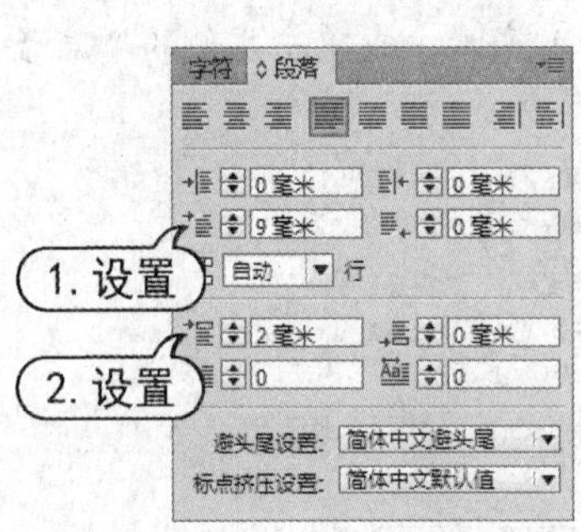

图 5-63　设置【段前间距】

(3) 使用【文字】工具在段落中单击，将光标放置在段落中，在【段后间距】文本框中设置为 10 毫米，如图 5-64 所示。

图 5-64　设置【段后间距】

提示

在文字段前距、段后距设置文本框中文本的数值只能控制在 0~3048 毫米之间。如果用户在文本框中输入的值超出了这个范围，系统将会弹出提示对话框。

4. 设置首行文字下沉

首行文字下沉是一种段落文本格式，它使段落中的段首的文本被放大并嵌入文中。这种方法通常用于某些杂志的每一章节的开头，以吸引读者的注意力。如果需要，还可以改变其字体、字号、倾斜和颜色等操作，以达到更好的效果。

【例 5-6】在 InDesign 中，设置首行文字下沉效果。

(1) 使用工具箱中的【文本】工具选择需要设置首字下沉或多字下沉的文字段，或者将光标定位在该文字段的位置，并选择【窗口】|【文字和表】|【段落】命令，打开【段落】面板，如图 5-65 所示。

(2) 在【段落】面板中的【首字下沉行数】文本框中设置数值为 2，此数值代表的是文字下沉所占标准行距的行数。如果首字是空格是看不到效果的，如图 5-66 所示。

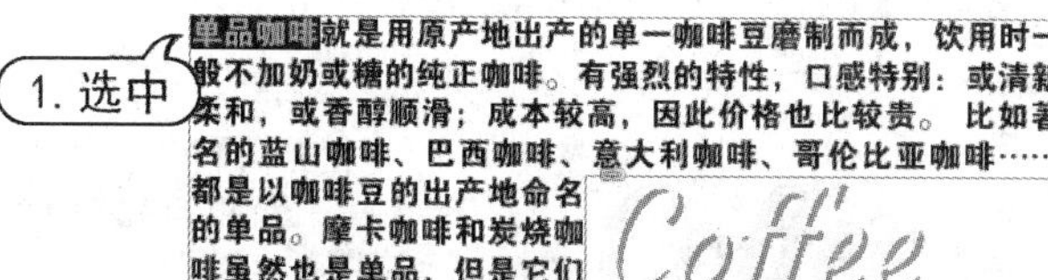

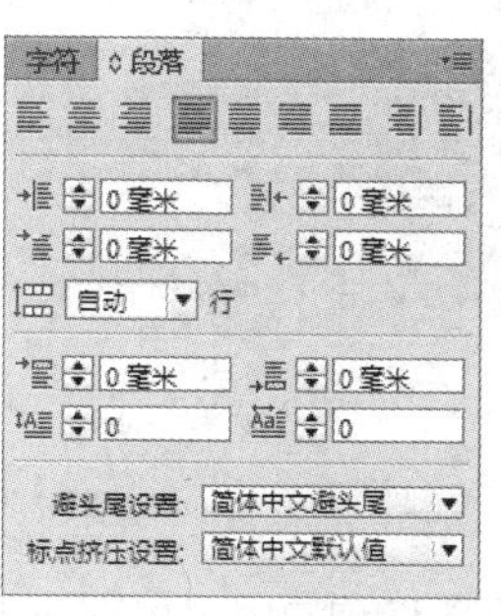

图 5-65　选择文字并打开【段落】面板

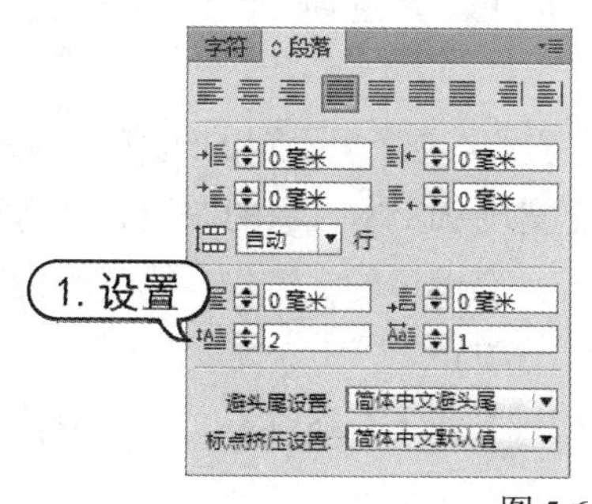

图 5-66　设置【首字下沉行数】

(3) 在【首字下沉一个或多个字符】选项后的文本框中设置为 4，此数值代表的是文字下沉的字数，如图 5-67 所示。

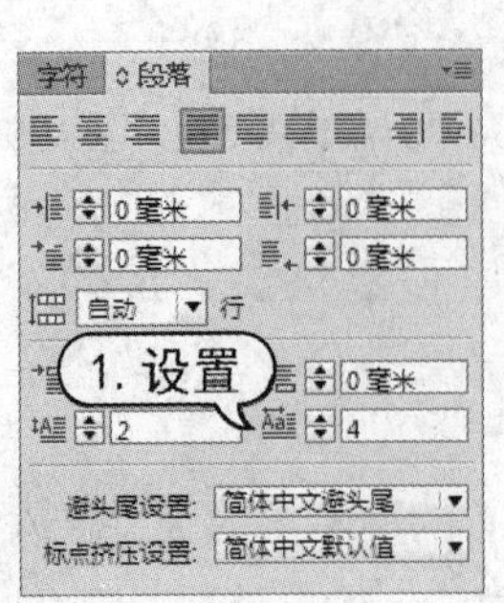

图 5-67　设置【首字下沉一个或多个字符】

5. 使用段落线

段落线是一种常用的段落格式，可随段落在页面中一起移动并适当调节长短。段前的为段前线，段后的为段后线，段落线的宽度由栏宽决定。段前线位移是指从文本顶行的基线到段前线底部的距离。段后线位移是指从文本末行的基线到段后线顶部的距离。

要应用或更改段落线，先选择段落或将文本插入点置入到要添加段落线的段落中，然后在【段落】面板菜单中选择【段落线】命令，打开【段落线】对话框，如图 5-68 所示。

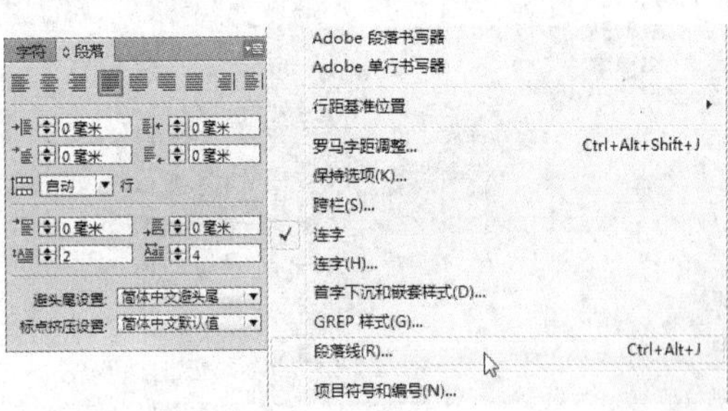

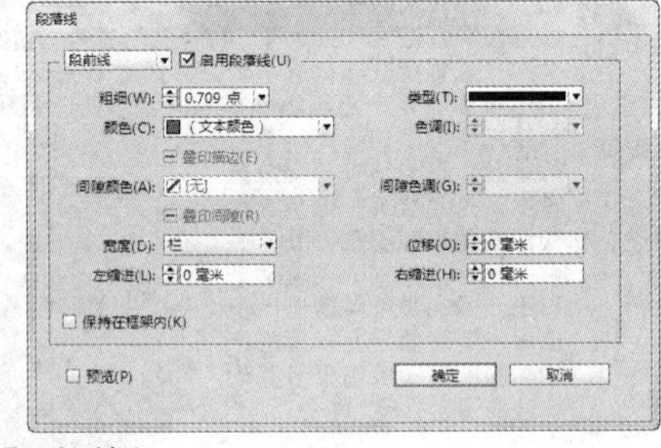

图 5-68　【段落线】对话框

- 【粗细】选项：用户可在下拉列表框中选择线条的宽度，也可直接输入数值确定线条的宽度。
- 【颜色】选项：用户可在此下拉列表框中选择线条的颜色。此选项的默认设置是【文本颜色】，即下面的线条和文字的颜色一致。
- 【宽度】选项：用户在此下拉列表框中设置线条的宽度。选择想设置的线宽，【文本】宽度从左侧缩排到线条末端，或到右侧缩排；【栏】宽度从文本对象的左边到文本对象的右边，而忽略左、右缩排或线条结束的位置。对于具有镶边的文本框，线宽的设置是从文本的镶边来计算的，而不是从文本框的边界来计算的。
- 【左缩进】和【右缩进】选项：用户可以通过【左缩进】和【右缩进】文本框中输入数值，为段落线设置左、右缩进。
- 【位移】选项：用户可通过在【位移】文本框中输入数值，来设置段落和段落线之间的距离。
- 【预览】复选框：若选中该复选框，可在视图中看到操作后的效果。

【例 5-7】在文档中选中文本，并使用【段后线】命令为选中文本段落添加段后线效果。

(1) 使用【文字】工具，在需要添加段后线的文本段落中单击，插入光标，如图 5-69 所示。

(2) 在【段落】面板菜单中选择【段落线】命令，打开【段落线】对话框。在该对话框中，选择【段后线】选项，并选中【启用段落线】复选框，如图 5-70 所示。

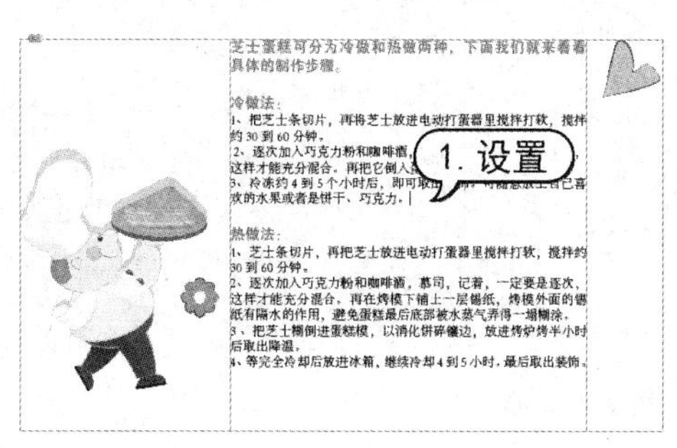

图 5-69　插入光标

图 5-70　启用段落线

(3) 在【粗细】下拉列表中选择【1 点】，在【类型】下拉列表中选择【虚线(4 和 4)】，在【颜色】下拉列表中选择 C=15 M=100 Y=100 K=0 色板，设置【色调】为 80%，【位移】为 3 毫米，然后单击【确定】按钮即可，操作界面与效果如图 5-71 所示。

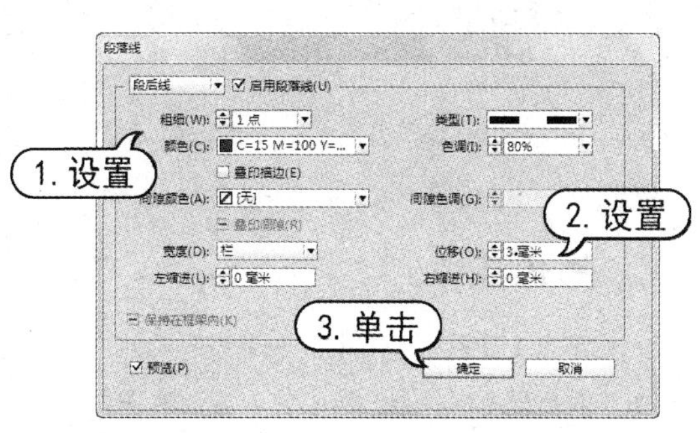

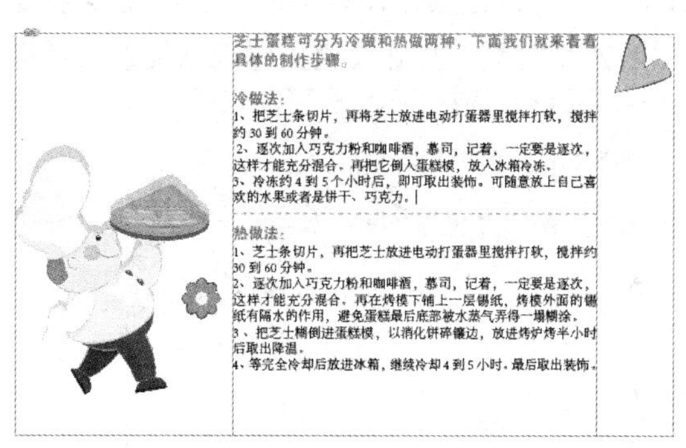

图 5-71　设置段落线

6. 设置字间距

字符间距用来控制标点在文本框中的显示，包括行末、行首、行内的括号、句号、单引号、双引号、连字号、破折号、冒号、分号和省略号的位置处理，以及和文字关系的处理等。在【段落】面板中的【标点挤压设置】下拉列表中选择【基本】选项，打开如图 5-72 左图所示的【标点挤压设置】对话框，。也可选择【详细】选项，打开如图 5-72 右图所示的【标点挤压设置】对话框，可分别对字间距的基本设置和详细设置选项进行更改。

在该对话框中，用户可设置行首或行尾的标点或符号；在处理禁排时和文字之间的间距调整；输入最大值、最小值以及理想的数值；在【详细】选项和【基本】选项之间切换，单击【保存】按钮即可为设置保存一个名称，以便在以后的工作中选用此种类型的设置。

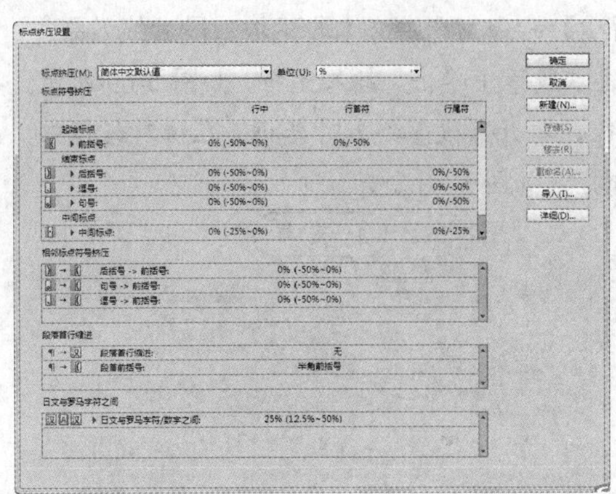

图 5-72 【标点挤压设置】对话框

7. 中文禁排

在 InDesign 中，可以设置中文禁排的一些规则，在软件中对中文的禁排是自动设置的。中文禁排是指一些符号或标点不能排在行首或行尾。用户可以在禁排设置下拉列表中选择自定义来设置禁排属性，在禁排设置中选择自定义或直接选择【文字】|【避头尾设置】命令，或按 Shift+Ctrl+K 组合键，打开【避头尾规则集】对话框，如图 5-73 所示。

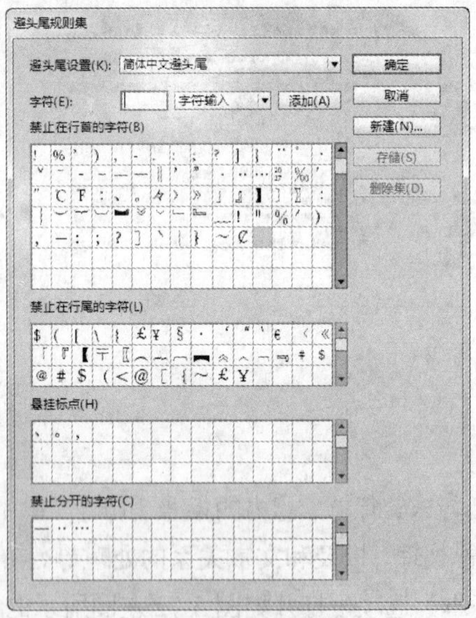

图 5-73 【避头尾规则集】对话框

知识点

可从【避头尾规则集】中设置不能排在行首和行尾的符号。输入符号后，单击【添加】按钮，即可将此符号添加到禁排规则中。选择【保存】按钮，即可将此规则保存，可在以后的文本中设置禁排格式。

8. 在直排中旋转英文

正常情况下，在竖排文本中英文被旋转排放，可以旋转英文在文本框中的排版方向。具体操作方法为：选中文本或文本框，在【段落】面板菜单中选择【在直排文本中旋转罗马字】命令，则此文本框中的英文被自动设置，如图 5-74 所示。

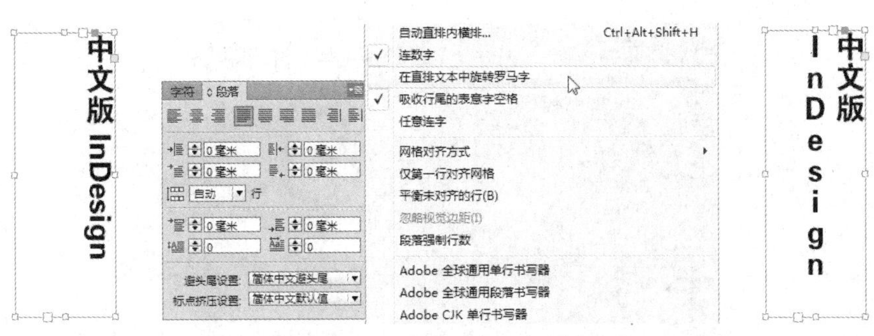

图 5-74　在直排中旋转英文

9. 项目符号和编号

在【段落】面板菜单中，选择【项目符号和编号】命令，打开如图 5-75 所示的【项目符号和编号】对话框。在该对话框的项目符号列表中，可以为每个段落的开头添加一个项目符号字符。编号列表中，可以为每个段落的开头添加编号和分隔符。用户还可以更改项目符号的类型、编号样式、编号分隔符、字体属性、文字和缩进量等参数。

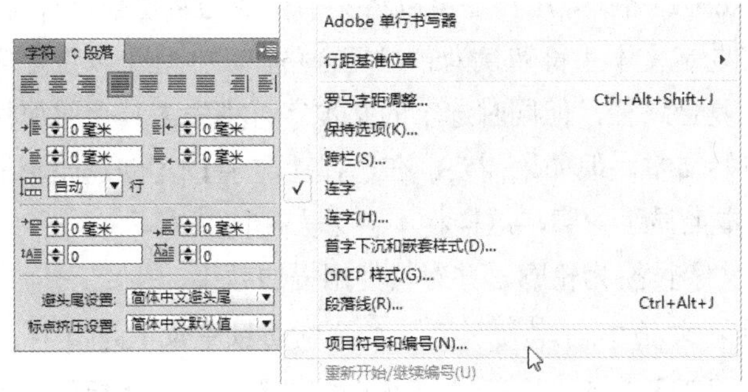

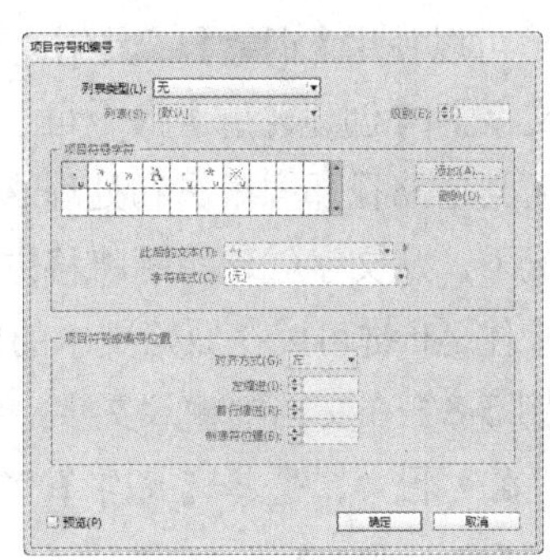

图 5-75　【项目符号和编号】对话框

在对话框的【列表类型】下拉列表中选择【编号】选项，将显示如图 5-76 所示的编号设置选项。如果向编号列表中添加段落或从中移去段落，则其中的编号会自动更新。

不能使用【文字】工具来选择项目符号或编号，但可以使用【项目符号和编号】对话框来编辑其格式和缩进间距。如果它们是样式的一部分，则也可以使用【段落样式】对话框中的【项目符号和编号】选项进行编辑，如图 5-77 所示。

要为段落文本添加项目符号和编号，可以使用【选择】工具选中段落文本后，选择【文字】|【项目符号列表和编号列表】|【应用项目符号】或【应用编号】命令即可。

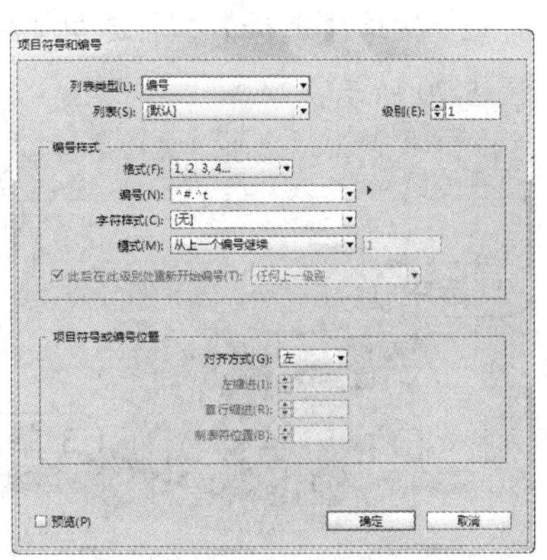

图 5-76　编号设置选项

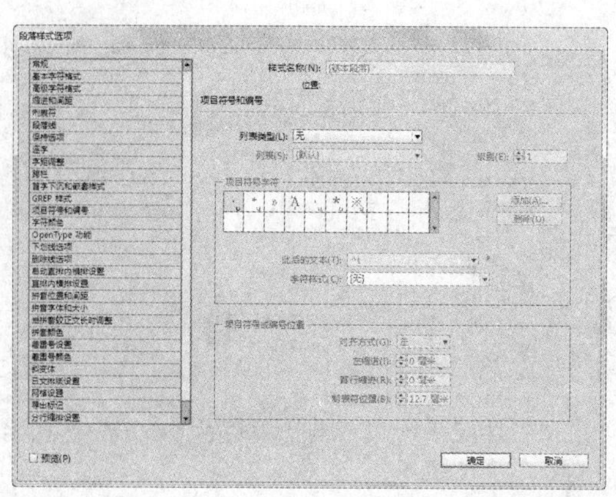

图 5-77 【项目符号和编号】选项

5.4.3 将文字转换为路径

除了可以使用【钢笔】工具创建不规则路径外，用户还可以将文字转换为路径来进行排版。使用【文字】|【创建轮廓】命令可以将选定文本字符转换为一组复合路径，并且可以像编辑和处理任何其他路径那样编辑和处理这些复合路径，但同时选定的文本字符将失去其字符属性。默认情况下，从文字创建轮廓将移去原始文本。但如果需要，在选择【文字】|【创建轮廓】命令时，按住 Alt 键可以在原始文本的副本上显示轮廓，这样将不会丢失任何文本。

【例 5-8】在文档中输入文字，将文字转换为轮廓，并对其使用描边效果。

(1) 在文档中，选择【文字】工具在文档中创建文本框，在控制面板中设置字体样式为 Impact，【字体大小】为 75 点，【字符间距】为 50，并单击【居中对齐】按钮，然后使用【文字】工具输入文字，如图 5-78 所示。

(2) 使用【选择】工具选中文字，选择【文字】|【创建轮廓】命令，创建文字轮廓路径，如图 5-79 所示。

图 5-78 输入文字

图 5-79 创建轮廓

提示

【创建轮廓】命令在为大号显示文字制作效果时使用，但很少用于正文文本或其他较小号的文字。

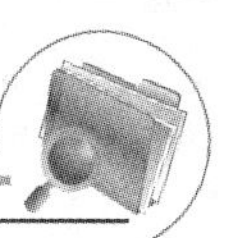

(3) 选择【文件】|【置入】命令，在打开的【置入】对话框中，选择需要置入的图像文件，单击【打开】按钮。然后右击文字对象，在弹出的快捷菜单中选择【适合】|【按比例填充框架】命令，如图 5-80 所示。

图 5-80　置入图像

(4) 在【描边】面板中，设置【粗细】为 3 点，单击【描边居外】按钮。在【色板】面板中，单击【纸色】色板应用描边颜色，如图 5-81 所示。

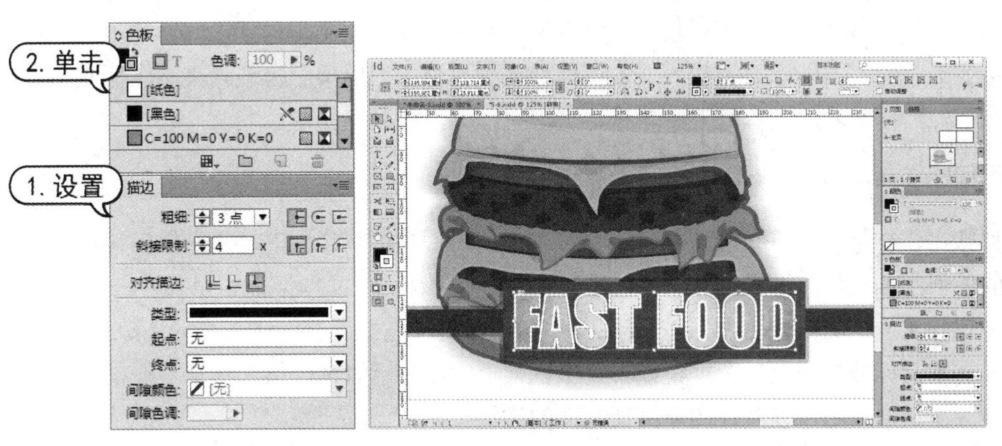

图 5-81　设置描边

5.5　串接文本

框架中的文本可以独立于其他框架，也可以在多个框架之间连续排文。要在多个框架之间连续排文，首先必须将框架连接起来。连接的框架可以位于同一页或跨页，也可位于文档的其他页。在框架之间连接文本的过程成为串接文本。

1. 向串接中添加新框架

每个文本框架都包含一个入口和一个出口，这些端口用来与其他文本框架进行连接。空的入口或出口分别表示文章的开头或结尾。端口中的箭头表示该框架链接到另一框架。出口中的红色加号(+)表示该文章中有更多要置入的文本，但没有更多的文本框架可放置文本。这些剩余的不可见文本称为溢流文本。

选择【视图】|【显示文本串接】命令以查看串接框架的可视化表示。无论文本框架是否包含文本，都可以进行串接。要产生串接文本，需使用【选择】工具或【直接选择】工具选择一个文本框架，然后单击入口或出口，光标将变为载入文本图标，然后将载入文本图标放置到新文本框架位置单击或拖动即可创建新文本框架，如图 5-82 所示。

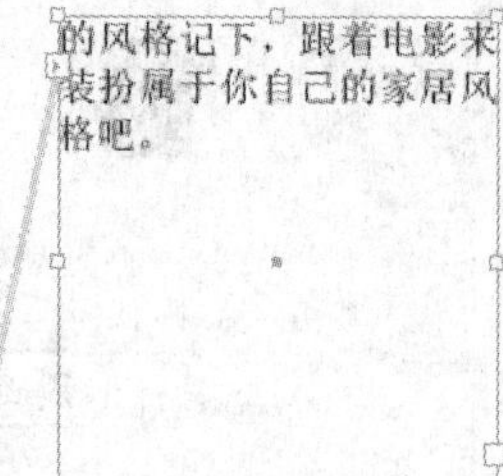

图 5-82　向串接中添加新框架

2. 向串接中添加现有框架

要向串接中添加现有框架，可以使用【选择】工具，选择一个文本框架，然后单击入口或出口将光标变为载入文本图标。将载入文本图标移动到要添加的框架上，载入文本图标变为串接文本图标，然后在要添加文本框架中单击，将现有框架添加到串接中。

3. 取消串接文本框架

取消串接文本框架时，将断开该框架与串接中的所有后续框架之间的连接。以前显示在这些框架中的任何文本都将成为溢流文本(不会删除文本)，所有的后续框架都为空。

要取消串接文本框架，先使用【选择】工具单击表示与其他框架有串接关系的入口或出口，然后将载入文本图标放置到上一个框架或下一个框架上，以显示取消串接图标接着在框架内单击。或直接双击入口或出口以断开两个框架之间的连接。

4. 剪切或删除文本框架

用户可以从串接中剪切框架，然后将其粘贴到其他位置。剪切的框架将使用文本的副本，不会从原文章中移去任何文本。在一次剪切和粘贴一系列串接文本框架时，粘贴的框架将保持彼此之间的连接，但将失去与原文章中任何其他框架的连接。

使用【选择】工具，选择一个或多个框架(按住 Shift 键并单击可选择多个对象)，选择【编辑】|【剪切】命令。选中的框架消失，其中包含的所有文本都排列到该文章内的下一框架中。剪切文章的最后一个框架时，其中的文本存储为上一个框架的溢流文本。如果要在文档的其他位置使用断开连接的框架，转到希望断开连接的文本出现的页面，然后选择【编辑】|【粘贴】命令。

当删除串接中的文本框架时，不会删除任何文本。文本将成为溢流文本，或排列到连续的下一框架中。如果文本框架未连接到其他任何框架，则会删除框架和文本。

要删除文本框架，可使用【选择】工具单击框架(或使用【文字】工具，按住 Ctrl 键单击框架)，然后按 Backspace 键或 Delete 键即可。

5. 排文

置入文本或者单击入口或出口后，指针将成为载入的文本图标。使用载入的文本图标可将文本排列到页面上。按住 Shift 键或 Alt 键，可确定文本排列的方式。载入文本图标将根据置入的位置改变外观。

将载入的文本图标置于文本框架之上时，该图标将括在圆括号中。将载入的文本图标置于参考线或网格靠齐点旁边时，黑色指针将变为白色。可以使用下列 4 种方法排文。

- 手动排文：手动排文只能一次一个框架地添加文本。必须重新载入文本图标才能继续排文文本。
- 半自动排文：按住 Alt 键单击文本框右下角的出口，当光标变为图标进行半自动排文。工作方式与手动文本排文相似，区别在于每次到达框架末尾时，指针将变为载入的文本图标，直到所有文本都排列到文档中为止。
- 自动排文：按住 Shift 键单击文本框右下角的出口，当光标变为图标时进行自动排文。在页面中单击自动添加框架，直到所有文本都排列到文档中为止。
- 固定页面自动排文：按住 Shift+Alt 组合键单击文本框右下角的出口，当光标变为图标时。将所有文本都排列到当前页面中，但不添加页面。任何剩余的文本都将成为溢流文本。

要在框架中排文，InDesign 会检测是横排类型还是直排类型。使用半自动或自动排文排列文本时，将采用【文章】面板中设置的框架类型和方向。用户可以使用图标获得文本排文方向的视觉反馈。

5.6 字符样式与段落样式

字符样式是通过一个步骤就可以将样式应用于文本的一些字符格式属性的集合。段落样式包括字符和段落格式属性，可应用于一个段落，也可应用于某范围内的段落。

5.6.1 【字符样式】面板和【段落样式】面板

字符样式即文字字符的样式。段落样式内可以应用字符样式。如果想在段落里使某些文字有不同于段落样式的效果(如更改字体和颜色等)，就可以使用字符样式命令。按 Shift+F11 组合键或选择【文字】|【字符样式】命令，或选择【窗口】|【文字和表】|【字符样式】命令，打开【字符样式】面板，如图 5-83 所示。选择【文字】|【段落样式】命令，可以打开【段落样式】面板，如图 5-84 所示。

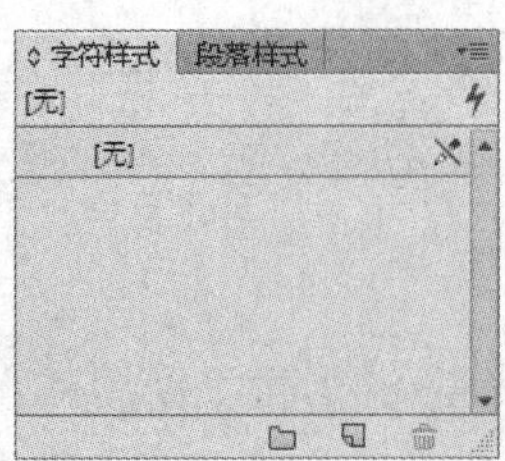
图 5-83　【字符样式】面板

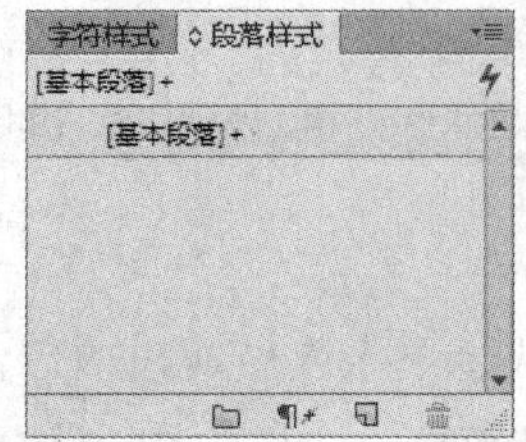
图 5-84　【段落样式】面板

5.6.2　字符样式和段落样式的使用

如果需要在现有文本格式的基础上创建一种新的样式，选中该文本或将插入点放置在文本框中，然后从【字符样式】面板中选择【新建字符样式】命令，或从【段落样式】面板中选择【新建段落样式】命令，在打开的【新建字符样式】或【新建段落样式】对话框中进行设置，如图 5-85 所示。

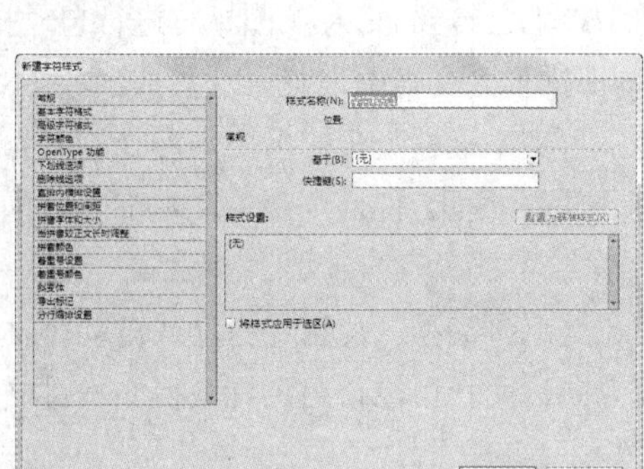

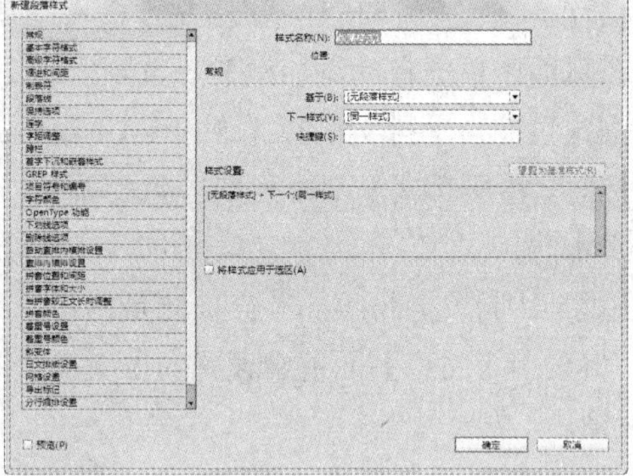
图 5-85　【新建字符样式】和【新建段落样式】对话框

- 【样式名称】：可以在该文本框中为新样式命名。
- 【基于】：可以选择当前样式所基于的样式。
- 【下一样式】：该选项(仅限【段落样式】面板)可以指定当按 Enter 键时在当前样式之后应用的样式。
- 【快捷键】：要添加键盘快捷键，将插入点放在【快捷键】文本框中，并确保 NumLock 键已打开。然后，按 Shift、Alt 和 Ctrl 键的任意组合键来定义样式快捷键。
- 【重置为基准样式】：单击该按钮可以重新复位为基准样式。
- 【样式设置】：可以在该选项下方的列表中查看样式。
- 【将样式应用于选区】：如果要将新样式应用于选定文本，选中该选项。
- 创建字符样式或段落样式后，即可将创建的字符样式应用到文字上。要将字符样式应用到文字上有以下两种方法。
- 选择文本框，单击【字符样式】面板或【段落样式】面板中所创建的字符样式或段落样式名称，样式会自动应用到文本框中的文字上。

◉ 选择文本框，将光标移动到要应用到文字上的字符样式或段落样式名称上，右击打开快捷菜单，选择【应用“字符样式名称”】命令或【应用“段落样式名称”】命令，即可将样式应用到文字上。

【例 5-9】在 InDesign 中，创建字符样式。

(1) 选择【文字】|【字符样式】命令，打开【字符样式】面板，单击【字符样式】面板右上角的面板菜单按钮，打开快捷菜单，选择【新建字符样式】命令，打开如图 5-86 所示的【新建字符样式】对话框。

(2) 选择对话框中左侧的【基本字符格式】选项，则右侧显示【基本字符格式】设置选项，设置【字体系列】为华文楷体，【大小】为 12 点，【行距】为【自动】，【字偶间距】为【原始设定-仅罗马字】，【字符间距】为 5，如图 5-87 所示。

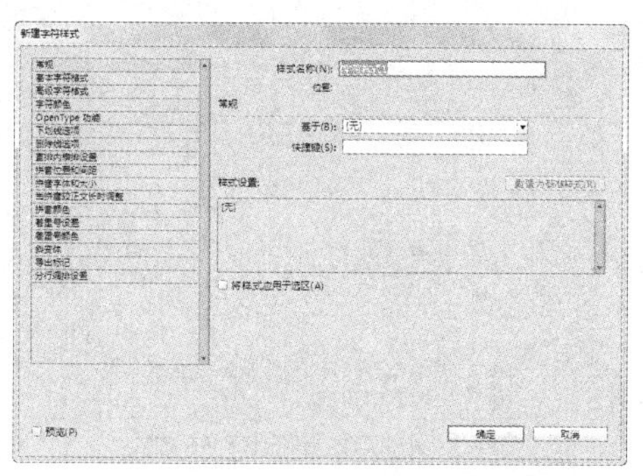

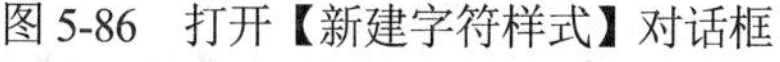

图 5-86　打开【新建字符样式】对话框

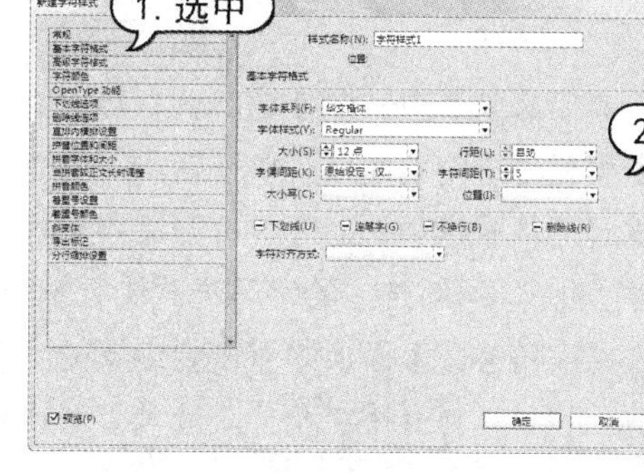

图 5-87　设置基本字符格式

(3) 选择对话框中左侧的【字符颜色】选项，右侧显示为【字符颜色】设置选项，设置字符颜色为 C=0 M=100 Y=0 K=0 的洋红色板，【色调】为 80%，如图 5-88 所示。

(4) 设置完成后，单击对话框中的【确定】按钮，即可完成新字符样式的创建，如图 5-89 所示。

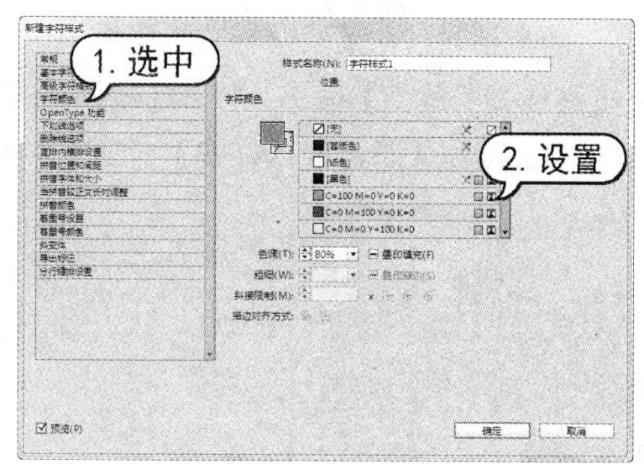

图 5-88　设置字符颜色

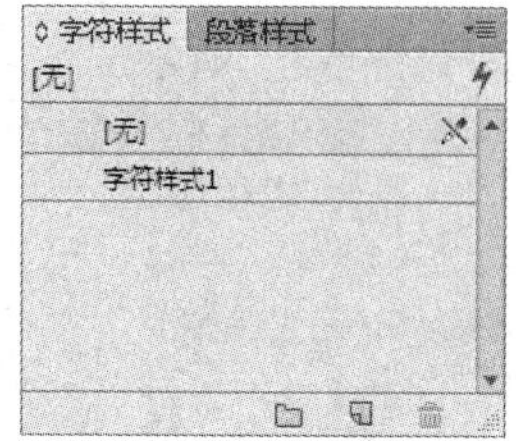

图 5-89　创建新字符样式

5.6.3 修改字符样式与段落样式

当用户对运用创建的字符样式和段落样式感到不满意时，可以通过以下几种方式编辑已创建的字符样式或段落样式，以达到需要的效果。在【字符样式】面板中选择创建的字符样式，右击打开快捷菜单，选择【编辑“字符样式名称”】命令。打开【字符样式选项】对话框，在其中可对字符样式进行编辑，对话框中的选项和【新建字符样式】对话框中的参数是相同的，如图 5-90 所示。

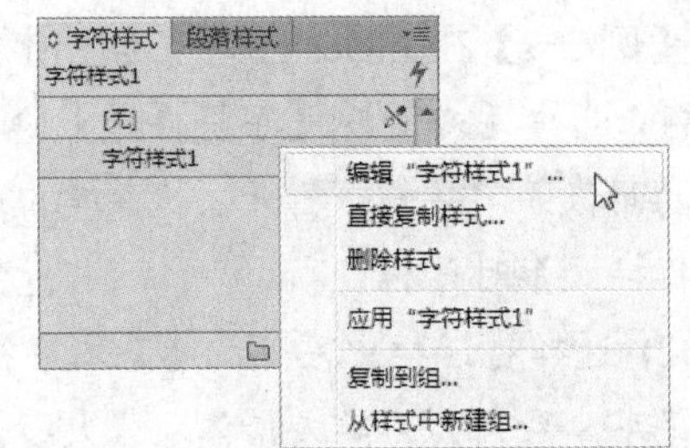

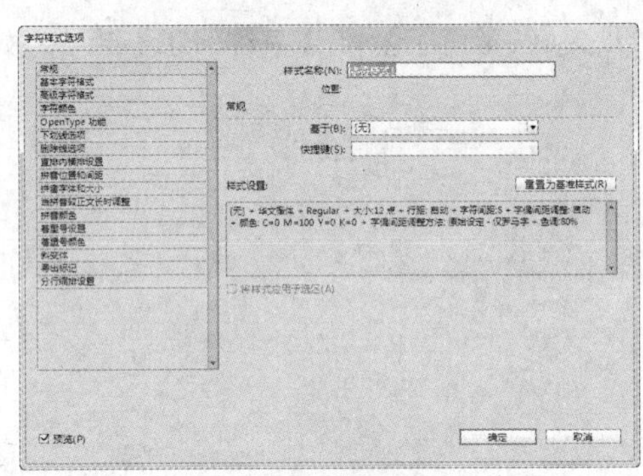

图 5-90　编辑字符样式

用户还可以选择创建的字符样式，单击【字符样式】面板右上角的面板菜单按钮，打开快捷菜单，选择【样式选项】命令，打开【字符样式选项】对话框，即可对选中的字符样式进行编辑。或通过在【字符样式】面板中双击要编辑的字符样式名称，也可以打开【字符样式选项】对话框进行编辑字符样式。

在需要基于某一字符样式进行编辑时，可以在【字符样式】面板中选择要编辑的字符样式名称，单击面板菜单按钮打开快捷菜单，选择【新建字符样式】命令，打开【新建字符样式】对话框。在对话框的【基于】下拉列表中出现选中的字符样式名称，这表示创建的字符样式将以选中的字符样式的设置参数为默认值。在选项设置中可以看到选择的字符样式的设置参数，通过编辑这些参数可以得到新的字符样式。

修改段落样式的方法与修改字符样式操作方法基本相同，在【段落样式】面板中选择创建的段落样式，右击打开快捷菜单，选择【编辑“段落样式名称”】命令。打开【段落样式选项】对话框，在其中可对段落样式进行编辑，对话框中的选项和【新建段落样式】对话框中的参数是相同的，如图 5-91 所示。

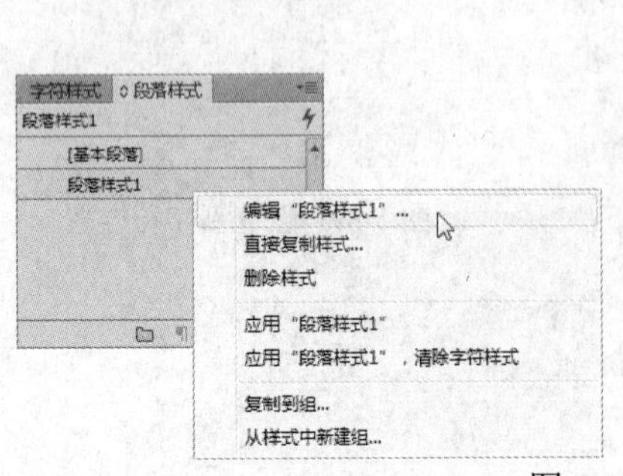

图 5-91　编辑段落样式

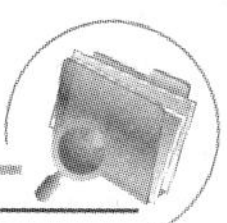

5.6.4　复制字符样式与段落样式

要对字符样式或段落样式进行修改并保留原有样式时，可以通过复制样式，再对复制的样式进行修改来完成。通过以下几种方法，可以复制字符样式或段落样式。

- 打开【字符样式】面板或【段落样式】面板，选中需要复制的字符样式或段落样式，拖动到面板右下角的【创建新样式】按钮上，释放鼠标即可创建字符样式或段落样式的副本。
- 选中需要复制的字符样式或段落样式，右击打开快捷菜单，选择【直接复制样式】命令，打开【直接复制字符样式】对话框或【直接复制字符样式】对话框，即可对字符或段落样式进行设置、复制，如图 5-92 所示。还可以单击【字符样式】面板或【段落样式】面板的面板菜单按钮，打开快捷菜单，选择【直接复制样式】命令即可。

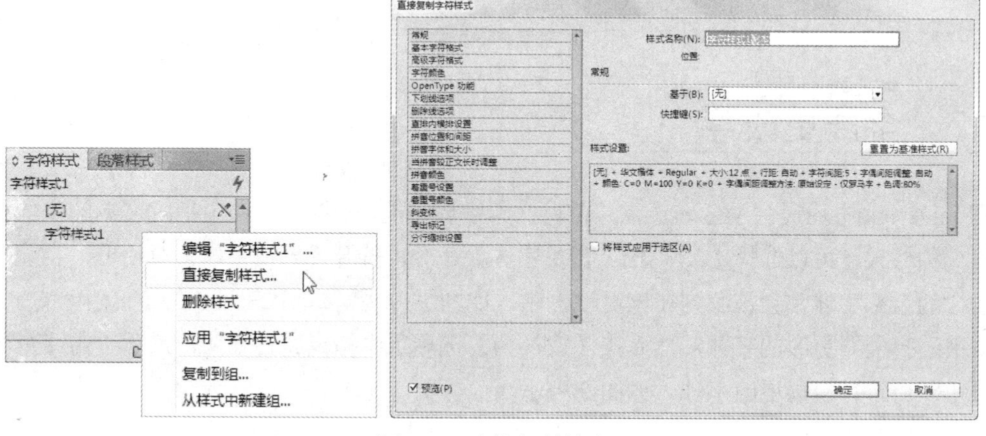

图 5-92　直接复制样式

5.6.5　删除字符样式与段落样式

在设置的字符样式或段落样式过多或不需要的情况下，可以删除多余的样式。要删除样式，可以通过以下几种方法。

- 打开【字符样式】面板或【段落样式】面板，选中需要删除的样式名称，然后单击面板右下角的【删除选定样式/组】按钮即可删除字符样式或段落样式。还可以选择要删除的样式名称，将其拖动到【删除选定样式/组】按钮上释放鼠标，即可删除字符样式或段落样式。
- 选择要删除的字符样式或段落样式名称，右击打开快捷菜单，选择【删除样式】命令即可删除选择的样式。还可以选择要删除的字符样式或段落样式名称，单击【字符样式】面板右上角的面板菜单按钮，打开快捷菜单，选择【删除样式】命令。

在删除字符样式或段落样式时，页面中有使用了该字符或段落的文字，则在删除字符样式或段落样式时会打开提示对话框，提示用户该字符样式或段落样式有使用对象，是否需要替换成其他字符样式或段落样式，如图 5-93 所示。单击【确定】按钮，即可完成对字符样式或段落样式的删除。

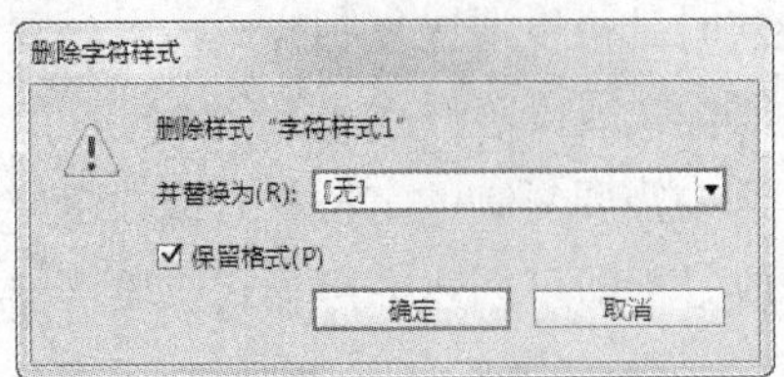

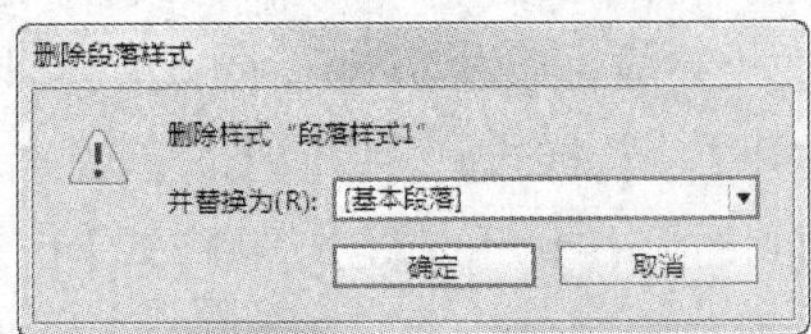

图 5-93　删除字符样式或段落样式

提示

选中【删除字符样式】对话框中，选中【保留格式】复选框可保留字符样式。如果取消选中状态，页面中的文字会变成默认字体与大小。

5.7　全局更改字

在 InDesign 中还提供了全局查找并替换文本字体功能。若要将文档中指定文本的字体替换为另外一种格式，可以选择【文字】|【查找字体】命令，打开【查找字体】对话框，当前文档中所包含的全部字体都会被罗列在该对话框中，如图 5-94 所示。用户可以在【文档中的字体】列表框中选择需要更改的字体，然后在【替换为】选项组中指定新的字体，最后单击【全部更改】按钮即可进行全局更改字体，如图 5-95 所示。

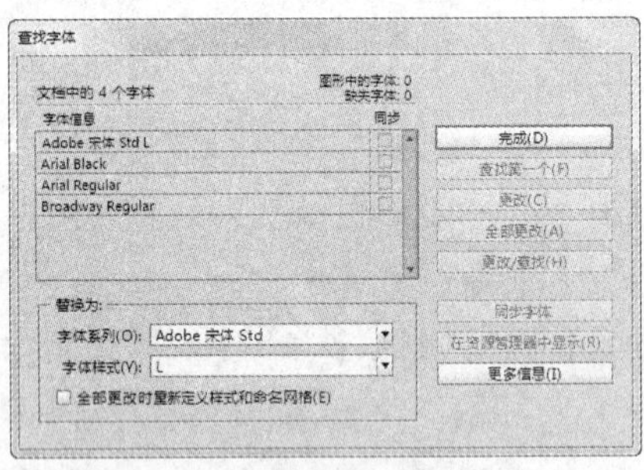

图 5-94　【查找字体】对话框

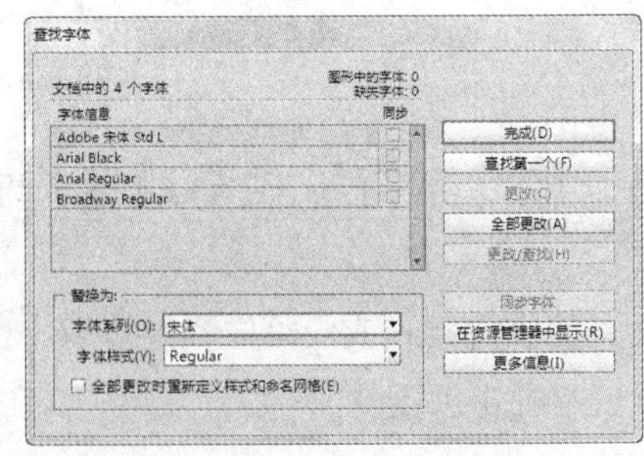

图 5-95　指定替换的字体

5.8　上机练习

本章的上机练习通过制作用于数码发布的版式设计，使用户更好地掌握本章所介绍的文本的输入、编辑的基本操作方法和应用技巧。

(1) 选择【文件】|【新建】|【文档】命令，打开【新建文档】对话框。在对话框中的【用途】下拉列表中选择【数码发布】选项，【页面大小】下拉列表中选择 iPad 选项，单击【边距和分栏】按钮打开【新建边距和分栏】对话框。在【新建边距和分栏】对话框中，设置上、下、左、右边距为 0px，然后单击【确定】按钮新建文档，如图 5-96 所示。

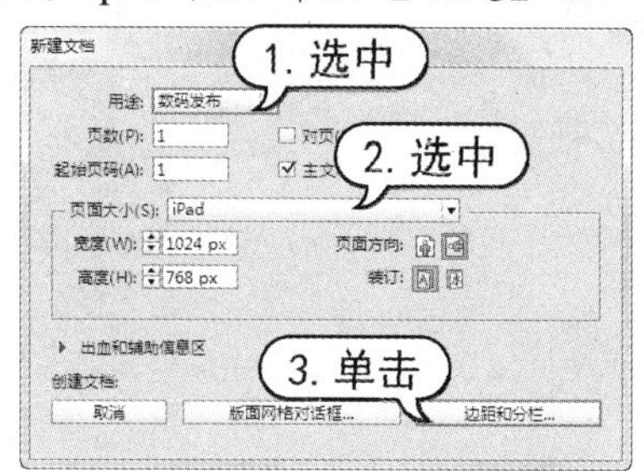

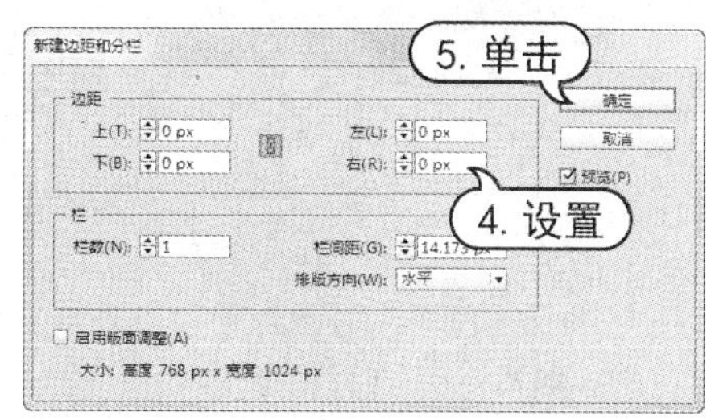

图 5-96　新建文档

(2) 将光标放置在水平标尺上，单击并按住向下拖动创建参考线，并选择【视图】|【网格和参考线】|【锁定参考线】命令，如图 5-97 所示。

(3) 选择【矩形框架】工具依据页面和参考线拖动创建一个矩形框架，如图 5-98 所示。

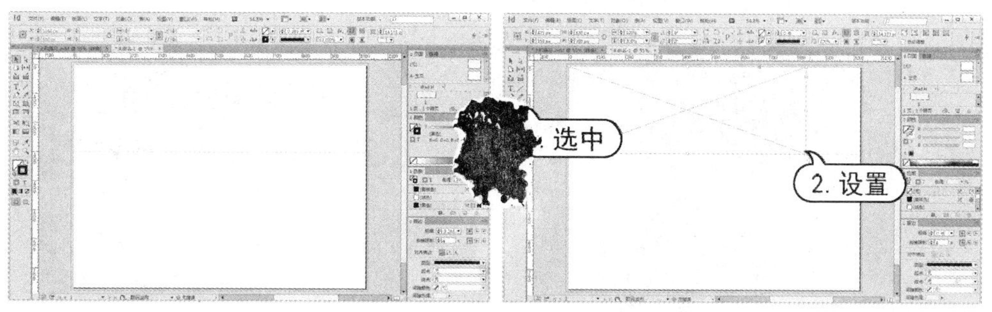

图 5-97　新建参考线　　　　图 5-98　绘制框架

(4) 选择【文件】|【置入】命令，打开【置入】对话框。在对话框中，选中需要置入的图像文件，单击【打开】按钮将图像置入到矩形框架中，如图 5-99 所示。

图 5-99　置入图像

(5) 在置入图像上右击鼠标，在弹出的快捷菜单中选择【适合】|【按比例填充框架】命令，并使用【直接选择】工具调整置入图像文件位置，如图 5-100 所示。

(6) 选择【椭圆】工具在参考线上单击时按住 Alt+Shift 组合键拖动绘制圆形，并在控制面板中单击【约束宽度和高度的比例】按钮，设置 W、H 数值为 75px，然后在【颜色】面板中设置描边色为无，填充色为 R=219 G=40 B=40，如图 5-101 所示。

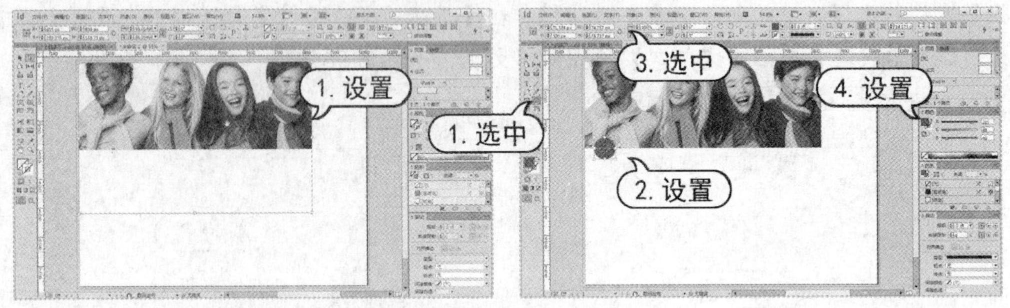

图 5-100　调整图像　　　　图 5-101　绘制图形

(7) 选择【窗口】|【对象和版面】|【对齐】命令，打开【对齐】面板。在【对齐】选项中选择【对齐页面】选项，并单击【左对齐】按钮，如图 5-102 所示。

(8) 选择【选择】工具，按 Ctrl+C 组合键复制圆形，并选择【编辑】|【原位粘贴】命令，然后单击【对齐】面板中的【右对齐】按钮，如图 5-103 所示。

图 5-102　对齐对象

图 5-103　复制对象

(9) 使用【选择】工具选中左侧的圆形，选择【编辑】|【多重复制】命令，打开【多重复制】对话框。在对话框中，选中【创建为网格】复选框，设置【行】为 4，【垂直】为 75px，然后单击【确定】按钮，如图 5-104 所示。

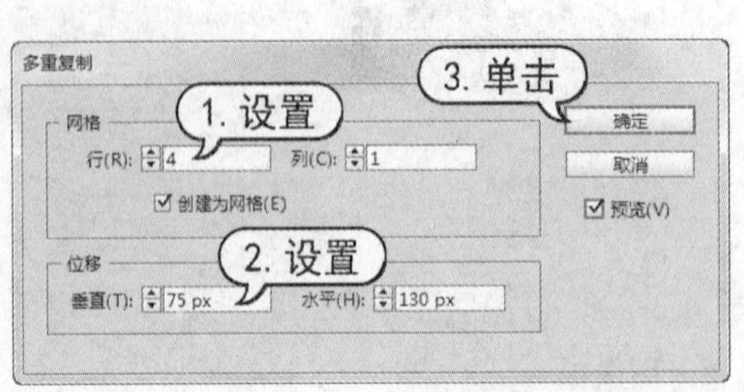

图 5-104　多重复制

(10) 使用【选择】工具选中右侧的圆形，选择【编辑】|【多重复制】命令，打开【多重复制】对话框。在对话框中，设置【行】为 1，【列】为 5，【水平】为-75px，然后单击【确定】

按钮，如图 5-105 所示。

(11) 使用【选择】工具分别选中左侧复制的圆形，从上至下在【颜色】面板中设置填充分别为 R=145 G=164 B=38、R=1 G=132 B=127、R=133 G=27 B=32，如图 5-106 所示。

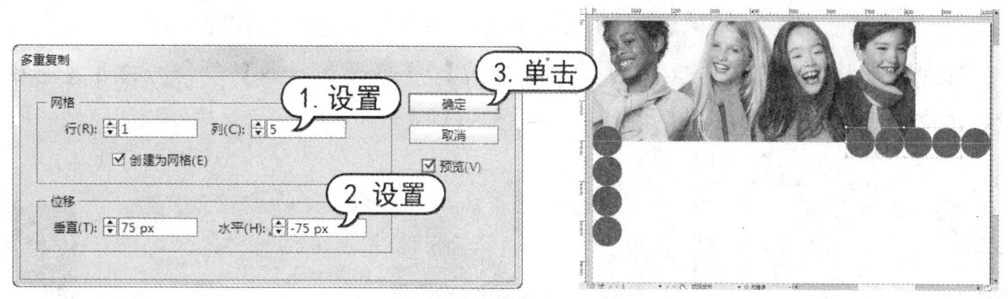

图 5-105　多重复制

(12) 使用【选择】工具分别选中右侧的圆形，从左至右在【颜色】面板中设置填充分别为 R=101 G=197 B=183、R=1 G=130 B=98、R=1 G=138 B=126、R=214 G=60 B=31、R=220 G=25 B=42，如图 5-107 所示。

图 5-106　调整颜色(1)

图 5-107　调整颜色(2)

(13) 选择【矩形】工具依据左右两侧的圆形拖动绘制矩形，并在【颜色】面板中设置描边色为无，填充色为 R=240 G=95 B=32，然后连续按 Ctrl+[组合键将矩形置于圆形下方，如图 5-108 所示。

(14) 继续使用【矩形】工具拖动绘制矩形，并在【颜色】面板中设置描边色为无，填充色为 R=210 G=35 B=42，然后按 Shift+Ctrl+[组合键将绘制的矩形置为底层，如图 5-109 所示。

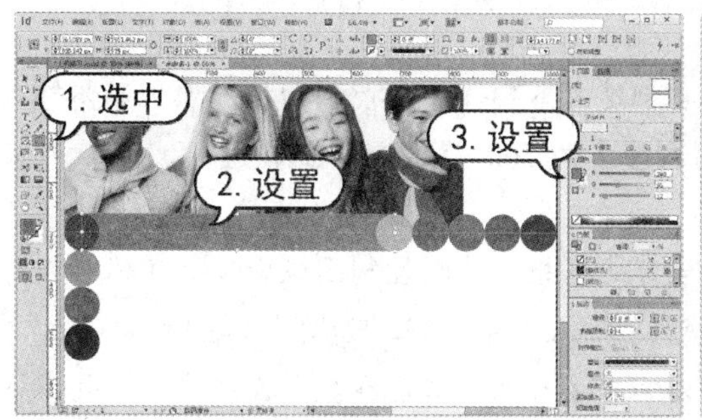

图 5-108　绘制矩形(1)

图 5-109　绘制矩形(2)

(15) 使用【矩形】工具拖动绘制矩形，在控制面板中设置 W 为 75px，【旋转角度】为-45°，并在【颜色】面板中设置描边色为无，填充色为 R=121 G=24 B=29，然后连续按 Ctrl+[组合键将矩形置于圆形下方，并调整其位置，如图 5-110 所示。

(16) 继续使用【矩形】工具依据页面拖动绘制一个矩形，然后使用【选择】工具同时选中步骤(15)中创建的矩形，选择【窗口】|【对象和版面】|【路径查找器】命令，打开【路径查找器】面板，并单击面板中的【减去】按钮，如图 5-111 所示。

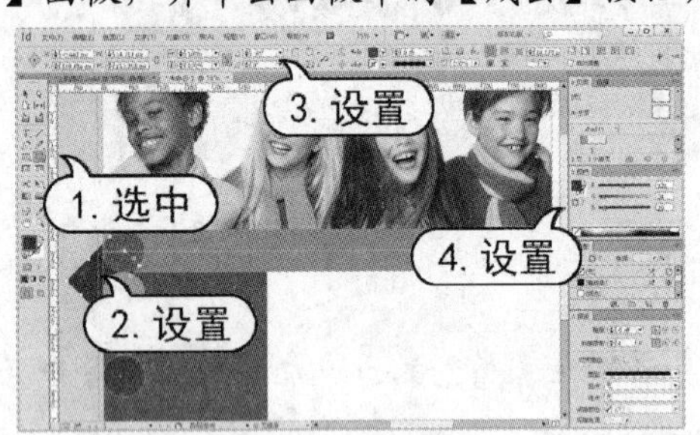

图 5-110 绘制图形

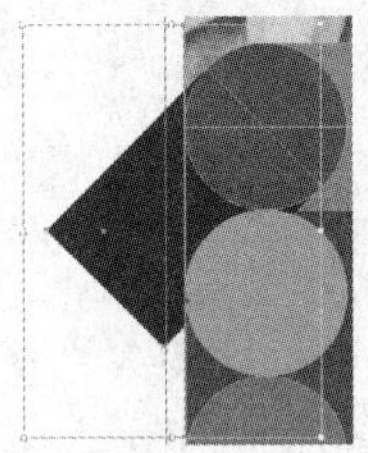
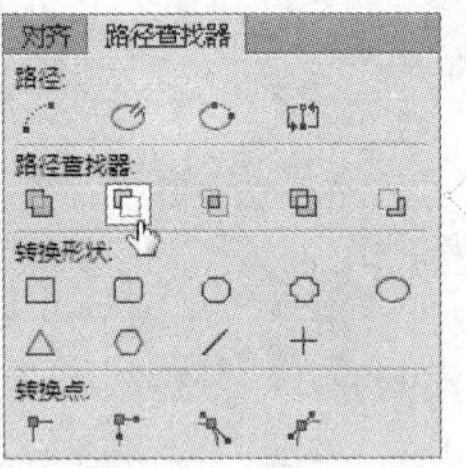

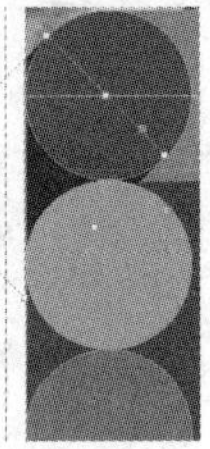

图 5-111 编辑图形

(17) 多次按 Shift+Ctrl+Alt 组合键向下拖动复制刚裁切后的图形，并从上至下在【颜色】面板中分别设置填充色为 R=121 G=24 B= 29、R=195 G=201 B=31、R=101 G=197 B=183、R=240 G=95 B=32，如图 5-112 所示。

(18) 选择【文字】工具，在左侧圆形上方拖动创建文本框，并在控制面板中设置字体样式为汉仪菱心体简，【字体大小】为 48 点，【字符间距】为 580，填色为【纸色】，然后输入文字内容，如图 5-113 所示。

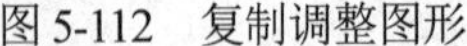

图 5-112 复制调整图形

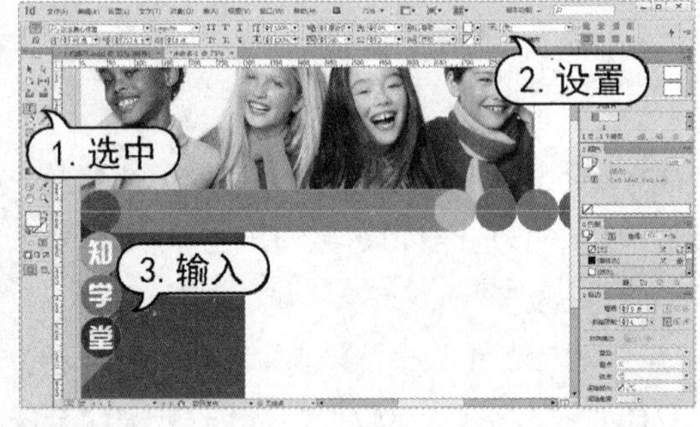

图 5-113 输入文字(1)

(19) 选择【文字】工具，在右侧圆形上方拖动创建文本框，并在控制面板中设置字体样式为汉仪菱心体简，【字体大小】为 48 点，【字符间距】为 560，填色为【纸色】，然后输入文字内容，如图 5-114 所示。

(20) 使用【文字】工具，在矩形条上方拖动创建文本框，并在控制面板中设置字体样式为黑体，【字体大小】为 25 点，填色为【纸色】，然后输入文字内容，如图 5-115 所示。

(21) 使用【文字】工具拖动选中刚输入文字内容前半部的英文，在控制面板中，设置字体样式为 Arial，如图 5-116 所示。

(22) 使用【文字】工具，在矩形条上方拖动创建文本框，并在控制面板中设置字体样式为

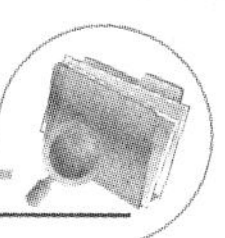

宋体，【字体大小】为 12 点，填色为【纸色】，然后输入文字内容，如图 5-117 所示。

图 5-114　输入文字(2)　　　　图 5-115　输入文字(3)

图 5-116　调整字体

图 5-117　输入文字(1)

(23) 选择【选择】工具，在刚创建的文字上右击鼠标，在弹出的快捷菜单中选择【适合】|【使框架适合内容】命令，如图 5-118 所示。

(24) 使用步骤(22)至步骤(23)的操作方法，创建其他文字内容，如图 5-119 所示。

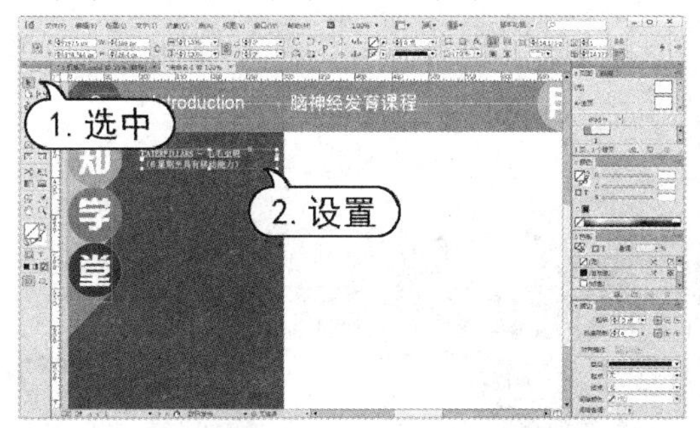

图 5-118　输入文字(2)

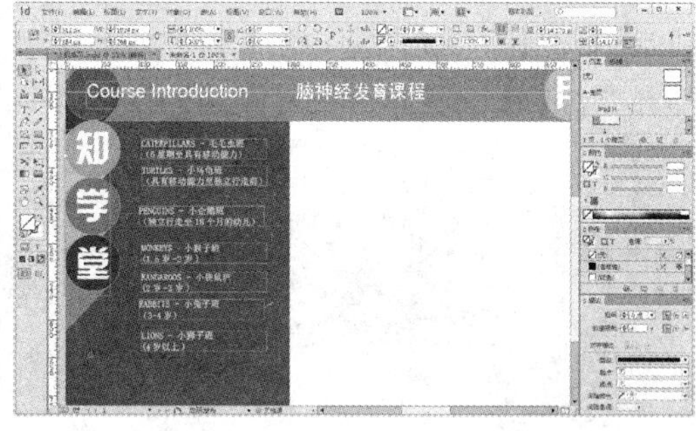

图 5-119　输入文字(3)

(25) 使用【选择】工具选中刚创建的文字，选择【窗口】|【对象和版面】|【对齐】命令，打开【对齐】面板。在面板中【对齐】选项中选择【对齐选区】选项，然后单击【左对齐】按钮和【垂直分布间距】按钮，如图 5-120 所示。

(26) 选择【矩形】工具在页面中拖动绘制矩形，然后选择【选择】工具，并在控制面板中设置变换参考点为左下角，设置 W 为 75px，【X 切变角度】为 30°，在【颜色】面板中设置描边色为无，填充色为 R=255 G=255 B=255，再多次按 Ctrl+[组合键将其置为圆形下方，如图 5-121 所示。

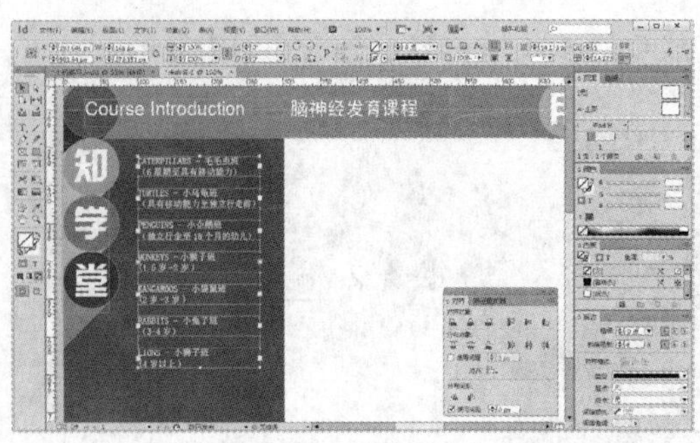

图 5-120　对齐对象

图 5-121　绘制图形

(27) 按 Shift+Ctrl+Alt 组合键拖动并复制刚创建的图形，然后在【颜色】面板中，设置填充色为 R=112 G=182 B=192，然后多次按 Ctrl+[组合键将其置为圆形下方，如图 5-122 所示。

(28) 按 Shift+Ctrl+Alt 组合键拖动并复制刚创建的图形，然后在【颜色】面板中，设置填充色为 R=123 G=12 B=1，然后多次按 Ctrl+[组合键将其置为圆形下方，如图 5-123 所示。

图 5-122　复制调整图形(1)

图 5-123　复制调整图形(2)

(29) 使用【矩形】工具绘制矩形，然后使用【选择】工具同时选中前一步中创建图形，再在【路径查找器】面板中单击【减去】按钮，如图 5-124 所示。

图 5-124　裁剪图形(1)

(30) 使用步骤(29)的操作方法裁切步骤(27)中创建的图形，如图 5-125 所示。

(31) 使用步骤(26)至步骤(30)的操作方法创建圆形下方的图形，并在控制面板中设置【X 切变角度】为-30°，在【颜色】面板中分别填充 R=195 G=201 B=31、R=148 G=162 B=27，如图 5-126 所示。

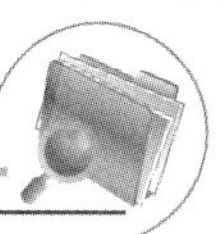

图 5-125　裁剪图形(2)

图 5-126　创建图形

(32) 选择【文字】工具在页面中拖动创建文本框，并在控制面板中设置字体样式为方正大黑_GBK，字体大小为 27 点，在【颜色】面板中设置字体颜色为 R=1 G=130 B=126，然后在文本框中输入文字内容，如图 5-127 所示。

(33) 继续使用【文字】工具在页面中拖动创建文本框，然后在文本框中输入整段文字内容，如图 5-128 所示。

图 5-127　输入文字(1)

图 5-128　输入文字(2)

(34) 使用【文字】工具分别选中，两段文字的标题，在控制面板中设置字体样式为黑体，字体大小为 17 点，在【颜色】面板中设置字体颜色为 R=1 G=130 B=126，如图 5-129 所示。

(35) 使用【文字】工具全选文本框中文字段落，在控制面板中单击【段落格式控制】按钮，显示段落控制选项。单击【双齐末行齐左】按钮，设置【首行左缩进】为 30px，【段后间距】为 3px，如图 5-130 所示。

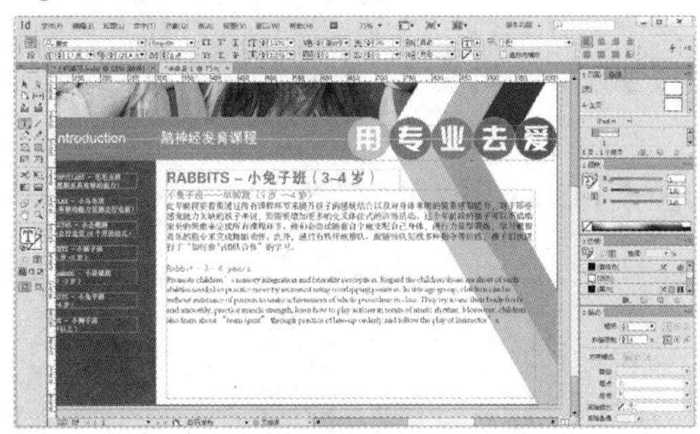

图 5-129　调整文字

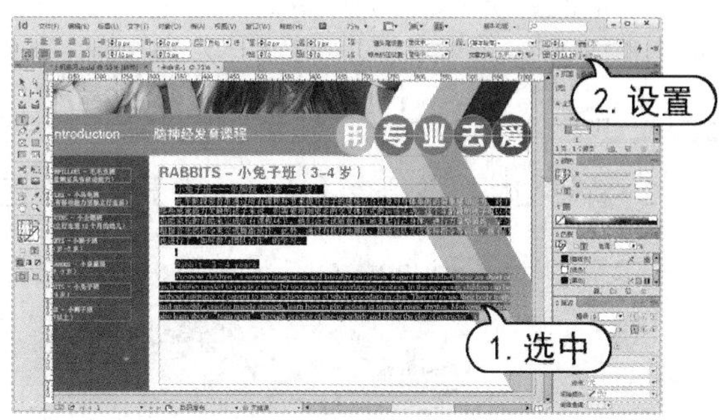

图 5-130　设置段落

(36) 选择【选择】工具，选择【对象】|【文本框架选项】命令，打开【文本框架选项】对话框。在对话框中，设置【栏数】为 3，【对齐】下拉列表中选择【居中】，然后单击【确定】按钮，如图 5-131 所示。

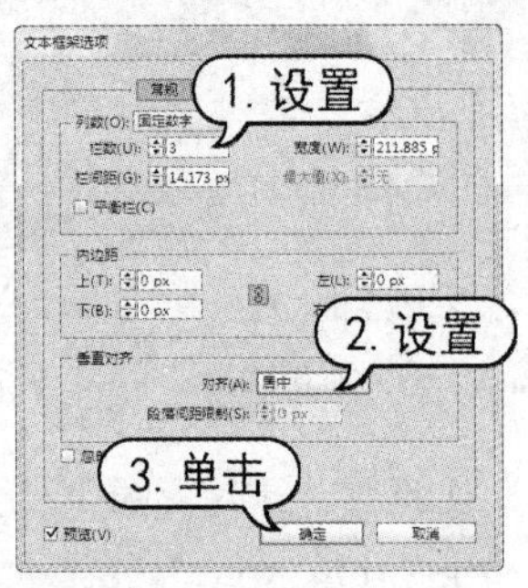

图 5-131　设置文本框架

(37) 选择【添加锚点】工具在文本框上添加两个锚点，使用【直接选择】工具选中锚点调整文本框形状，如图 5-132 所示。

(38) 选择【钢笔】工具在页面中绘制半圆形，并在【颜色】面板中设置描边色为无，填充色为 R=240 G=95 B=32。然后按 Ctrl+0 组合键显示完整页面，选择【视图】|【屏幕模式】|【预览】命令查看页面完成效果，如图 5-133 所示。

图 5-132　调整文本框

图 5-133　完成效果

5.9　习题

1. 新建文档，结合【字符】面板和【段落】面板创建并编辑文本，制作如图 5-134 所示的名片效果。

2. 新建文档，并结合【路径文字】工具创建如图 5-135 所示的文本效果。

图 5-134　文本效果

图 5-135　文本效果

第6章 颜色与效果的应用

学习目标

InDesign 是彩色排版软件，能够对出版物中的对象定义不同的颜色。将纯色、渐变等颜色效果应用到文字、图形、路径上，可以使出版物产生丰富多彩的页面效果。掌握 InDesign 中关于颜色操作的各种面板的使用方法，可以让用户更加有效地管理各种类型的颜色，提高工作效率。

本章重点

- 颜色的类型与模式
- 使用【色板】面板
- 使用【颜色】面板
- 使用【渐变】面板
- 添加效果

6.1 颜色的类型与模式

在应用颜色之前，只有了解颜色的基本概念后，才能准确合理地设置颜色。颜色的基本概念包含颜色类型、颜色模式、色彩空间和色域等。

6.1.1 颜色类型

在 InDesign 中，可以将颜色类型指定为专色或印刷色。两种颜色类型与商业印刷中使用的油墨类型相对应。在【色板】面板中，可以通过颜色名称旁边显示的图标来识别该颜色的颜色类型。

1. 专色

专色是一种预先混合的特殊油墨，用于替代印刷油墨或为其提供补充，即采用黄、品红、青和黑色色墨以外的其他色油墨来复制原稿颜色的印刷工艺。专色印刷所调配出的油墨是按照色料的减色法混合原理获得颜色的，其颜色明度较低，饱和度较高。由于墨色均匀所以专色块通常采用实地印刷，并适当地加大墨量，当版面墨层厚度较大时，墨层厚度的改变对色彩变化的灵敏程度会降低，很容易得到墨色均匀且厚实的印刷效果。

专色在印刷时需要使用专门的印版。当指定少量颜色并且颜色准确度很难把握时可使用专色。专色油墨能准确重现印刷色色域以外的颜色。

印刷专色的颜色由混合的油墨和所用的纸张共同决定，而不是由指定的颜色值或色彩管理来决定。当指定专色值时，指定的仅是显示器和彩色打印机的颜色模拟外观(取决于这些设备的色域限制)。

2. 印刷色

印刷色是使用四种标准印刷油墨的组合打印的青色、洋红色、黄色和黑色。当需要的颜色较多而导致使用单独的专色油墨成本很高或者不可行时，如印刷彩色照片，就可以使用印刷色。指定印刷色时，要参考下列原则。

- 要使用高品质印刷文档呈现最佳效果，参考印刷在四色色谱(印刷商可提供)中的 CMYK 值来设定颜色。
- 由于印刷色的最终颜色色值是它的 CMYK 值，因此，如果使用 RGB(或 Lab)在 InDesign 中指定印刷色，在进行分色打印时，系统会将这些颜色值转换为 CMYK 值。根据颜色管理设置和文档配置文件的不同，这些转换将会有所不同。
- 除非确信已正确设置了颜色管理系统，并且了解它在颜色预览方面的限制，否则，不要根据显示器上的显示来指定印刷色。
- 因为 CMYK 的色域比普通显示器的色域小，所以应避免在只供联机查看的文档中使用印刷色。
- 在 InDesign 中使用色板时，系统会制动将该色板作为全局印刷色进行使用。非全局色板是未命名的颜色，可以在【颜色】面板中对其进行编辑。

6.1.2 颜色模式

颜色模式以描述和重现色彩的模型为基础，用于显示或打印图像。下面对 InDesign 中常见的颜色模式进行简单介绍。

1. RGB 模式

RGB 色彩就是常说的三原色，R 代表 Red(红色)，G 代表 Green(绿色)，B 代表 Blue(蓝色)。之所以称为三原色，是因为在自然界中肉眼所能看到的任何色彩都可以由这三种色彩混合叠加

而成，因此也称之为加色模式，而 RGB 模式又称 RGB 色空间。它是一种色光表色模式，广泛用于人们的生活中，如电视机、计算机显示屏和幻灯片等都是利用光来呈色。印刷出版中常需扫描图像，扫描仪在扫描时首先提取的就是原稿图像上的 RGB 色光信息。RGB 模式是一种加色法模式，通过 R、G、B 的辐射量，可描述出任一颜色。计算机定义颜色时 R、G、B 这 3 种成分的取值范围是 0~255，0 表示没有刺激量，255 表示刺激量达最大值。R、G、B 均为 255 时就合成了白光；R、G、B 均为 0 时就形成了黑色，当两色分别叠加时将得到不同的 C、M、Y 颜色。在显示屏上显示颜色定义时，往往采用这种模式。图像如果用于电视、幻灯片、网络、多媒体，则一般都会使用 RGB 模式。

2. CMYK 模式

当阳光照射到一个物体上时，这个物体将吸收一部分光线，并将剩下的光线进行反射，反射的光线就是人们所看见的物体颜色。这是一种减色色彩模式，同时这也是与RGB 模式的根本不同之处。不仅人们看物体的颜色时用到了这种减色模式，而且在纸上印刷时应用的也是这种减色模式。按照这种减色模式，就衍变出了适合印刷的 CMYK 色彩模式。

CMYK 代表印刷上用的 4 种颜色，C 代表青色，M 代表洋红色，Y 代表黄色，K 代表黑色。因为在实际引用中，青色、洋红色和黄色很难叠加形成真正的黑色，最多不过是褐色而已。因此才引入了 K(黑色)。黑色的作用则在于强化暗调，加深暗部色彩。

3. Lab 模式

RGB 模式是一种发光屏幕的加色模式，CMYK 模式是一种颜色反光的印刷减色模式，而 Lab 模式既不依赖光线，也不依赖于颜料，它是 CIE 组织确定的一个理论上包括了人眼可以看见的所有色彩的色彩模式。Lab 模式弥补了 RGB 和 CMYK 两种色彩模式的不足。

Lab 模式由 3 个通道组成，但不是 R、G、B通道。它的一个通道是亮度，即 L；另外两个是色彩通道，用 A 和 B 来表示。A 通道包括的颜色是从深绿色(底亮度值)到灰色(中亮度值)再到亮粉红色(高亮度值)；B 通道则是从亮蓝色(底亮度值)到灰色(中亮度值)再到黄色(高亮度值)。因此，这种色彩混合将产生明亮的色彩。

4. 灰度模式

灰度模式的图像时灰色图像。该模式使用多达 256 级灰度。灰度图像中的每个像素都有一个由 0(黑色)到 255(白色)之间的亮度值。灰度值也可以用黑色油墨覆盖的百分比来度量，0%等于白色，100%等于黑色。

5. 位图模式

位图模式是由黑白两种像素组成的色彩模式，它有助于较为完善地控制灰度图像的打印。只有灰度模式或多通道模式的图像才能转换成位图模式。

6. HSB 模式

HSB 颜色模式中，H 表示色相，S 表示饱和度，B 表示亮度，其色相沿着 0°~360°的色环来进行变换，只有在色彩编辑时才能看到这种色彩模式。如果用户想从彩色的颜色模式转换成双色调模式，需要先转换成灰度模式，再由灰度模式转换成双色调模式。

6.1.3 色彩空间和色域

色彩空间是可见光谱中的颜色范围。色彩空间也可以是另一种形式的颜色模型，如 Adobe RGB、Apple RGB 和 sRGB 都是基于同一个颜色模型的不同色彩空间示例。

色彩空间包含的颜色范围称为色域。整个工作流程中用到的各种不同设备，如显示器、扫描仪和打印机等都在不同的色彩空间内运行，它们的色域各不相同。某些颜色位于显示器的色域内，但不在打印机的色域内。某些在打印机色域内的颜色，但不在显示器的色域内。无法在设备上生成的颜色被视为超出该设备的色彩空间。也就是说，该颜色超出了色域。

在 InDesign 的几种颜色模型中，Lab 具有最宽的色域，它包含了 RGB 和 CMYK 色域中的所有颜色。

6.2 色彩管理

在印刷过程中，有时屏幕显示颜色与打印颜色有偏差，这会直接影响出版物的外观。为了获得屏幕显示颜色与印刷颜色的一致，这就需要了解一些色彩匹配方面的问题。

色彩匹配问题是由不同的设备和软件使用的色彩空间不同造成的。一种解决方式是使用一个可以在设备之间准确地解释和转换颜色的系统。色彩管理系统(CMS)将创建颜色的色彩空间与将输出该颜色的色彩空间进行出必要并做出必要的调整，使不同的设备所表现的颜色尽可能一致。

色彩管理系统借助颜色配置文件转换颜色。配置文件是对设备的色彩空间的数学描述。例如，扫描仪配置文件告诉色彩管理系统扫描仪“看到”色彩的方式。InDesign 的色彩管理系统使用的 ICC 配置文件，是一种被国际色彩协会(ICC)定义为跨平台标准的格式。

6.2.1 色彩管理系统

InDesign 为用户提供了一套精密的色彩管理系统，即 CMS，全称为 Color Management System。

1. CMS 系统简介

色彩管理系统是一个能够在设备间准确地解释和转换颜色的系统，它将创建了颜色的色彩空间与将输出该颜色的色彩空间进行比较并做必要的调整，使不同的设备所表现的颜色尽可能一致。

色彩管理系统借助于 ICC 颜色配置文件转换颜色。这是一种被国际色彩协会(ICC)定义为

跨平台标准的格式，使系统不会校正在文档存储过程中就存在色调或色彩平衡问题的颜色，仅提供了根据最终出版物输出可靠评价图像的环境。

2. 基本概念

为了增进对色彩管理工作流程的认识，用户必须了解以下一些重要的基本概念。

- 色彩管理引擎：不同的公司开发了不同的方式来管理颜色，CMS 允许用户选择一套管理颜色的方式即色彩管理引擎，用于在色彩空间之间读取并转换颜色。
- 颜色数：在图像文档中，每一个像素有一组颜色数，用于描述像素所在颜色模式中的位置。在将文档输出到不同的设备上时，每种设备都会以各自特定的方式，将文档中像素的原始颜色数转换为适合于设备的颜色数。当应用颜色和色调调整或将文档转换到不同的色彩空间时，实际是在更改像素的颜色数。
- 颜色配置文件：ICC 工作流程所使用的颜色配置文件，决定了文档中像素的颜色数转换为实际颜色外观的方法。颜色配置文件系统地描述了颜色数映射到一种设备色彩空间的算法。通过用颜色配置文件来关联或标记文档，在文档中提供对实际颜色外观的定义，更改相关的配置文件就会改变颜色外观；没有相关配置文件的文档，只包含原始颜色数，而 InDesign 只使用当前工作空间的配置文件显示和编辑颜色。

3. 合理使用色彩管理

在实际的工作中并非所有的文档都必须使用色彩管理，应根据实际情况来确定文档是否需要进行色彩管理，具体如下。

- 如果工作的环境是一个封闭式的系统，其中所有的设备都被校准为相同的规范，制作过程完全由一种介质控制时，可以不采用色彩管理。
- 如果制作用于网络发行或其他基于屏幕输出的文档，可以不采用色彩管理。因为无须控制作为最终输出的显示器的色彩管理系统。
- 如果在工作的过程中有许多的不确定因素时，应当使用色彩管理。这些不确定因素包括多平台的开放系统以及出自不同制造商的多种设备等。
- 如果要将出版物中的彩色图形反复用于印刷或联机介质、要同时管理多个工作站或要在国内外不同的出版商处印刷时，应使用色彩管理。

4. CMS 的工作环境

不管是显示器中显示的颜色还是由打印机输出的颜色，受工作环境的影响都很大，所以必须控制工作环境中的颜色和光线，才能为 CMS 创建良好的工作环境，从而获得精确的颜色显示。创建 CMS 的工作环境时应注意以下几点。

- 光的强弱和颜色都会改变出版物的颜色在显示器上的实现方式，应尽量在光线基本保持一致的环境中查看出版物。
- 用户需要校准显示器，以使其能够和设备描述文件定义的期望性能相匹配，用户得到的显示颜色的质量取决于显示器与设备描述文件的匹配情况。

- 使用 CMS 创建一个出版物后，应保留该文件校样和正式的打印出版物，通过这些资料可以帮助了解 CMS 的颜色定义与打印的关系。
- 应当在一间墙壁和顶棚都是中性色的房间里查看出版物，查看出版物的室内最佳颜色是多层次的灰色。

移走桌面上的背景图案，选择中性的灰色作为桌面的颜色模式。

6.2.2 颜色工作空间

【工作空间】是一种用于定义和编辑 Adobe 应用程序中颜色的色彩空间。每个颜色模型都有一个与其关联的工作空间配置文件，可以在【颜色设置】对话框中选择工作空间配置文件。

工作空间配置文件作为相关颜色模型新建文档的源配置文件使用。工作空间还可以确定未标记文档颜色的 RGB 色彩空间。一般而言，最好选择 Adobe RGB 或 sRGB，而不要选择特定设备的配置文件，如显示器配置文件。

在为 Web 制作图像时，建议使用 sRGB，因为它定义了用于查看 Web 上图像的标准显示器的色彩空间。在处理来自家用数码相机的图像时，sRGB 也是一个不错的选择，因为大多数此类相机都将 sRGB 作为默认色彩空间。

提示

简单地说，sRGB 是一个标准，它可以使不同设备显示或输出的图像色彩保持统一。不同显示设备间的 RGB 色彩会发生一些变化，因而经过不同的显示设备后就无法正确地再现色彩。sRGB 是 Microsoft 等公司针对这种情况合作开发的，目的是建立一个可以满足计算机和输出设备需求的色彩管理标准，使输出设备无须经过特别的色彩信息分析，就可以正确地表现出图像中的颜色信息。有了 sRGB 技术，无论在什么样的显示设备上观看图像，都可以确保得到统一的色彩。对于一般家庭用户来说，sRGB 作用不是很明显，但如果要用到打印机等设备，最好打开显示器的 sRGB 功能。

在准备打印文档时，建议使用 Adobe RGB，因为 Adobe RGB 的色域包括一些无法使用 sRGB 定义的可打印颜色，特别是青色和蓝色。在处理来自专业机数码相机的图像时，Adobe RGB 也是一个不错的选择。

CMYK 确定应用程序的 CMYK 色彩空间。CMYK 工作空间的 Adobe 耗材基于标准商业印刷条件，所有 CMYK 工作空间都与设备有关，这意味着它们基于实际油墨和纸张的组合。

如果打开一个文档，该文档中嵌入的颜色配置文件与工作空间配置文件不匹配，则应用程序会使用【色彩管理方案】确定处理颜色数据的方式。在多数情况下，默认方案为保留嵌入的配置文件。

Adobe 应用程序附带一套标准的颜色空间配置文件，已经过 Adobe System 的测试，并建议用于大多数的色彩管理工作流程。在默认情况下，只有这些配置文件显示在工作空间菜单中。

要显示其他已安装在系统上的颜色配置文件，需要选择【高级模式】选项。颜色配置文件必须是双向的，也就是说，包含与色彩空间进行双向转换的规范，这样才能工作空间菜单中显示。

6.2.3　颜色管理方案

【颜色管理方案】确定在打开文档或载入图像时应用程序处理颜色数据的方式。可以为 RGB 和 CMYK 模式的图像选择不同的方案，同时还可以指定警告信息的显示防护色。要显示色彩管理方案选项，选择【编辑】|【颜色设置】菜单命令打开【颜色设置】对话框，如图 6-1 所示，在该对话框中显示颜色管理方案选项。

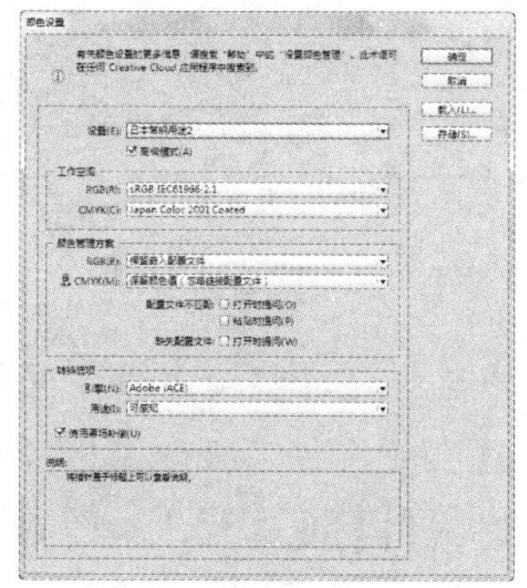

图 6-1　【颜色设置】对话框

提示

要查看方案的说明，选择该方案，将光标放在方案名称上，在该对话框底部的说明框中会显示相关的信息。

RGB、CMYK 指定在将颜色引入当前工作空间时要遵守的方案，可以从其右侧的下拉列表中选择需要的选项。

- 【保留嵌入配置文件】：打开文件时，总是保留嵌入的颜色配置文件。对于大多数工作流程建议使用本选项，因为它提供一致的色彩管理。但有一种例外情况，就是如果希望保留 CMYK 颜色值，那么选择【保留颜色值(忽略链接配置文件)】。
- 【转换为工作空间】：在打开文件和载入图像时，将颜色转换到当前工作空间配置文件。如果想让所有的颜色都是用单个配置文件，那么选择本选项。
- 【保留颜色值(忽略链接配置文件)】：在 InDesign 和 Illustrator 中对 CMYK 可用。在打开文件和载入图像时保留颜色值，但仍然允许使用色彩管理，可以在 Adobe 应用程序中准确查看颜色。
- 【配置文件不匹配，打开时提问】：每当打开使用不同于当前工作空间配置文件标记的文档时都显示信息。此选项为提供忽略方案的默认特性的选项之一。如果根据每个具体情况来确保文档的色彩管理是适当的，那么可以选择此选项。
- 【缺失配置文件，打开时提问】：每当打开未标记的文档时，都显示信息。此选项为提供忽略方案的默认特性选项之一。如果想根据每个具体情况来确保文档的颜色管理是适当的，那么可以选择本项。

【例 6-1】设置保存为【我的颜色设置】。

(1) 启动 InDesign，选择【编辑】|【颜色设置】命令，打开【颜色设置】对话框，在【设置】下拉列表中选择【自定】选项，图 6-2 所示。

(2) 在【工作空间】选项区域的 RGB 下拉列表中选择 Adobe RGB(1998)选项，在 CMYK 下拉列表中选择 Coated FOGRA 39(ISO12647-2:2004)选项，如图 6-3 所示。

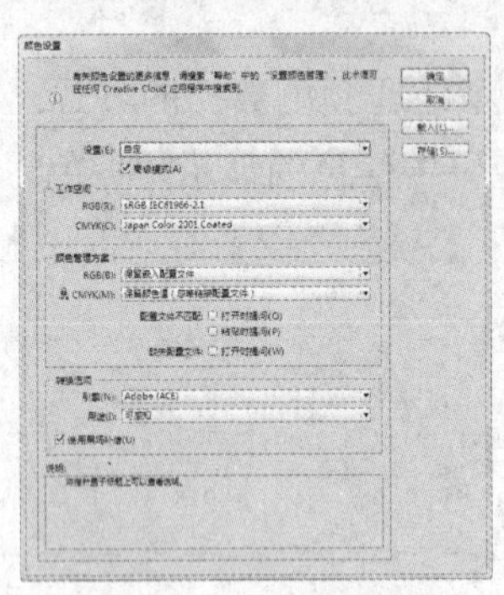
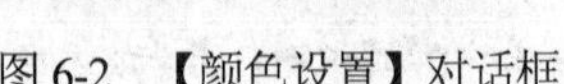

图 6-2 【颜色设置】对话框

图 6-3 设置【工作空间】选项

(3) 在【颜色管理方案】选项区域的 RGB 下拉列表中选择【转换为工作空间】选项；在 CMYK 下拉列表中选择【保留嵌入配置文件】选项，选中【配置文件不匹配】选项中的【打开时提问】复选框，选中【缺失配置文件】选项中的【打开时提问】复选框，如图 6-4 所示。

(4) 在【转换选项】选项区域中选中【使用黑场补偿】复选框，完成所有的设置，如图 6-5 所示。

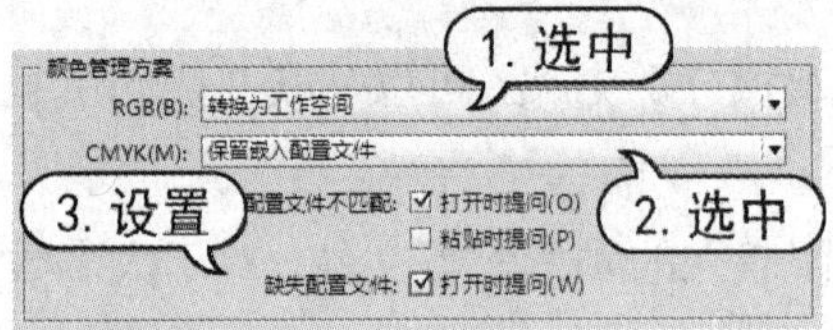

图 6-4 设置【颜色管理方案】选项

图 6-5 完成所有设置

(5) 单击【存储】按钮，打开【存储颜色设置】对话框，在【保存在】下拉列表中选择要保存的位置，在【文件名】下拉列表中输入“我的颜色设置”，如图 6-6 所示。

(6) 单击【保存】按钮，即完成设置的存储，返回【颜色设置】对话框。在【设置】下拉列表中将显示存储的颜色设置名称，单击【确定】按钮应用到文档，如图 6-7 所示。

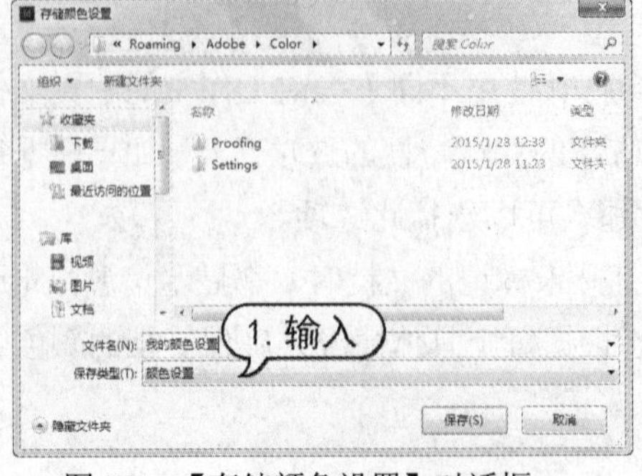

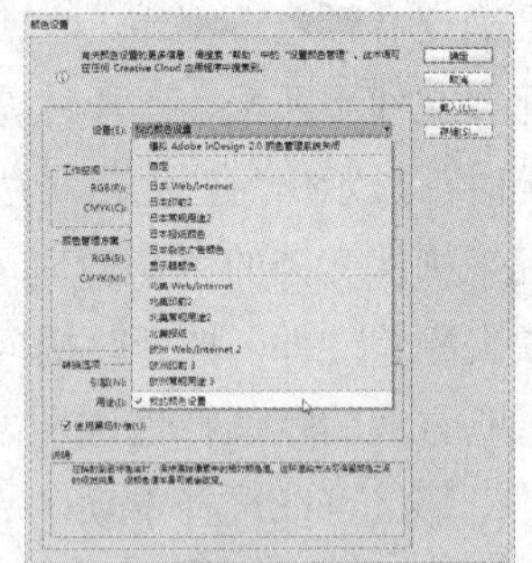

图 6-6 【存储颜色设置】对话框

图 6-7 【设置】下拉列表选项

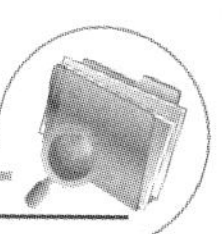

提示

对于大多数色彩管理工作流程，最好使用 Adobe Systems 已经测试过的预设颜色设置。只有在色彩管理知识很丰富并且对自己所做的更改非常有信心的时候，才建议更改特定选项。

6.2.4 颜色转换选项

颜色转换选项可以控制将文档从一个色彩空间移动到另一个色彩空间时，应用程序处理文档中颜色的方式。选择【编辑】|【颜色设置】命令，如果【高级模式】选项被选中，那么将会展开【转换选项】选项组，如图 6-8 所示。

- 【引擎】：指定用于将一个色彩空间的色域映射到另一个色彩空间的色域的色彩管理模块(CMM)。对大多数用户来说，默认的 Adobe(ACE)引擎即可满足所有的转换需求。
- 【用途】：指定用于色彩空间之间转换的渲染方法。渲染方法之间的差别只有当打印档或转换到不同的色彩空间时才表现出来。【用途】下拉列表如图 6-8 右图所示。
- 【使用黑场补偿】：选中该项后可以确保图像中的阴影详细信息通过模拟输出设备的完整动态范围得以保留。如果想在印刷时使用黑场补偿，那么可以选择本选项。

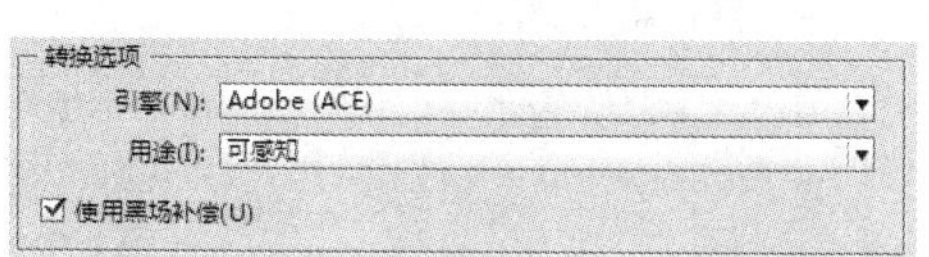

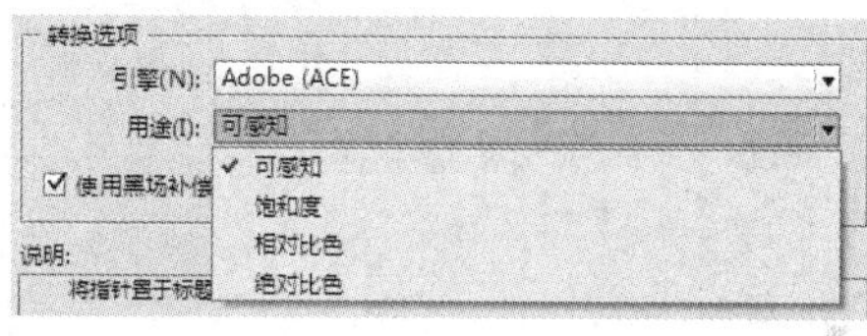

图 6-8　【转换选项】界面

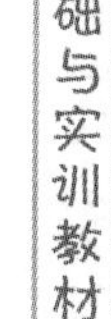

渲染方法确定色彩管理系统处理两个色彩空间之间颜色转换的方式。不同的渲染方法使用不同的规则决定了调整源颜色的方式。选择渲染方案的结果取决于文档的图形内容和用于指定色彩空间的配置文件。一些配置文件为不同的渲染方法生成相同的效果。

一般，对所选的颜色设置最好使用默认的渲染方法，此方法已通过 Adobe System 测试，并且达到了行业标准。例如，如果为北美或欧洲选择颜色设置，则默认渲染方法为【相对比色】；如果为日本选择颜色设置，则默认渲染方法为【可感知】。在为色彩管理系统、电子校样颜色和打印作品选择颜色转换选项时，可以选择以下渲染方法。

- 【可感知】：用于保留颜色之间的视觉关系，以使人眼感觉很自然，尽管颜色值本身可能有改变。本方法适合存在大量超出色域颜色的摄影图像。
- 【饱和度】：用于在降低颜色准确性的情况下生成逼真的颜色。这种渲染方法适合商业图形，此时明亮饱和的色彩比颜色之间的确切关系更重要。
- 【相对比色】：比较源色彩空间与目标色彩空间的最大高光部分并相应地改变所有颜色。超出色域的颜色会转换为目标色彩空间内可重现的最相似颜色。与【可感知】相比，【相对比色】保留的图像原始颜色更多。

◉ 【绝对比色】：不改变位于目标色域内的颜色，在色域外的颜色将被剪切掉。本方法可在保留颜色间关系的情况下保持颜色的准确性，适用于模拟特定设备输出的校样。

6.3 使用【色板】面板

使用【色板】面板可以简化颜色方案的修改过程，而无须定位和调节每个单独的对象，这在生产的标准化文档中尤为有用。色板能将颜色快速应用于文字或对象，对色板的任何更改都影响应用色板的对象，从而使修改颜色方案变得更加容易。【色板】面板中列出了所有定义颜色的名称及种类。

在【色板】面板中可以存储 Lab、RGB、CMYK 和混合油墨颜色模式，【色板】面板上的图标标识了专色和印刷色颜色类型。在菜单栏里选择【窗口】|【色板】命令，即可打开【色板】面板，如图 6-9 所示。用户可以通过【色板】面板中的按钮或如图 6-10 所示的面板菜单创建、编辑、管理色板。

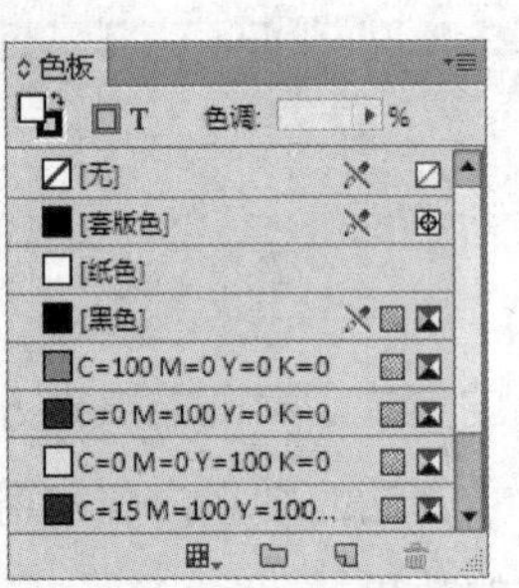

图 6-9 【色板】面板

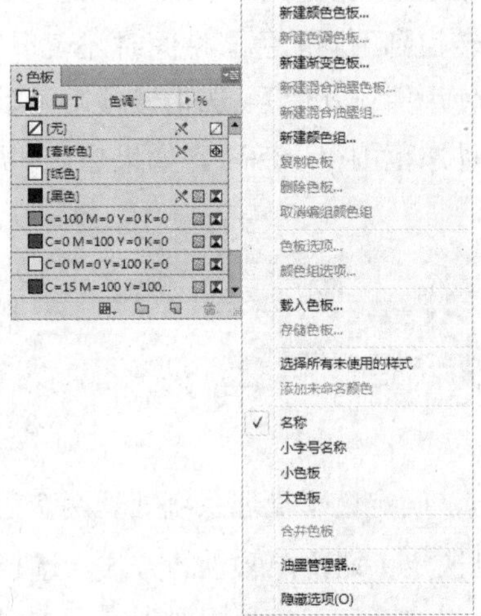

图 6-10 【色板】面板菜单

在【色板】面板中，还有纸色、黑色和套版色 3 种颜色。纸色是一种内置色板，有用于模拟印刷纸张的颜色。纸色对象后面的对象不会印刷纸色对象与其重叠的部分。相反，将显示所印刷纸张的颜色。可以通过双击【色板】面板中的【纸色】对其进行编辑，使其与纸张类型相匹配。纸色仅用于预览，它不会在复合打印机上打印，也不会通过分色来印刷。且用户不能移去此色板。此外，不要使用【纸色】色板来清除对象中的颜色，而应该使用【无】色板。

黑色是内置的，使用 CMYK 颜色模型定义的 100%印刷黑色。用户不能编辑或移去此色板。在默认情况下，所有黑色实例都将在下层油墨(包括任意大小的文本字符)上叠印(打印在最上面)。

套版色是使对象可在 PostScript 打印机的每个分色中进行打印的内置色板。如套准标记使用套版色，以便不同的印版在印刷机上精确对齐。用户不能编辑或移去此色板，但可以将任意颜色库中的颜色添加到【色板】面板中，以将其与文档一起存储。

6.3.1　新建颜色色板

色板可以包括专色或印刷色、混合油墨(印刷色与一种或多种专色混合)、RGB 或 Lab 颜色、渐变或色调。置入包含专色的图像时，这些颜色将作为色板自动添加到【色板】面板中。可以将这些色板应用到文档中的对象上，但是不能重新定义或删除这些色板。

在【色板】面板中单击右上角面板菜单按钮，在弹出的菜单中选择【新建颜色色板】命令，打开如图 6-11 所示的【新建颜色色板】对话框，即可创建新色板。

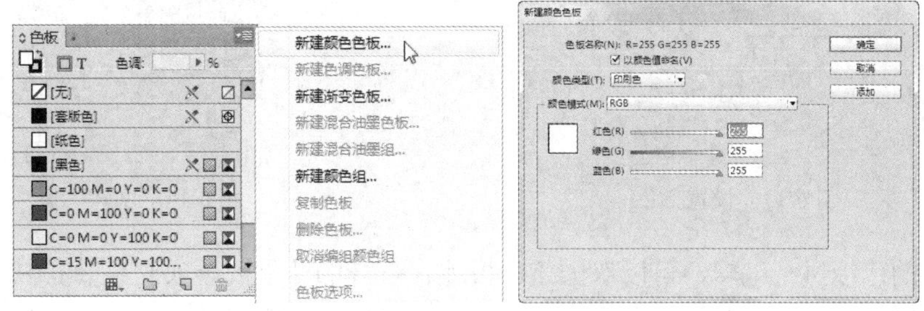

图 6-11　【新建颜色色板】对话框

【新建颜色色板】对话框中的各主要选项含义如下。

- 【颜色类型】下来列表：选择将用于印刷文档颜色的类型。
- 【色板名称】选项：如果选择【印刷色】作为颜色类型并要使用颜色值描述名称，可以单击选择【以颜色值命令】复选框；如果选择【印刷色】作为颜色类型并要为颜色命名，可以取消【以颜色值命名】复选框，然后输入色板名称；如果选择【专色】作为颜色类型，则需要输入色板名称。
- 【颜色模式】下拉列表：选择要用于定义颜色的模式。但不要在定义颜色后更改颜色模式。

【例 6-2】在 InDesign 中，创建一个印刷色色板。

(1) 在【色板】面板菜单中选择【新建颜色色板】命令，打开【新建颜色色板】对话框，如图 6-12 所示。

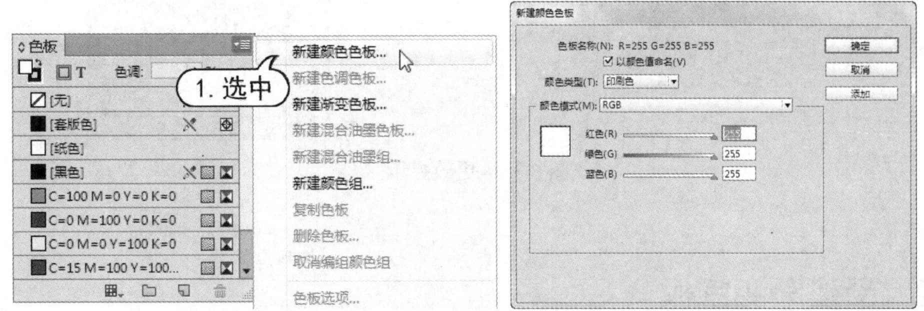

图 6-12　打开【新建颜色色板】对话框

(2) 在对话框中，取消【以颜色值命令】复选框，在【色板名称】文本框中输入“西瓜红”，在【颜色类型】下拉列表框中选择【印刷色】选项，在【颜色模式】下拉列表中选择 CMYK 选项，在【青色】、【洋红色】、【黄色】和【黑色】文本框中分别输入 0、82、65、0，操作界面如图 6-13 所示。

(3) 单击【确定】按钮，此时【色板】列表中将显示新建的【西瓜红】色板，如图 6-14 所示。

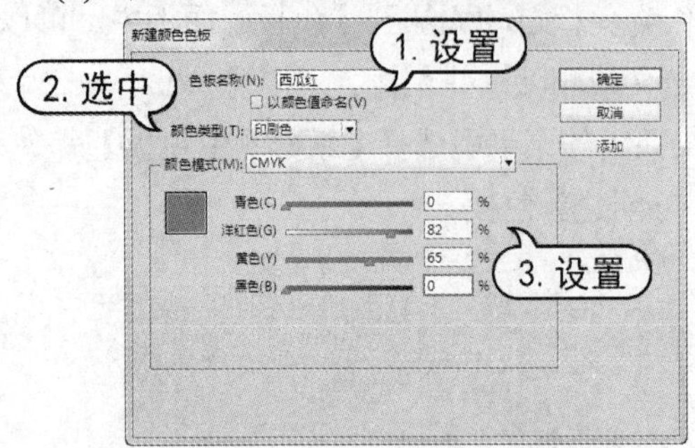

图 6-13　设置颜色

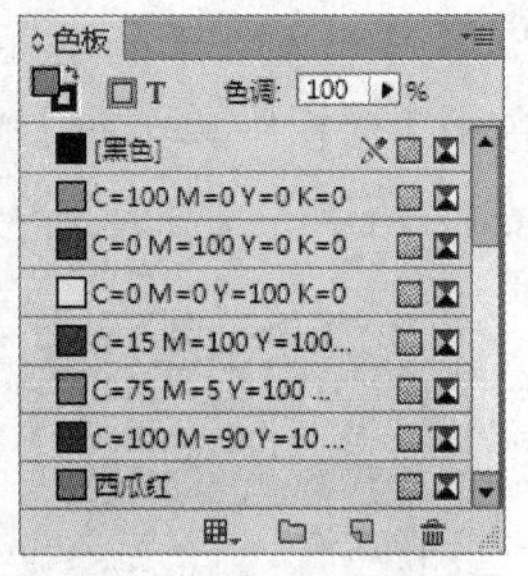

图 6-14　创建色板

要对已有的色板进行编辑，可以双击该色板或在打开的【色板选项】对话框中更改色板的各个属性。编辑混合油墨色板和混合油墨组时，还将提供附加选项。

提示

选中要编辑的色板后，单击【色板】面板右上角的面板菜单按钮，在弹出的菜单中选择【色板选项】命令，也可以打开【色板选项】对话框。

当【色板】面板中的色板设置过多时，用户可以通过改变色板的显示方式来快速查找所需要的色板。单击【色板】面板右上角的面板菜单按钮，在弹出的面板菜单中选择【名称】、【小字号名称】、【小色板】或【大色板】命令，可以设置【色板】面板使用不同方式进行显示，如图 6-15 所示。

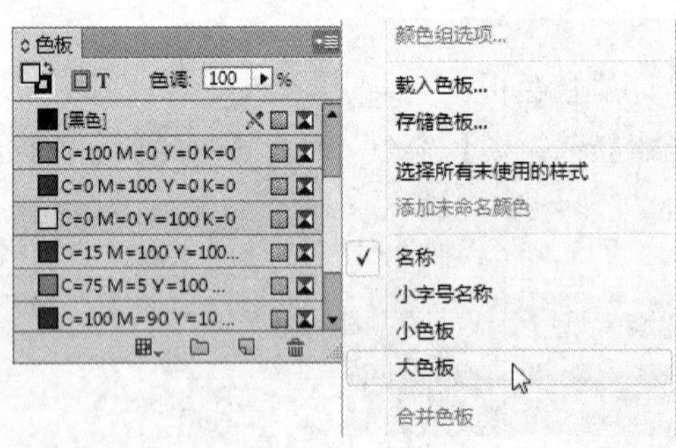

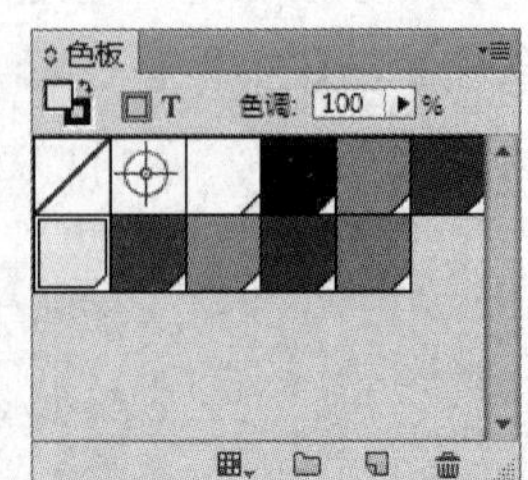

图 6-15　更改显示

6.3.2　新建渐变色板

要创建渐变色板，可以使用【色板】面板来进行创建、命名和编辑渐变操作。在【色板】

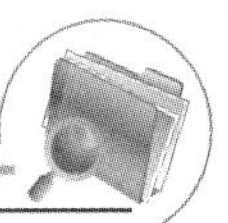

面板菜单中选择【新建渐变色板】命令，打开如图 6-16 所示的【新建渐变色板】对话框。

【新建渐变色板】对话框中各主要选项含义如下。

- 【色板名称】文本框：用于输入渐变色板名称。
- 【类型】下拉列表：可以选择【线性】或【径向】渐变方式。
- 【站点颜色】下拉列表：在【渐变曲线】区域中，选中起始站点或终止点滑块，这时才能启用【站点颜色】选项。在【站点颜色】下拉列表框中，选择 CMYK、RGB 或 Lab 其中一种颜色模式，然后输入颜色值或拖动滑块，为渐变混合一个新的未命名颜色。选择【色板】选项，则可以在列表框中选择一种颜色。
- 【渐变曲线】：可以选中滑块并拖动调整滑块颜色和终止点。
- 【确定】或【添加】按钮：可以将渐变存储在与其同名的【色板】面板中。

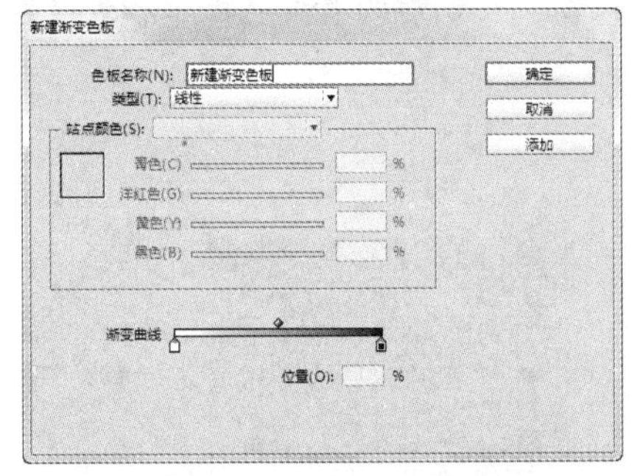

图 6-16　【新建渐变色板】对话框

知识点

当使用不同模式的颜色创建渐变，然后对渐变进行打印或分色时，所有颜色都将转换为 CMYK 印刷色。由于颜色模式的更改颜色可能会发生变化，要获得最佳效果，用户应该在创建渐变时，使用 CMYK 颜色模式指定渐变。

- 【例 6-3】创建自定义渐变颜色。

(1) 在【色板】面板菜单中选择【新建渐变色板】命令，打开【新建渐变色板】对话框，如图 6-17 所示。

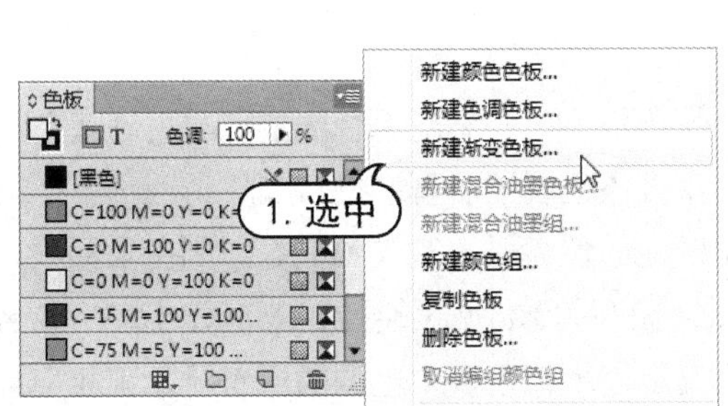

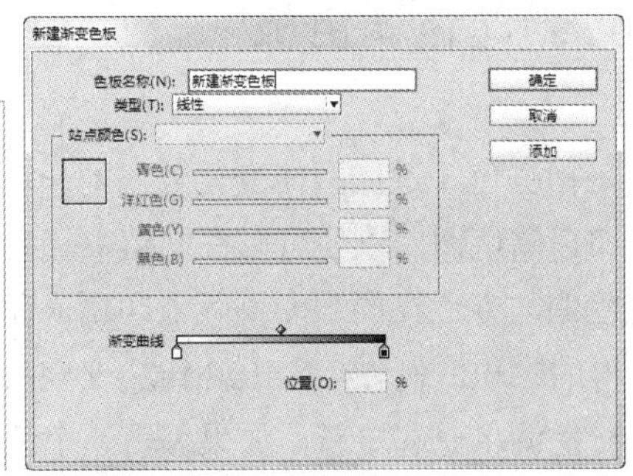

图 6-17　打开【新建渐变色板】对话框

(2) 在该对话框的【色板名称】文本框中输入“渐变色板 1”，单击底部渐变曲线左边的滑块，在【站点颜色】选项中选择 CMYK 选项时，对话框中会列出【青色】、【洋红色】、【黄色】和【黑色】数值，将数值设置为 0、50、50、0，如图 6-18 所示。

(3) 在渐变曲线上单击，创建一个新的颜色标记点。在【位置】选项中输入 70%，然后在【青色】、【洋红色】、【黄色】和【黑色】文本框中分别输入 0、65、60、0，，如图 6-19 所示。

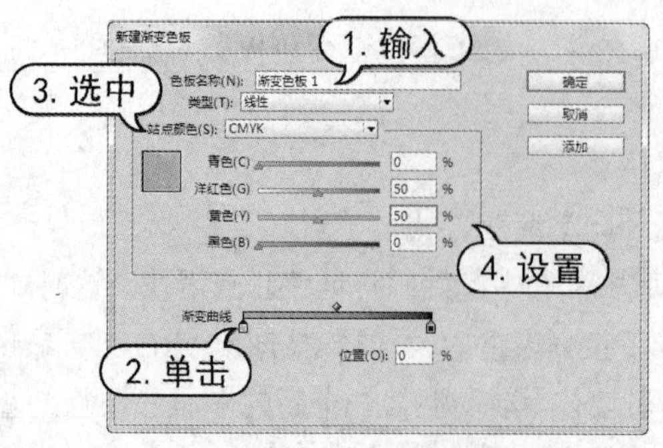

图 6-18　设置渐变

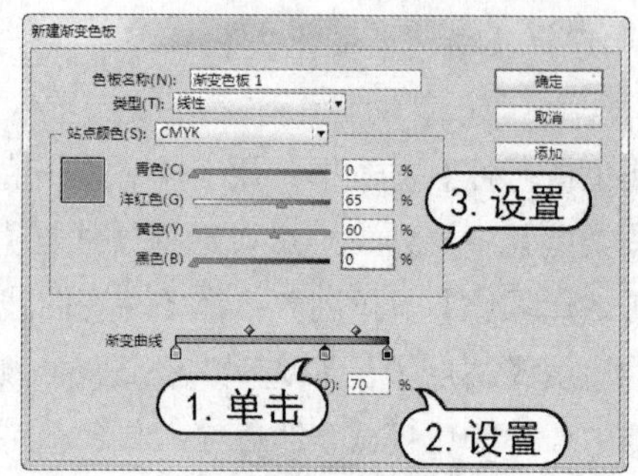

图 6-19　设置渐变

(4) 单击渐变曲线右边的滑块，在【站点颜色】下拉列表中选择【色板】选项，并单击选择 C=15 M=100 Y=100 K=0 色板，然后单击【确定】按钮，将创建的渐变色板添加到【色板】面板中，如图 6-20 所示。

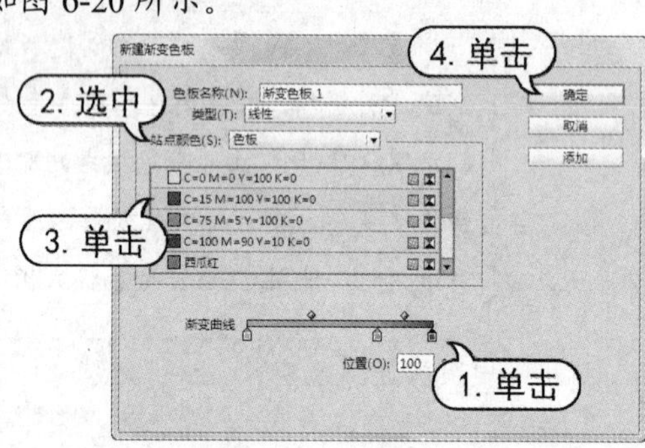

图 6-20　新建渐变色板

6.3.3　新建色调色板

色调是指颜色经过加网而变得较浅的一种颜色版本。与普通颜色一样，最好在【色板】面板中命名和存储色调，以便可以在文档中轻松编辑该色调的所有实例。

专色色调与专色在同一印刷版上印刷。印刷色的色调是每种 CMYK 印刷色油墨乘以色调百分比所得的乘积。例如，C=10 M=20 Y=40 K=10 的 80%色调将生成 C=8 M=16 Y=32 K=8。由于颜色和色调将一起更新，如果编辑一个色板，使用该色板中色调的所有对象都相应地进行更新，如果编辑一个色板，使用该色板中色调的所有对象都相应地进行更新。还可以使用【色板】面板菜单中的【色板选项】命令，编辑已命名色调的基本色板，这将更新任何基于同一色板的其他色调。

如果要调节单个对象的色调，那么可以使用【色板】面板或【颜色】面板中的【色调】滑块进行调节。色调范围在 0%~100%之间，数值越小，色调就会越浅。

【例 6-4】在 InDesign 中，创建新的色调色板。

(1) 在【色板】面板中选择一种颜色，单击【色板】面板右上角的面板菜单按钮，在打开的面板菜单中选择【新建色调色板】命令，如图 6-21 所示。

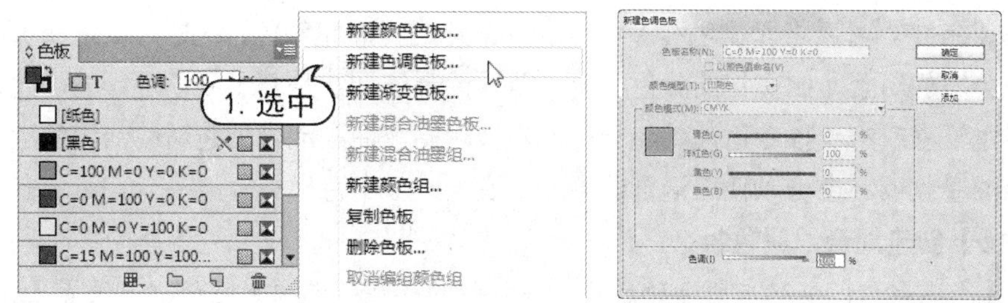

图 6-21　新建色调色板

(2) 打开【新建色调色板】对话框，设置【色调】数值为 50%，单击【确定】按钮，即可完成创建，如图 6-22 所示。

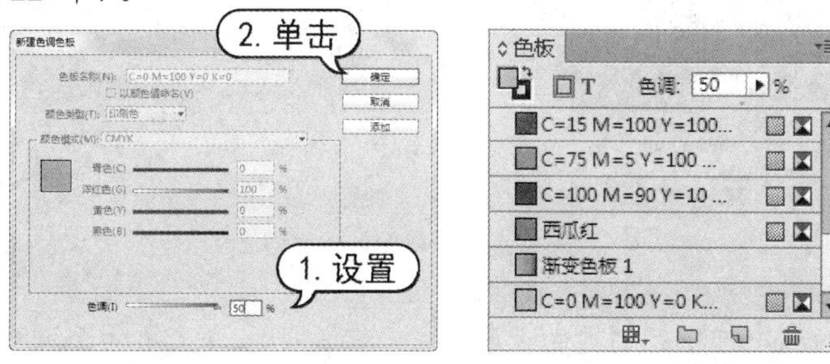

图 6-22　设置色调

(3) 如果想对色调进行编辑，在【色板】面板中双击新建的色调色板名称，打开【色板选项】对话框，在该对话框中对其颜色和色调重新进行调整，如图 6-23 所示。

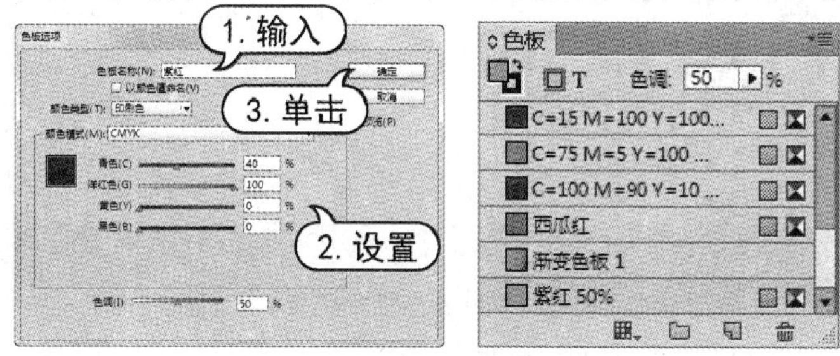

图 6-23　调整色调色板

6.3.4　混合油墨色板

在有些情况下，在同一作业中可以混合使用印刷油墨和专色油墨来获得最大数量的印刷颜色。例如，在年度报告的相同页面上，可以使用一种专色油墨来印刷公司徽标的精确颜色，而使用印刷色重现照片。还可以使用一个专色印版，在印刷色作业业余中使用上光色。在这两种情况下，打印作业共使用 5 种油墨、4 种印刷色油墨和一种专色油墨或上光色。

1. 新建混合油墨色板

在 InDesign 中，可以将印刷色和专色混合以创建混合油墨颜色，这样可以增加可用颜色的数量，而不会增加用于印刷文档的分色数量。混合油墨的创建是基于专色进行的。此方式可以混合两种专色油墨或将一种专色油墨与一种或多种印刷色油墨混合创建新的油墨色版，可以创建单个混合油墨色板，也可以使用混合油墨组一次生成多个色板。

【例 6-5】创建混合油墨色板。

(1) 在【色板】面板中双击所选的颜色，在打开的【色板选项】对话框中设置【颜色类型】为【专色】，然后单击【确定】按钮，如图 6-24 所示。

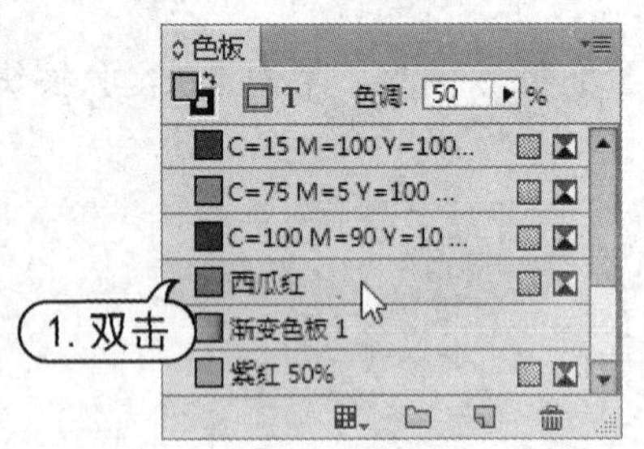

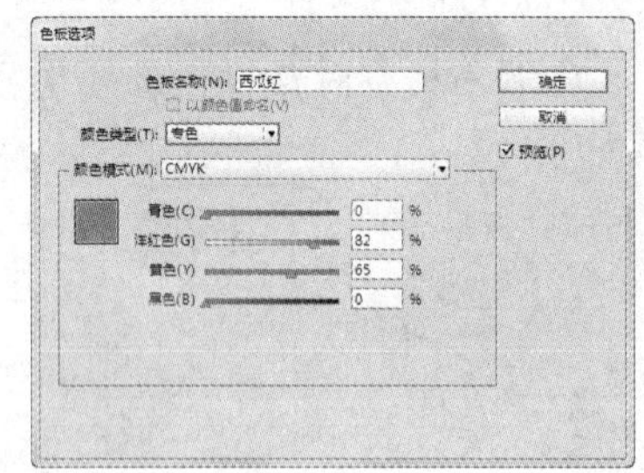

图 6-24　设置色板选项

(2) 在【色板】面板中选中新创建的专色颜色，单击面板右上角的面板菜单按钮，在打开的面板菜单中选择【新建混合油墨色板】命令，打开【新建混合油墨色板】对话框，如图 6-25 所示。

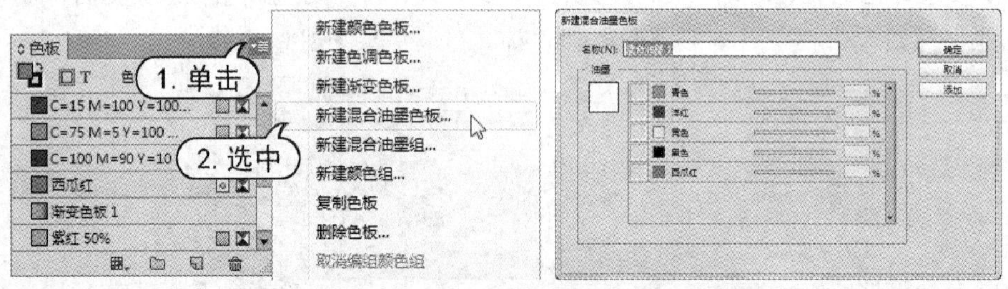

图 6-25　打开【新建混合油墨色板】对话框

(3) 在【新建混合油墨色板】对话框中可以设置混合油墨的名称及颜色的混合比例，如图 6-26 所示。

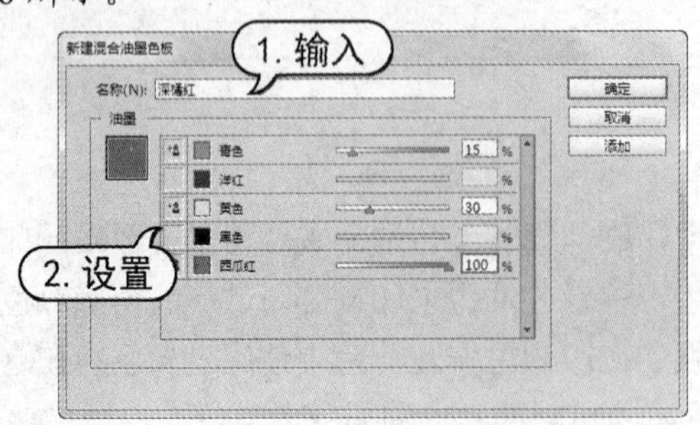

图 6-26　设置混合油墨色板

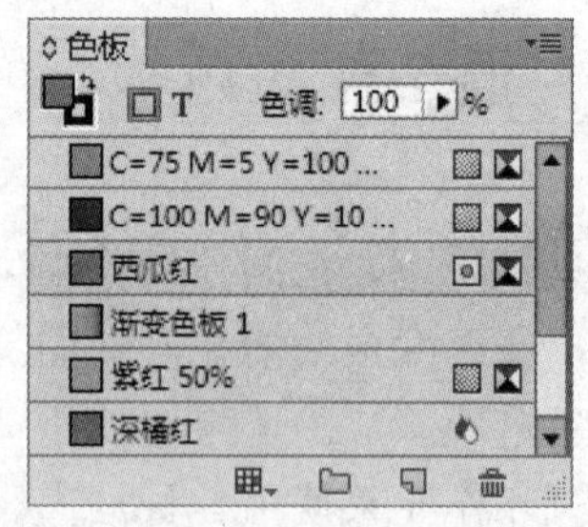

图 6-27　查看新建混合油墨色板

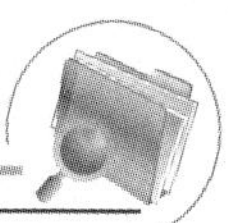

(4) 设置完成后单击【确定】按钮，打开【色板】面板，就会看到新创建的颜色值已经显示在【色板】面板中，结果如图 6-27 所示。

2. 创建混合油墨组

混合油墨可以扩展颜色在双色印刷设计中的表现范围。调整混合油墨组中的组成油墨可以即时更新由混合油墨组衍生的混合油墨。

【例 6-6】创建混合油墨组。

(1) 在【色板】面板中选中专色颜色，单击面板右上角的面板菜单按钮，在打开的菜单中选择【新建混合油墨组】命令，打开【新建混合油墨组】对话框，如图 6-28 所示。

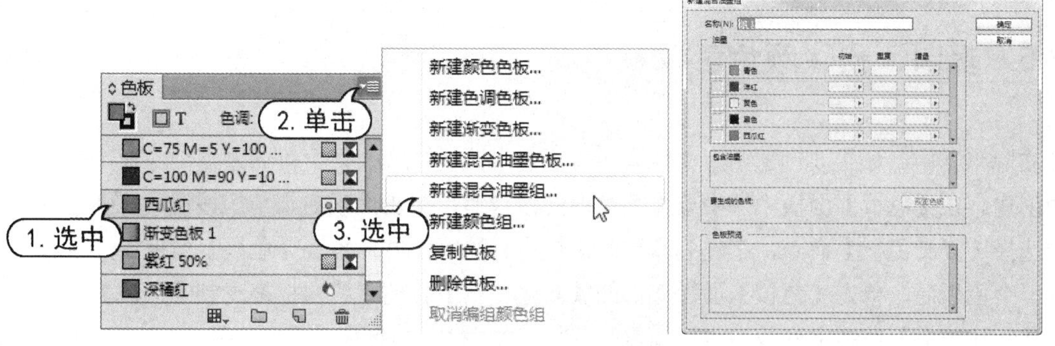

图 6-28　打开【新建混合油墨组】对话框

(2) 在【新建混合油墨组】对话框中设置混合油墨的名称及颜色的混合比例，然后单击【预览色板】按钮，如图 6-29 所示。

(3) 设置完成后，单击【确定】按钮，打开【色板】面板，就会看到新创建的颜色值已经显示在【色板】面板中，结果如图 6-30 所示。

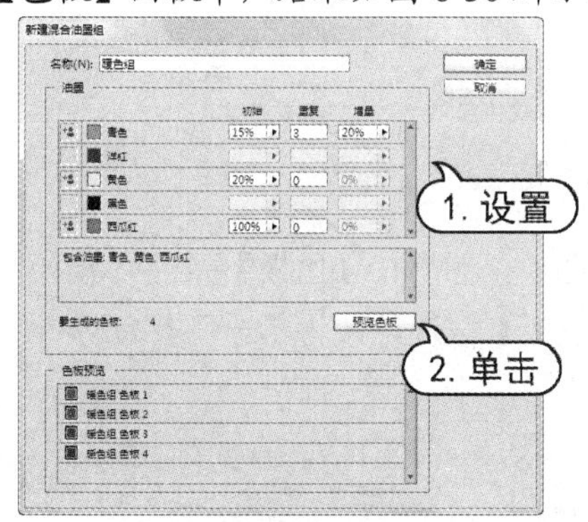

图 6-29　设置混合油墨组

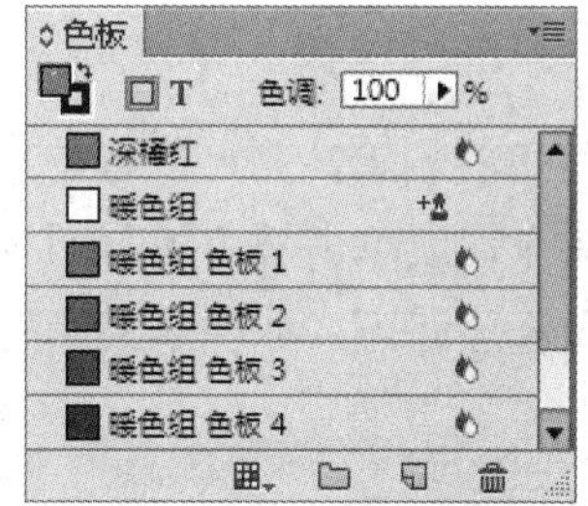

图 6-30　新建混合油墨组

用户还可以对新创建的色板颜色进行设置。在【色板】面板中双击混合油墨组，打开【混合油墨组选项】对话框，如图 6-31 所示。在该对话框中可以对混合油墨进行设置，修改油墨混合的比例后，将会对混合油墨组所有子集颜色有影响。另外，在对话框下方还有【将混合油墨色板转换为印刷色】选项，如果选中此项，混合油墨组将转换为印刷色。

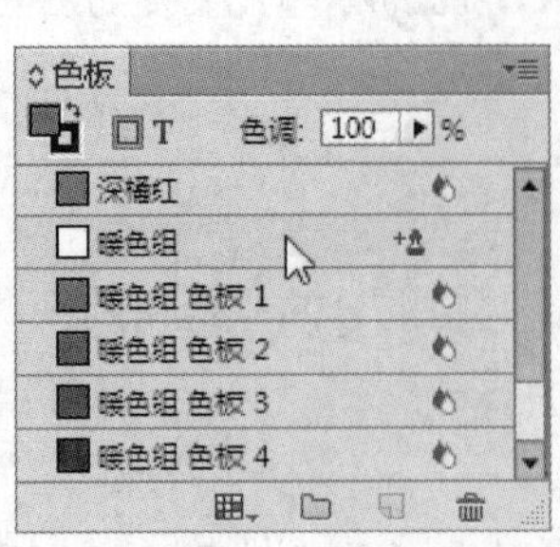

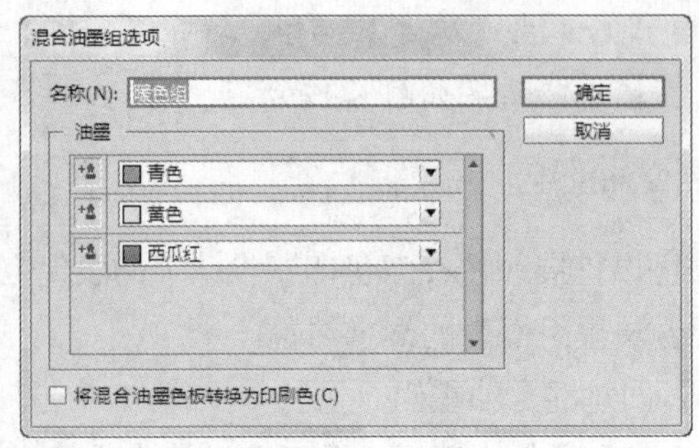

图 6-31 【混合油墨组选项】对话框

6.3.5 复制、删除颜色色板

在实际工作中，如果要创建一个与现有色板颜色相近的色板时，可以通过复制色板来快速地完成创建。在【色板】面板中选中要作为基准的色板后，单击面板右上角的按钮，在弹出的菜单中选择【复制色板】命令，把作为基准的色板进行复制，并添加在【色板】面板中。或者在选择一个色板后，单击【色板】面板底部的【新建色板】按钮或将色板拖动到【色板】面板底部的【新建色板】按钮上释放，也可以复制色板，如图 6-32 所示。

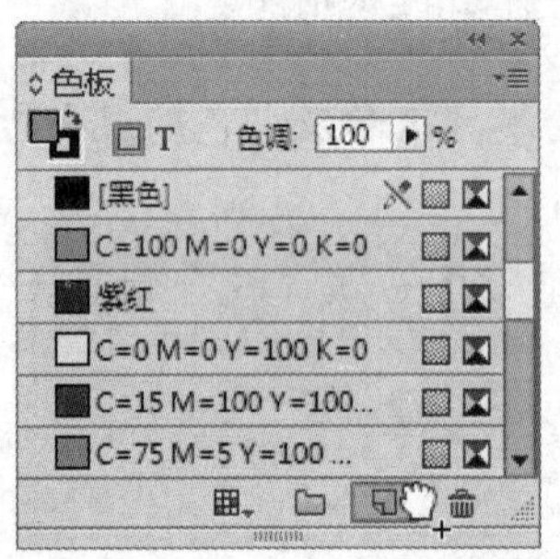

图 6-32 复制色板

若要将色板删除，则可以选中某一色板或多个色板，然后在【色板】面板菜单中选择【删除色板】命令，或单击【色板】面板底部的【删除色板】按钮，或将所选色板拖动到【删除色板】按钮上释放即可，如图 6-33 所示。

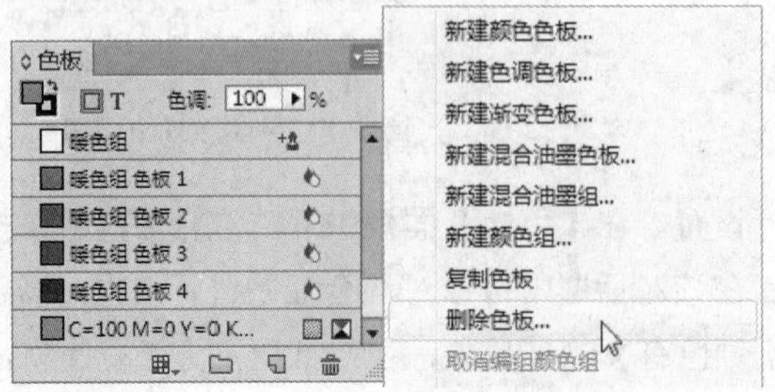

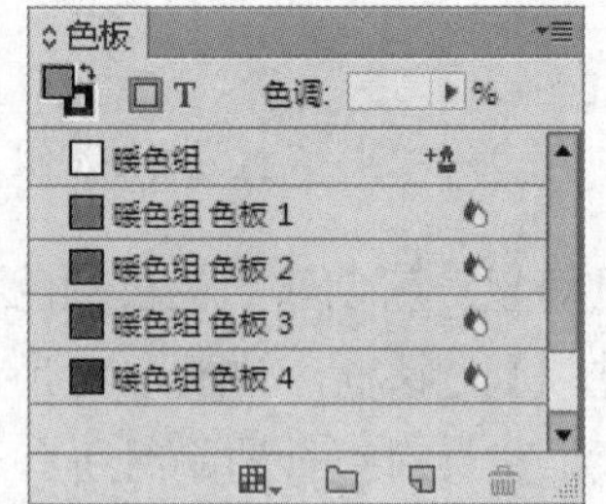

图 6-33 删除色板

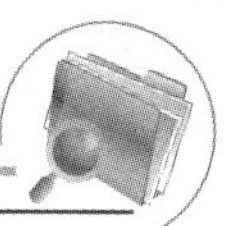

6.4　使用【颜色】面板

在 InDesign 中，调制未命名颜色时经常使用【颜色】面板，该面板中的颜色可以随时添加到【色板】面板中。

在菜单栏中选择【窗口】|【颜色】命令，打开【颜色】面板，如图 6-34 所示。单击面板右上方的面板菜单按钮，在打开的面板菜单中可以根据需要选择 Lab、CMYK 或 RGB 命令，以切换到不同的颜色模式，进行颜色的编辑。

在【颜色】面板中双击【填色】或【描边】框，打开【拾色器】对话框，并从【拾色器】对话框中选择一种颜色，然后单击【确定】按钮就可将选择的颜色应用于填色或描边。

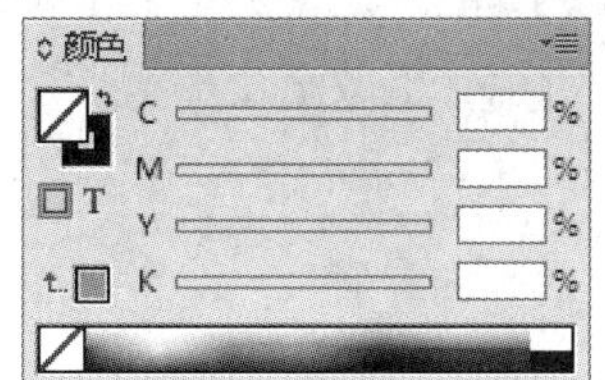

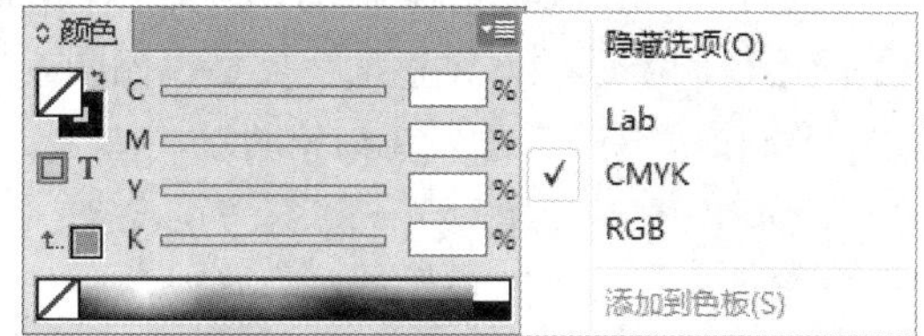

图 6-34　【颜色】面板

要应用填色或描边还可以在选择颜色模式后，单击【填色】或【描边】框，然后拖动颜色滑块，或在数值框中输入数值，或将光标放置在颜色条上，当光标变成吸管工具时单击即可应用所设置的颜色。

知识点

如果在【颜色】面板中显示【超出色域警告】图标，并且希望使用与最初指定的颜色最接近的颜色值，则单击警告图表旁的小颜色框即可。

6.5　使用【渐变】面板

渐变是两种或多种颜色之间或同一颜色的两个色调之间的逐渐混合。使用的输出设备将影响渐变的分色方式。

渐变可以包括纸色、印刷色、专色或使用任何颜色模式的混合油墨颜色。渐变是通过渐变色条中的一系列色标定义的。色标是指渐变中的一个点，渐变在该点从一种颜色变为另一种颜色，色标则由渐变条下的彩色方块标识。默认情况下，渐变以两种颜色开始，中点在 50%。

在 InDesign 中，可以使用【渐变】面板来创建渐变，并且可以将当前渐变添加到【色板】面板中。【渐变】面板对于创建不经常使用的未命名渐变很有用。选择【窗口】|【渐变】命令可以打开【渐变】面板，如图 6-35 所示。

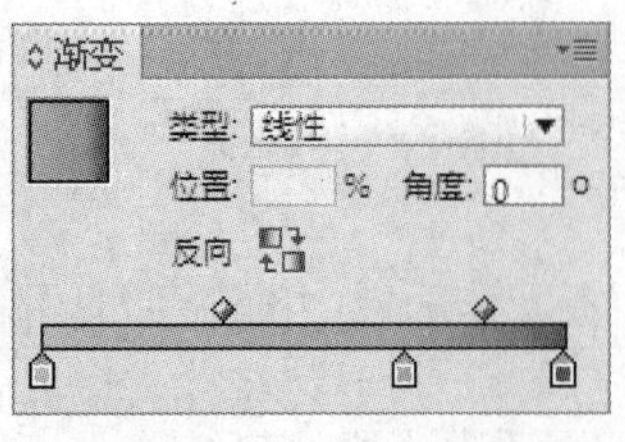

图 6-35 【渐变】面板

> **知识点**
>
> 如果所选对象当前使用的是已命名渐变，则使用【渐变】面板编辑渐变将只能更改该对象的颜色。若要编辑已命名渐变的每个实例，需要在【色板】面板中双击其色板。

要定义渐变的起始颜色，单击渐变条下最左侧的色标，然后从【色板】面板中拖动一个色板并将其置于色标上，或按住 Alt 键单击【色板】面板中的一个颜色色板，或在【颜色】面板中，使用滑块或颜色条创建一种颜色。如图 6-36 所示。要定义渐变的结束颜色，单击渐变条下最右侧的色标，然后按照创建起始颜色和方法创建所需的结束颜色。在【类型】下拉列表中可以选择【线性】或【径向】选项，设置渐变类型，如图 6-37 所示。更改渐变类型后，它会将当前选定对象的起始点和结束点重置为其初始的默认值。

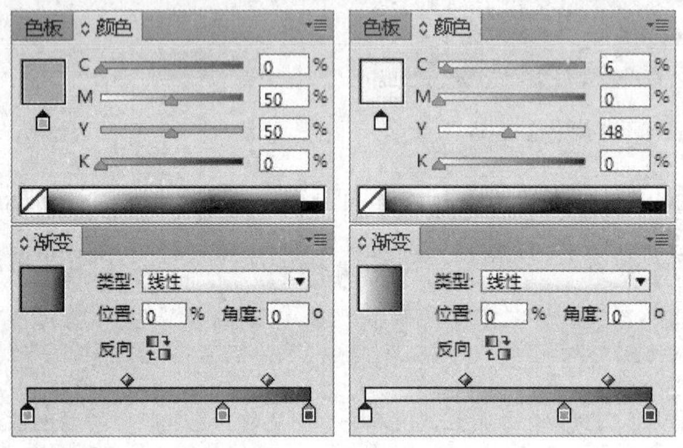

图 6-36 设置渐变颜色

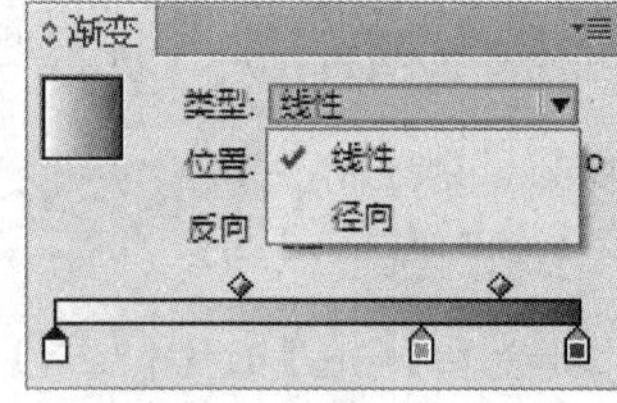

图 6-37 渐变类型

6.6 使用工具填充对象

在 InDesign 中可以将颜色或渐变应用于对象填充。

1. 纯色填充

纯色填充是对象填充中最常用的、最基本的一种填充方式。在 InDesign 的工具箱中包含一个标准的颜色控制组件。在颜色组件中，可以对选中的对象进行描边和填充，如图 6-38 所示。

- 填充颜色：双击此按钮，可以使用拾色器来选择填充颜色。
- 填充描边：双击此按钮，可以使用拾色器来选择描边颜色。
- 互换填色和描边：单击此按钮，可以在填充和描边之间互换颜色。
- 默认填色和描边：单击此按钮，可以恢复默认颜色设置。
- 应用颜色：单击此按钮，可以将上次选择的纯色应用于所选对象。
- 应用渐变：单击此按钮，可以将上次选择的渐变应用于所选对象。

◉ 应用无：单击此按钮，可删除所选对象的填充或描边。

双击【填色】或【描边】框，打开如图 6-39 所示的【拾色器】对话框，在该对话框中完成颜色的编辑。

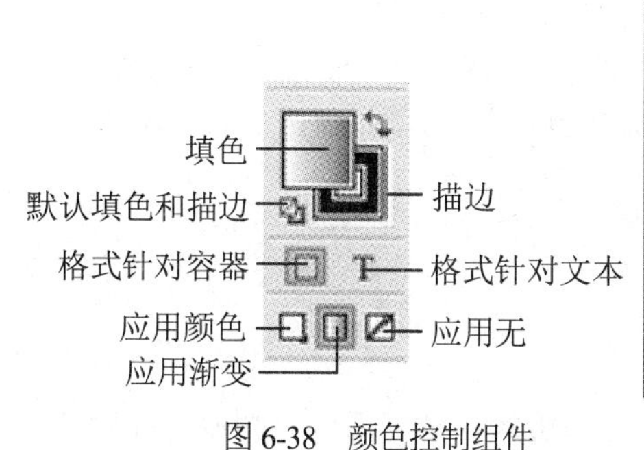

图 6-38　颜色控制组件

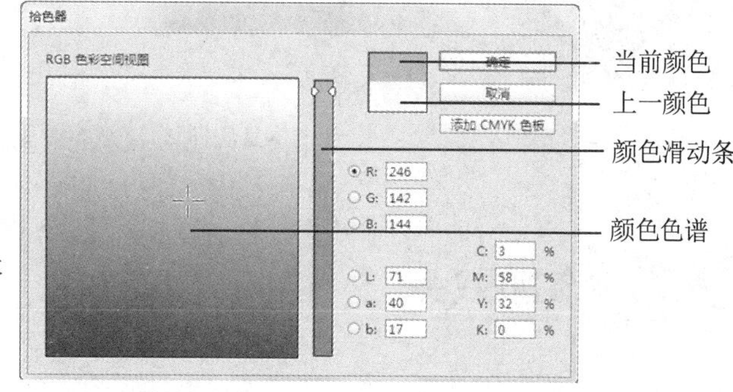

图 6-39　【拾色器】对话框

要在【拾色器】对话框中定义颜色，可以使用以下操作。

◉ 在颜色色谱内单击或拖动，十字准线指示颜色在色谱中的位置。

◉ 沿着颜色滑动条拖动三角形或在颜色滑动条内单击。

◉ 在任意文本框中输入值。

2. 使用【渐变】工具

渐变填充是设计作品中一种重要的颜色表现方式，使用渐变填充能够增强对象的可是效果。将要定义渐变色的对象选中，然后打开【渐变】面板，在【渐变】面板中定义要使用的渐变色。选择工具箱中的【渐变】工具或按快捷键 G，在需要应用渐变效果的开始位置上单击，并拖动到渐变的结束位置上释放鼠标，如图 6-40 所示。

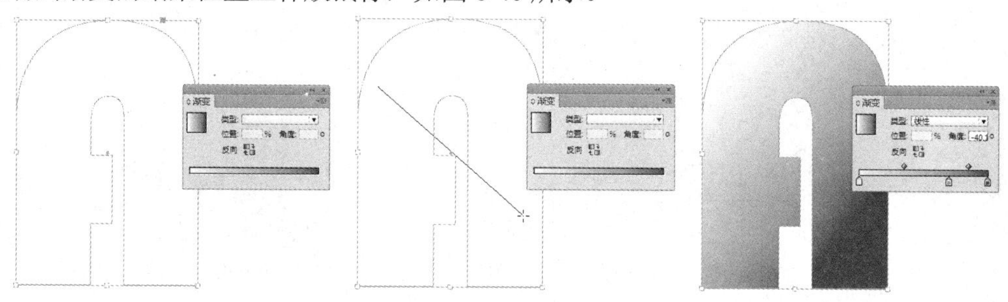

图 6-40　使用【渐变】工具

3. 使用【渐变羽化】工具

【渐变羽化】工具可以将矢量对象或位图对象渐隐到背景中。选中对象后，单击工具箱中的【渐变羽化】工具按钮，并将其置于要定义渐变起始点的位置。沿着要应用渐变的方向拖动对象，按住 Shift 键，可以将工具约束在 45° 的倍数方向上，在要定义渐变结束点的位置释放鼠标即可，如图 6-41 所示。

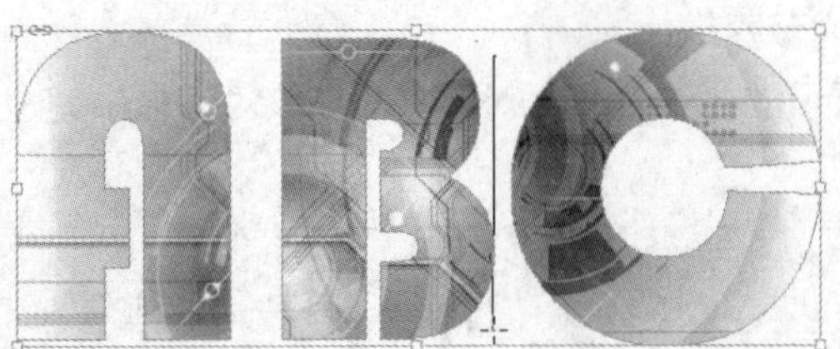

图 6-41　使用【渐变羽化】工具

6.7　添加效果

InDesign 引入了对图像添加特殊效果的命令，实现在排版软件中就能像在图像处理软件中一样对图像施加特殊效果。

6.7.1　【效果】面板

InDesign 提供了一个【效果】面板，用来控制图像及文本的透明度，从而产生混合的效果。若视图中没有显示【透明度】面板，选择【窗口】|【效果】命令，或按 Shift+Ctrl+F10 组合键即可打开【效果】面板，如图 6-42 所示。

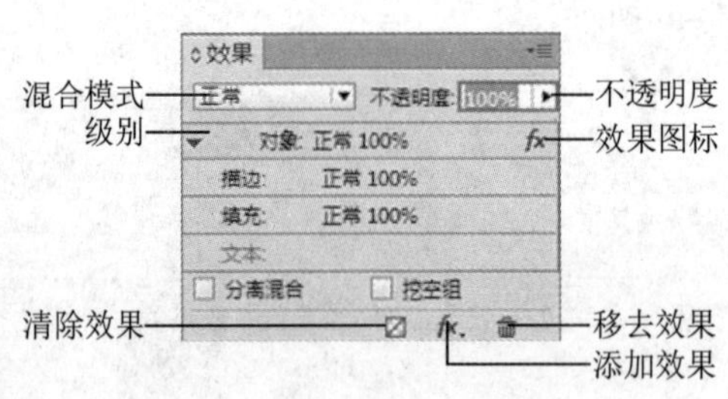

图 6-42　【效果】面板

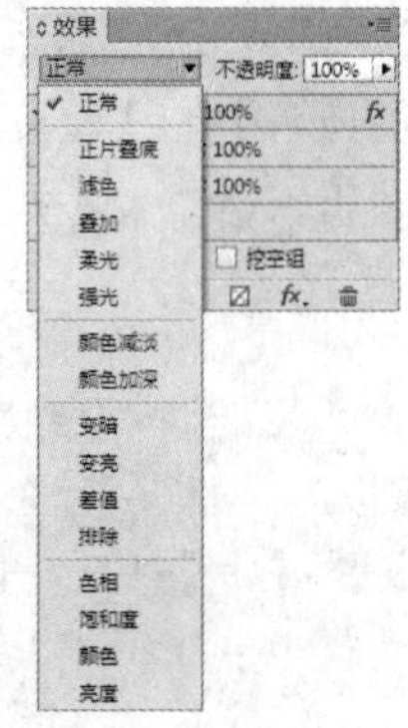

图 6-43　混合选项

- 【混合模式】下拉列表：指定透明对象中的颜色如何与其下面的对象相互作用，如图 6-43 所示。
- 【不透明度】下拉列表：确定对象、描边、填色或文本的不透明度。
- 【级别】：告知关于对象的【对象】、【描边】、【填色】和【文本】的不透明度设置，以及是否应用了透明度效果。单击【对象】(组或图形)左侧的三角形，可以隐藏或显示这些级别设置。在为某级别应用透明度设置后，该级别上会显示 FX 图标，可以双击该图标来编辑这些设置。
- 【分离混合】复选框：将混合模式应用于选定的对象组。

- 【挖空组】复选框：使组中每个对象的不透明度和混合属性挖空或遮蔽组中的底层对象。
- 【清除效果】按钮：清除对象(描边、填色或文本)的效果，将混合模式设置为【正常】，并将整个对象的不透明度设置更改为 100%。
- 【添加效果】按钮：显示透明度效果列表。

6.7.2　不透明度

默认情况下，在 InDesign 中创建的对象显示为实底状态，即不透明度为 100%。用户可以通过多种方式增加图片的透明度，也可以将单个对象或一组对象的不透明度设置为从 100%~0%中的任意等级。降低对象不透明度后，就可以透过该对象看见下方的图片，如图 6-44 所示。

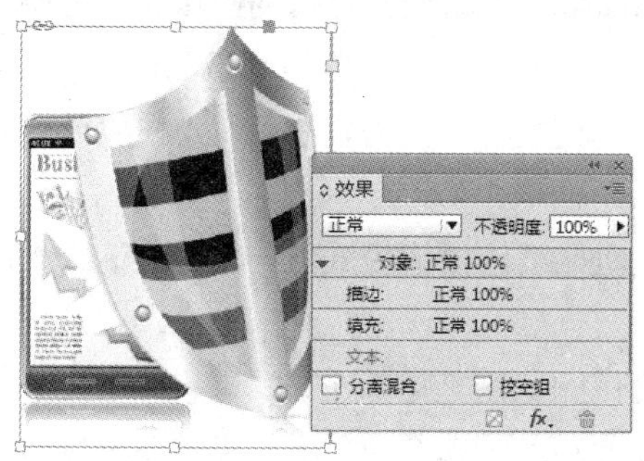

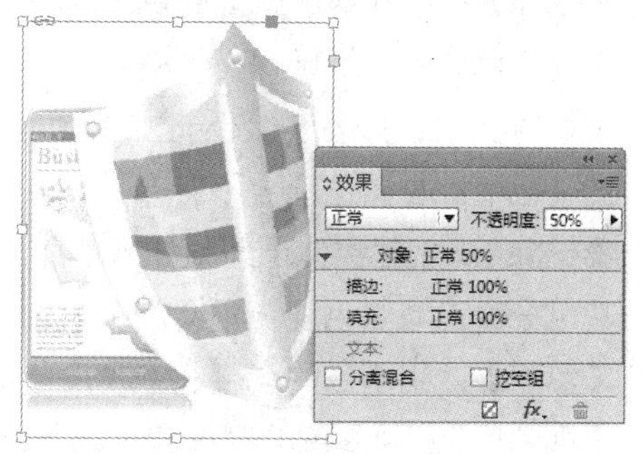

图 6-44　不透明度设置

6.7.3　混合模式

使用【效果】面板中的混合模式，可以在两个重叠对象间混合颜色。利用混合模式可以更改上层对象与底层对象间颜色的混合方式。选择两个或两个以上的对象，然后在【效果】面板【混合模式】下拉列表中选择一种混合模式。

- 【正常】：在不与基色相作用的情况下，采用混合色为选区着色，且这是默认模式。
- 【正片叠底】：将基色与混合色复合。结果色总是较暗的颜色。任何颜色与黑色复合产生黑色；任何颜色与白色复合保持原来的颜色。该效果类似于在页面上使用多支魔术水彩笔上色。
- 【滤色】：将混合色的互补色与基色复合，结果色总是较亮的颜色。用黑色过滤时颜色保持不变；用白色过滤将产生白色。此效果类似于多个幻灯片图像在彼此之上投影。
- 【叠加】：根据基色复合或过滤颜色。将图案或颜色叠加在现有图片上，在基色中混合时会保留基色的高光和阴影，以表现原始颜色的明度或暗度。
- 【柔光】：根据混合色使颜色变暗或变亮。该效果类似于用发散的点光照射图片。如果混合色(光源)比 50% 灰色亮，图片将变亮，就像被减淡了一样；如果混合色比 50%灰

色暗，则图片将变暗，就像颜色加深后的效果。使用纯黑色或纯白色上色，可以产生明显变暗或变亮的区域，但不能生成纯黑色或纯白色。

- 【强光】：根据混合色复合或过滤颜色。该效果类似于用强烈的点光照射图片。如果混合色(光源)比 50%灰色亮，则图片将变亮，就像过滤后的效果。这对于向图片中添加高光非常有用。如果混合色比 50%灰色暗，则图片将变暗，就像复合后的效果。这对于向图片中添加阴影非常有用。用纯黑色或纯白色上色会产生纯黑色或纯白色。
- 【颜色减淡】：使基色变亮以反映混合色。与黑色混合不会产生变化。
- 【颜色加深】：使基色变暗以反映混合色。与白色混合不会产生变化。
- 【变暗】：选择基色或混合色(取较暗者)作为结果色。比混合色亮的区域将被替换，而比混合色暗的区域保持不变。
- 【变亮】：选择基色或混合色(取较亮者)作为结果色。比混合色暗的区域将被替换，而比混合色亮的区域则保持不变。
- 【差值】：比较基色与混合色的亮度值，然后从较大者中减去较小者。与白色混合将反转基色值；与黑色混合不会产生变化。
- 【排除】：创建类似于差值模式的效果，但是对比度比插值模式低。与白色混合将反转基色分量；与黑色混合不会产生变化。
- 【色相】：用基色的亮度和饱和度与混合色的色相创建颜色。
- 【饱和度】：用基色的亮度和色相与混合色的饱和度创建颜色。用此模式在没有饱和度(灰色)的区域中上色，将不会产生变化。
- 【颜色】：用基色的亮度与混合色的色相和饱和度创建颜色。它可以保留图片的灰阶，对于给单色图片上色和给彩色图片着色都非常有用。
- 【亮度】：用基色的色相及饱和度与混合色的亮度创建颜色。此模式所创建效果与颜色模式所创建的效果相反。

6.7.4 投影

【投影】命令可在任何选定的对象上创建三维阴影，可以让投影沿 X 轴或 Y 轴偏离对象，还可以改变混合模式、不透明度、大小、扩展、杂色以及投影颜色，如图 6-45 所示。选择【对象】|【效果】|【投影】命令，可以打开【效果】对话框设置投影效果。

- 【大小】：设置模糊边缘的外部边界。
- 【扩展】：可以将阴影覆盖区扩大到模糊区域中，并会减小模糊半径。【扩展】选项的值越大，阴影边缘模糊度就越低。
- 【杂色】：在阴影中添加杂色，使其纹理更加粗糙，或粒面现象更加严重。
- 【对象挖空阴影】：对象显示在它所投射投影的前面。
- 【阴影接受其他效果】：投影中包含其他透明度效果。

图 6-45　【投影】效果

6.7.5　内阴影

【内阴影】效果将阴影置于对象内部，给人以对象凹陷的印象。让内阴影沿不同轴偏离，并可以改变混合模式、不透明度、距离、角度、大小、杂色和阴影的收缩量，如图 6-46 所示。

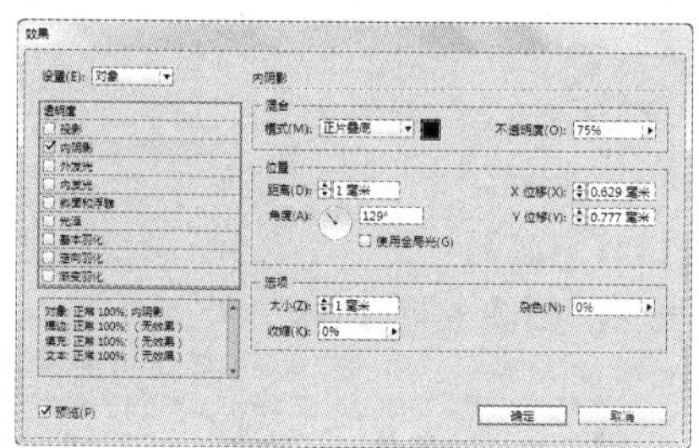

图 6-46　【内阴影】效果

6.7.6　外发光

【外发光】效果使光从对象下面发射出来，可以设置混合模式、不透明度、方法、杂色、大小和跨页，如图 6-47 所示。

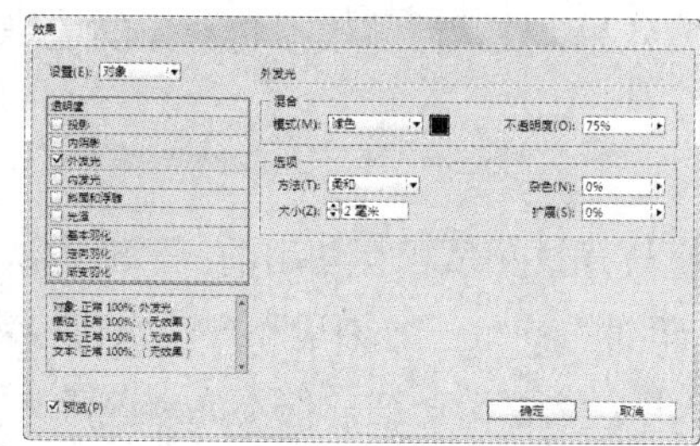

图 6-47　【外发光】效果

6.7.7 内发光

【内发光】效果使对象从内向外发光，可以选择混合模式、不透明度、方法、大小、杂色、收缩设置以及源设置，如图 6-48 所示。【源】指定发光源，选择【中】选项使光从中间位置放射出来；选择【边缘】选项使光从对象边界放射出来。

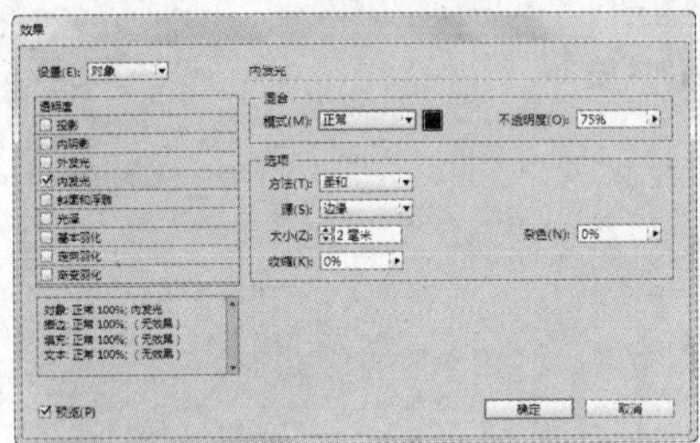

图 6-48 【内发光】效果

6.7.8 斜面和浮雕

使用斜面和浮雕效果可以赋予对象逼真的三维外观，如图 6-49 所示。

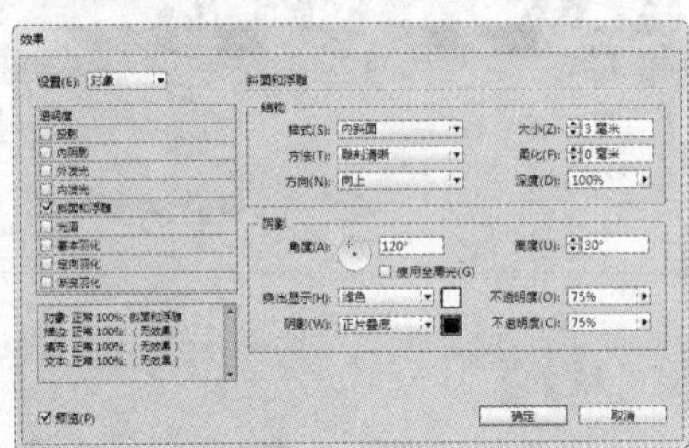

图 6-49 【斜面和浮雕】效果

- 【样式】：指定斜面样式。外斜面在对象的外部边缘创建斜面；内斜面在内部边缘创建斜面；浮雕模拟在底层对象上凸饰另一对象的效果；枕状浮雕模拟将对象的边缘压入底层对象的效果。
- 【大小】：确定斜面或浮雕效果的大小。
- 【方法】：确定斜面或浮雕效果的边缘是如何与背景颜色相互作用的。平滑方法稍微模糊边缘(对于较大尺寸的效果，不会保留非常详细的特写)；雕刻柔和方法也可模糊边缘，但与平滑方法不尽相同(它保留的特写要比平滑方法更为详细，但不如雕刻清晰方法)；雕刻清晰方法可以保留更清晰、更明显的边缘(它保留的特写比平滑或雕刻柔和方法更为详细)。
- 【柔化】：除了使用方法设置外，还可以使用柔化来模糊效果，以此减少不必要的人工效果和粗糙边缘。

- 【方向】：通过选择【向上】或【向下】，可将效果显示的位置上下移动。
- 【深度】：指定斜面或浮雕效果的深度。
- 【阴影设置】：可以确定光线与对象相互作用的方式。
- 【角度和高度】：设置光源的高度。值为 0 表示等于底边；值为 90 则表示在对象的正上方。
- 【使用全局光】：应用全局光源，它是为所有透明度效果指定的光源。选择此选项将覆盖任何角度和高度设置。
- 【突出显示和阴影】：指定斜面或浮雕高光和阴影的混合模式。

6.7.9　光泽

使用光泽效果可以使对象具有流畅且光滑的光泽，可以选择混合模式、不透明度、角度、距离、大小设置以及是否反转颜色和透明度，如图 6-50 所示。选中【反转】复选框，可以反转对象的彩色区域与透明区域。

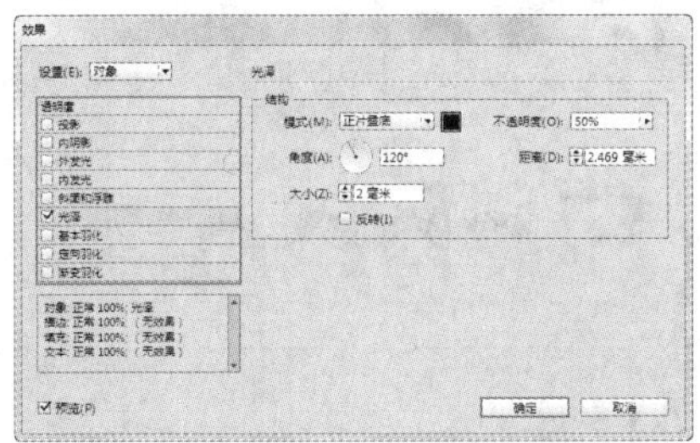

图 6-50　【光泽】效果

6.7.10　基本羽化

使用羽化效果可按照用户指定的距离柔化(渐隐)对象的边缘，如图 6-51 所示。

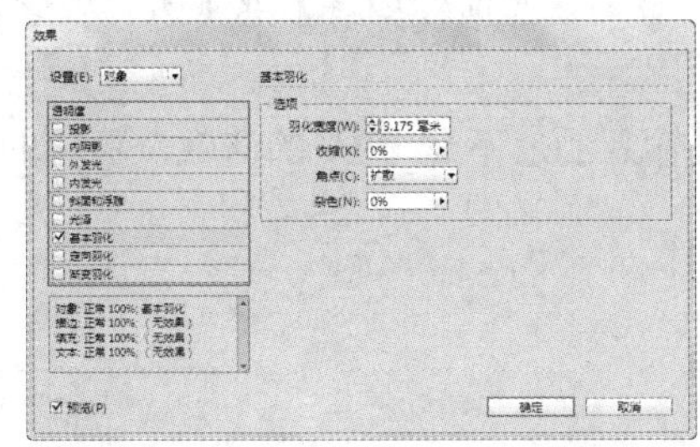

图 6-51　【基本羽化】效果

- 【羽化宽度】：用于设置对象从不透明渐隐为透明需要经过的距离。

- 【收缩】：与羽化宽度设置一起，确定将发光柔化为不透明和透明的程度；设置的值越大，不透明度越高；设置的值越小，透明度越高。
- 【角点】：可以选择【锐化】、【圆角】或【扩散】选项。其中，【锐化】选项：指沿形状的外边缘(包括尖角)渐变。此选项适合于星形对象，以及对矩形应用特殊效果。
- 【圆角】选项：指按羽化半径修成圆角。实际上，形状先内陷，然后向外隆起，形成两个轮廓。此选项应用于矩形时可取得良好效果。
- 【扩散】选项：使用 Adobe Illustrator 方法可使对象边缘从不透明渐隐为透明。
- 【杂色】：指定柔化发光中随机元素的数量。使用此选项可以柔化发光。

6.7.11 定向羽化

定向羽化效果可使对象的边缘沿指定的方向渐隐为透明，从而实现边缘柔化，如图 6-52 所示。例如，可以将羽化应用于对象的上方和下方，而不是左侧或右侧。

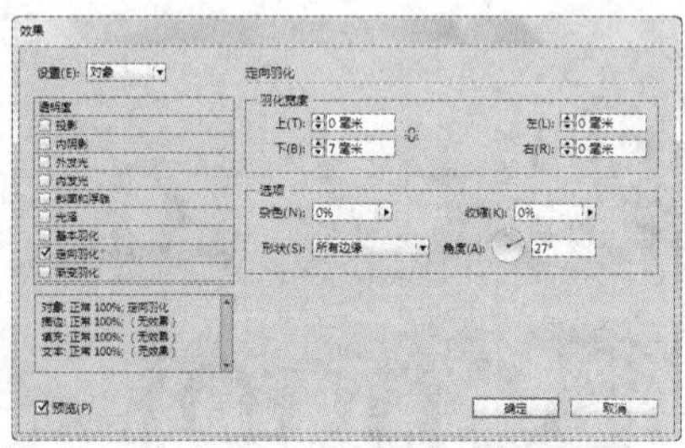

图 6-52 【定向羽化】效果

- 【羽化宽度】：设置对象的上方、下方、左侧和右侧渐隐为透明的距离。选择【锁定】选项可以将对象的每一侧渐隐相同的距离。
- 【杂色】：指定柔化发光中随机元素的数量。使用此选项可以创建柔和发光。
- 【收缩】：与羽化宽度设置一起，确定发光不透明和透明的程度。设置的值越大，不透明度越高；设置的值越小，透明度越高。
- 【形状】：通过选择一个选项(【仅第一个边缘】、【前导边缘】或【所有边缘】)可以确定对象原始形状的界限。
- 【角度】：旋转羽化效果的参考框架，只要输入的值不是 90° 的倍数，羽化的边缘就将倾斜而不是与对象平行。

6.7.12 渐变羽化

使用渐变羽化效果可以使对象所在区域渐隐为透明，从而实现此区域的柔化，如图 6-53 所示。

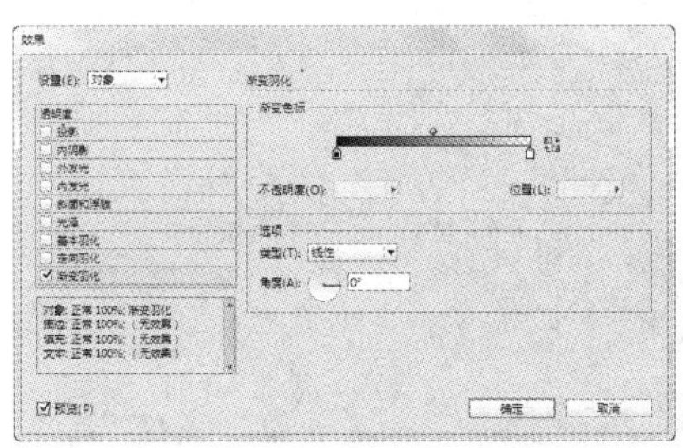

图 6-53　【渐变羽化】效果

- 【渐变色标】：为每个要用于对象的透明度渐变创建一个渐变色标。
- 【反向渐变】：单击此框可以反转渐变的方向。此框位于渐变滑块的右侧。
- 【不透明度】：指定渐变点之间的透明度。先选定一点，然后拖动不透明度滑块。
- 【位置】：调整渐变色标的位置。用于在拖动滑块或输入测量值之前选择渐变色标。
- 【类型】：线性类型表示以直线方式从起始渐变点渐变到结束渐变点；径向类型表示以环绕方式的起始点渐变到结束点。
- 【角度】：对于线性渐变，用于确定渐变线的角度。例如，90° 时，直线为水平走向；180° 时，直线将为垂直走向。

6.8　上机练习

本章的上机练习通过制作促销宣传单，使用户更好地掌握本章所介绍的颜色设置操作方法，以及文字工具的使用方法。

(1) 选择【文件】|【新建】|【文档】命令，打开【新建文档】对话框。在对话框的【页面大小】下拉列表中选择 A4 选项，在【页面方向】选项中点击【横向】按钮，然后单击【边距和分栏】按钮，打开【新建边距和分栏】对话框。在【新建边距和分栏】对话框中，设置上、下、内、外边距为 10 毫米，然后单击【确定】按钮，如图 6-54 所示。

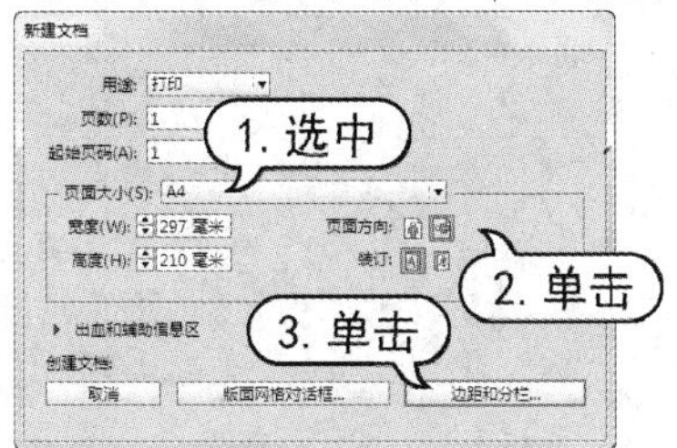

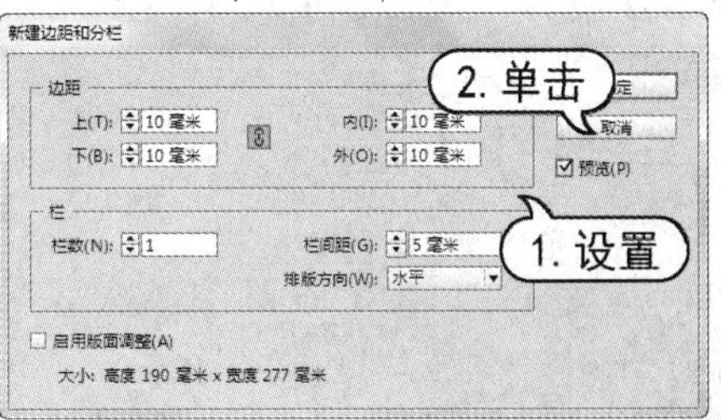

图 6-54　新建文档

(2) 选择【矩形】工具依据页面拖动绘制矩形，再选择【窗口】|【颜色】|【渐变】命令，打开【渐变】面板。在【渐变】面板的【类型】下拉列表中选择【类型】选项，设置【角度】为 90°，在渐变条上单击添加滑块，并分别选中从左至右的滑块，设置颜色为 C=30 M=70 Y=100 K=0、C=0 M=70 Y=100 K=0、C=0 M=28 Y=100 K=0，如图 6-55 所示。

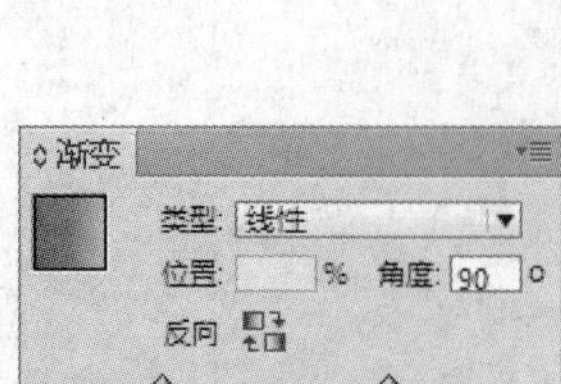

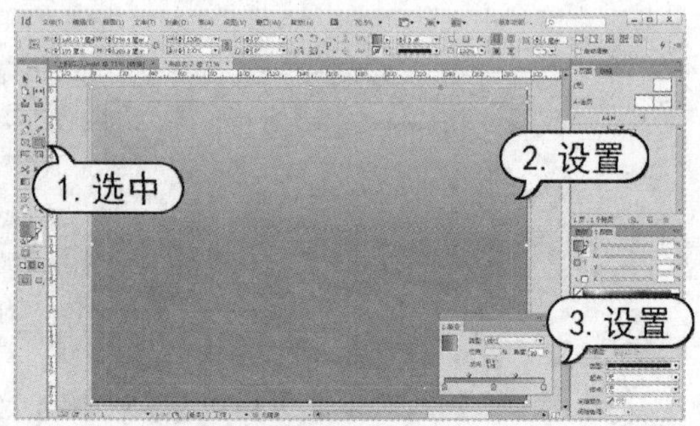

图 6-55　绘制矩形

(3) 继续使用【矩形】工具在页面底部拖动绘制矩形，并在控制面板中设置 W 为 296 毫米，H 为 25 毫米，并在【渐变】面板中设置【角度】为 90°，在渐变条上分别选中从左至右的滑块，设置颜色为 C=0 M=0 Y=0 K=100、C=0 M=0 Y=0 K=88，如图 6-56 所示。

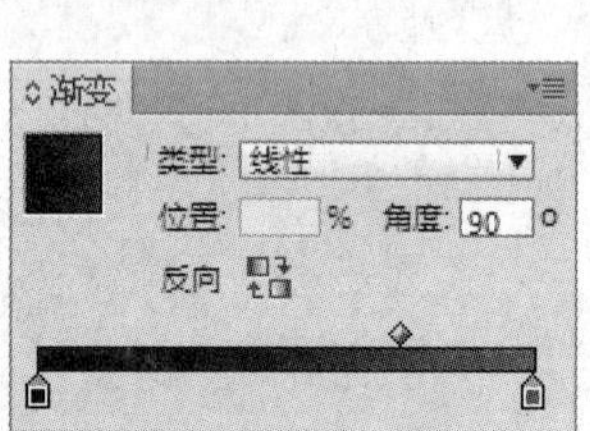

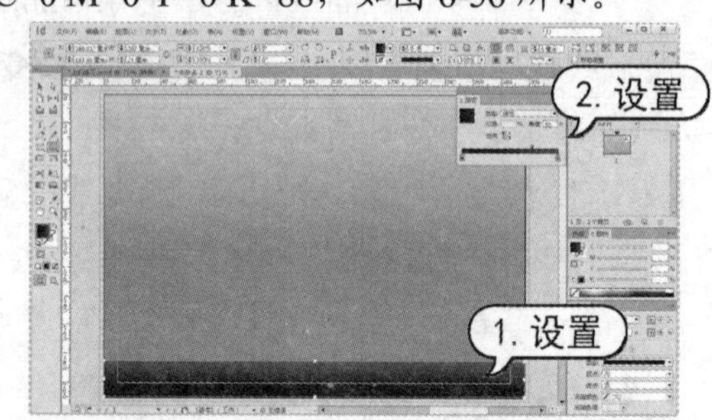

图 6-56　绘制矩形

(4) 继续使用【矩形】工具在页面底部拖动绘制矩形，并在控制面板中设置 W 为 90 毫米，H 为 25 毫米，并在【颜色】面板中设置描边色为无，填充色为 C=0 M=0 Y=0 K=35，如图 6-57 所示。

(5) 选择【选择】工具选中刚绘制的三个矩形，选择【窗口】|【对象和版面】|【对齐】命令，打开【对齐】面板。在面板的【对齐】选项中选择【对齐页面】选项，然后单击【底对齐】按钮和【右对齐】按钮，如图 6-58 所示。

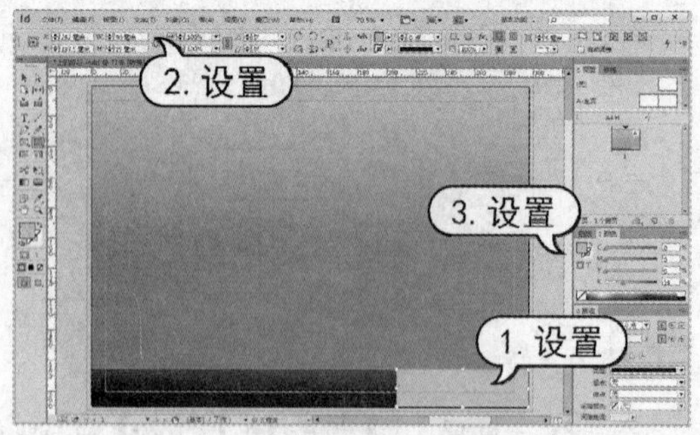

图 6-57　绘制矩形

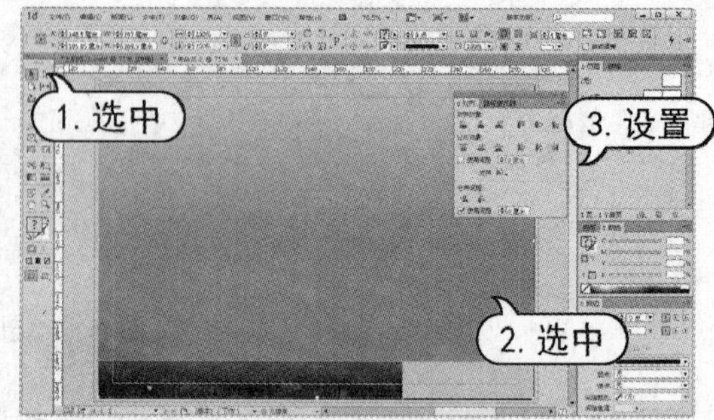

图 6-58　对齐对象

(6) 选择【矩形框架】工具在页面中拖动绘制框架，并在控制面板中设置 W 为 60 毫米，H 为 110 毫米，如图 6-59 所示。

(7) 选择【编辑】|【多重复制】命令，打开【多重复制】对话框。在对话框中的【列】文本框中输入 4，设置【水平】为 66 毫米，然后单击【确定】按钮，如图 6-60 所示。

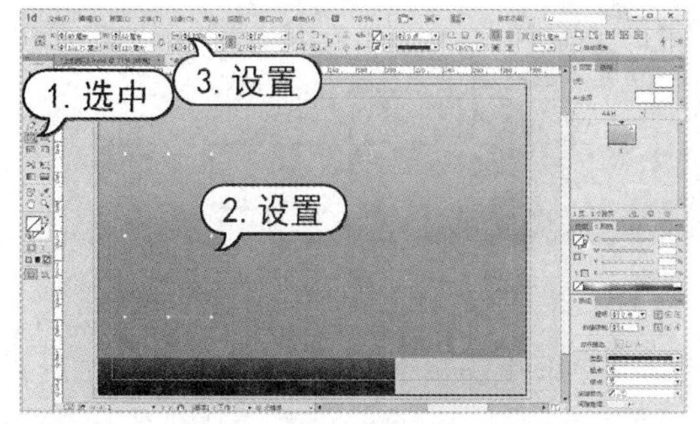

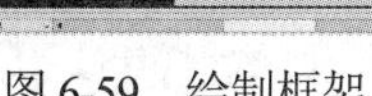

图 6-59　绘制框架

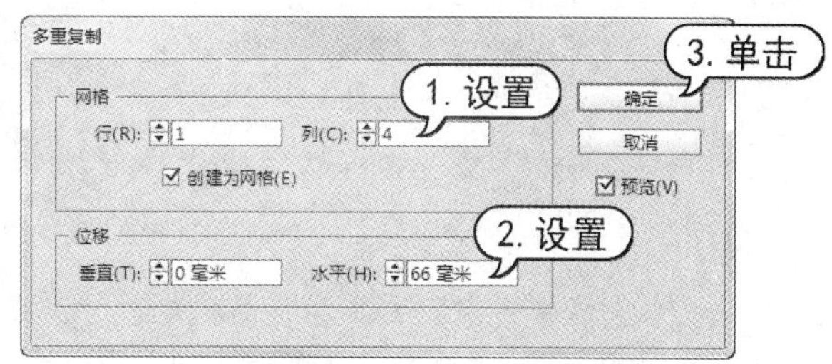

图 6-60　多重复制

(8) 使用【选择】工具选中一个矩形框架，选择【文件】|【置入】命令，在打开的【置入】对话框中选中需要置入的图像，并单击【打开】按钮，如图 6-61 所示。

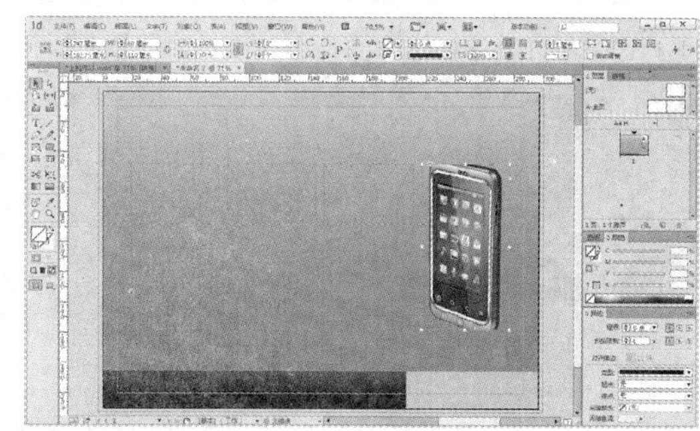

图 6-61　置入图像

(9) 使用步骤(8)的操作方法在其他框架中置入图像，并使用【选择】工具选中全部置入图像，右击鼠标，在弹出的菜单中选择【适合】|【使框架适合内容】命令，如图 6-62 所示。

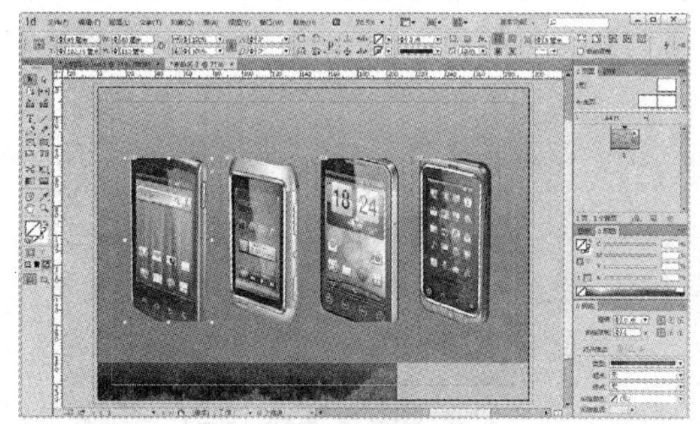

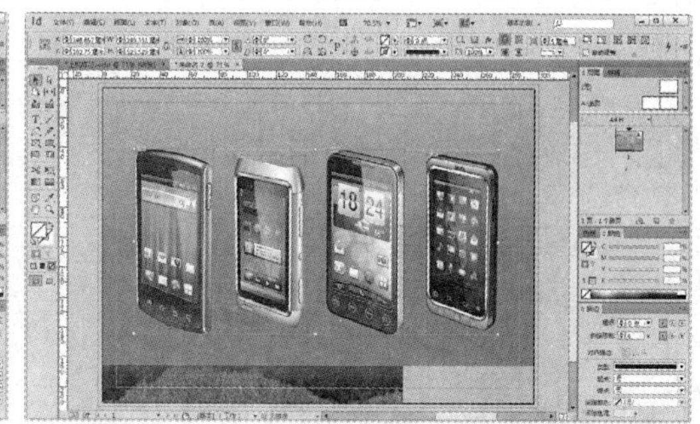

图 6-62　调整图像

(10) 在【对齐】面板的【对齐】选项中选择【对齐选区】选项，然后单击【底对齐】按钮和【水平居中分布】按钮，如图 6-63 所示。

(11) 使用【选择】工具选中需要调整位置的图像，在控制面板中设置 Y 为 115 毫米，如图 6-64 所示。

图 6-63　对齐对象

(12) 选择【文字】工具在页面拖动创建文本框，并在控制面板中设置字体样式为方正综艺_GBK，字体大小为 60 点，字符间距为 80，填色为 C=15 M=100 Y=100 K=0，单击【居中对齐】按钮，然后在文本框中输入文字内容，如图 6-65 所示。

图 6-64　移动对象

图 6-65　输入文字

(13) 使用【文字】工具全选文字内容，在【颜色】面板中设置描边色为白色，在【描边】面板中设置【粗细】为 6 点，单击【描边居外】按钮，如图 6-66 所示。

(14) 选择【文字】工具在页面拖动创建文本框，在控制面板中设置字体样式为汉仪清韵体简，字体大小为 50 点，填色为 C=15 M=100 Y=100 K=0，描边色为白色，然后在文本框中输入文字内容。按 Ctrl+A 组合键全选输入文字，在【描边】面板中设置【粗细】为 4 点，如图 6-67 所示。

图 6-66　调整文字

图 6-67　输入文字

(15) 使用【文字】工具选中需要强调的文字，在控制面板中设置字体大小为 85 点，【基线偏移】为 12 点，【字符间距】为-50，如图 6-68 所示。

(16) 选择【选择】工具在文字上右击，在弹出的菜单中选择【适合】|【使框架适合内容】命令，并调整文字位置，如图 6-69 所示。

图 6-68　调整文字

图 6-69　调整文字

(17) 选择【文字】工具在页面拖动创建文本框，并在控制面板中设置字体样式为方正大黑简体，字体大小为 12 点，然后在文本框中输入文字内容，如图 6-70 所示。

(18) 使用【文字】工具选中需要强调的文字，在控制面板中设置字体大小为 85 点，【基线偏移】为 12 点，并在【颜色】面板中设置文字填充颜色为 C=100 M=89 Y=0 K=13，如图 6-71 所示。

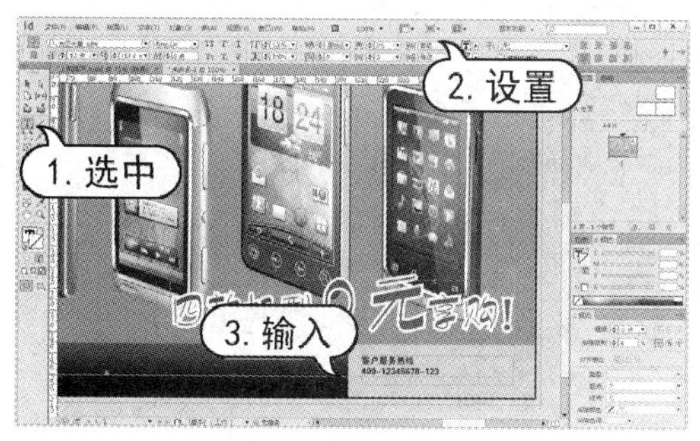

图 6-70　输入文字

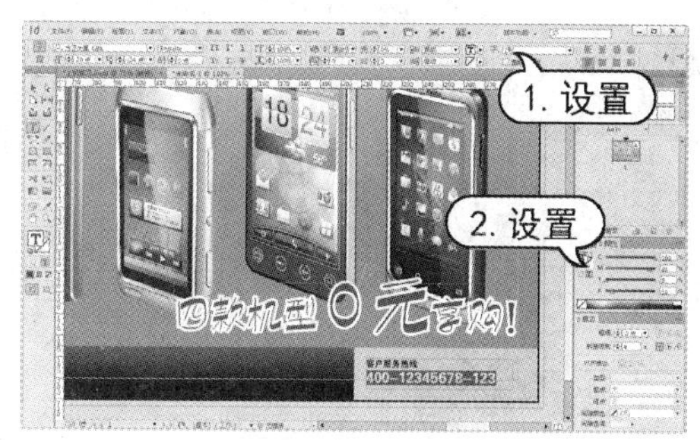

图 6-71　调整文字

(19) 选择【文字】工具在页面拖动创建文本框，并在控制面板中设置字体样式为方正大黑_GBK，字体大小为 14 点，填充颜色为白色，然后在文本框中输入文字内容，如图 6-72 所示。

(20) 使用【文字】工具选中需要强调的文字，按 Ctrl+T 组合键打开【字符】面板，在面板中设置【字符旋转】为-5°，如图 6-73 所示。

图 6-72　输入文字

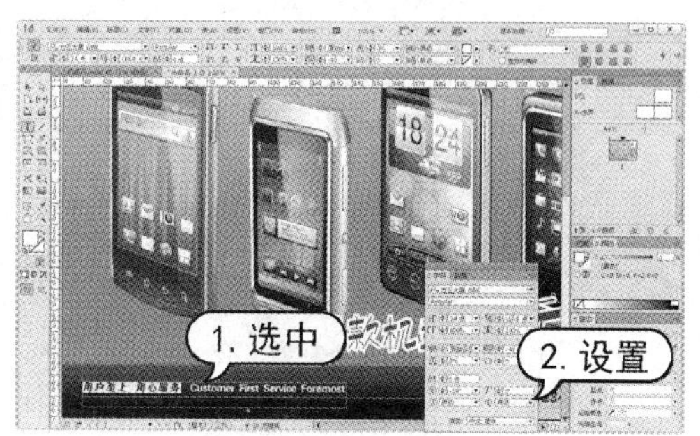

图 6-73　调整文字

(21) 使用【选择】工具选中置入的图像，选择【对象】|【效果】|【投影】命令，打开【投影】对话框。在对话框中，设置【距离】为 5 毫米，【大小】为 3 毫米，然后单击【确定】按钮，如图 6-74 所示。

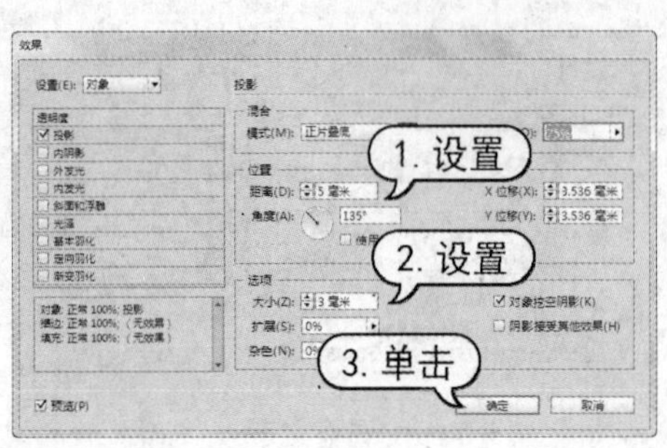

图 6-74　应用投影

(22) 选择【文字】工具在页面拖动创建文本框，并在控制面板中设置字体样式为黑体，字体大小为 12 点，填充颜色为白色，然后在文本框中输入文字内容，如图 6-75 所示。

(23) 按 Ctrl+0 组合键全显页面，然后选择【视图】|【屏幕模式】【预览】命令，预览完成效果，如图 6-76 所示。

图 6-75　输入文字

图 6-76　完成效果

6.9　习题

1. 新建文档，制作如图 6-77 所示的完成效果。
2. 新建文档，制作如图 6-78 所示的完成效果。

图 6-77　完成效果

图 6-78　完成效果

第7章 图像处理

学习目标

InDesign 的图像操作支持多种图像格式，可以很方便地与多种应用软件进行协同工作，用户并可以通过【链接】面板来管理出版物中置入的图像文件。本章主要介绍图像的置入、编辑、管理方法，使用户更方便快捷地应用或查看图像。

本章重点

- 置入图像
- 文本绕排
- 使用库管理对象
- 使用图层

7.1 图像相关知识

目前，信息媒体的版面都是由文字与图像组成的，图像与文字在版面中的地位一样重要。InDesign 提供了对多种图像格式的支持。用户可以利用 Photoshop 中的路径、Alpha 通道等在 InDesign 中制作复杂的剪切效果。对于版面中的图像，用户也可以在 InDesign 中直接启动 Photoshop 等图像编辑器来进行编辑，从而提高了图像处理的效率与准确性。在 InDesign 中使用图像之前，应先了解一下图像的基础知识。

7.1.1 图像的种类

位图与矢量图是数字图像的两种具体表现形式。位图常称之为图像，又称为点阵图、光栅图，如图 7-1 所示。位图由像素组成，用以描述图像中像素点的强度与颜色。当位图被放大时，图像质量会下降，并能看到组成图像的像素点。位图图像色彩层次丰富，制作容易，是一种应用非常广泛的图像形式。一般都可以存储为多种图像格式，可以在不同的平台、软件上通用。位图图像与分辨率有关，任何位图图像都含有有限数目的像素。图像分辨率取决于显示图像的大小。如果希望边缘光滑，就必须增加图像中的像素数目。但同时，这样也会增加图像所占的磁盘空间。

图 7-1 位图

矢量图与分辨率无关，其形状通过数学方程描述，由边线和内部填充组成。由于矢量图把线段、形状及文本定义为数学方程，它们就可以自动适应输出设备的最大分辨率。因此，无论打印的图像有多大，打印的图像看上去都十分均匀清晰，如图 7-2 所示。在矢量图中，文件大小取决于图中所包含对象的数量和复杂程度，因此文件大小与打印图像的大小几乎没有关系，这一点与位图图像正好相反。但每一种绘图软件都有自己特有的矢量图格式，所以难以实现程序间的通用。

图 7-2 矢量图

7.1.2 像素和分辨率

为了更好地对位图图像中像素的位置进行量化，图像分辨率便成了重要的度量手段。所谓图像分辨率，一般来说就是每英寸中像素的个数。在数字化图像中，分辨率的大小直接影响图像的品质，分辨率越高，图像越清晰，所产生的文件也就越大，在工作中所需的内存和 CPU 处理时间也就越多。所以在制作图像时，不同品质的图像就需要设置不同的分辨率。

分辨率在数字图像处理的过程中非常重要，它将直接影响到作品的输入输出质量，应根据使用要求来运用。按图像输入输出的过程，分辨率又分为多种形式。

- 图像分辨率(PPI)：指位图图像中存储的信息量，影响文件的输出质量。
- 设备分辨率(DPI)：又称为输出分辨率，指的是各类输出设备每英寸可产生的点数，如显示器、打印机、绘图仪的分辨率。
- 扫描分辨率(DPI)：指在扫描一幅图像之前所设定的分辨率，它将影响所生成的图像文件的质量和使用性能。
- 网屏分辨率(LPI)：指的是打印灰度级图像或分色图像所用的网屏上每英寸的点数。
- 显示分辨率(PPI)：显示分辨率用来描述当前屏幕的像素点数，一般以乘法的形式表现，常见的有 640×480、800×600、1024×768 等，显示分辨率是做数字媒体的重要参考。

在打印图像时，如果图像分辨率过低，会导致输出的效果非常粗糙。但是，如果分辨率过高，则图像中会产生超过打印所需的信息，不仅减慢打印速度，而且在打印输出时会使图像色调的细微过渡丢失。一般情况下，图像分辨率是输出设备分辨率的两倍，这是目前大多数输出中心和印刷厂所采用的标准。一般图像分辨率在输出分辨率的 1.5~2 倍之间，效果比较理想，而具体到不同的图像本身，情况也有所不同。

7.1.3　图像的格式

所有计算机中的图形，一般都是由图形图像处理软件生成的文件，不同的应用软件生成的图像格式也会不同。通常以其名称为后缀来区分不同格式的图像。InDesign 支持大多数图形格式的输入，在计算机中大部分图形格式都能输入到 InDesign 中。下面分别介绍 InDesign 能置入的常用图像格式。

- TIFF 格式：TIFF 格式是跨越 MAC 与 PC 平台最广泛的图像打印和出版格式，可以在不同系统平台的不同软件之间进行转换。TIFF 格式支持的颜色模式有 RGB、CMYK、Lab、索引颜色、位图和灰度。TIFF 格式最大色深为 32 位，可采用 LZW 无损压缩方案存储，LZW 无损压缩方式可以大大减小图像尺寸。TIFF 格式具有图形格式复杂、存储信息多等特点。在商业印刷业和出版业中，TIFF 格式被作为标准的图像格式。
- EPS 格式：EPS 格式为压缩的 PostScript 格式，是为 PostScript 打印机上输出图像开发的格式。其优点在于可以在排版软件中以低分辨率预览，而在打印机上以高分辨率输出，它支持所有颜色模式。EPS 格式可用于存储位图图像和矢量图形，几乎所有的矢量绘图和页面排版软件都支持该格式。存储位图图像时，还可以将图像的白色像素设置为透明效果，同样在位图模式下也支持透明。
- PDF 格式：PDF 格式是 Adobe 公司开发的用于 Windows、MACOS、UNIX 和 DOS 系统的一种电子出版软件的文件格式，用于不同平台。该格式基于 PostScript Level 2 语言，可以覆盖矢量图像和点阵图像，并且支持超链接。PDF 格式是由 Adobe Acrobat 软件生成的文件格式，该格式文件可以存储多页信息，其中包含图形、文件的查找和导航功能，因此使用该格式不需要排版或图像软件即可获得图文混排的版面。PDF 格式可以真实地反映原文档中的格式、字体、版式和图片，能确保文档打印出来的效果不失真。因此，PDF 格式已成为一种国际上认可的电子文档格式。它完美的兼容性可以满足图形、图解及版面布置等图像制作过程中的所有需要。PDF 格式支持 RGB、CMYK、Lab、索引颜色、位图、灰度等颜色模式。

- JPEG 格式：JPEG 格式通常用于通过 Web 和其他在线媒体显示 HTML 文件中的照片和其他连续色调图像。JPEG 格式支持 CMYK、RGB 和灰度颜色模式。JPEG 格式使用可调整的损耗压缩方案，该方案可以识别并丢弃对图像显示无关紧要的多余数据，从而有效地减小文件大小。压缩级别越高，图像品质就越低；压缩级别越低，图像品质就越高，文件也就越大。大多数情况下，使用【最佳品质】选项压缩图像，所得到的图像品质很高。JPEG 格式可以用于在线文档和商业印刷文档。

在位图图像格式中 TIFF、PSD 是高精度无质量损失的图像格式，如果是商业高质量印刷，最好选用该格式。此外，PSD 格式还可以支持更多的功能，如 Alpha 通道和路径剪切等。而 JPEG 和 GIF 等，由于采用了极高的压缩率，图像数据量小，但是有损压缩，图像质量有损失。这类图像格式不适合于高精度商业印刷，但便于在网上传送或复制等。InDesign 能很好支持矢量格式有 AI、EPS 和 PSD 等。如果是在其他矢量绘图软件中制作的矢量对象，也可以先存成这些格式，然后置入到文件中。

7.2 置入图像

在 InDesign 中，可以将图像置入到某个特定的路径、图形或框架对象中。在置入图像后，不论是路径还是图形都会被系统转换为框架。【置入】命令是将图像导入到 InDesign 中的主要方法，因为它可以在分辨率、文件格式、多页面 PDF 文件和颜色方面提供最高级别的支持。如果所创建文档并不十分注重这些特征，则可以通过【复制】、【粘贴】命令或拖放操作将图像导入 InDesign 中。

置入图像文件时可以使用哪些选项，取决于要置入的图像类型。选择【文件】|【置入】命令或按 Ctrl+D 组合键，打开【置入】对话框，如图 7-3 所示。在【置入】对话框的底部有 4 个选项。

- 【显示导入选项】复选框：选中该项后，在置入图像时显示【图像导入选项】对话框，在此可以设定不同的导入格式，显示的选项也会因格式的不同而改变。若不选中该选项，在置入图形的同时按住 Shift 键，单击【打开】按钮也会打开【图像导入选项】对话框，如图 7-4 所示。
- 【替换所选项目】复选框：选中该项后，在置入图像的同时，所选路径或图形中的对象内容，将被新置入的图像替换。
- 【创建静态题注】复选框：选中该项后，在置入图像的同时以文件名添加静态题注。
- 【应用网格格式】复选框：选中该项后，将置入的元素应用到新建的网格框中。

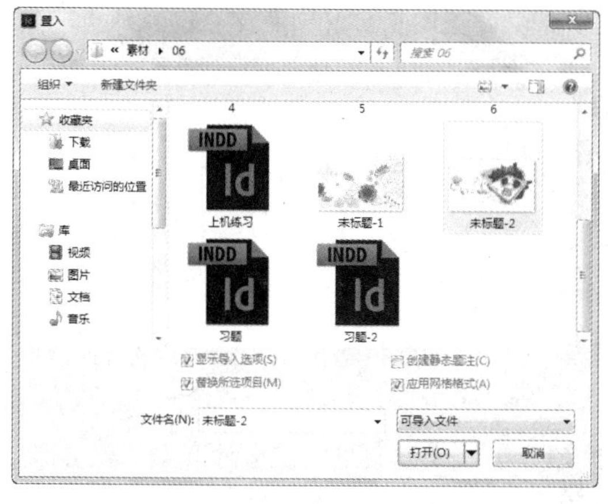

图 7-3　【置入】对话框

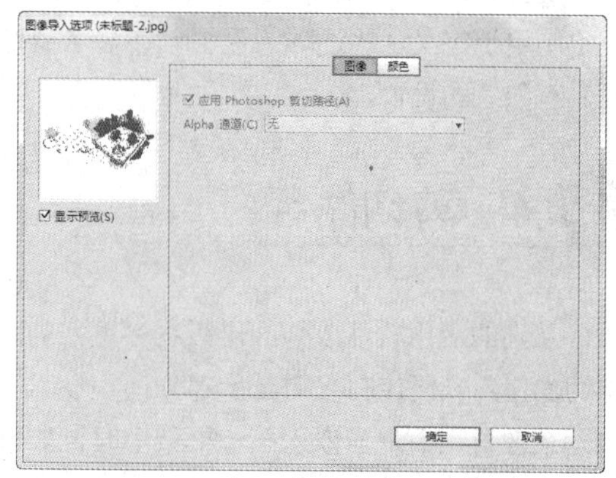

图 7-4　【图像导入选项】对话框

设置完成后单击【确定】按钮，在页面上单击，系统将以图片的大小创建一个图形框。若单击并拖动创建一个图形框，松开鼠标，图像将自动对齐所创建图形框的左上角。置入图像后，如果要想将其删除，选中后，按键盘上的 Delete 键即可。

7.3　图形显示方式

在 InDesign 中，图形显示方式可以控制文档中置入的图形的分辨率。可以针对整个文档更改显示设置，也可以针对单个图形更改显示设置。选择【视图】|【显示性能】命令的子菜单中的命令，可以设置页面不同的显示方式，如图 7-5 所示。

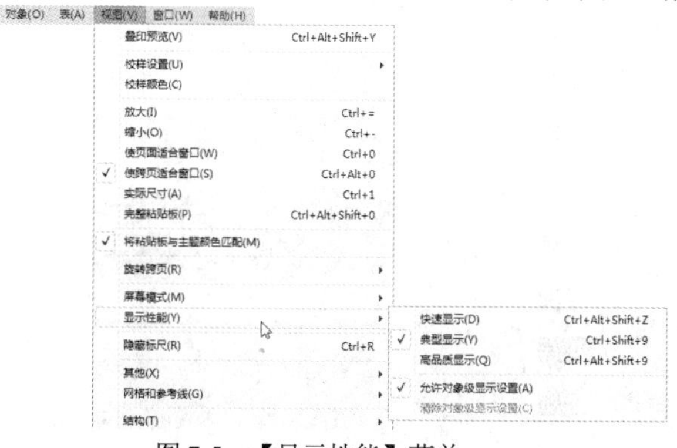

图 7-5　【显示性能】菜单

> **知识点**
>
> 要删除对象的本地显示设置，在【显示性能】子菜单中选择【使用视图设置】。要删除文档中所有图形的本地显示设置，在选择【视图】|【显示性能】子菜单中选择【清除对象显示设置】命令。

- 【快速显示】：将栅格图像或矢量图形显示为灰色框(默认值)。如果想快速翻阅包含大量图像或透明效果的跨页，则使用此选项。
- 【典型显示】：使用适合于识别和定位栅格图像或矢量图形的低分辨率代理图像。【典型显示】是默认选项，并且使显示可识别图像的最快捷方法。
- 【高品质显示】：使用高分辨率绘制栅格图像或矢量图形。此选项提供最高品质的显示，但执行速度最慢。需要微调图像时可以使用此选项。

另外，使用【首选项】对话框中【显示性能】选项可以设置用于打开所有文档的默认选项，并定制用于定义这些选项的设置。在显示栅格图像、矢量图形以及透明度方面，每个显示选项都具有独立的设置。

7.4 剪切路径

从别的应用软件或别的出版物中置入的图像，若某一部分不想打印出来，则可以对它进行剪切操作，以便控制它的显示部分。

图像置入后，当嵌入某一框架中时，如果框架比图像小，或框架沿图像边缘产生，就会产生出剪切效果。图像的剪切有两种方法：一种是先制作好框架，在其中置入图像；另一种是在支持路径的图像编辑软件，如 Photoshop 中，用路径剪切图像，然后在导入时，在导入选项中指定用剪切路径来生成框架。

7.4.1 使用检测边缘进行剪切

选中具有较明显边界的图像，选择【对象】|【剪切路径】|【选项】命令，或按 Alt+Shift+Ctrl+K 组合键，打开【剪切路径】对话框，在【类型】下拉菜单中选择【检测边缘】选项可以隐藏图像中颜色最亮或最暗的区域。

【例 7-1】在打开的文档中，利用探测边缘来剪切图像。

(1) 选择【文件】|【置入】命令，在【置入】对话框中选择需要置入的图像，然后单击【打开】按钮，如图 7-6 所示。

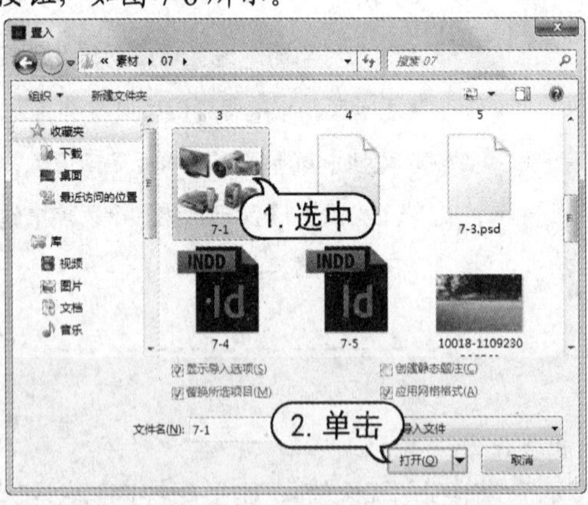

图 7-6 置入图像

(2) 选择【对象】|【剪切路径】|【选项】命令，打开【剪切路径】对话框。在对话框的【类型】下拉菜单中选择【检测边缘】选项，【阈值】为 10，【容差】为 1.2，然后单击【确定】按钮，如图 7-7 所示。

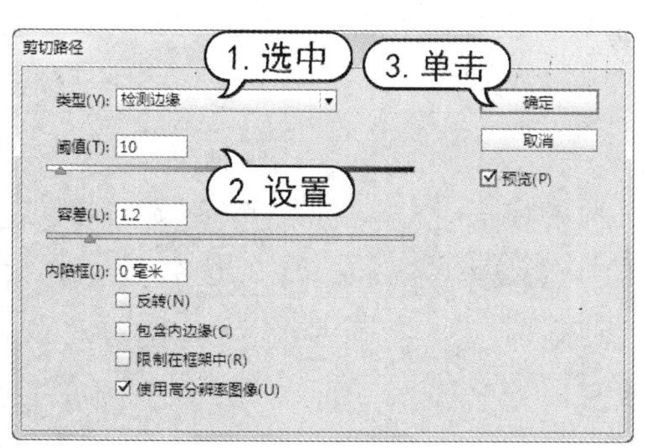

图 7-7　检测路径边缘剪切路径

知识点

选择【对象】|【剪切路径】|【将剪切路径转换为框架】命令，可以将剪切路径转换为图形框架。使用【直接选择】工具可以调整框架锚点，也可以使用【选择】工具移动调整框架。

7.4.2　使用 Alpha 通道进行剪切

InDesign 可以使用与文件一起存储的剪切路径或 Alpha 通道，裁剪导入的 EPS、TIFF 或 Photoshop 图形。当导入图形包含多个路径或 Alpha 通道时，可以选择将哪个路径或 Alpha 通道用于剪切路径。

【例 7-2】在打开的文档中，使用 Alpha 通道剪切图像。

(1) 启动 Photoshop，打开图像，制作一个选区。并在 Photoshop 中，单击【通道】面板上的【将选区存储为通道】按钮，新建 Alpha 通道，如图 7-8 所示。选择【文件】|【存储为】命令，保存该图像为 PSD 格式。

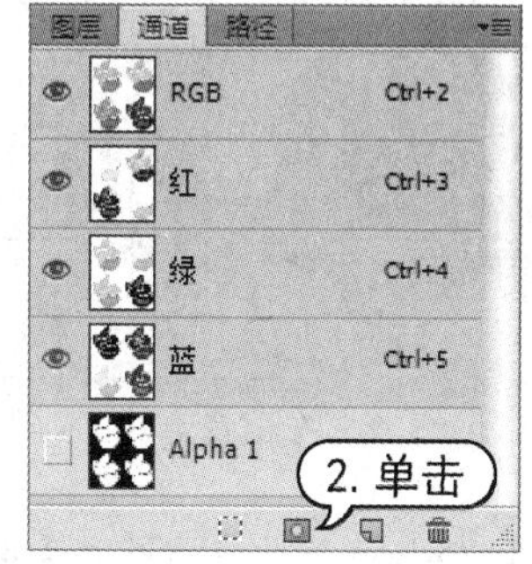

图 7-8　创建通道

(2) 在 InDesign 中，选择【文件】|【置入】命令，打开【置入】对话框。在对话框中选中要置入的图像，并选中【显示导入选项】复选框，单击【打开】按钮，在打开的【图像导入选

项】对话框中，单击【图像】标签，在【Alpha 通道】下拉列表中选择 Alpha1，然后单击【确定】按钮。InDesign 会以 Photoshop 中制作的 Alpha 通道来剪切图像，如图 7-9 所示。

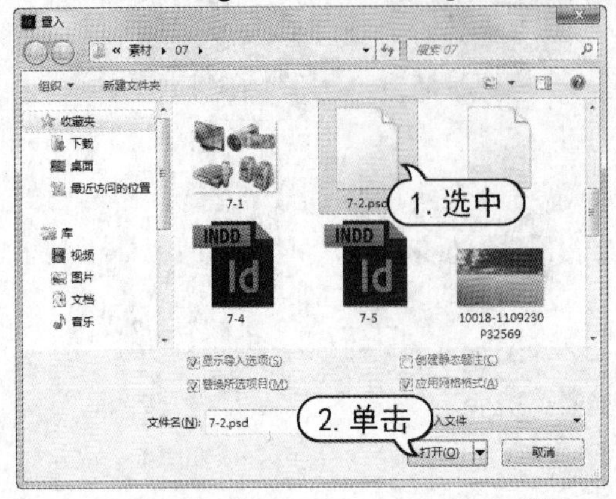

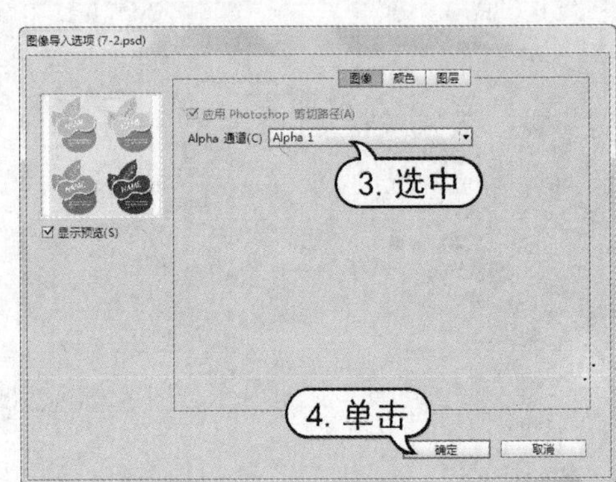

图 7-9　置入图像

7.4.3　使用 Photoshop 路径进行剪切

如果置入的图像中包含 Photoshop 中存储的路径，可以使用【剪切路径】对话框中的【Photoshop 路径】选项对图像进行剪切，其操作方法与 Alpha 通道的剪切方式基本相同。

【例 7-3】在打开的文档中，使用 Photoshop 路径剪切图像。

(1) 在 Photoshop 中，打开一幅素材图像，然后在 Photoshop 中创建选区，并在【路径】面板中单击【从选区生成工作路径】按钮，如图 7-10 所示。

(2) 在【路径】面板菜单中，选择【存储路径】命令打开【存储路径】对话框，指定路径名称，如图 7-11 所示。

图 7-10　生成路径

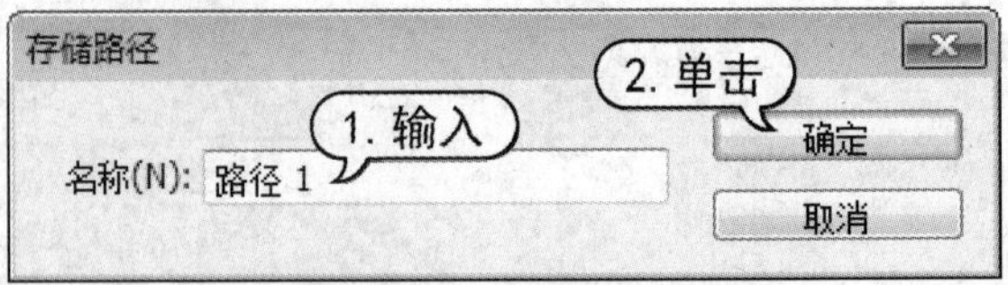

图 7-11　存储路径

(3) 在 Photoshop 中，在【路径】面板菜单中选择【剪贴路径】命令，在弹出的对话框中选取刚才保存的路径名称，如图 7-12 所示。

(4) 选择【文件】|【存储为】命令，保存该图像为 PSD 格式，如图 7-13 所示。

(5) 在 InDesign 中，选择【文件】|【置入】命令，打开【置入】对话框。在对话框中选中要置入的图像，并选中【显示导入选项】复选框，单击【打开】按钮。在打开的【图像导入选

项】对话框中，选中【应用 Photoshop 剪切路径】复选框，单击【确定】按钮，如图 7-14 所示。

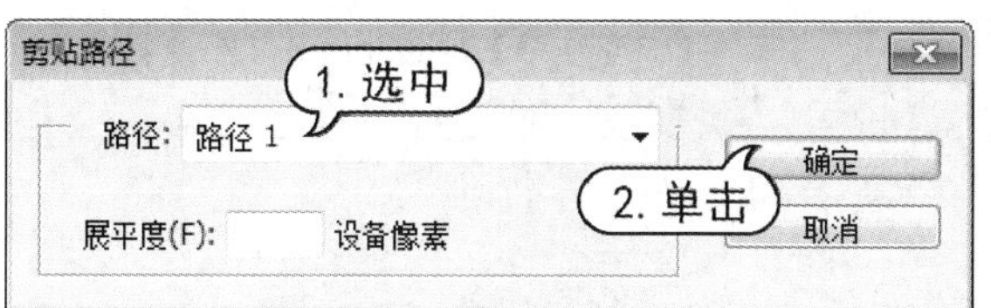

图 7-12　剪贴路径

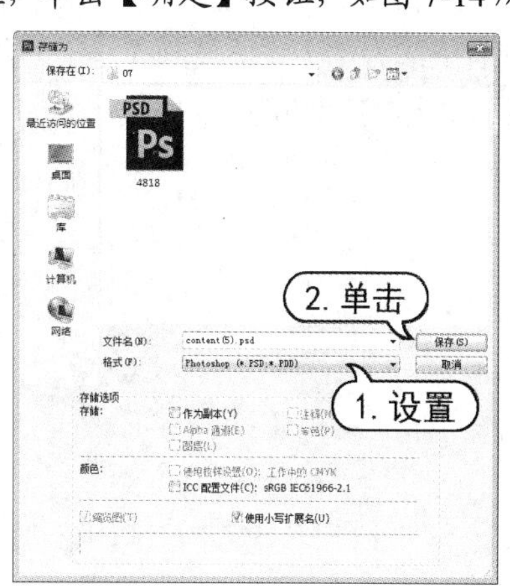

图 7-13　存储文件

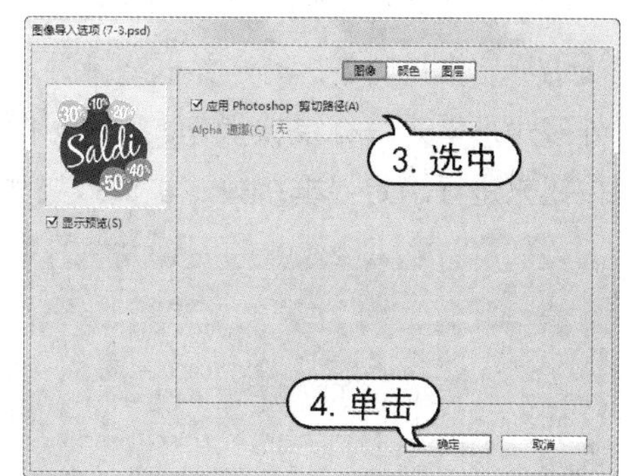

图 7-14　置入图像

7.5　文本绕排

在 InDesign 中提供了多种图文绕排的方法，灵活地使用图文绕排方法，可以制作出丰富的版式效果。要实现图文绕排，必须要把文本框设定为可以绕排，否则，任何绕排方式对该文字框都不会起作用。在默认状态下文本框是可以绕排的；如果不能绕排，则应当进行相应的设置。设置方法为选中此文本框，选择【对象】|【文本框架选项】命令，打开【文本框架选项】对话框，不要选中最左下角的【忽略文本绕排】选项。

7.5.1　应用文本绕排

选择【窗口】|【文本绕排】命令，打开【文本绕排】面板，如图 7-15 所示。【文本绕排】

面板用来控制文本绕排的属性和各种设置选项。其中，上面一排按钮用于控制图文绕排的方式，从左到右依次为【无文本绕排】、【沿定界框绕排】、【沿对象形状绕排】、【上下型绕排】和【下型绕排】。

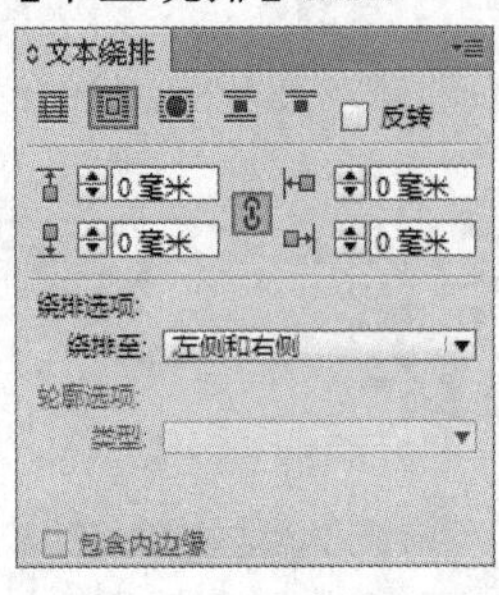

图 7-15 【文本绕排】面板

提示

设置文本绕排时，也可以在 InDesign 的控制面板中进行。控制面板提供了除【下型绕排】按钮外的另 4 个绕排按钮。

- 【无文本绕排】：默认状态下，文本与图形、图像之间的排绕方式为无文本绕排。如果需要将其他绕排方式更改为【无文本绕排】，那么在【文本绕排】面板中单击【无文本绕排】按钮即可，如图 7-16 所示。
- 【沿界定框绕排】：沿定界框绕排时，无论页面中的图像是什么形状，都使用该对象的外接矩形框来进行绕排操作。选中图像后，在【文本绕排】面板中单击【沿定界框绕排】按钮来进行沿定界框绕排，页面效果如图 7-17 所示。

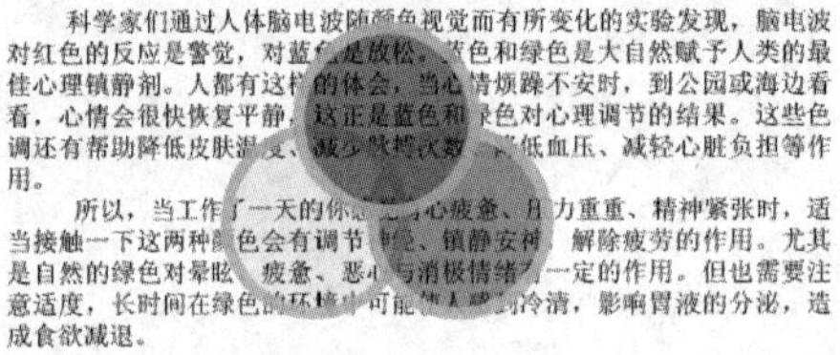

图 7-16 无文本绕排

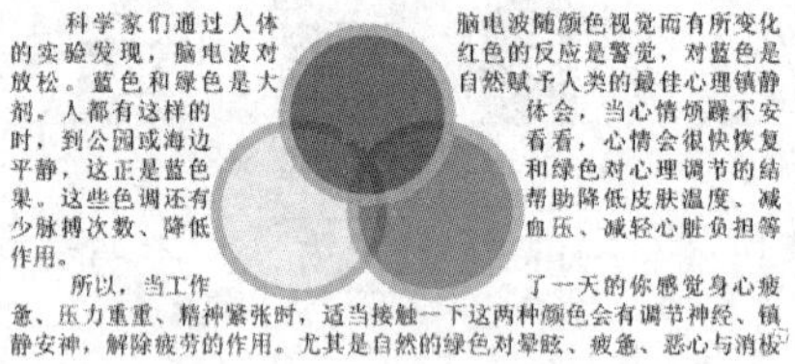

图 7-17 沿界定框绕排

- 【沿对象形状绕排】：当在文本中插入了不规则的图形或图像以后，如果要使文本能够围绕不规则的外形进行绕排，可以在选中图像后，在【文本绕排】面板中单击【沿对象形状绕排】按钮来使文本围绕对象形状进行绕排，执行后效果如图 7-18 所示。
- 【上下型绕排】：该绕排方式指的是文字只出现在图像的上下两侧，在图像的左右两边均不排文。选中图像后，在【文本绕排】面板中单击【上下型绕排】按钮进行上下型绕排，应用后页面效果如图 7-19 所示。

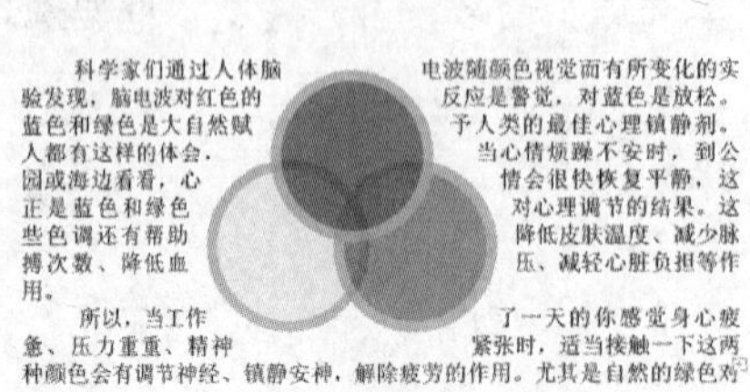
图 7-18 沿对象形状绕排

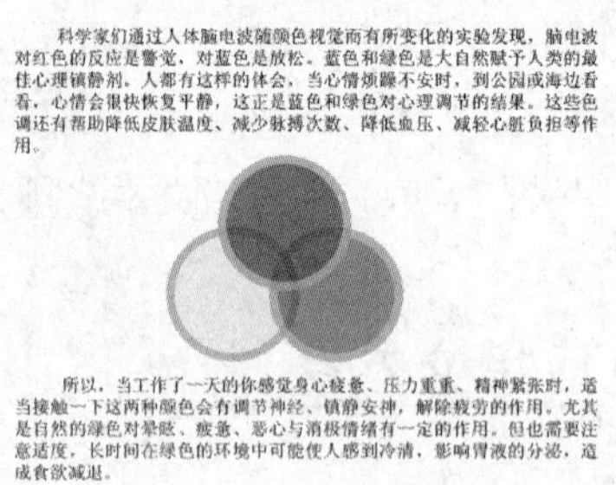
图 7-19 上下型绕排

- 【下型绕排】：选中图像后，在【文本绕排】面板中单击【下型绕排】按钮进行下型绕排，则文本遇到选中图像时会跳转到下一栏进行排文，即在本栏的该图像下方不再排文，应用页面效果如图 7-20 所示。

科学家们通过人体脑电波随颜色视觉而有所变化的实验发现，脑电波对红色的反应是警觉，对蓝色是放松。蓝色和绿色是大自然赋予人类的最佳心理镇静剂。人都有这样的体会，当心情烦躁不安时，到公园或海边看看，心情会很快恢复平静，这正是蓝色和绿色对心理调节的结果。这些色调还有帮助降低皮肤温度、减少脉搏次数、降低血压、减轻心脏负担等作用。

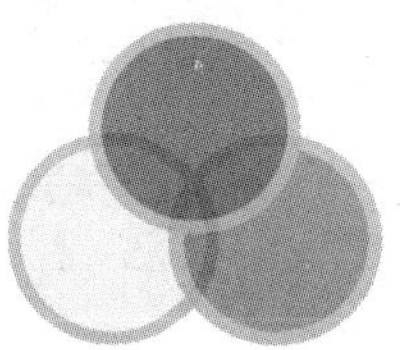

图 7-20　下型绕排

提示

对于文本框与文本框之间，也可以和图文一样绕排，设置其绕排属性。具体方法是选中要绕排的文本框，在【文本绕排】面板中设置相应的选项，即可实现文本框与文本框之间的绕排。

【反转】选项是指对绕图像或路径排文时是否反转路径。下面的文本框分别用于设置绕图像排文时文字离所环绕对象的距离。图文绕排时图文之间的间距的默认值为没有间隙，可以通过更改面板中的【上位移】、【下位移】、【左位移】和【右位移】数值框中的数值来达到调整图文间距的目的。

【例 7-4】在打开的文档中，设置图文排版效果。

(1) 选择【文件】|【打开】命令，在【打开文件】对话框中选择需要打开的文档，单击【打开】按钮，如图 7-21 所示。

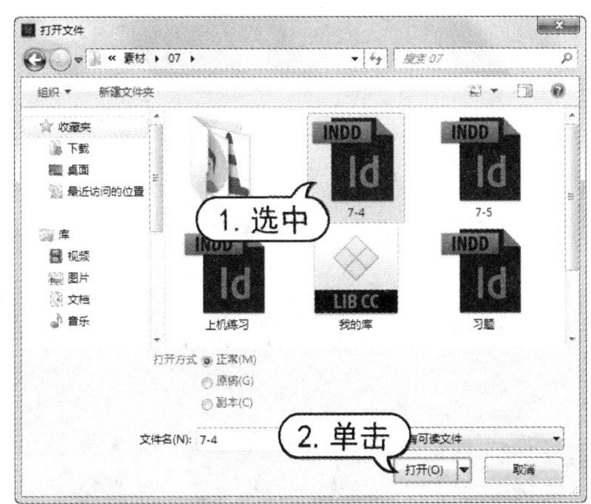

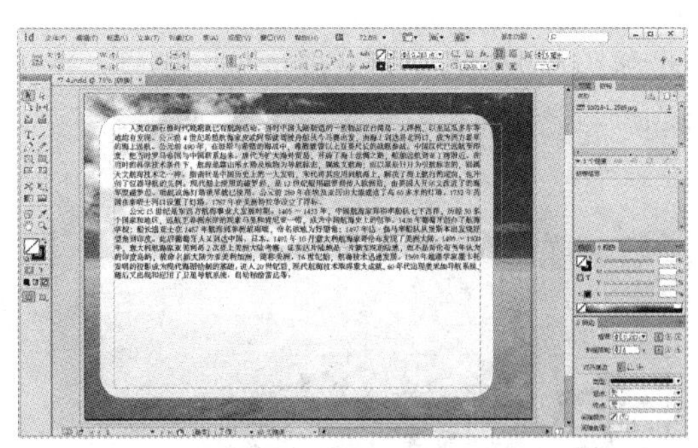

图 7-21　打开文档

(2) 选择【文件】|【置入】命令，打开【置入】对话框。在对话框中，选中需要置入的图像，单击【打开】按钮，如图 7-22 所示。

(3) 使用【选择】工具选中文本和图形，选择【窗口】|【文本绕排】命令，打开【文本绕排】面板，在面板中，单击【沿定界框绕排】按钮，取消【将所有设置设为相同】按钮的选中状态，设置【左位移】数值为 7 毫米，如图 7-23 所示。

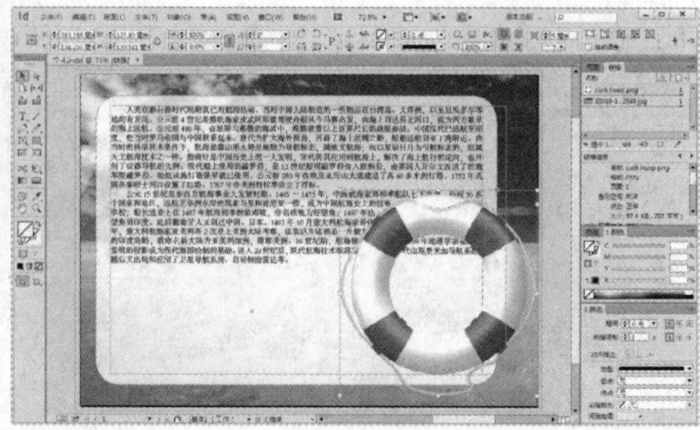

图 7-22　置入图像

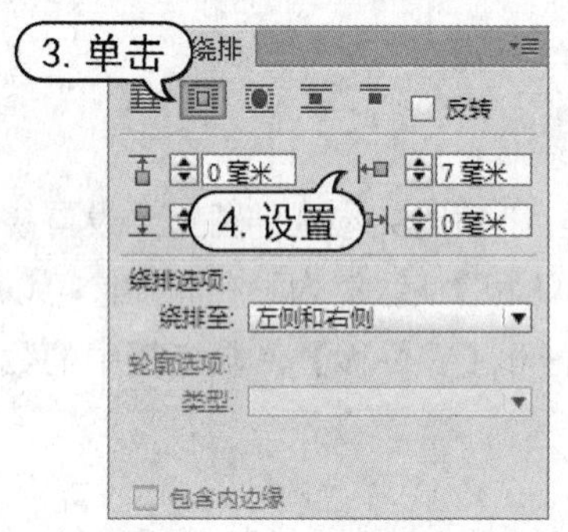

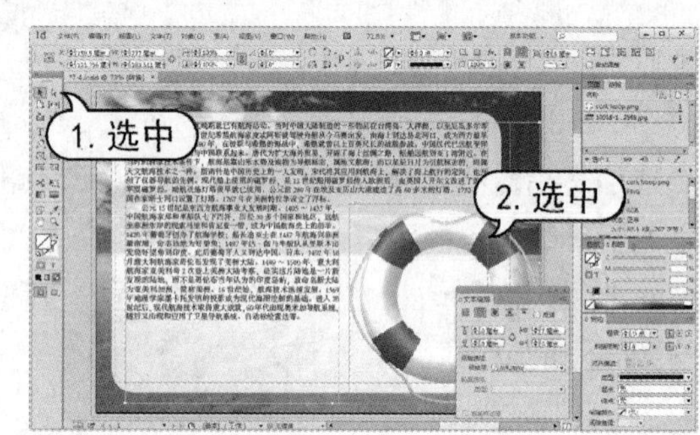

图 7-23　文本绕排

7.5.2　文本内连图形

文本内连图形是一种特殊的图文关系，这种图像处理起来与一般字符一样，可以随着字符的移动一起移动，但对其不能设置绕排方式。文本内连图形方法是使用【文本】工具在文本中选择一个插入点，再置入图像，则此图像即变为文本内连图形。一些图书排版中的图标多采用此种图文排版方式，如图 7-24 所示。

图 7-24　文本内连图形

7.6　图片的链接

在实际工作中通常一个文件中会出现很多输入的图像，InDesign 提供了【链接】面板可以

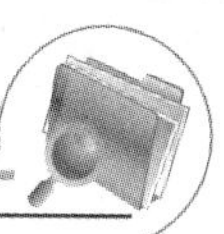

有效地管理这些图像。对于一个置入 InDesign 出版物种的图像来说，它既可以存储一个完全的复制件，又可以只存储一个低分辨率的屏幕显示样本。存储在 InDesign 中的链接图像，不是完全的复制件，而是屏幕显示样本。这样可以大大减小文档的容量，节省磁盘空间，并减少 InDesign 的运行时间。

通过链接，InDesign 在处理打印信息时，会利用外部文件进行打印，这和把外部文件完全复制到 InDesign 中的效果是一样的。这样即使内部复制件只是一个屏幕显示样本，但因为 InDesign 是通过外部文件提供打印信息的，因此也能打印出高分辨率图像。当然如果把外部文件完全复制到 InDesign 中打印，其效果是一样的，但文件容量会变大，运行速度也将大大降低。

7.6.1　使用【链接】面板

使用【置入】命令放置 InDesign 中的文本和图像，InDesign 都能自动地把外部文件和内部元素链接起来。

一般情况下，在打开 InDesign 文档时，InDesign 会查找当前文档中置入图像的路径。因此，在存储文档时将文档与链接图像同时打包。一旦外部的文本或图像发生变化，InDesign 就会自动进行更新。用户也可以使用【链接】面板管理外部文件。选择【窗口】|【链接】命令，或按 Shift+Ctrl+D 组合键打开【链接】控制面板，如图 7-25 所示。

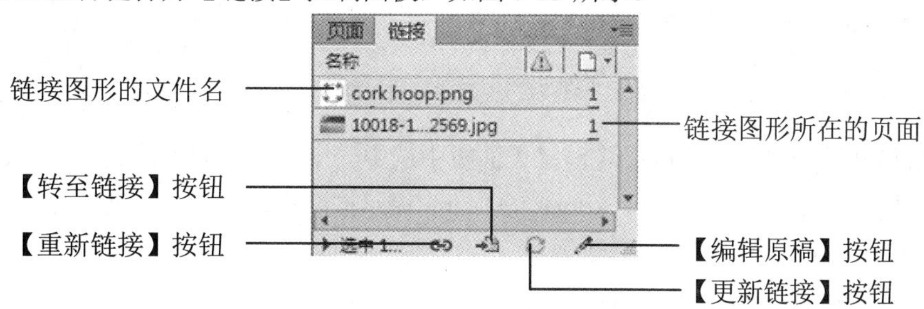

图 7-25　【链接】控制面板

在【链接】面板中选中某个图像链接，然后右击，在打开的菜单中选择【显示“链接信息”窗格】命令，可以在【链接】面板底部显示选中图像的链接信息，如图 7-26 所示。

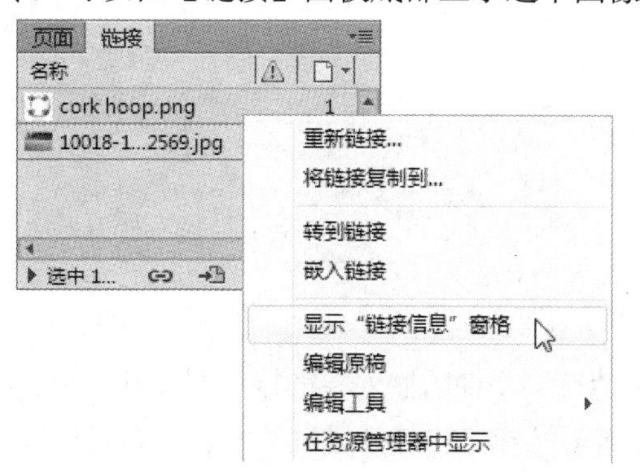

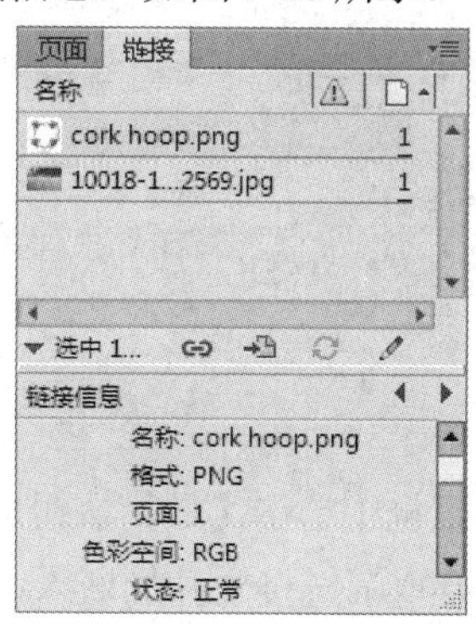

图 7-26　显示链接信息

在【链接信息】窗格中，显示出所选中的图像名称、最后修改时间、大小、在文档中的位置、是否为嵌入文件、文件类型、颜色模式和置入路径等信息。

7.6.2 嵌入图像

嵌入一个链接文件可以将文件存储在出版物中，但是嵌入后会增大出版物的存储容量，而且，出版物中的嵌入文件也不再随外部原文件的更新而更新。

在【链接】面板中选中某个需要嵌入的链接文件后，然后选择面板菜单中的【嵌入链接】命令，即可将所选的链接文件嵌入到当前出版物中，在完成嵌入的链接文件名的后面会显示【嵌入】图标，如图 7-27 所示。

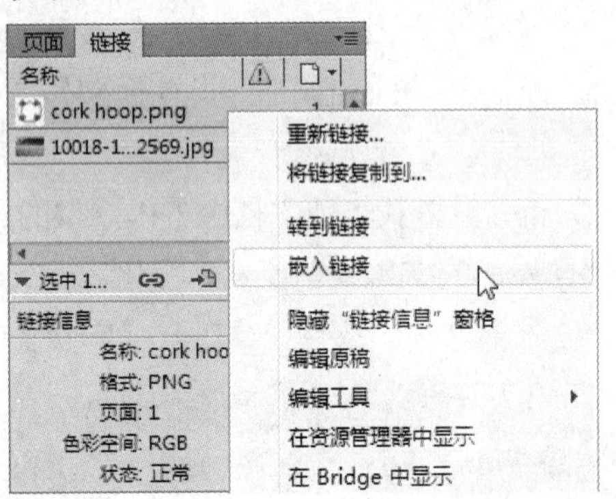

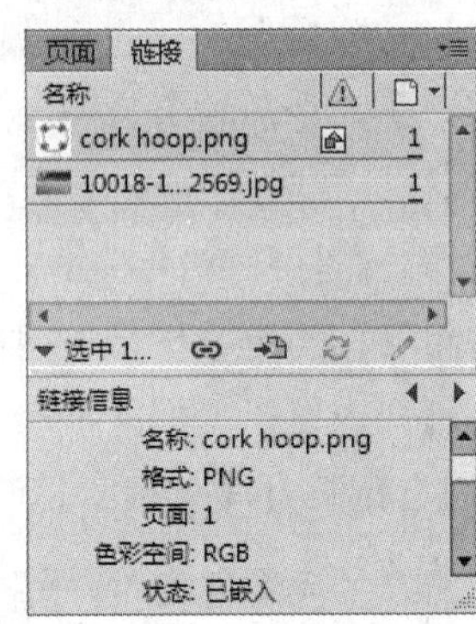

图 7-27　嵌入文件

要取消链接文件的嵌入，可以在【链接】面板中选中一个或多个嵌入的文件，在面板菜单中选择【取消嵌入链接】命令，打开 Adobe InDesign 提示框，提示用户是否要链接至原文件，如图 7-28 所示。

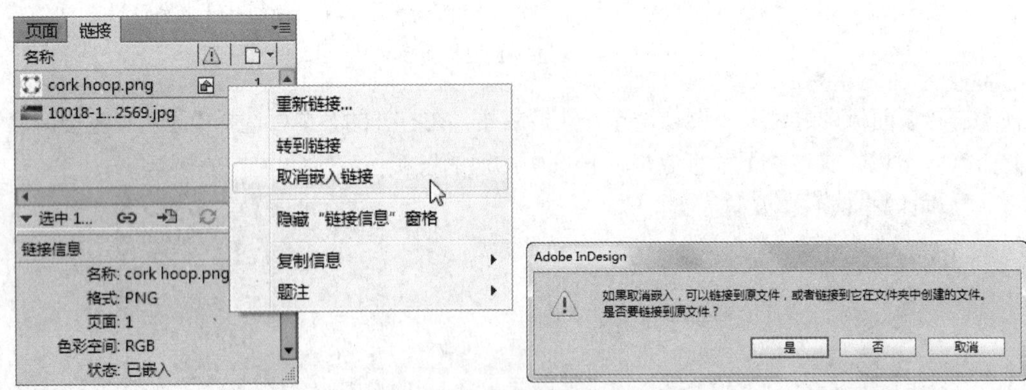

图 7-28　Adobe InDesign 提示框

在该提示框中单击【是】按钮，直接取消链接文件的嵌入并链接至原文件；单击【取消】按钮，将放弃取消链接文件的嵌入；单击【否】按钮，将打开【浏览文件夹】对话框，供用户选择将当前的嵌入文件作为链接文件的原文件所存放的目录。

7.6.3 更新、恢复和替换链接

在【链接】面板中可以看到图像文件的状态，如果链接文件被修改过，则在右侧会显示一个叹号图标⚠，如果文件找不到，就在文件名左边显示问号图标❓，如图 7-29 所示。

要更新修改过的链接，可以在【链接】面板中选中一个或多个带有【已修改的链接文件】图标⚠的链接，单击面板底部的【更新链接】按钮，或者在面板菜单中选择【更新链接】命令即可完成链接的更新。

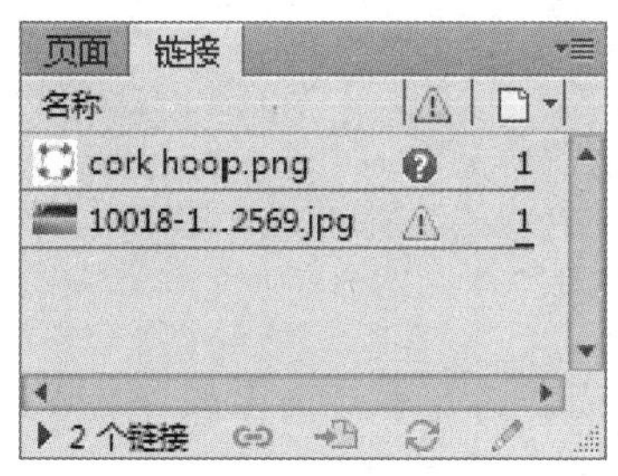

图 7-29 【链接】面板根据文件的状态显示的图标

知识点

在【链接】面板中选中一个图像链接，在面板菜单中选择【编辑原稿】命令，或直接单击面板底部的【编辑原稿】图标，则系统会打开该图像默认的图像编辑程序，此时可以对其作需要的编辑。

要恢复丢失的链接，可以在【链接】面板中，选中一个或多个带有【缺失链接文件】图标❓的链接，单击面板底部的【重新链接】按钮，或者在面板菜单中选择【重新链接】命令，打开【定位】对话框，重新对文件进行定位后，单击【打开】按钮完成对丢失链接的恢复操作。

要使用其他文件替换链接，可以在【链接】面板中选择需要替换的链接，单击【重新链接】按钮，或在【链接】面板菜单中选择【重新链接】命令，在打开的【重新链接】对话框中，重新选择需要链接的图像文件，然后单击【打开】按钮就可以替换链接了。

【例 7-5】在打开的文档中，替换链接、嵌入图像文件。

(1) 选择【文件】|【打开】命令，在【打开文件】对话框中选择需要打开的文档，然后单击【打开】按钮，打开文档，如图 7-30 所示。

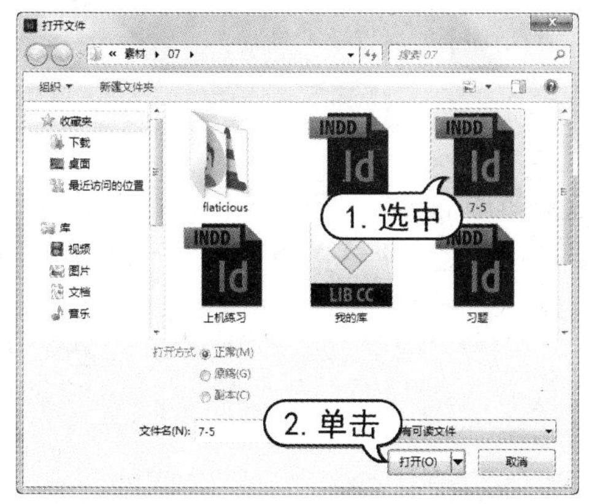

图 7-30 打开图像文档

(2) 使用【选择】工具在页面中选中要替换链接的图像，然后在【链接】面板中单击【重新链接】按钮，打开【重新链接】对话框，选择要替换图像文件，单击【打开】按钮替换链接图像，如图 7-31 所示。

图 7-31　替换链接

(3) 选择【直接选择】工具选中链接的图像，并按 Shift 键放大图像，然后调整位置，如图 7-32 所示。

(4) 使用与步骤(2)和步骤(3)相同的方法替换其他图像链接，如图 7-33 所示。

图 7-32　调整图像

图 7-33　替换链接

7.6.4　转到链接文件

在【链接】面板中选中某一图像链接，选择面板菜单中的【转到链接】命令，或直接单击面板底部的【转到链接】图标，则页面视图会跳转到选中的图像所在的页面，并且适当调整比例，让图像处在页面视图的中心，便于观察图像。

7.7　使用库管理对象

使用对象库有助于组织最常用的图形、文本和页面，也可以向库中添加标尺参考线、网格、绘制的形状和编组图像。将对象添加到库中，InDesign 将会自动保留所有导入或应用物件的所

有属性，这极大地方便了图形图像的编辑使用。并且在 InDesign 中可以根据需要创建多个库，使用时也可以同时打开多个库一起使用。可以跨越多个服务器和平台共享对象库，但同一个库一次只能由一个人打开。

7.7.1　添加对象到库

在创建【对象库】后，可以按照用户的需要将文档窗口中的对象添加到库中。要添加对象到库中可以使用以下几种方法。

- 将文档窗口中的一个或多个对象拖动到活动的【对象库】面板中，如图 7-34 所示。
- 在文档窗口中选择一个或多个对象，单击【对象库】面板中的【新建库项目】按钮。
- 在文档窗口中选择一个或多个对象，在【对象库】面板菜单中选择【添加项目】命令。
- 在【对象库】面板菜单中选择【将第[number]页上的项目作为单独对象添加】命令，以便将所有对象作为单独的库对象添加。
- 在【对象库】面板菜单中选择【添加第[number]页上的项目】命令，以便将所有对象作为一个库对象添加。

图 7-34　添加对象到库

7.7.2　从对象库中置入对象

使用【对象库】可以方便地选择使用文档中的对象，并且可以在文档的不同页面中运用同一对象。要应用库中的对象，可以使用下列操作之一。

- 在【对象库】面板中，将对象拖动到文档窗口中释放。
- 在【对象库】面板中选择一个对象，然后右击，在弹出的快捷菜单中选择【置入项目】命令；或在面板菜单中选择【置入项目】命令。

7.7.3　管理对象库

通过【对象库】可以对文档中的对象进行有效的管理。如果从 InDesign 文档中删除对象，此对象的缩略图将仍然显示在【库】面板中，所有链接信息也保持不变。如果移动或删除原始

对象，则下次从【库】面板中将它置入到文档中时，在【链接】面板中，对象的名称旁边将会显示缺失的链接图标。此外，在每个对象库中，可以根据标题、项目添加到库中的日期或关键字，来识别和搜索项目。还可以通过对库项目排序并显示它们的子集来简化对象库的视图。

1. 使用新项目更新库对象

在文档窗口中，选择要添加到【库】面板中的新项目。在【库】面板中，选择要替换的对象，然后从【库】面板菜单中选择【更新库项目】命令即可使用新项目更新库对象。

2. 更改对象库显示

【库】面板可以按对象名称、存在时间或类型对缩略图或列表进行排序。如果已经编录了对象，则列表视图和排序选项的效果最佳。要设置【库】面板中对象的显示方式可以选择下列操作之一。

- 要以缩略图的形式查看对象，在【对象库】面板菜单中选择【缩览图视图】或【大缩览图视图】命令，如图 7-35 所示。
- 要以文本列表的形式查看对象，在【对象库】面板菜单中选择【列表视图】命令，如图 7-36 所示。

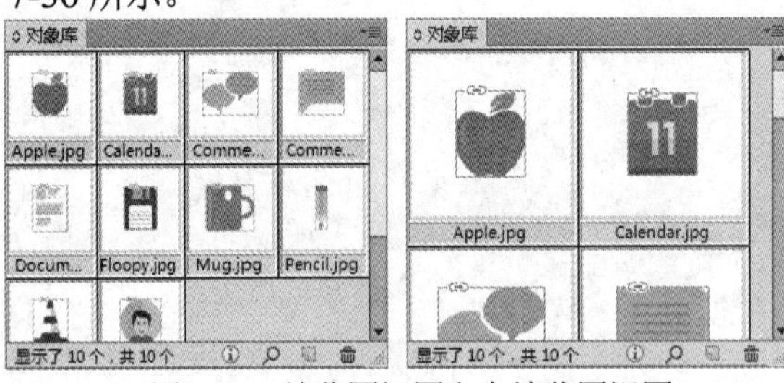

图 7-35　缩览图视图和大缩览图视图

图 7-36　列表视图

- 要将对象排序，在【对象库】面板菜单中选择【排序项目】命令，然后选择一种排序方法，如图 7-37 所示。

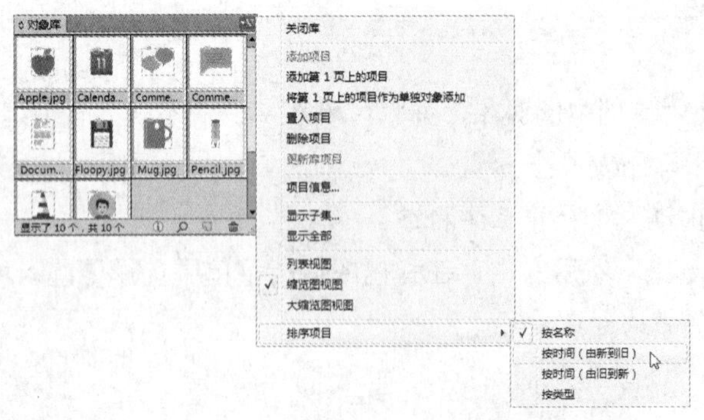

图 7-37　排序项目

3. 从库中删除对象

要从库中删除对象，在【对象库】面板中选择一个对象，然后单击【删除库项目】按钮，

或将对象拖动到【删除库项目】按钮上释放，或在【对象库】面板菜单中选择【删除项目】命令即可。

4. 查看、添加或编辑库信息

对于大型或大量对象库，可以使用显示对象的名称、按照对象类型或采用描述性文字编录库信息。在【对象库】面板中，选择一个对象后，单击【库项目信息】按钮，打开【项目信息】对话框，如图 7-38 所示。在该对话框中，根据需要查看或更改【项目名称】、【对象类型】或【说明】选项，然后单击【确定】按钮即可编录对象信息。

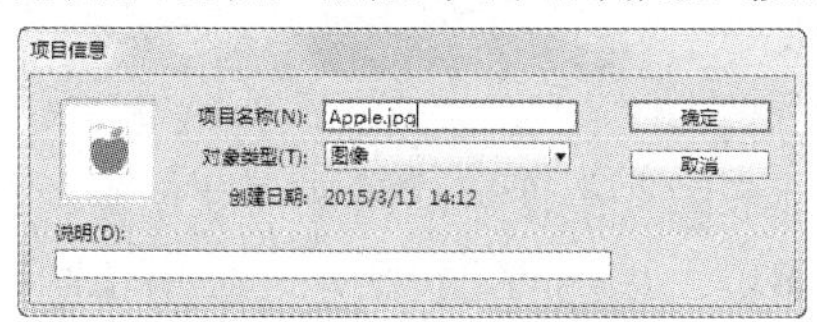

图 7-38　【项目信息】对话框

> **提示**
>
> 在【库】面板中，双击对象或是在面板菜单中选择【项目信息】命令也可以打开【项目信息】对话框。

7.7.4　查找项目

在搜索对象时，系统会隐藏搜索结果以外的所有对象，还可以使用搜索功能显示和隐藏特定类别的对象。

在【对象库】面板菜单中选择【显示子集】命令，或单击【显示库子集】按钮。在打开如图 7-39 所示的【显示子集】对话框中进行相应的设置，单击【确定】按钮开始搜索。

- 搜索整个库：要搜索库中的所有对象，选中该选项。
- 搜索当前显示的项目：要仅在库中当前列出的对象中搜索，选中该选项。

要添加搜索条件，单击【更多选择】按钮，每单击一次，可以添加一个搜索项，如图 7-40 所示。要删除搜索条件，根据需要单击【较少选择】按钮，每单击一次，可删除一个搜索项。

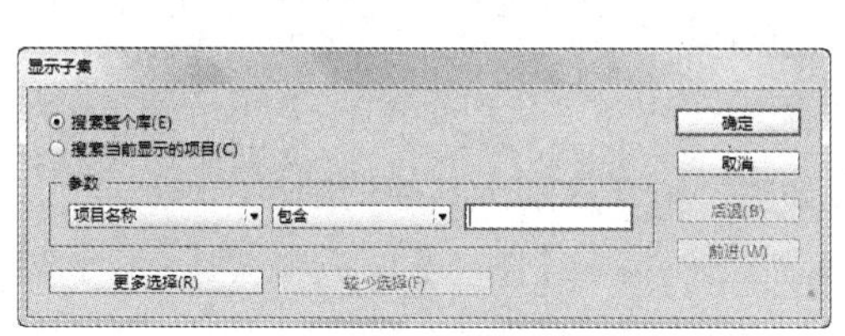

图 7-39　【显示子集】对话框

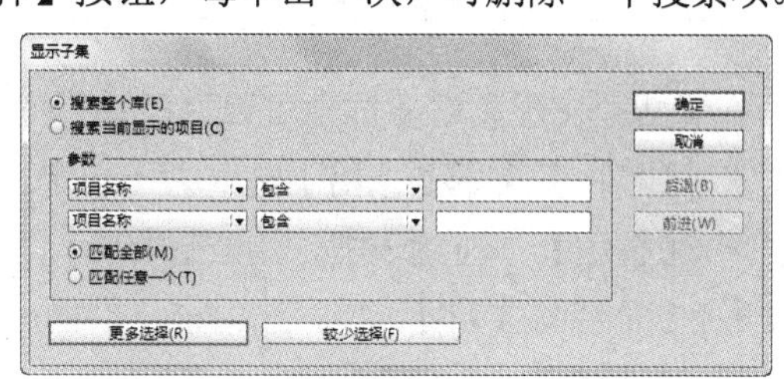

图 7-40　更多选择

- 参数：在【参数】选项栏的一个选项框中选择一个类别，在第二个选项框中指定搜索中必须包含还是排除第一个选项框中选择的类别。在第二个选项框的右侧文本框中，输入要在指定类别中搜索的单词或短语。
- 匹配全部：要显示那些与所有搜索条件都匹配的对象，选中该选项。
- 匹配任意一个：要显示与条件中任何一项匹配的对象，选中该选项。

7.8 使用图层

在排版中，可以将图层看做是一张透明的纸，除了上面图层内容外，还可以看到下面图层的内容，并且可以将每个图层进行单独显示、隐藏、打印和锁定等，而且不会影响其他图层。使用【图层】面板可以方便地进行新建、切换、显示和隐藏图层等操作。

7.8.1 新建图层

在编辑出版物时，只在一个图层上进行编辑会带来诸多不便。这时就需要创建新的图层，可以执行【窗口】|【图层】菜单命令打开【图层】面板，如图 7-41 所示。使用【图层】面板菜单中的命令可以对图层进行多种操作。

如果需要在【图层】面板列表的顶部创建一个新图层，那么直接单击【新建图层】按钮即可；如果需要在选定图层上方创建一个新图层，那么按住 Ctrl 键并单击【新建图层】按钮即可；如果需要在所选图层下方创建新图层，那么按住 Ctrl+Alt 组合键的同时单击【新建图层】按钮即可。

另外，还可以通过选择【图层】面板菜单中的【新建图层】命令，打开如图 7-42 所示【新建图层】对话框来创建新图层，在该对话框中可以设置更多的选项，如是否显示图层等。

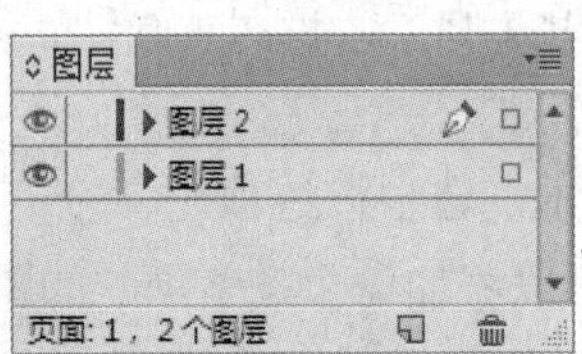

图 7-41 【图层】面板

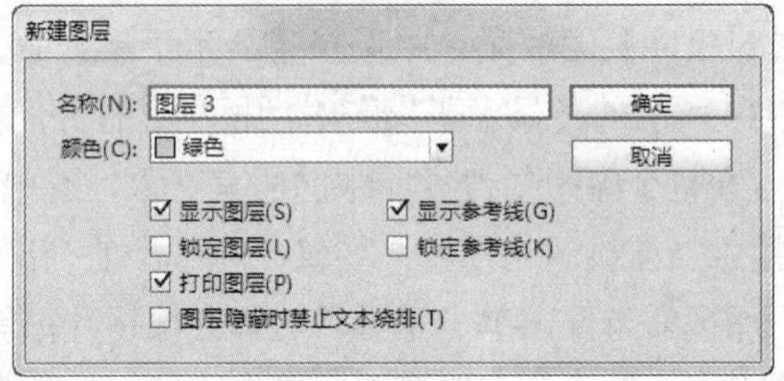

图 7-42 【新建图层】对话框

在【新建图层】对话框中可以为新建的图层设置各项参数。

- 【名称】文本框：用于输入为图层定义的名称。
- 【颜色】下拉列表框：用于选择新建图层的颜色，用来区别于其他的图层。
- 【显示图层】复选框：选中该复选框后，新建的图层将在【图层】面板中被显示，否则被隐藏。
- 【锁定图层】复选框：选中该复选框后，新建的图层将处于被锁定的状态，无法进行编辑修改。
- 【显示参考线】复选框：选中该复选框后，在新建的图层中将显示添加的参考线，否则会被隐藏。
- 【锁定参考线】复选框：选中该复选框后，新建图层中的参考线都将处于锁定状态，无法移动。

- 【图层隐藏时禁止文本绕排】复选框：选中该复选框后，当新建的图层被隐藏时不支持文本绕排。
- 【打印图层】复选框：选中该复选框后，可允许图层被打印。当打印或导出至 PDF 时，可以决定是否打印隐藏图层和非打印图层。

【例 7-6】新建一个文档，创建两个分别用来放置图形和图像的图层。

(1) 选择【文件】|【新建】|【文档】命令，在打开的【新建文档】对话框中新建一个 3 页 A4 页面大小的文档，如图 7-43 所示。

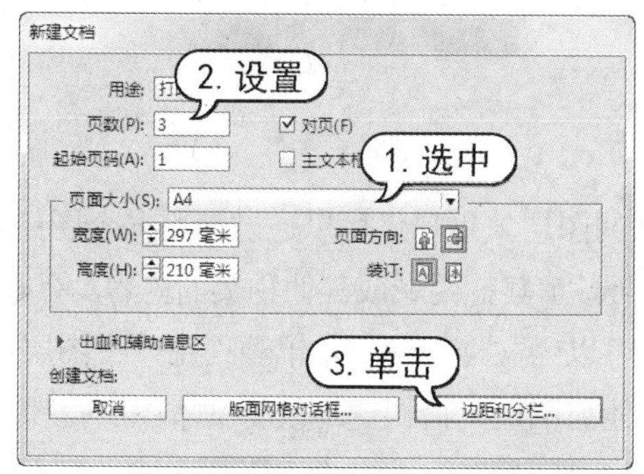

图 7-43　新建文档

(2) 选择【窗口】|【图层】命令，打开【图层】面板。在面板菜单中选择【新建图层】命令，打开【新建图层】对话框，如图 7-44 所示。

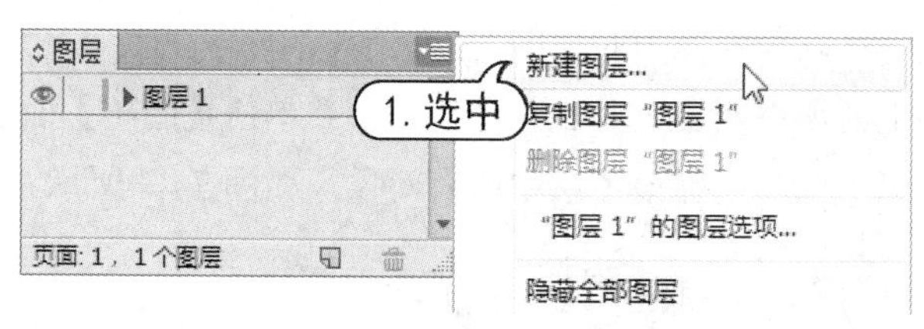

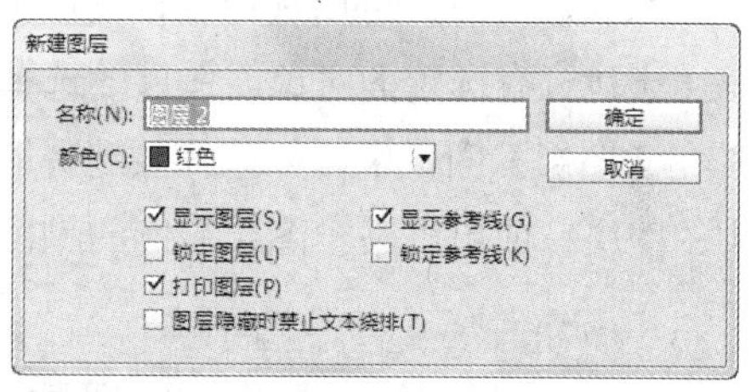

图 7-44　【新建图层】对话框

(3) 在对话框的【名称】文本框中输入文字“图形”，在【颜色】下拉列表框中选择【节日红】选项，单击【确定】按钮完成图层的创建，如图 7-45 所示。

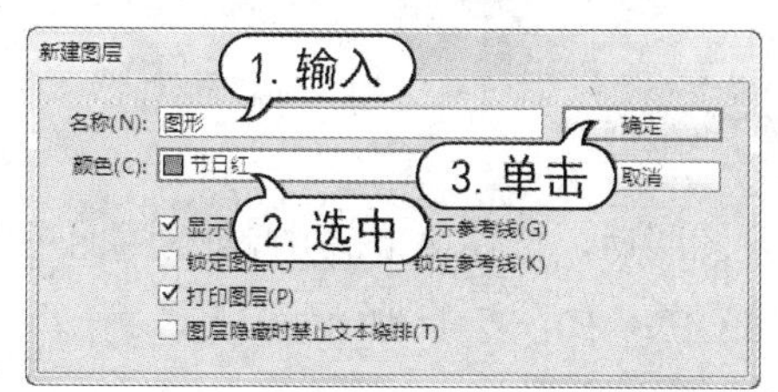

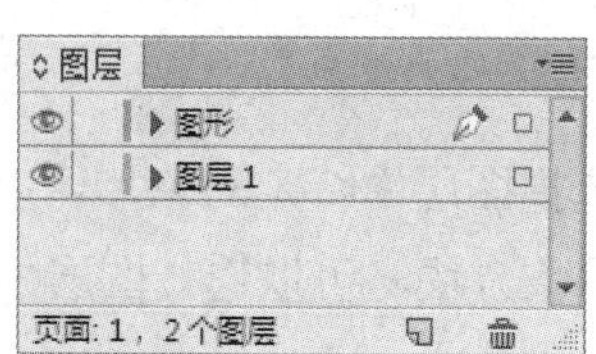

图 7-45　创建新图层

(4) 在面板中双击【图层 1】选项，打开【图层选项】对话框。在【名称】文本框中输入“底图”，在【颜色】下拉列表框中选择【网格橙】选项，单击【确定】按钮，如图 7-46 所示。

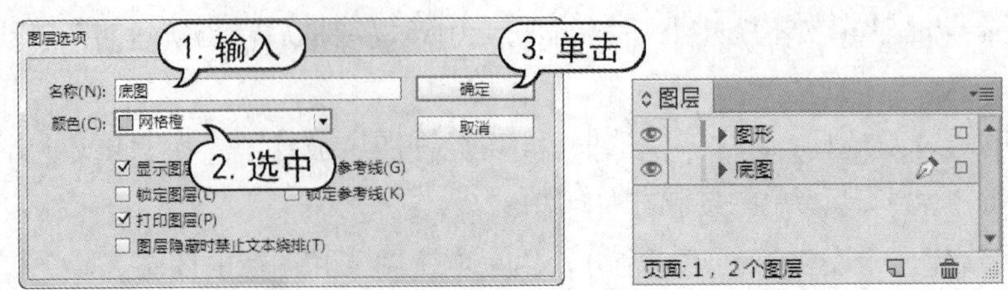

图 7-46　更改图层名称

7.8.2　编辑图层

在 InDesign 中，每个文档都至少包含一个已命名的图层。用户还可以通过使用多个图层，可以创建和编辑文档中的特定区域或各种内容，而不会影响其他区域或其他种类的内容。例如，当文档因包含了许多大型图形而打印速度缓慢时，就可以为文档中的文本单独使用一个图层；这样，在需要对文本进行校对时，就可以隐藏所有其他的图层，而快速地仅将文本图层打印出来。另外，还可以使用图层来为同一个版面显示不同的设计思路，或者为不同的区域显示不同版本的设计。

1. 选择图层中对象

在默认设置下，可以选择任何图层上的任何对象。在【图层】面板中，彩色的小矩形点表明该图层包含有选定的对象。图层的选择颜色可以帮助标识对象的图层。

在【图层】面板中，如果需要选择图层上的所有对象，那么按住 Alt 键并单击【图层】面板中的图层；或单击某一图层右侧的颜色方块，可以选择该图层中所有对象，如图 7-47 所示。

图 7-47　选择对象

如果需要选择图层中特定对象，可以展开图层后，按住 Alt 键并单击对象子图层；或单击子图层右侧的颜色方块，可以选择图层中特定对象，如图 7-48 所示。

2. 复制图层

复制图层时，该图层中包含的内容和设置都将被复制。在【图层】面板的图层列表中，复制的图层将显示在原图层上方。在【图层】面板中，选择图层名称并右击，从打开的快捷菜单

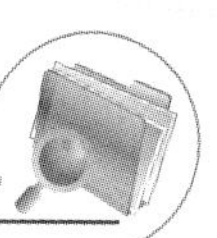

中选择【复制图层“图层名称”】命令或选择需要复制的图层名称并将其拖动到【新建图层】按钮上，如图 7-49 所示。用户也可以选中要复制的图层后，按住 Alt+Ctrl 组合键拖动至原图层上方或下方释放鼠标即可。

图 7-48　选择特定对象

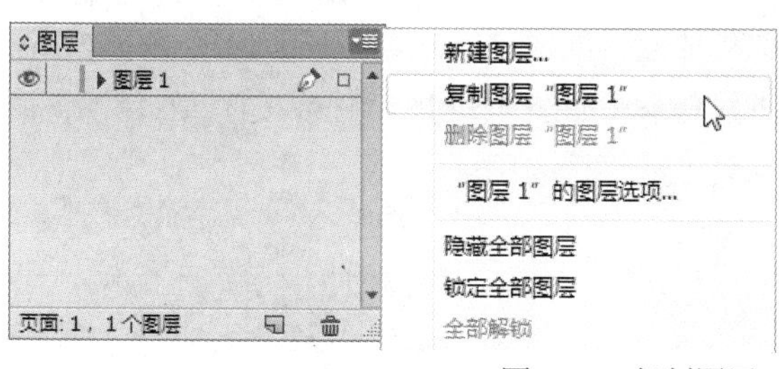

图 7-49　复制图层

3. 移动图层的顺序

在使用图层时，可以通过重新排列图层来更改图层(包括图层内容)在文档中的排列或者显示顺序。更改图层顺序时，在【图层】面板中，将图层在列表中向上或向下拖动，也可以拖动多个选定的图层来更改图层顺序，如图 7-50 所示。重新排列图层将更改每个页面上的图层顺序，而不是只更改目标跨页上的图层顺序。

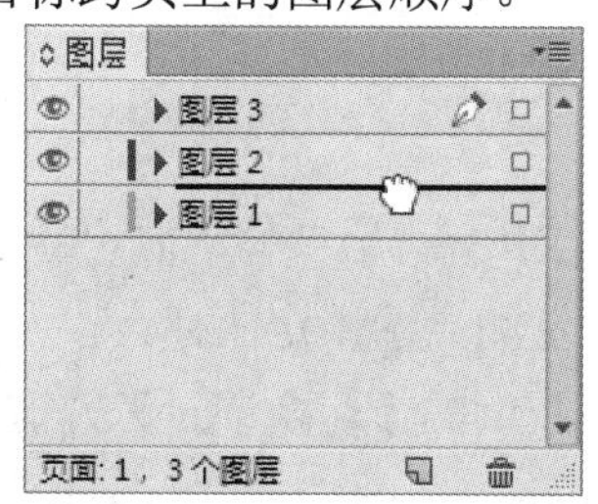

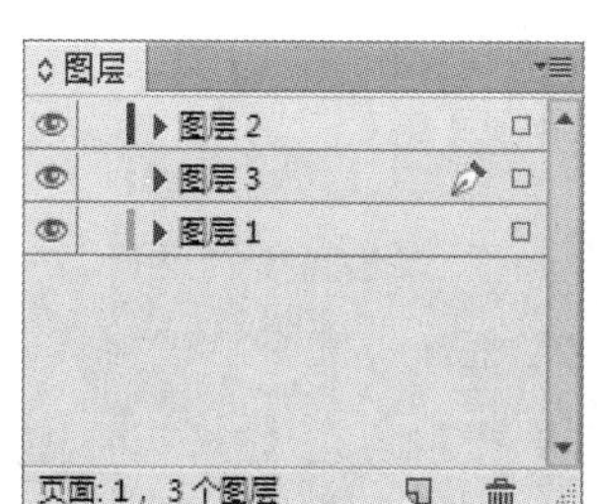

图 7-50　更改图层顺序

4. 显示和隐藏图层

因为图层具有单独显示或打印某个图层的特殊性，所以可以随时对某个或某些图层进行显示或者隐藏操作。隐藏的图层不能被编辑，并且不会显示在屏幕上，打印时也不会显示。通过隐藏文档中不需要显示的内容，可以更加方便地编辑文档的其余部分、防止打印某个图层，如果图层中包含高分辨率图像，还可以加快屏幕刷新速度。注意，围绕隐藏图层上的对象的文字将继续围绕。

如果需要一次隐藏或显示一个图层，在【图层】面板中单击图层名称最左侧的可视图标，即可隐藏或显示该图层，当可视图标消失时，该图层即被隐藏，反之则显示该图层，如图 7-51 所示。

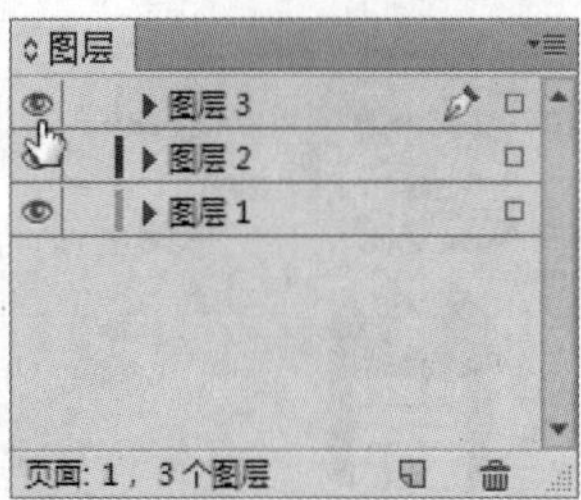

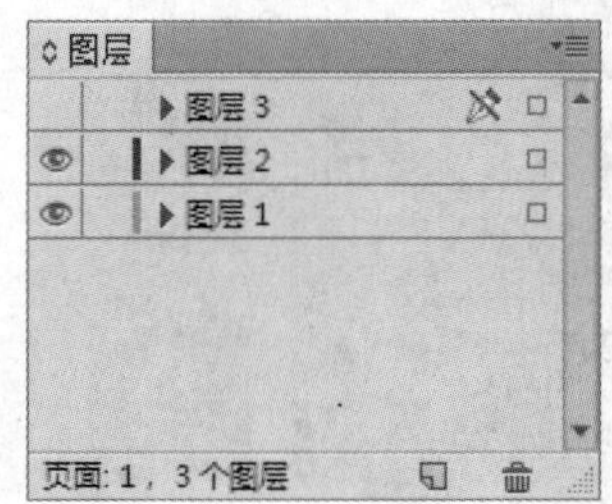

图 7-51　隐藏图层

如果需要隐藏的图层比较多，可以选择要显示的图层，从【图层】面板中单击右下角的下拉按钮，从打开的菜单中选择【隐藏其他】命令，如图 7-52 所示。或按住 Alt 键的同时单击要保持可见状态的图层的可视图标，即可隐藏未被选择的图层。

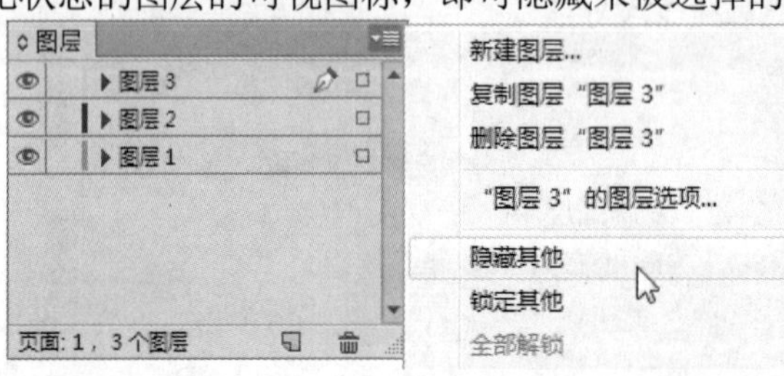

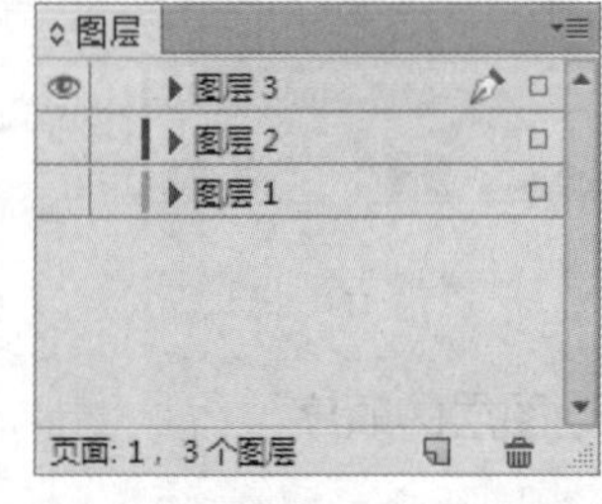

图 7-52　隐藏其他

如果在隐藏多个图层后，需要全部显示，逐个操作会很麻烦，可以从【图层】面板中单击右上角的下拉按钮，从打开的菜单中选择【显示全部图层】命令，或按住 Alt 键单击可视图层的可视图标，即可显示所有的图层。

5. 锁定和解锁图层

为了防止意外操作已经编辑好的图层，可以先将图层锁定，需要修改时，再将其解开锁定。锁定后的图层不能被选择，更不能被编辑。锁定的图层左侧显示锁定图标。

如果要锁定图层，那么在【图层】面板中某个图层左侧的【切换锁定】方框中单击，显示一个锁定图标后即可将其锁定，如图 7-53 所示。再次单击，锁图标消失后即可将其解开锁定。另外，还可以使用【图层】面板菜单中的相关命令来锁定和解锁图层。

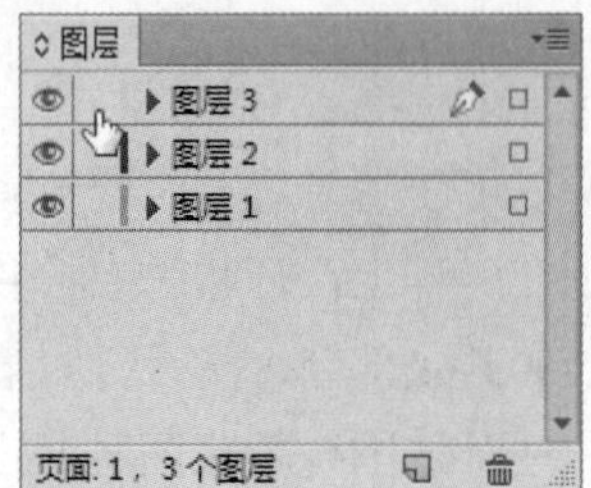

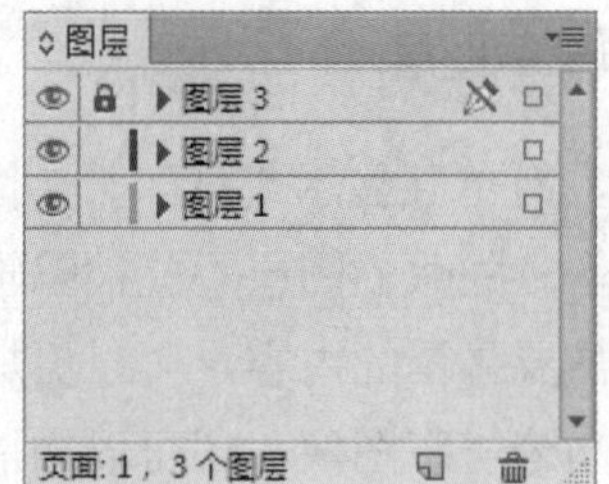

图 7-53　锁定图层

6. 合并图层

在排版时，通常会创建很多的图层来配合工作，而过多的图层会给工作带来不便，这时就需要对图层进行归类并将其合并，以减少文档中的图层数量，且合并图层不会删除任何对象。在合并图层时，选定图层中的所有对象将被移动到目标图层中，并且在合并的图层中，只有目标图层会保留在文档中，其他选定的图层均被删除。

选择需要合并的图层，右击，从打开的快捷菜单中选择【合并图层】命令，即可将选择的图层合并，图层名称将显示合并前最上面的图层名称，如图 7-54 所示。

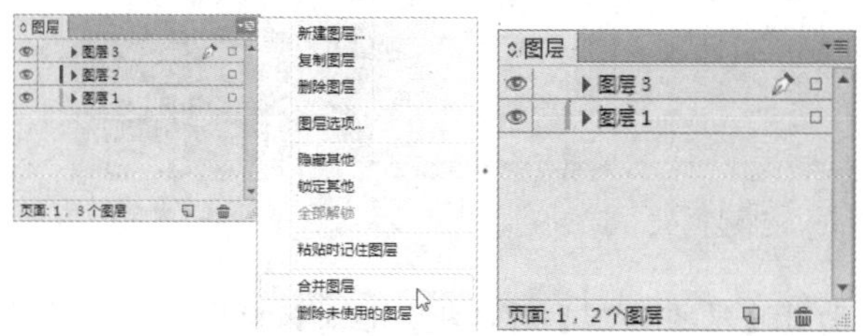

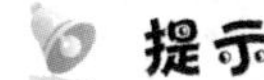

图 7-54　合并图层

> **提示**
> 合并图层时，如果有包含页面对象和主页项目的图层，则主页项目将移动到生成的合并图层的后面。

7. 删除图层

如果要删除图层，选择图层后，在【图层】面板底部直接单击【删除选定图层】按钮即可。或者直接将需要删除的图层拖放到【删除选定图层】按钮上。注意，每个图层都跨整个文档，显示在文档的每一页上。在删除图层之前，应该考虑首先隐藏其他所有的图层，转到文档的各页，以确认删除其余对象是安全的。

7.9　上机练习

本例通过制作手册封面，重点练习图像的置入方法，以及创建【对象库】，并应用库中对象的操作方法。

(1) 启动 InDesign 应用程序，选择【文件】|【新建】|【文档】命令，打开【新建文档】对话框。在该对话框中，设置【页数】为 2 页，【起始页码】为 2，在【页面大小】下拉列表中选择 A4，然后单击【边距和分栏】按钮，再单击【确定】按钮创建新文档，如图 7-55 所示。

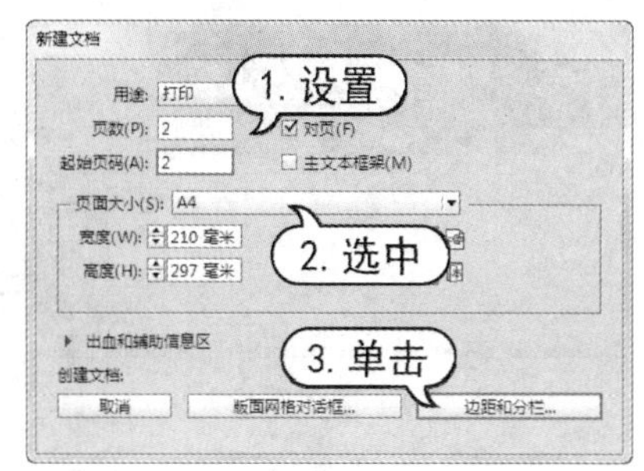

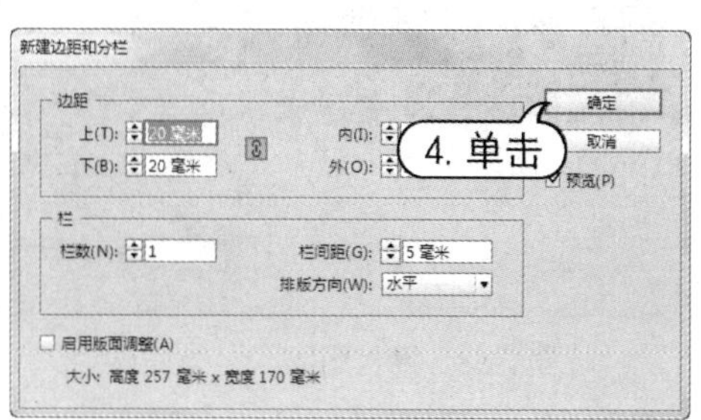

图 7-55　创建新文档

(2) 在【页面】面板中，双击第 3 页将其显示在窗口中，选择【矩形框架】工具，在页面中单击，打开【矩形】对话框。在该对话框中设置【宽度】70 毫米，【高度】为 50 毫米，然后单击【确定】按钮创建框架，如图 7-56 所示。

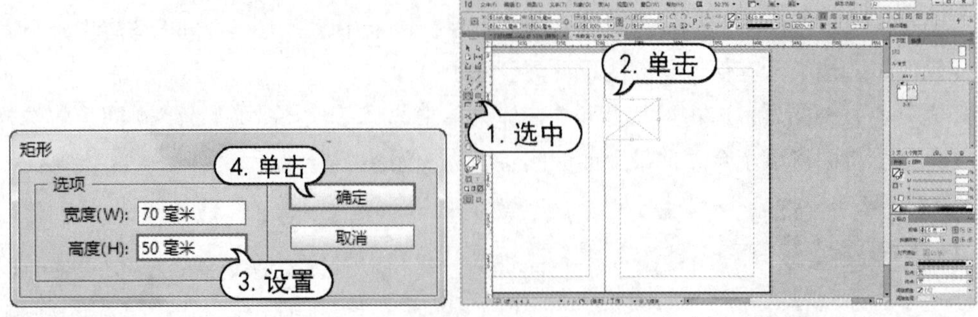

图 7-56　创建框架

(3) 选择【编辑】|【多重复制】命令，打开【多重复制】对话框。在对话框中，设置【列】为 3，【水平】为 70 毫米，然后单击【确定】按钮复制框架，如图 7-57 所示。

(4) 使用【选择】工具选中框架，然后选择【文件】|【置入】命令，在框架中分别置入图像，如图 7-58 所示。

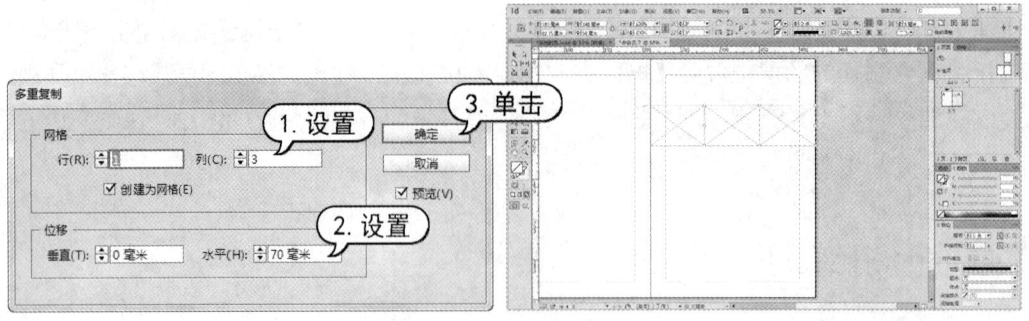

图 7-57　复制框架

(5) 使用【选择】工具选中三幅置入图像，右击，在弹出的快捷菜单中选择【适合】|【按比例填充框架】命令，如图 7-59 所示。

图 7-58　置入图像　　　图 7-59　调整图像

(6) 选择【矩形】工具，在置入图像的上方绘制矩形条，如图 7-60 所示。

计算机基础与实训教材系列

(7) 在工具箱中，取消描边，选中填色色板。选择【窗口】|【颜色】|【渐变】命令，打开【渐变】面板。在【渐变】面板中新建绿色到蓝色的线性渐变，并将其拖动至【色板】面板中，创建【新建渐变色板】色板，如图 7-61 所示。

图 7-60 绘制矩形条

图 7-61 设置渐变

(8) 使用【选择】工具，在矩形条上按住 Shift+Ctrl+Alt 组合键拖动并复制，然后在【渐变】面板中单击【反向】按钮，如图 7-62 所示。

(9) 使用【矩形框架】工具，按住 Shift 键在页面中拖动创建框架。然后选择【文件】|【置入】命令，在打开的【置入】对话框中选择【标志】图像文件，单击【打开】按钮打开，并右击鼠标，在弹出的快捷菜单中选择【适合】|【按比例填充框架】命令，如图 7-63 所示。

图 7-62 复制矩形条

图 7-63 置入图像

(10) 使用【文字】工具在页面中创建文本框，并在控制面板中，设置字体样式为汉仪综艺体简、【字体大小】为 30 点；在【颜色】面板中设置字体颜色为 C=80 M=72 Y=8 K=0，然后使用【文字】工具输入文字，如图 7-64 所示。

图 7-64 输入文字(1)

图 7-65 输入文字(2)

(11) 继续使用【文字】工具，创建文本框，并在控制面板中设置字体样式为 Britannic Bold，【字体大小】为 16 点，【字符间距】为 20，在【颜色】面板中设置文字的颜色为 C=80、M=72、Y=8、K=0，然后使用【文字】工具输入文字，如图 7-65 所示。

(12) 使用【文字】工具，在页面底部输入文字。然后分别选中上排文字和下排文字，在【字符】面板中设置字体样式、字体大小，如图 7-66 所示。

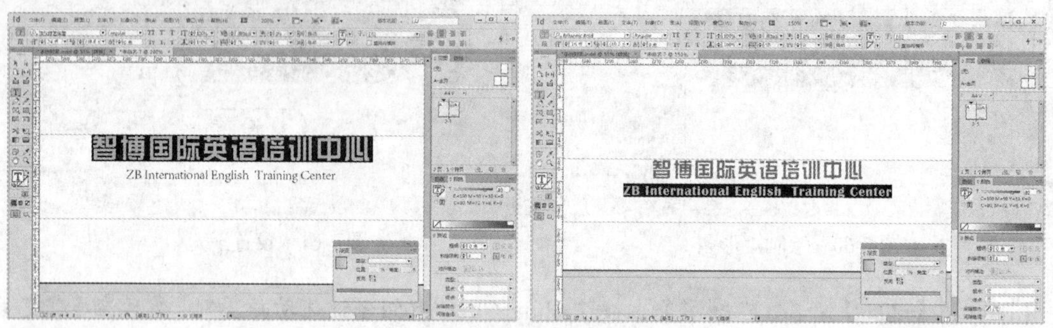

图 7-66　输入文字(3)

(13) 选择【文件】|【新建】|【库】命令，打开【新建库】对话框。在该对话框的【文件名】文本框中输入“手册封面元素”，然后单击【保存】按钮，如图 7-67 所示，创建新库。

(14) 在【手册封面元素】库面板菜单中选择【将第 3 页上的项目作为单独对象添加】命令，如图 7-68 所示。

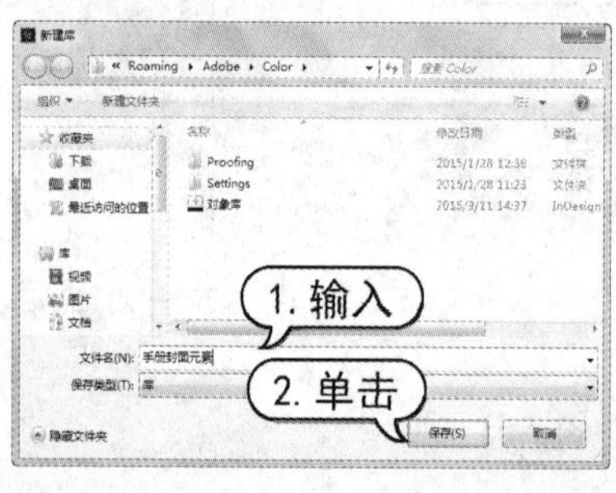

图 7-67　创建库

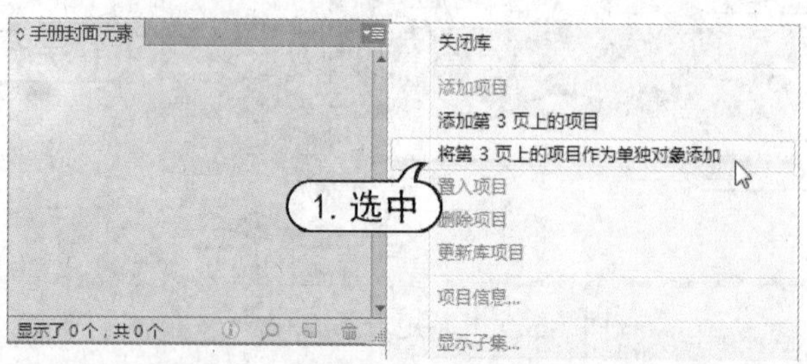

图 7-68　添加对象到库

(15) 在【手册封面元素】库面板中，选中对象并将其拖动至页面中应用，如图 7-69 所示。

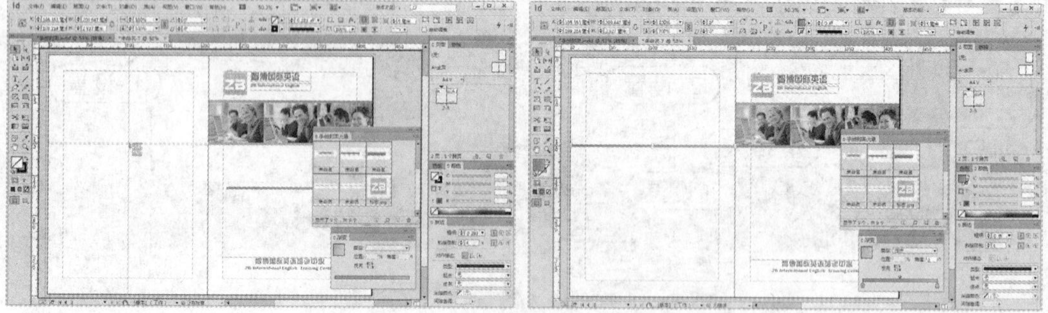

图 7-69　应用库中对象

(16) 使用步骤(15)中所示的操作方法，应用库中其他对象，如图 7-70 所示。

(17) 使用【文字】工具，在页面中创建文本框，然后选择【对象】|【文本框架选项】命令，如图 7-71 所示，打开【文本框架选项】对话框。

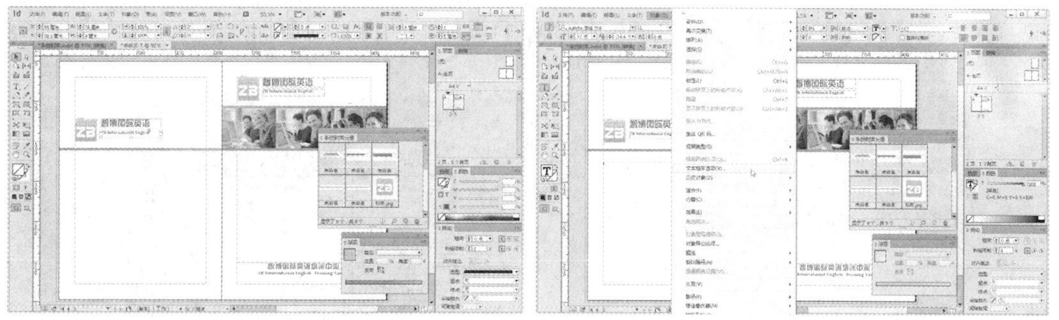

图 7-70　应用库中对象　　　　图 7-71　选择【文本框架选项】命令

(18) 在打开的【文本框架选项】对话框中，设置【栏数】为 2，接着单击【确定】按钮。然后使用【文字】工具，在文本框中输入文字，如图 7-72 所示。

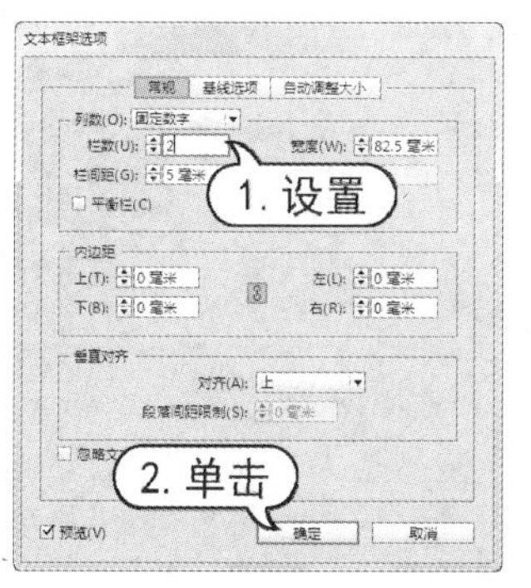

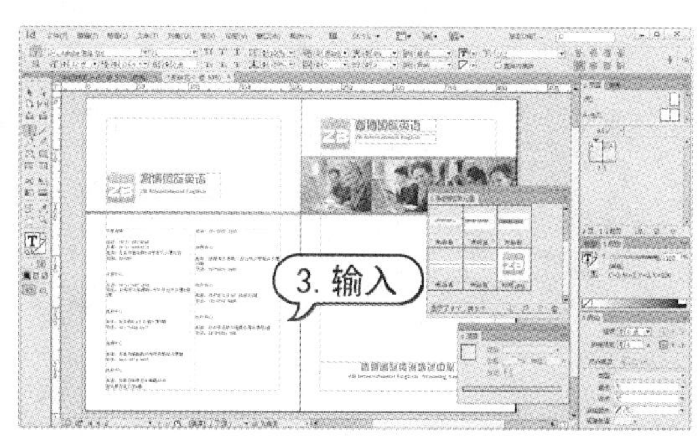

图 7-72　设置文本框架并输入文字

(19) 选择【窗口】|【图层】命令，打开【图层】面板，在【图层】面板中，按住 Ctrl 键单击【创建新图层】按钮，在【图层 1】下方创建【图层 2】。然后选择【矩形】工具绘制与对页等大的矩形，如图 7-73 所示。

(20) 在【色板】面板中，单击【新建渐变色板】色板。在【渐变】色板中设置【角度】为 90°。然后在控制面板中，设置【不透明度】为 20%。得到的效果如图 7-74 所示。

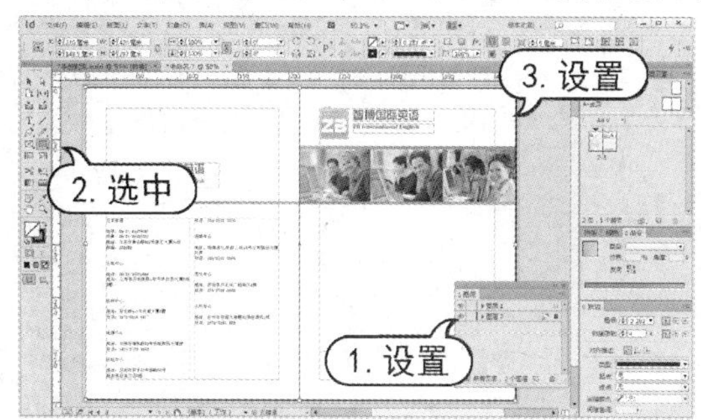

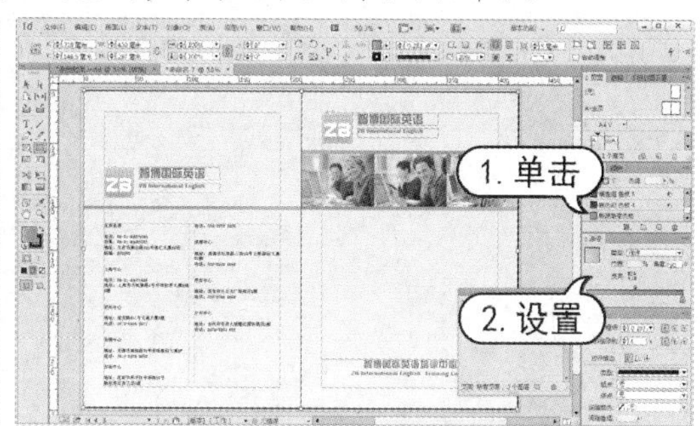

图 7-73　绘制矩形　　　　图 7-74　设置背景色

7.10 习题

1. 新建一个文档，制作如图 7-75 所示的版式效果。

2. 新建名为【我的库】的对象库，并将习题 1 页面中的图片对象添加到库中，如图 7-76 所示。

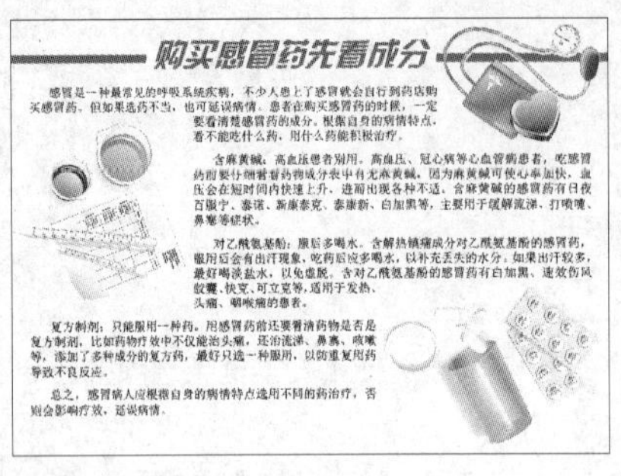

图 7-75 版式效果

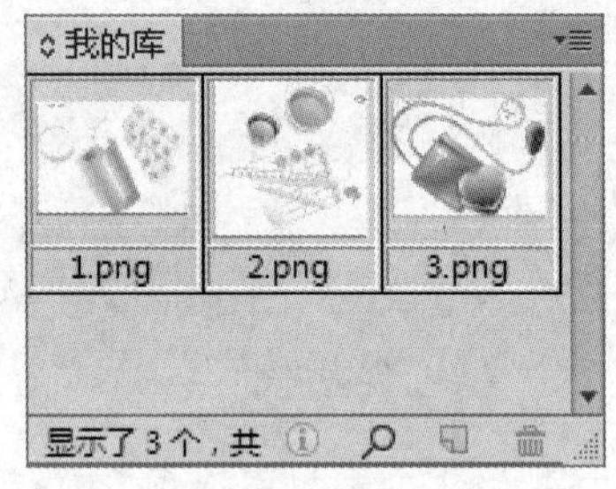

图 7-76 创建库

第8章 表格的创建与应用

学习目标

表格是组织和比较数据最常用的方法，在出版物中适当使用表格，会给读者清晰明了的感觉。InDesign 提供了方便灵活的表格功能，通过编辑、格式化表格，再辅以对表格外观的设置，可以快速地创建美观实用的表格。

本章重点

- 创建表格
- 编辑表格
- 表选项设置
- 单元格选项设置

8.1 创建表格

表格是排版文件中常见的组成元素之一。InDesign 具有强大的表格处理功能，不仅可以创建表格、编辑表格、设置表格格式和设置单元格格式，还能够从 Microsoft Word 或 Excel 文件中导入表格。

8.1.1 直接插入表格

表格是由成行和成列的单元格组成的。单元格类似于文本框架，可在其中添加文本、随文图像或其他表。当创建一个表格时，新表格会填满作为容器的文本框的宽度。文本框中文本插入点位于行首时，表插在同一行上；插入点位于行中间时，表格将插在下一行上。行的默认高度等同于插入点处全角字符的高度。

在工具箱中选择【文字】工具，当光标变成形状时在页面中拖动鼠标，绘制一个空文本框，当在该文本框的左上角处有光标闪烁时，选择【表】|【插入表】命令，打开如图 8-1 所示的【插入表】对话框。在【正文行】数值框中指定正文行中的水平单元格数，在【列】数值框中指定表格的列数，在【表头行】和【表尾行】数值框中制定表头或表尾行数，然后单击【确定】按钮，即可添加表格。

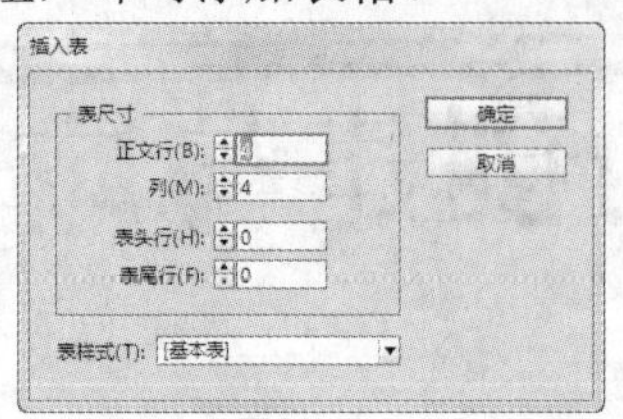

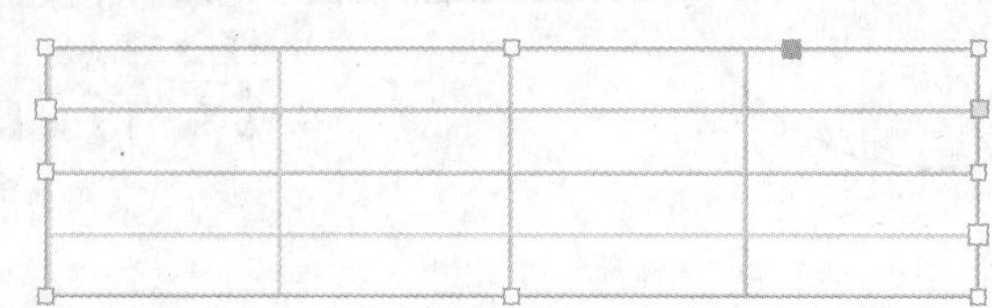

图 8-1 【插入表】对话框

【例 8-1】在 InDesign 的页面中添加表格。

(1) 在 InDesign 中，创建一个新文档。使用【文字】工具在页面中创建文本框，在控制面板中设置字体样式为方正黑体_GBK，【字体大小】为 15 点，并单击【居中对齐】按钮，然后输入文字“第一小组人员名单及联系方式”，如图 8-2 所示。

(2) 将光标插入到文本框第二行，选择【表】|【插入表】命令，打开【插入表】对话框。在【正文行】微调框中输入数字 10，在【列】文本框中输入数字 3，然后单击【确定】按钮，即可插入表格，如图 8-3 所示。

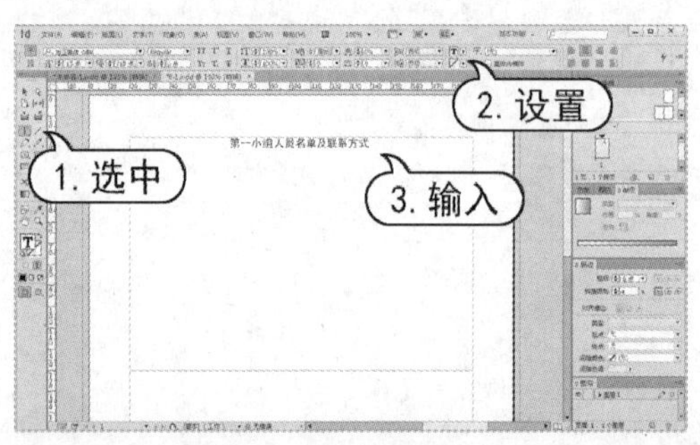

图 8-2 输入文字

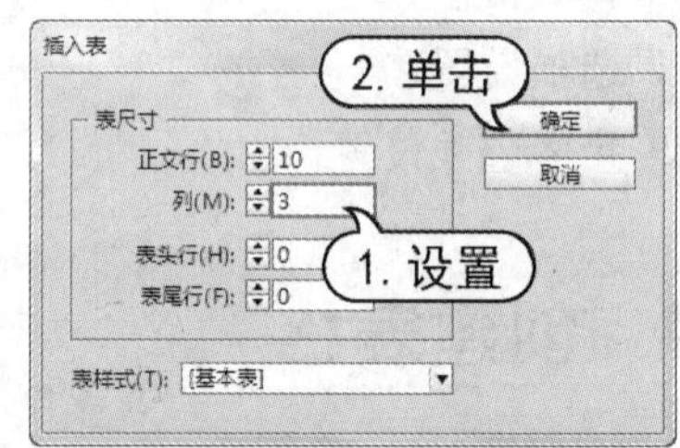

图 8-3 插入表

(3) 选择【文件】|【存储为】命令，在打开的【存储为】对话框中将文档以文件名“插入表格”进行保存，如图 8-4 所示。

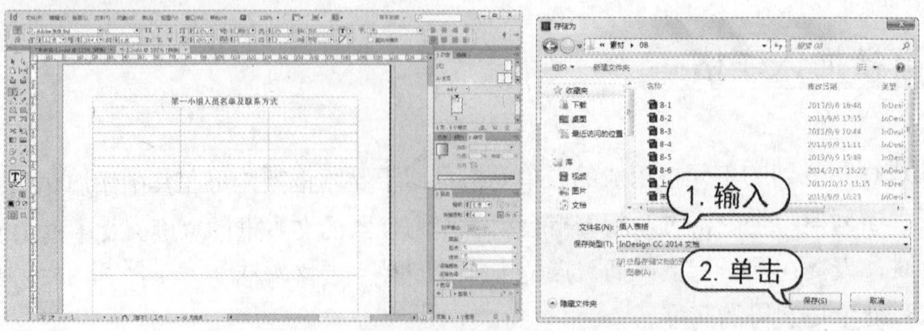

图 8-4 存储文件

8.1.2　导入表格

在 InDesign 中，可以直接通过【文件】|【置入】命令，置入 Microsoft Excel 和 Microsoft Word 中的表格。也可以通过复制、粘贴的方法将 Excel 数据表或 Word 表格先复制到剪贴板，然后以带定位标记文本的形式粘贴到 InDesign 文档中，最后再转换为表格。

【例 8-2】将 Excel 表格导入 InDesign 文档页面中。

(1) 启动 Microsoft Word 应用程序，创建如图 8-5 所示的表格。

(2) 打开 InDesign 应用程序，新建一个文档。选择【文件】|【置入】命令，打开【置入】对话框，在对话框中选择需要导入的 Word 表格选项，选中【显示导入选项】复选框，取消【应用网格格式】复选框，如图 8-6 所示，然后单击【打开】按钮。

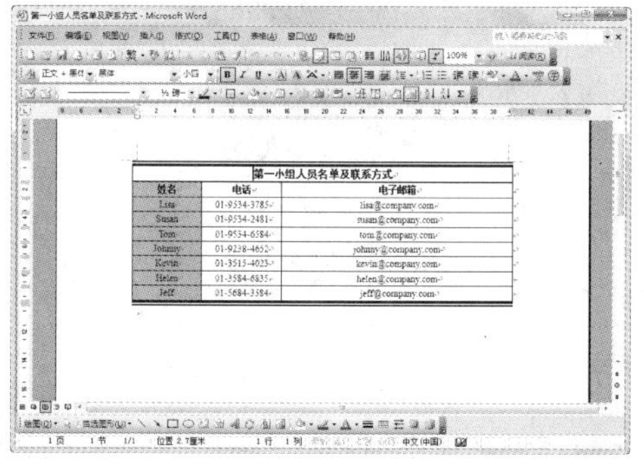

图 8-5　Word 工作表

图 8-6　【置入】对话框

(3) 打开【Microsoft Word 导入选项】对话框，选择【移去文本和表的样式和格式】单选按钮，然后单击【确定】按钮，如图 8-7 所示。

(4) 此时鼠标指针变为载入文本图符，在页面中单击，置入表格，结果如图 8-8 所示。

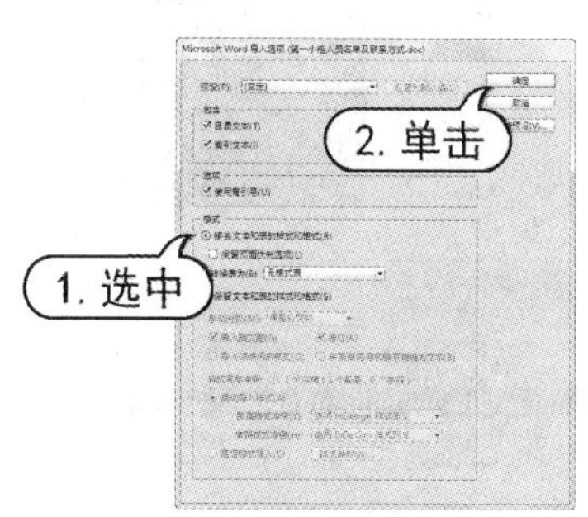

图 8-7　设置导入选项

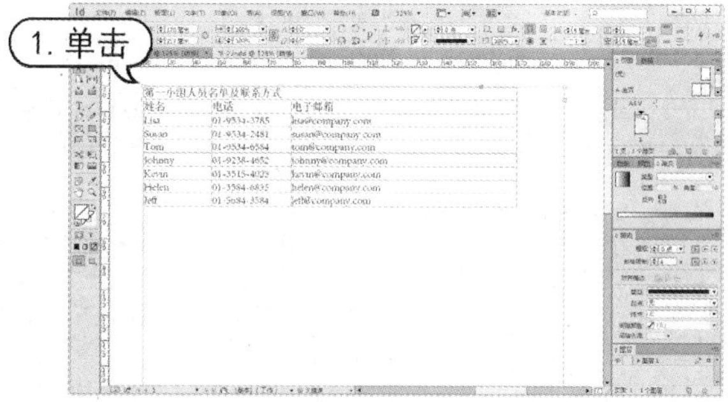

图 8-8　页面显示导入的表格

8.2　编辑表格

在应用表格时经常需要对创建的表格进行行、列、单元格的编辑操作。

8.2.1 选择对象

对表格进行格式化操作前，首先应学会选择表格内容和编辑表格。

1. 选择单元格

选择单元格时可以使用【文字】工具，执行下列任一操作。

- 要选择一个单元格，首先在表内单击，或选择文本，然后选择【表】|【选择】|【单元格】命令，或按 Ctrl+/组合键，如图 8-9 所示。
- 要选择多个单元格，可以跨单元格边框拖动。注意不要拖动列或行的边框，否则会改变单元格大小，如图 8-10 所示。

第一小组人员名单及联系方式		
姓名	电话	电子邮箱
Lisa	01-9534-3785	lisa@company.com
Susan	01-9534-2481	susan@company.com
Tom	01-9534-6584	tom@company.com
Johnny	01-9238-4652	johnny@company.com
Kevin	01-3515-4023	kevin@company.com
Helen	01-3584-6835	helen@company.com
Jeff	01-5684-3584	jeff@company.com

图 8-9　选择一个单元格

第一小组人员名单及联系方式		
姓名	电话	电子邮箱
Lisa	01-9534-3785	lisa@company.com
Susan	01-9534-2481	susan@company.com
Tom	01-9534-6584	tom@company.com
Johnny	01-9238-4652	johnny@company.com
Kevin	01-3515-4023	kevin@company.com
Helen	01-3584-6835	helen@company.com
Jeff	01-5684-3584	jeff@company.com

图 8-10　选择多个单元格

2. 选择整列和整行

选择单元格时可以使用【文字】工具，执行下列任一操作：

- 在表内单击，或选择文本，然后选择【表】|【选择】|【列】或【行】命令。
- 将指针移至列的上边缘或行的左边缘，以便指针变为箭头形状(↓ 或 →)后，单击选择整列或整行，如图 8-11 所示。

第一小组人员名单及联系方式		
姓名	电话	电子邮箱
Lisa	01-9534-3785	lisa@company.com
Susan	01-9534-2481	susan@company.com
Tom	01-9534-6584	tom@company.com
Johnny	01-9238-4652	johnny@company.com
Kevin	01-3515-4023	kevin@company.com
Helen	01-3584-6835	helen@company.com
Jeff	01-5684-3584	jeff@company.com

第一小组人员名单及联系方式		
姓名	电话	电子邮箱
Lisa	01-9534-3785	lisa@company.com
Susan	01-9534-2481	susan@company.com
Tom	01-9534-6584	tom@company.com
Johnny	01-9238-4652	johnny@company.com
Kevin	01-3515-4023	kevin@company.com
Helen	01-3584-6835	helen@company.com
Jeff	01-5684-3584	jeff@company.com

第一小组人员名单及联系方式		
姓名	电话	电子邮箱
Lisa	01-9534-3785	lisa@company.com
Susan	01-9534-2481	susan@company.com
Tom	01-9534-6584	tom@company.com
Johnny	01-9238-4652	johnny@company.com
Kevin	01-3515-4023	kevin@company.com
Helen	01-3584-6835	helen@company.com
Jeff	01-5684-3584	jeff@company.com

第一小组人员名单及联系方式		
姓名	电话	电子邮箱
Lisa	01-9534-3785	lisa@company.com
Susan	01-9534-2481	susan@company.com
Tom	01-9534-6584	tom@company.com
Johnny	01-9238-4652	johnny@company.com
Kevin	01-3515-4023	kevin@company.com
Helen	01-3584-6835	helen@company.com
Jeff	01-5684-3584	jeff@company.com

图 8-11　选择整行

3. 选择整个表

选择单元格时可以使用【文字】工具，执行下列任一操作。

- 在表内单击，或选择文本，然后选择【表】|【选择】|【表】命令即可。

◉ 将指针移至表的左上角，指针将变为箭头形状 ↘，然后单击选择整个表，如图 8-12 所示。

第一小组人员名单及联系方式		
姓名	电话	电子邮箱
Lisa	01-9534-3785	lisa@company.com
Susan	01-9534-2481	susan@company.com
Tom	01-9534-6584	tom@company.com
Johnny	01-9238-4652	johnny@company.com
Kevin	01-3515-4023	kevin@company.com
Helen	01-3584-6835	helen@company.com
Jeff	01-5684-3584	jeff@company.com

第一小组人员名单及联系方式		
姓名	电话	电子邮箱
Lisa	01-9534-3785	lisa@company.com
Susan	01-9534-2481	susan@company.com
Tom	01-9534-6584	tom@company.com
Johnny	01-9238-4652	johnny@company.com
Kevin	01-3515-4023	kevin@company.com
Helen	01-3584-6835	helen@company.com
Jeff	01-5684-3584	jeff@company.com

图 8-12　选中整个表格

可以用选择定位图形的方式选择表，即将插入点紧靠表的前面或后面放置，然后按住 Shift 键，同时相应地按向右箭头键或向左箭头键以选择该表。

8.2.2　添加表格内容

表格和文本框架一样，可以添加文本和图形。表格中文本的属性设置与其他文本属性设置方法相同。

1. 向表中添加文本

在 InDesign 的表格中，使用【文字】工具，在单元格中单击，产生插入点并输入文本，如图 8-13 所示。按 Enter 键在单元格中新建一个段落，单元格会自动扩充以容纳新段落。按 Tab 键可在各单元格之间移动。按 Shift+Tab 组合键可在各个单元格之间向前移动。

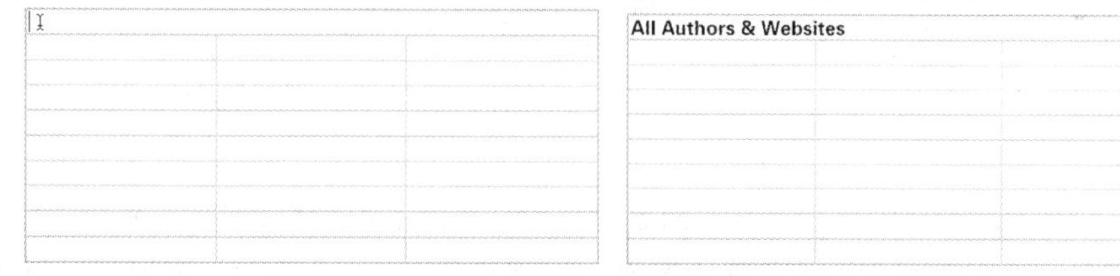

图 8-13　添加文本

如果要复制文本，首先在单元格中选中文本，然后选择【编辑】|【复制】命令，再选择【编辑】|【粘贴】命令。如果要置入文件，需要将插入点放置在要添加文本的单元格中，然后选择【文件】|【置入】命令，然后双击一个文本文件，将文件置入。

2. 向表中添加图形

在 InDesign 的表格中添加图像，可以使用【文字】工具在单元格中单击，产生插入点。选择【文件】|【置入】命令，打开【置入】对话框，选择需要的图像后，单击【打开】按钮将图像置入单元格中。但是如果图像超过了单元格的范围，则不会显示图像。

【例 8-3】　在创建的表格中添加文字和图像。

(1) 在 InDesign 中，创建一个新文档。使用【文字】工具在页面中创建文本框，在控制面板中设置字体样式为方正大黑_GBK，【字体大小】为 15 点，单击【居中对齐】按钮，然后输入文字 All Authors & Websites，如图 8-14 所示。

(2) 当插入点位于文本后时，选择【表】|【插入表】命令，打开【插入表】对话框。在【正文行】文本框中输入数字 10，在【列】文本框中输入数字 3，然后单击【确定】按钮，即可插入表格，如图 8-15 所示。

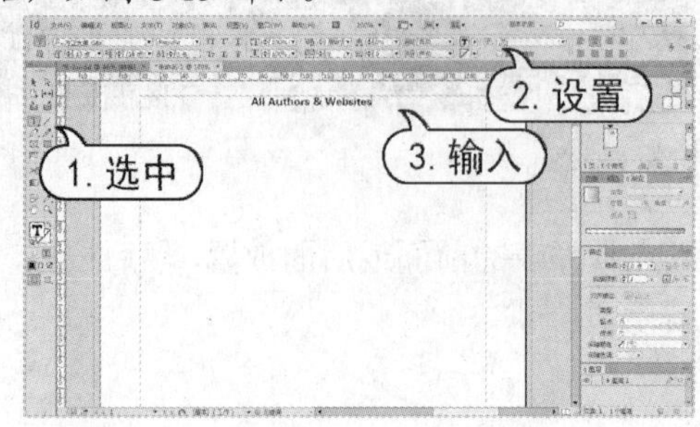

图 8-14　输入文字

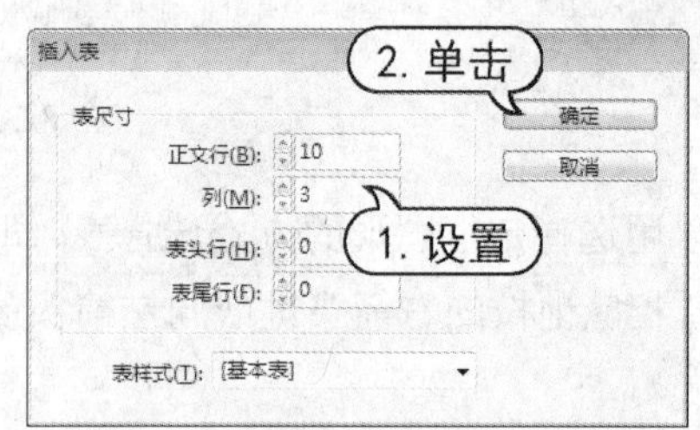

图 8-15　插入表

(3) 将鼠标指针放置在表格第一行第二个单击设置插入点，然后输入文字内容 Authors，按下 Tab 键使插入点位于其右侧的单元格中，然后输入文字 Websites，如图 8-16 所示。

(4) 参照步骤(3)的操作方法，按下 Tab 键在单元格间切换并输入文字，使表格效果如图 8-17 所示。

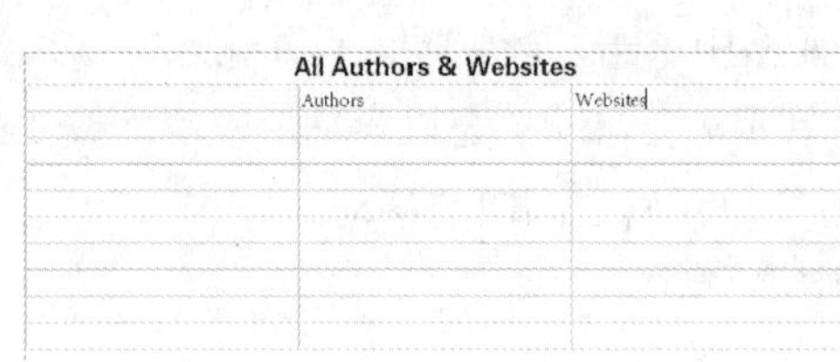

图 8-16　添加文本

All Authors & Websites

	Authors	Websites
	Tony Abbott	http://www.tonyabbottbooks.com
	Peter Abrahams	http://www.peterabrahams.com/
	Linda Acredolo	http://www.babysigns.com
	Alma Flor Ada	http://www.almaflorada.com/
	Jan Adkins	http://www.janadkins.com/
	Lincoln Agnew	http://www.leahcypess.com/
	Buzz Aldrin	http://www.buzzaldrin.com
	Jessica Alexander	http://www.jessica-alexander.com
	Elizabeth Alexander	http://www.elizabethalexander.net/

图 8-17　添加文本

(5) 将插入点放置在表格第二行第一列的单元格中，选择【文件】|【置入】命令，打开【置入】对话框，选择需要插入到指定单元格的图像，然后单击【打开】按钮，如图 8-18 所示。

图 8-18　置入图像

(6) 使用【选择】工具选中置入图像，在控制面板中设置 W 为 56 毫米，H 为 16 毫米，更改图片大小，并右击，在弹出的快捷菜单中选择【适合】|【按比例填充框架】命令，然后双击

图像，当显示棕色边界框时调整图像显示区域，如图 8-19 所示。

(7) 参照步骤(6)的操作方法，在表格第一列的单元格中置入图像，效果如图 8-20 所示。

All Authors & Websites		
	Authors	Websites
	Tony Abbott	http://www.tonyabbottbooks.com
	Peter Abrahams	http://www.peterabrahams.com/
	Linda Acredolo	http://www.babysigns.com
	Alma Flor Ada	http://www.almaflorada.com/
	Jan Adkins	http://www.janadkins.com/
	Lincoln Agnew	http://www.leahcypess.com/
	Buzz Aldrin	http://www.buzzaldrin.com
	Jessica Alexander	http://www.jessica-alexander.com
	Elizabeth Alexander	http://www.elizabethalexander.net/

图 8-19　调整图片

All Authors & Websites		
	Authors	Websites
	Tony Abbott	http://www.tonyabbottbooks.com
	Peter Abrahams	http://www.peterabrahams.com/
	Linda Acredolo	http://www.babysigns.com
	Alma Flor Ada	http://www.almaflorada.com/
	Jan Adkins	http://www.janadkins.com/
	Lincoln Agnew	http://www.leahcypess.com/
	Buzz Aldrin	http://www.buzzaldrin.com
	Jessica Alexander	http://www.jessica-alexander.com
	Elizabeth Alexander	http://www.elizabethalexander.net/

图 8-20　置入图像

(8) 使用【文字】工具选中表格的第二、第三列，在控制面板中单击段落排版选项组中的【居中对齐】按钮，在表排版选项组中单击【居中对齐】按钮，如图 8-21 所示。

(9) 使用【文字】工具选中表格的第一行，在控制面板中设置字体系列为方正黑体_GBK，【字体大小】为 14 点，如图 8-22 所示。

图 8-21　调整单元格内容(1)

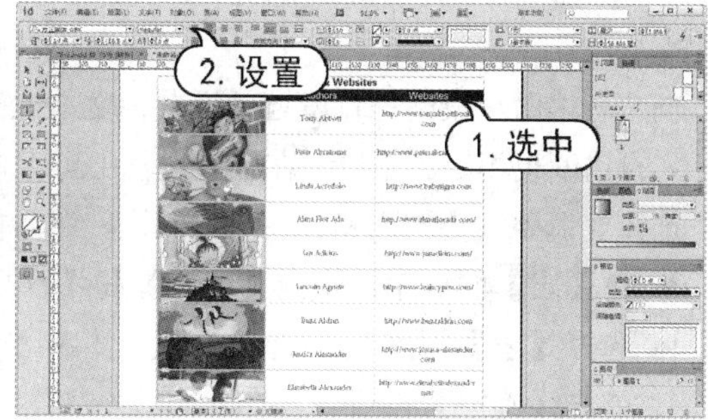

图 8-22　调整单元格内容(2)

(10) 将鼠标光标放置在表格列线上，当光标显示为双箭头时，拖动调整列宽，如图 8-23 所示。

(11) 选择【文件】|【存储】命令，打开【存储为】对话框。在对话框的【文件名】文本框中输入“添加表格内容”，然后单击【保存】按钮，如图 8-24 所示。

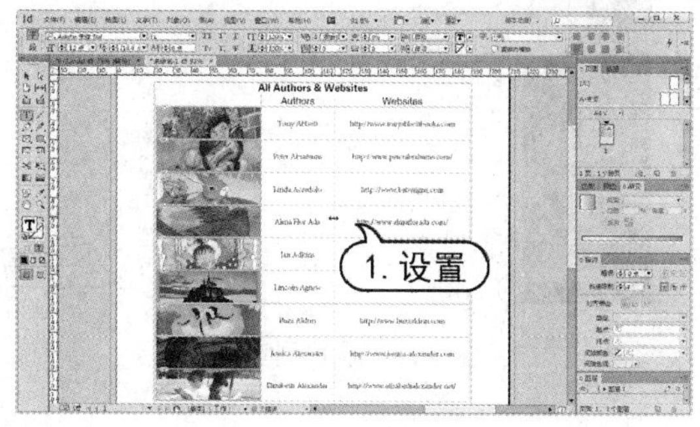

图 8-23　调整列宽

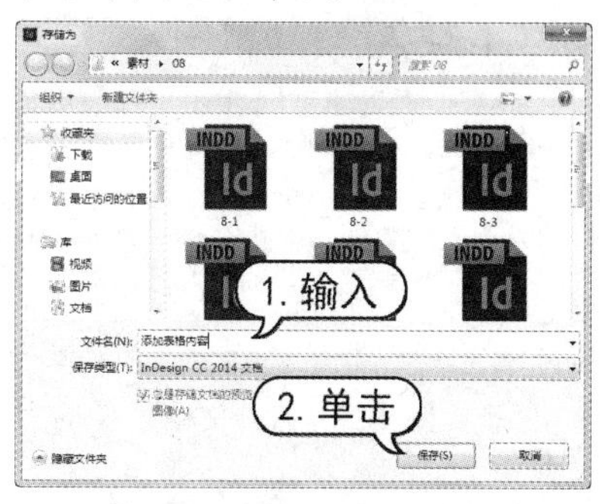

图 8-24　存储表格

8.2.3 【表】面板

选择【窗口】|【文字和表】|【表】命令，打开【表】面板，在该面板中可以针对表的多种参数进行设置，如图 8-25 所示。单击【表】面板的面板菜单按钮，也可以在弹出的下拉菜单中选择插入、删除、合并等操作，如图 8-26 所示。

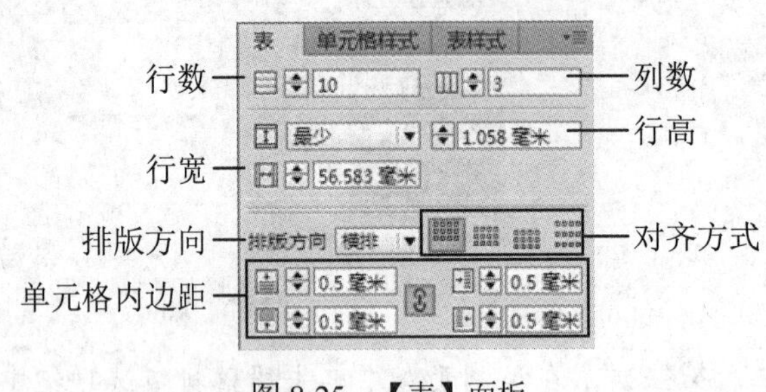

图 8-25 【表】面板

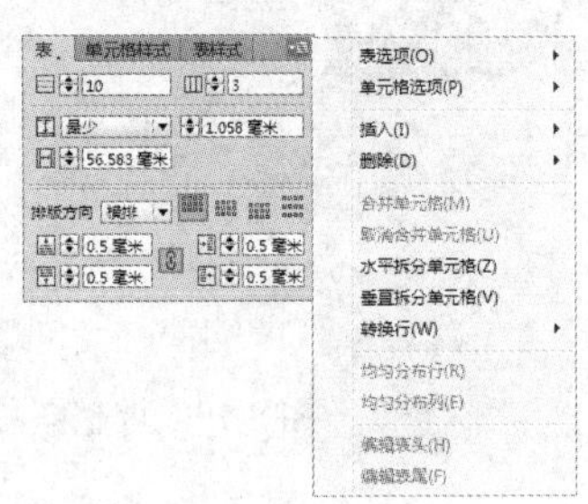

图 8-26 面板菜单

8.2.4 调整表格大小

创建表格时，表格的宽度自动设置为文本框架的宽度。默认情况下，每一行的宽度相等，每一列的宽度也相等。不过，在应用过程中可以根据需要调整表、行和列的大小。

选择要调整大小的列和行中的单元格，然后执行下列操作之一。

- 在【表】面板中，指定【列宽】和【行高】设置。
- 选择【表】|【单元格选项】|【行和列】命令，指定【行高】和【列宽】选项，然后单击【确定】按钮。

【例 8-4】在文档“影城放映时刻表”中调整表格的行高和列宽。

(1) 在 InDesign 中，选择【文件】|【打开】命令，打开文档“影城放映时刻表”，如图 8-27 所示。

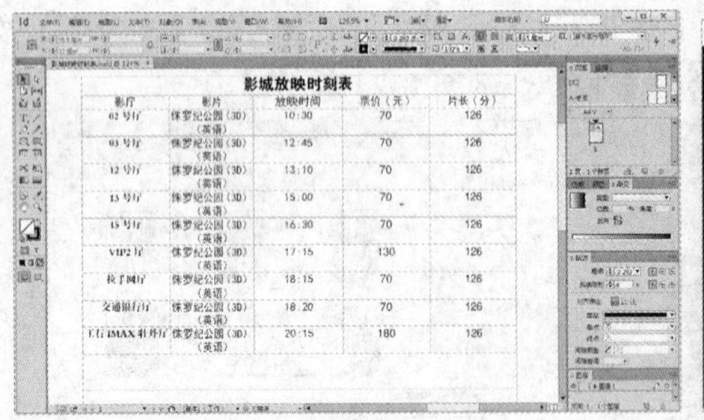

图 8-27 打开文档

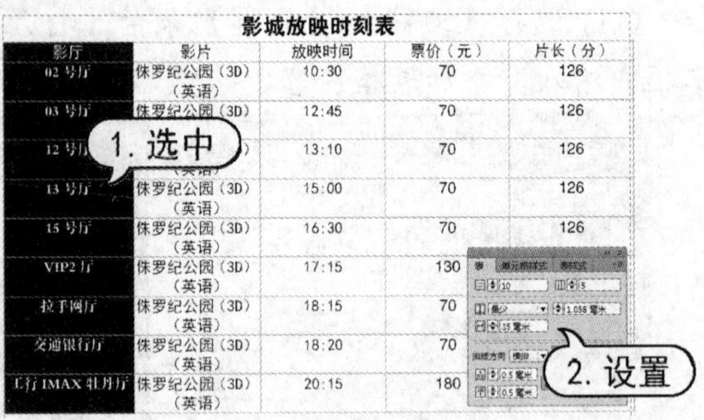

图 8-28 设置列宽(1)

(2) 使用【文字】工具选中第 1 列，选择【窗口】|【文字和表】|【表】命令，打开【表】

面板，在【列宽】微调框中输入“35 毫米”， 按下 Enter 键完成列宽的设置，如图 8-28 所示。

(3) 使用【文字】工具选中第 3 列至第 5 列，在【表】面板的【列宽】微调框中输入“20 毫米”；选中第 2 列，【表】面板的【列宽】微调框中输入“47 毫米”，在此时表格效果如图 8-29 所示。

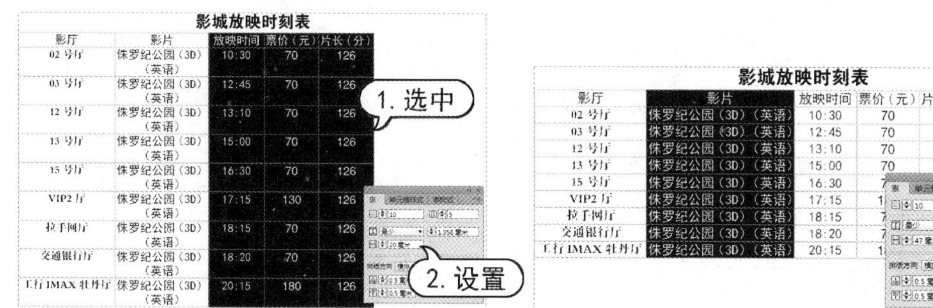

图 8-29　设置列宽(2)

(4) 使用【文字】工具选中表格第 1 行，在【表】面板中【行高】下拉列表中选择【精确】选项，在其右侧的微调框中输入“10 毫米”，并单击【居中对齐】按钮，此时表格效果如图 8-30 所示。

图 8-30　设置表格行高

提示

如果要平均分布表格的行或列，可以在行或列中选择应当等宽或等高的单元格，然后选择【表】|【均匀分布行】或【表】|【均匀分布列】命令。

(5) 选择【文件】|【存储】命令，保存设置好的行高和列宽。

8.2.5　插入、删除行/列

表格创建完成后，有时因为要输入更多数据而需要添加行和列，在 InDesign 中可以用几种不同的方法插入行和列。

- 插入行：将插入点放置在希望新行出现的位置的下一行或上一行，选择【表】|【插入】|【行】命令，在打开的【插入行】对话框中指定所需的行数和插入的位置，如图 8-31 所示。
- 插入列：将插入点放置在希望新列出现的位置的左侧或右侧，选择【表】|【插入】|【列】命令，在打开的【插入列】对话框中指定所需的列数和插入的位置，如图 8-32 所示。

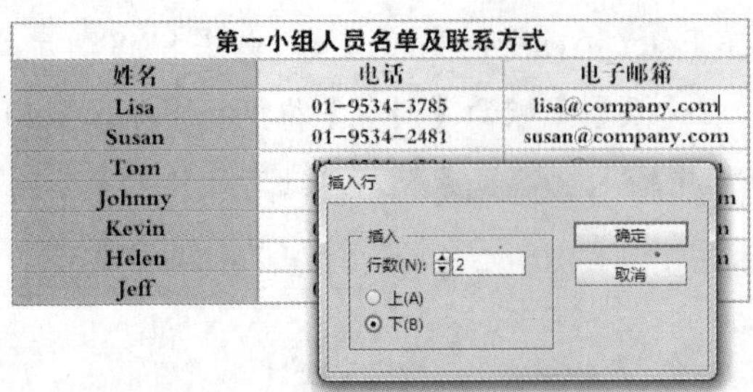

第一小组人员名单及联系方式		
姓名	电话	电子邮箱
Lisa	01-9534-3785	lisa@company.com
Susan	01-9534-2481	susan@company.com
Tom	01-9534-6584	tom@company.com
Johnny	01-9238-4652	johnny@company.com
Kevin	01-3515-4023	kevin@company.com
Helen	01-3584-6835	helen@company.com
Jeff	01-5684-3584	jeff@company.com

图 8-31　【插入行】对话框

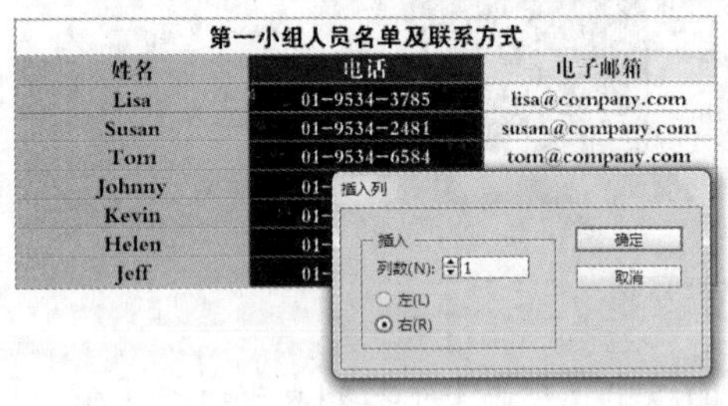

第一小组人员名单及联系方式			
姓名	电话		电子邮箱
Lisa	01-9534-3785		lisa@company.com
Susan	01-9534-2481		susan@company.com
Tom	01-9534-6584		tom@company.com
Johnny	01-9238-4652		johnny@company.com
Kevin	01-3515-4023		kevin@company.com
Helen	01-3584-6835		helen@company.com
Jeff	01-5684-3584		jeff@company.com

图 8-32　【插入列】对话框

◉ 插入多行和多列：将插入点放置在表中，然后选择【表】|【表选项】|【表设置】命令，在打开的【表选项】对话框中指定另外的行数和列数，然后单击【确定】按钮，新行将添加到表的底部，新列则添加到表的右侧，如图 8-33 所示。

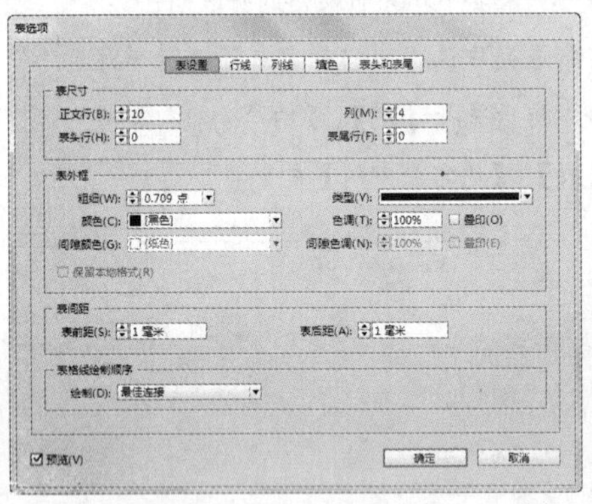

第一小组人员名单及联系方式			
姓名	电话	电子邮箱	
Lisa	01-9534-3785	lisa@company.com	
Susan	01-9534-2481	susan@company.com	
Tom	01-9534-6584	tom@company.com	
Johnny	01-9238-4652	johnny@company.com	
Kevin	01-3515-4023	kevin@company.com	
Helen	01-3584-6835	helen@company.com	
Jeff	01-5684-3584	jeff@company.com	

图 8-33　【表选项】对话框

提示

可以通过在插入点位于最后一个单元格中时按 Tab 键创建一个新行，新的单元格将具有与插入点放置行中的文本相同的格式。还可以通过拖动的方式插入行和列。将【文字】工具放置在列或行的边框上，以便显示双箭头图标(↔ 或 ↕)，按下 Alt 键向下拖动或向右拖动时创建新行或新列。

要删除行、列或表，可以将插入点放置在表内，或者选择表中的文本，然后选择【表】|【删除】|【行】、【列】或【表】命令。要使用【表选项】对话框来删除行和列，可以选择【表】|

【表选项】|【表设置】命令。制定小于当前值的行数和列数，然后单击【确定】按钮。行从表的底部被删除，列从表的右侧被删除。

8.2.6　合并、拆分单元格

在 InDesign 中，可以将表格中同一行或列中的两个或多个单元格合并为一个单元格。也可以水平或垂直拆分单元格，这在创建表单类型的表时特别有用。

要合并单元格，使用【文字】工具选择要合并的单元格，然后选择【表】|【合并单元格】命令，或右击，在打开的快捷菜单中选择【合并单元格】命令，如图 8-34 所示。要取消合并单元格，可以将插入点放置在合并的单元格中，然后选择【表】|【取消合并单元格】命令。

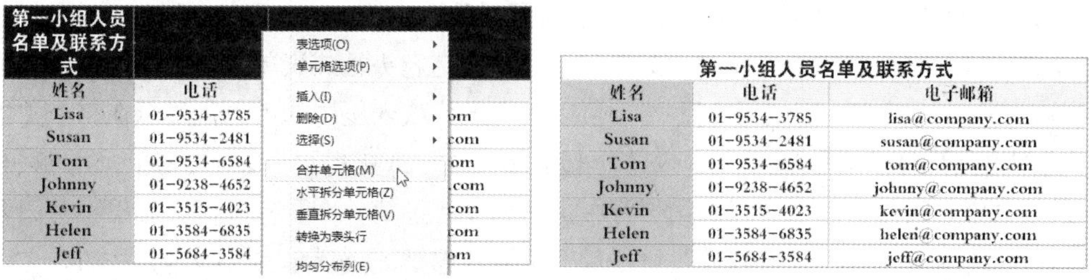

第一小组人员名单及联系方式		
姓名	电话	电子邮箱
Lisa	01-9534-3785	lisa@company.com
Susan	01-9534-2481	susan@company.com
Tom	01-9534-6584	tom@company.com
Johnny	01-9238-4652	johnny@company.com
Kevin	01-3515-4023	kevin@company.com
Helen	01-3584-6835	helen@company.com
Jeff	01-5684-3584	jeff@company.com

图 8-34　合并单元格

要拆分单元格，将插入点放置在要拆分的单元格中，或者选择行、列或单元块。选择【表】|【垂直拆分单元格】或【水平拆分单元格】命令，如图 8-35 所示。

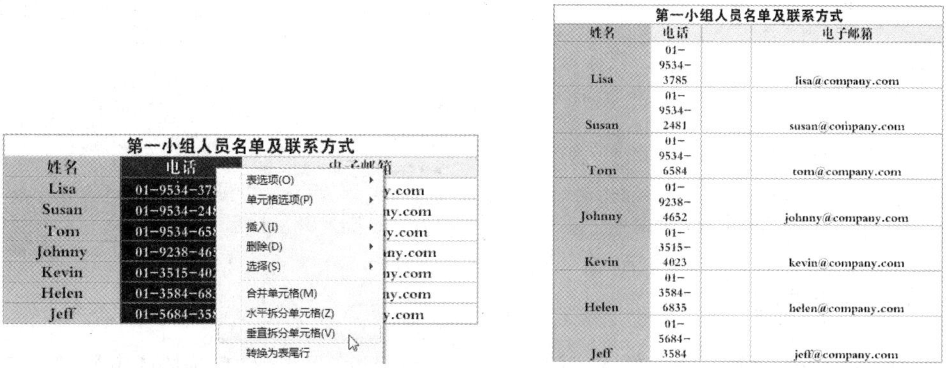

图 8-35　拆分单元格

8.2.7　编辑表头、表尾

创建长表时，该表可能会跨多个栏、框架或页面。可以使用表头或表尾在表的每个拆开部分的顶部或底部重复信息，如图 8-36 所示。可以在创建表时添加表头行和表尾行；可以使用【表选项】对话框来添加表头行和表尾行并更改它们在表中的显示方式；也可以选择【表】|【转换

行】|【到表头】或【到表尾】命令将正文行转换为表头行或表尾行。

All Authors & Websites	
Authors	Websites
Tony Abbott	http://www.tonyabbottbooks.com
Peter Abrahams	http://www.peterabrahams.com/
Linda Acredolo	http://www.babysigns.com
Alma Flor Ada	http://www.almaflorada.com/
Jan Adkins	http://www.janadkins.com/
Lincoln Agnew	http://www.leahcypess.com/

All Authors & Websites	
Authors	Websites
Buzz Aldrin	http://www.buzzaldrin.com
Jessica Alexander	http://www.jessica-alexander.com
Elizabeth Alexander	http://www.elizabethalexander.net/

图 8-36　重复使用表头

1. 更改表头行或表尾行选项

要更改表头行或表尾行选项，可以将插入点放置在表中，然后选择【表】|【表选项】|【表头和表尾】命令，打开如图 8-37 所示的【表选项】对话框。

在【表选项】对话框中，【表尺寸】选项也可以指定表头行或表尾行的数量，在表的顶部或底部添加空行。【表头】、【表尾】选项可以指定表头或表尾中的信息是显示在每个文本栏中(如果文本框架具有多栏)，还是每个文本框架显示一次，或是每页只显示一次，如图 8-38 所示。如果不希望表头信息显示在表的第一行中，选择【跳过第一个】复选框。如果不希望表尾信息显示在表的最后一行中，选择【跳过最后一个】复选框，然后单击【确定】按钮。

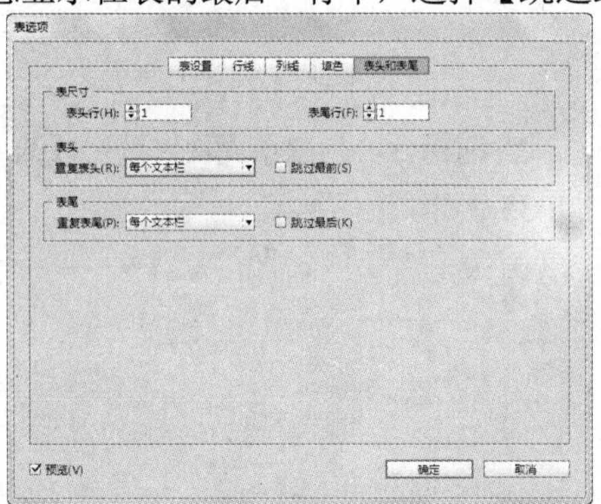

图 8-37　【表选项】对话框

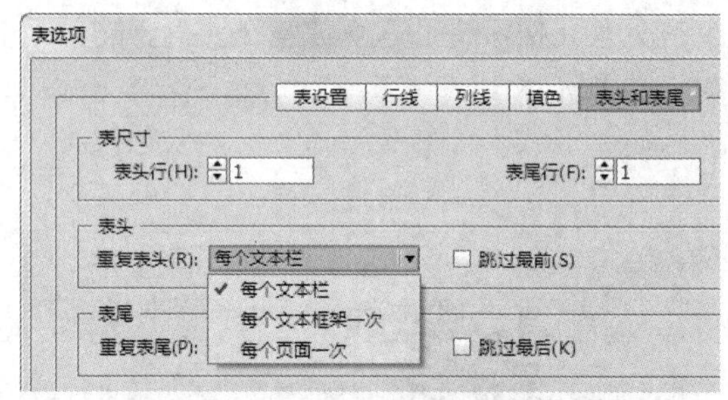

图 8-38　指定信息显示

2. 去除表头行或表尾行

要去除表头行或表尾行，先将插入点放置在表头行或表尾行中，然后选择【表】|【转换行】|【到正文】命令。或者选择【表】|【表选项】|【表头和表尾】命令，然后在打开的【表选项】对话框中重新指定另外的表头行数或表尾行数。

8.2.8　设置表效果

可以通过多种方式将描边(即表格线)和填色添加到表中。使用【表选项】对话框可以更改表边框的描边，并向列和行中添加交替描边和填色。

1. 表设置

选择【表】|【表选项】|【表设置】命令，打开【表选项】对话框，选择【表设置】选项卡，具体参数设置，如图 8-39 所示。

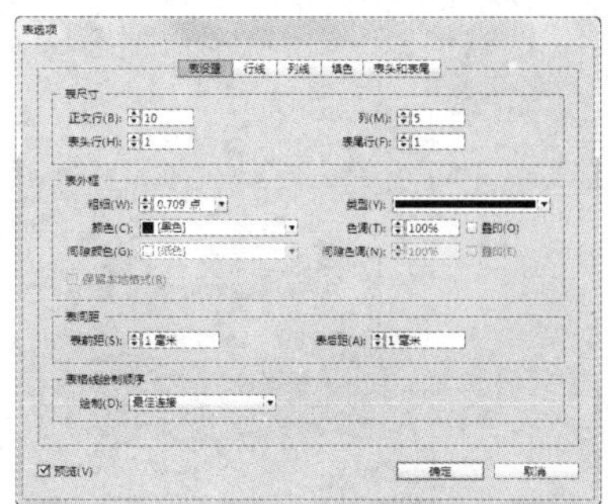

图 8-39　表设置

- 【表尺寸】：在该选项栏中可以设置表格中的正文行数、列数、表头行数和表尾行数。
- 【粗细】：为表或单元格边框指定线条的粗细度。
- 【类型】：指定线条样式。
- 【颜色】：指定表或单元格边框的颜色。
- 【色调】：指定要应用于描边或填色的指定颜色的油墨百分比。
- 【间隙颜色】：将颜色应用于虚线、点或线条之间的区域。如果在【类型】下拉列表框中选择【实线】，则此选项不可用。

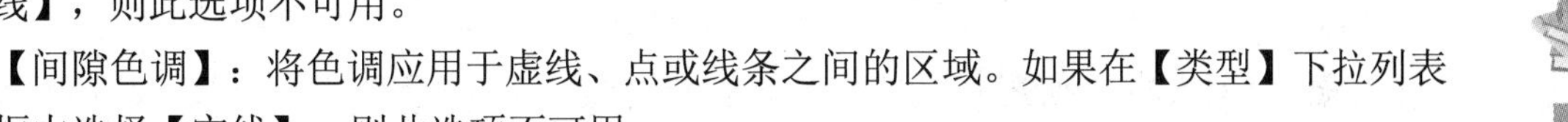

- 【间隙色调】：将色调应用于虚线、点或线条之间的区域。如果在【类型】下拉列表框中选择【实线】，则此选项不可用。
- 【叠印】：如果选中该选项，将导致【颜色】下拉列表中所指定的油墨应用与所有底色之上，而不是挖空这些底色。
- 【表间距】：表前距与表后距是指定表格的前面和表后的后面离文字或其他周围对象的距离。
- 【表格线绘制顺序】：可以设置绘制的顺序。有以下几个选项可供选择：【最佳连接】选项，如果选中该选项，则在不同颜色的描边交叉点处行线将显示在上面。此外，当描边(如双线)交叉时，描边会连接在一起，并且交叉点也会连接在一起。【行线在上】选项，如果选中该选项，行线会显示在上面。【列线在上】选项，如果选中该选项，列线会显示在上面。【InDesign 2.0 兼容性】选项，如果选中该选项，行线会显示在上面。此外，当多条描边(如双线)交叉时，它们会连接在一起，而仅在多条描边呈 T 形交叉时，多个交叉点才会连接在一起。

2. 行线、列线设置

如果需要对表格的行线进行设置，打开【表选项】对话框后，选择【行线】选项卡，具体设置参数，如图 8-40 所示。

- 【交替模式】：选择要使用的模式类型，如图 8-41 所示。选择【无】选项，则不适用任何交替方式；选择【每隔一行】选项，则可以使表格外框隔行改变描边效果；若选择【自定行】选项，则可以进一步指定交替方式
- 【交替】：在该选项组中，可以进一步为前后行设置行线粗细、类型、颜色、色调等。
- 【跳过最前】和【跳过最后】：指定表的开始和结束处不希望其中显示描边属性的行数或列数。

◉ 【保留本地格式】：选中该选项，可以保留以前应用于表的描边效果。

知识点

在跨多个框架的表中，行的交替描边和填色不会在文章中附加框架的开始处重新开始。

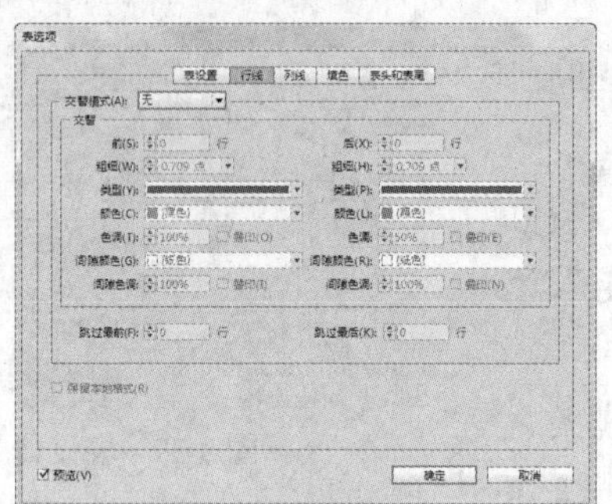

图 8-40　行线设置

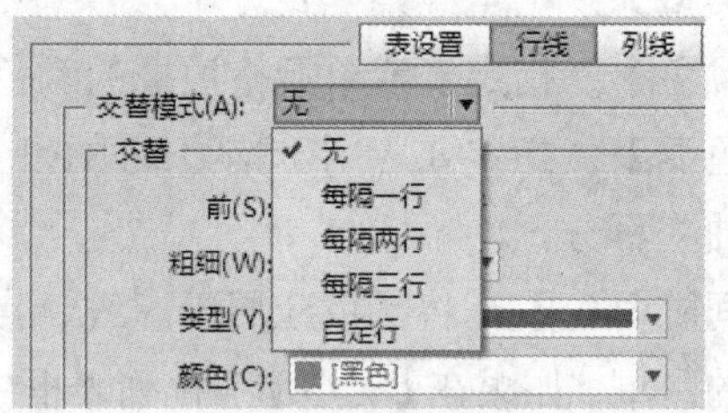

图 8-41　交替模式

如果需要对表格的列线进行设置，打开【表选项】对话框，选择【列线】选项卡，具体参数设置于行线设置基本相同，如图 8-42 所示。

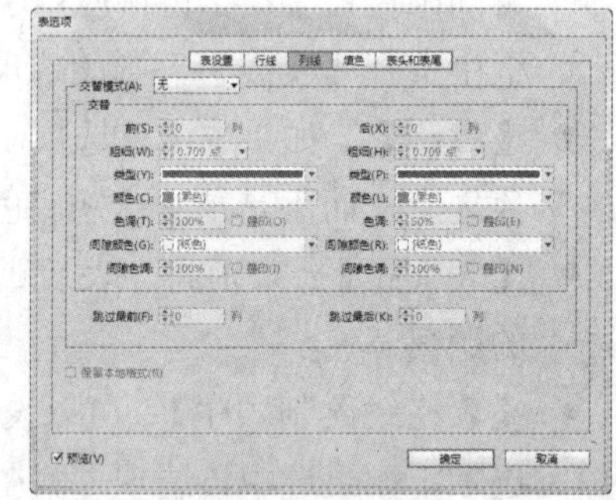

图 8-42　列设置

3. 填色设置

使用【表选项】对话框不仅可以更改表边框的描边，还可以向列和行中添加交替描边和填色。在【表选项】对话框中选择【填色】选项卡，可以对表格填色进行具体参数的设置，具体参数与行线、列线设置参数基本相同，如图 8-43 所示。

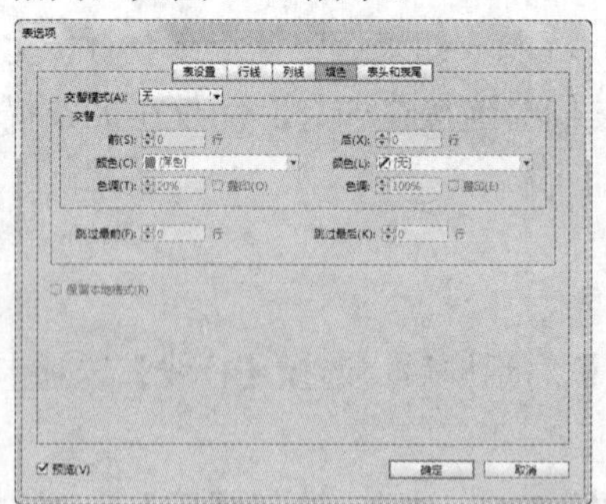

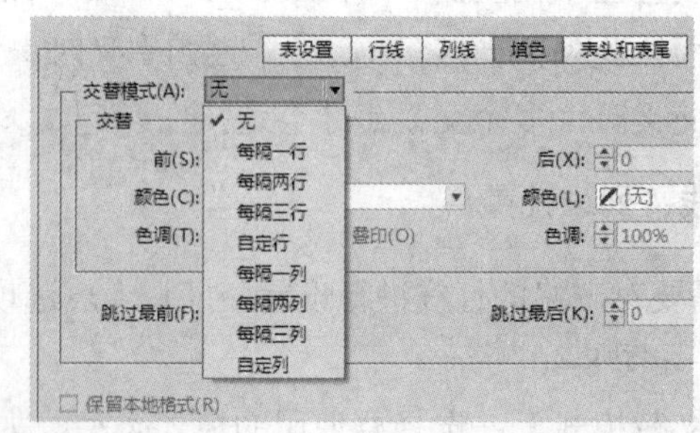

图 8-43　填色设置

【例 8-5】在文档中调整表格设置。

(1) 在 InDesign 中，选择【文件】|【打开】命令打开文档，如图 8-44 所示。

(2) 将鼠标光标移至表格中单击，然后选择【表】|【表选项】|【表设置】命令，打开【表设置】对话框。在【表选项】对话框的【表外框】选项组中，设置【粗细】为 3 点，单击【类

型】下拉列表，选择【细-粗】选项，如图 8-45 所示。

图 8-44　打开文档

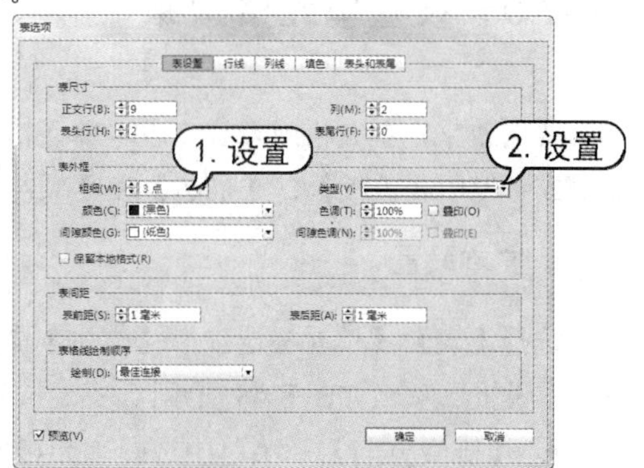

图 8-45　表设置

(3) 单击【表选项】对话框中的【填色】选项卡，打开填色设置。在【交替模式】下拉列表中选择【每隔一行】选项，在【交替】选项组中，设置【前】、【后】为 1 行，在【颜色】下拉列表中选择 C=0 M=0 Y=100 K=0 选项，设置【色调】为 30%，然后单击【确定】按钮应用，如图 8-46 所示。

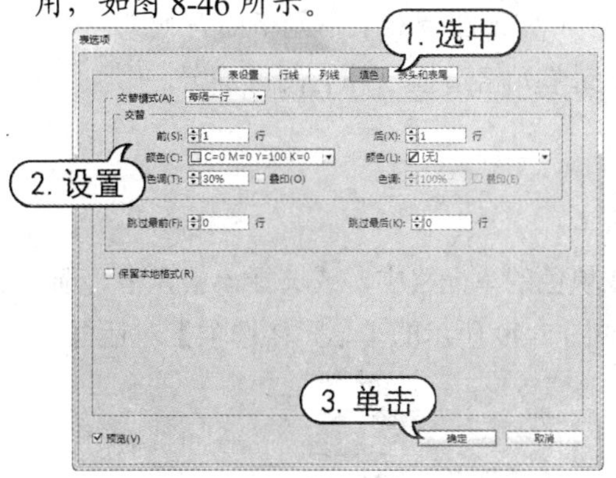

All Authors & Websites	
Authors	Websites
Tony Abbott	http://www.tonyabbottbooks.com
Peter Abrahams	http://www.peterabrahams.com/
Linda Acredolo	http://www.babysigns.com
Alma Flor Ada	http://www.almaflorada.com/
Jan Adkins	http://www.janadkins.com/
Lincoln Agnew	http://www.leahcypess.com/
Buzz Aldrin	http://www.buzzaldrin.com
Jessica Alexander	http://www.jessica-alexander.com
Elizabeth Alexander	http://www.elizabethalexander.net/

图 8-46　填色设置

(4) 使用【文字】工具选中表头行，在【颜色】面板中设置填充色为 C=0 M=65 Y=85 K=0，如图 8-47 所示。

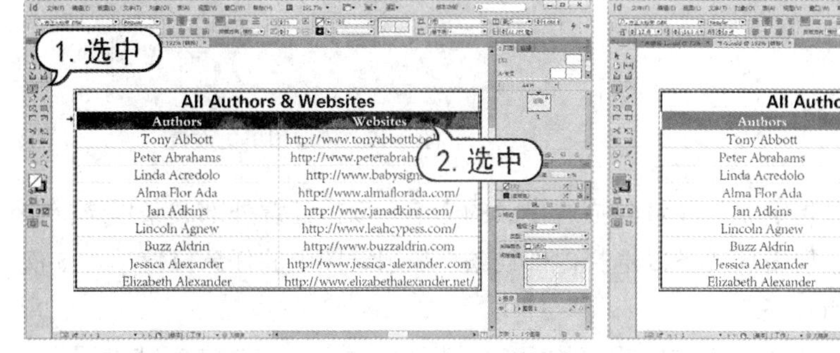

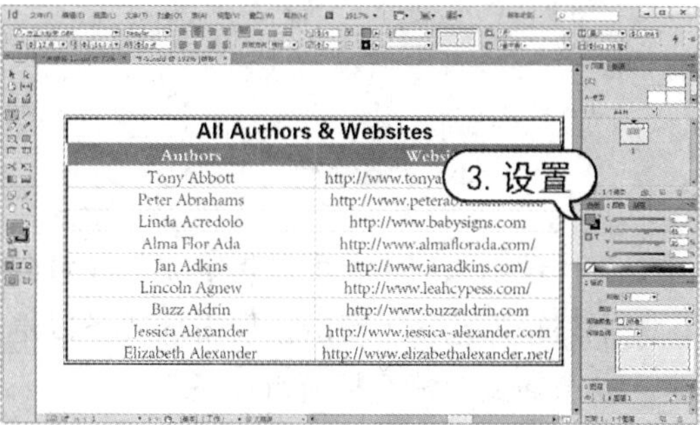

图 8-47　填充颜色

8.2.9 设置单元格效果

要更改个别单元格或表头、表尾单元格的描边和填色效果，可以使用【单元格选项】对话框，或者使用【色板】、【描边】和【颜色】面板。

1. 文本设置

选择【表】|【单元格选项】|【文本】命令，在打开的【单元格选项】对话框中将显示单元格文本设置选项，如图 8-48 所示。

- 【排版方向】：菜单中选择单元格中的文字方向。
- 【单元格内边距】：为【上】、【下】、【左】、【右】指定值。
- 【垂直对齐】：选择一种【对齐】设置，上对齐、居中对齐、下对齐、垂直对齐或两端对齐。如果选择【两端对齐】，需指定【段落间距限制】，这将限制要在段落间添加的最大空白量。
- 【首行基线】：选择一个选项来决定文本将如何从单元格顶部位移。
- 【剪切】：选中【按单元格大小剪切内容】选项，如果图像对于单元格而言太大，则图像会延伸到单元格边框以外，可以剪切延伸到单元格边框以外的图像部分。
- 【文本旋转】：指定旋转单元格中的文本。

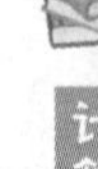

2. 描边和填色设置

使用【文字】工具，将插入点放置在要添加描边或填色的单元格中，或选择该单元格。选择【表】|【单元格选项】|【描边和填色】命令，打开如图 8-49 所示的【单元格选项】对话框。

图 8-48　文本设置

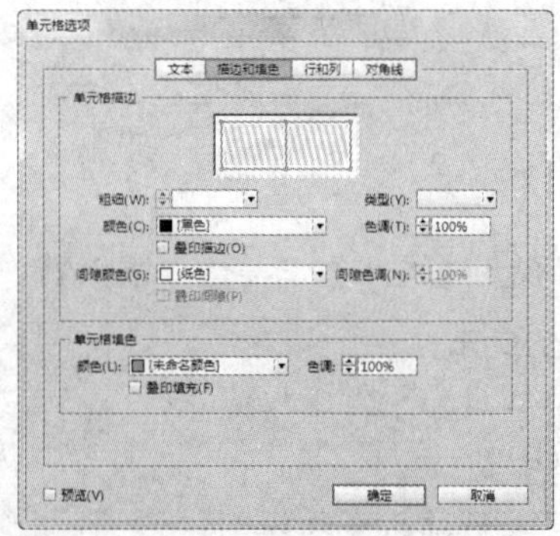

图 8-49　描边和填色设置

- 在代理示意图中，可以指定哪些线将受描边更改的影响。双击任意外部线条以选择整个外矩形选区。双击任何内部线条以选择内部线条。在示意图中的任意位置单击 3 次以选择或取消选择所有线条。
- 在【单元格描边】选项组中，指定所需要的粗细、类型、颜色、色调和间隙设置。
- 在【单元格填色】选项组中，指定所需的颜色和色调设置。

要更改个别单元格或表头、表尾单元格的描边和填色，也可以使用【描边】、【色板】和

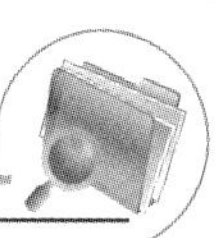

【颜色】面板进行填色和描边设置。

选择要影响的单元格，选择【窗口】|【描边】命令以显示【描边】面板。在代理示意图中，指定哪些线将受描边更改的影响，然后指定描边的粗细值和类型，也可以编辑表格描边，如图 8-50 所示。

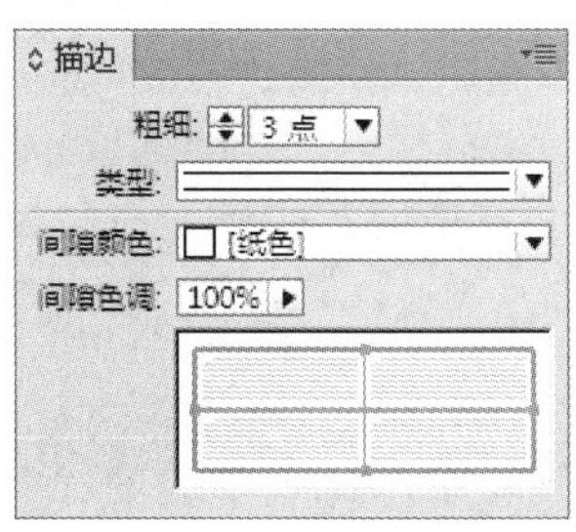

All Authors & Websites	
Authors	Websites
Tony Abbott	http://www.tonyabbottbooks.com
Peter Abrahams	http://www.peterabrahams.com/
Linda Acredolo	http://www.babysigns.com
Alma Flor Ada	http://www.almaflorada.com/
Jan Adkins	http://www.janadkins.com/
Lincoln Agnew	http://www.leahcypess.com/
Buzz Aldrin	http://www.buzzaldrin.com
Jessica Alexander	http://www.jessica-alexander.com
Elizabeth Alexander	http://www.elizabethalexander.net/

图 8-50　使用【描边】面板

要将填色应用于单元格，需要先选择要影响的单元格，然后选择【窗口】|【色板】或【颜色】命令以显示【色板】或【颜色】面板，在面板中设置颜色；或在控制面板中选择一个色板即可为选择的单元格填色，如图 8-51 所示。

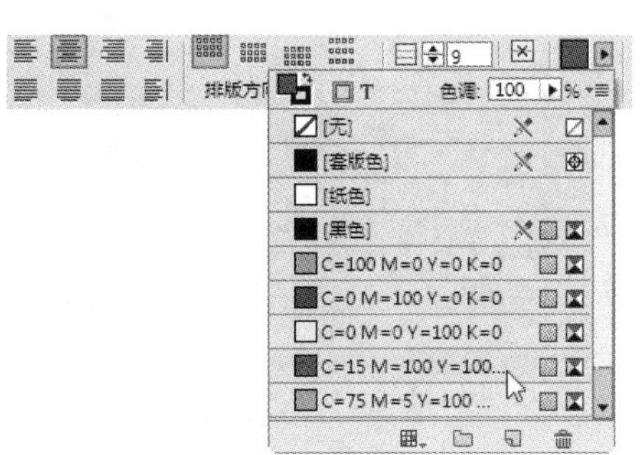

第一小组人员名单及联系方式		
姓名	电话	电子邮箱
Lisa	01-9534-3785	lisa@company.com
Susan	01-9534-2481	susan@company.com
Tom	01-9534-6584	tom@company.com
Johnny	01-9238-4652	johnny@company.com
Kevin	01-3515-4023	kevin@company.com
Helen	01-3584-6835	helen@company.com
Jeff	01-5684-3584	jeff@company.com

第一小组人员名单及联系方式		
姓名	电话	电子邮箱
Lisa	01-9534-3785	lisa@company.com
Susan	01-9534-2481	susan@company.com
Tom	01-9534-6584	tom@company.com
Johnny	01-9238-4652	johnny@company.com
Kevin	01-3515-4023	kevin@company.com
Helen	01-3584-6835	helen@company.com
Jeff	01-5684-3584	jeff@company.com

图 8-51　向单元格添加填色

要向单元格添加渐变，可以先选择要影响的单元格，再选择【窗口】|【渐变】以显示【渐变】面板，单击【渐变曲线】，以便向选定单元格应用渐变，然后根据需要调整渐变设置，如图 8-52 所示。

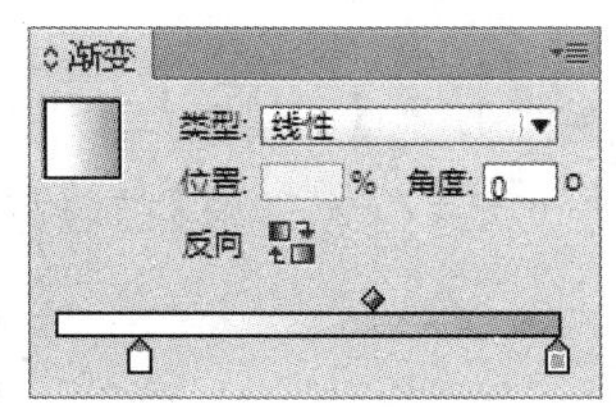

第一小组人员名单及联系方式		
姓名	电话	电子邮箱
Lisa	01-9534-3785	lisa@company.com
Susan	01-9534-2481	susan@company.com
Tom	01-9534-6584	tom@company.com
Johnny	01-9238-4652	johnny@company.com
Kevin	01-3515-4023	kevin@company.com
Helen	01-3584-6835	helen@company.com
Jeff	01-5684-3584	jeff@company.com

第一小组人员名单及联系方式		
姓名	电话	电子邮箱
Lisa	01-9534-3785	lisa@company.com
Susan	01-9534-2481	susan@company.com
Tom	01-9534-6584	tom@company.com
Johnny	01-9238-4652	johnny@company.com
Kevin	01-3515-4023	kevin@company.com
Helen	01-3584-6835	helen@company.com
Jeff	01-5684-3584	jeff@company.com

图 8-52　向单元格添加渐变

提示

在工具箱中，确保【格式针对容器】按钮已选中。如果选择了【格式针对文本】按钮，则更改描边将影响文本，而不影响单元格。

3. 行和列设置

如果需要对单元格的行和列进行设置，打开【单元格选项】对话框，选择【行和列】选项卡，具体参数设置如图 8-53 所示。

- 行高和列宽：调整选中单元格的行和列。
- 起始行：要使行在指定位置换行，在【起始行】下拉列表中选择一个选项。
- 与下一行接排：要将选定行保持在一起，选中【与下一行接排】选项。

4. 对角线设置

使用【文字】工具，将插入点放置在要添加对角线的单元格中或选择这些单元格，选择【表】|【单元格选项】|【对角线】命令，打开【单元格选项】对话框的【对角线】选项卡，如图 8-54 所示。

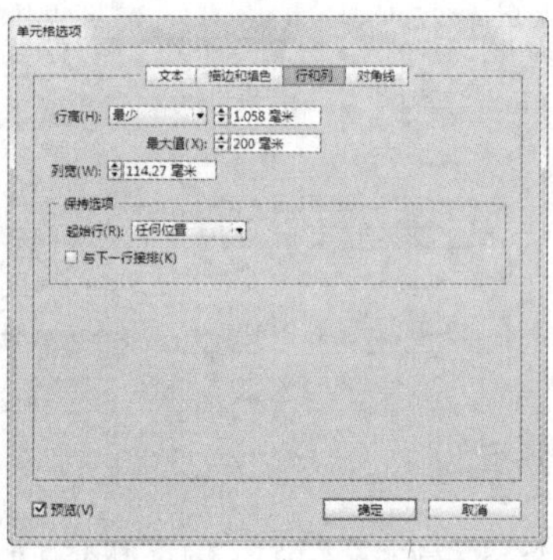

图 8-53　行和列设置

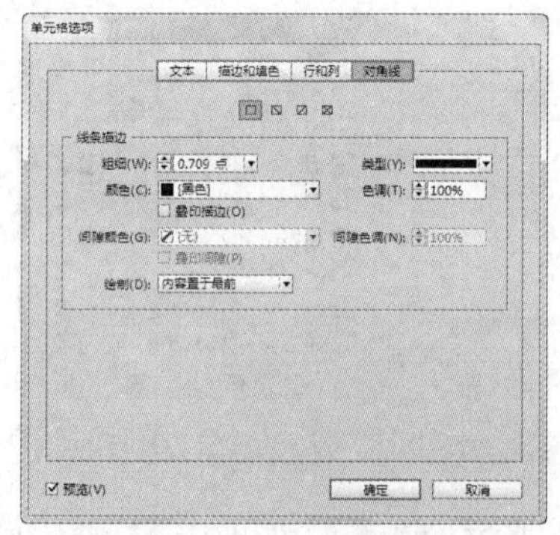

图 8-54　对角线设置

单击要添加的对角线类型的按钮，在【线条描边】选项区域中，可以指定所需的粗细、类型、颜色和间隙设置，以及【色调】百分比和【叠印描边】选项；在【绘制】下拉列表框中，选择【对角线置于最前】以将对角线放置在单元格内容的前面，选择【内容置于最前】以将对角线放置在单元格内容的后面。

【例 8-6】在文档中创建表格，并编辑单元格效果。

(1) 在 InDesign 中，选择【文件】|【新建】|【文档】命令打开【新建文档】对话框。在对话框中【页面大小】下拉列表中选择 A4，然后单击【边距和分栏】按钮打开【新建边距和分栏】对话框，并单击【确定】按钮新建文档，如图 8-55 所示。

(2) 选择【矩形框架】工具在页面中拖动绘制矩形框架，按 Ctrl+D 组合键打开【置入】对话框。在对话框中，选中需要置入的图像，然后单击【打开】按钮，并右击鼠标，在弹出的快捷菜单中选择【适合】|【按比例填充框架】命令，如图 8-56 所示。

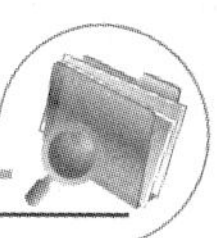

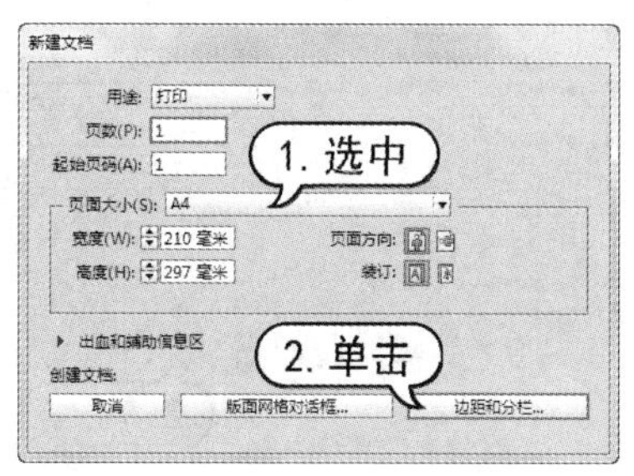

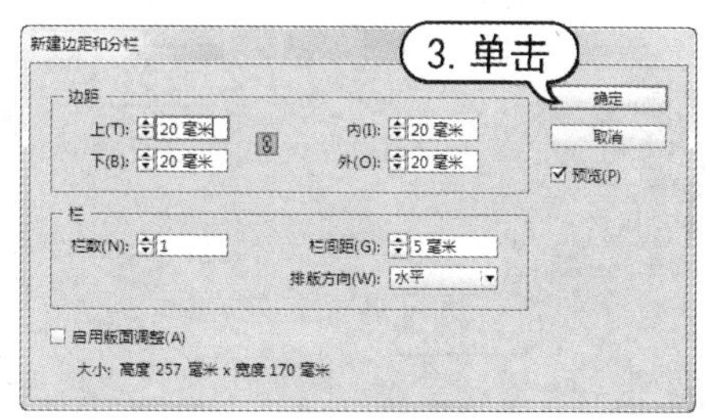

图 8-55　新建文档

图 8-56　置入图像

(3) 选择【对象】|【效果】|【定向羽化】命令，打开【效果】对话框。在对话框中，设置【下】为 135 毫米，然后单击【确定】按钮，如图 8-57 所示。

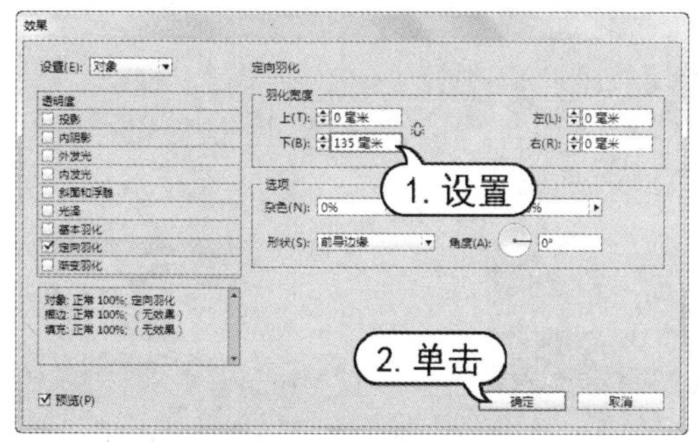

图 8-57　定向羽化

(4) 选择【文字】工具在页面中拖动创建文本框，在控制面板中设置字体为方正小标宋简体，字体大小为 28 点，在【颜色】面板中，设置字体颜色为 C=100 M=67 Y=0 K=0，然后输入文字内容，如图 8-58 所示。

(5) 选择【文字】工具在页面中拖动创建文本框，在控制面板中设置字体为 Arial，样式为 Bold，字体大小为 78 点，在【颜色】面板中，设置字体颜色为 C=100 M=67 Y=0 K=0，然后输入文字内容，如图 8-59 所示。

(6) 使用【文字】工具依据内边距拖动绘制一个文本框，选择【表】|【插入表】命令，打开【插入表】对话框。在对话框中，设置【正文行】为 4，【列】为 4，然后单击【确定】按钮，如图 8-60 所示。

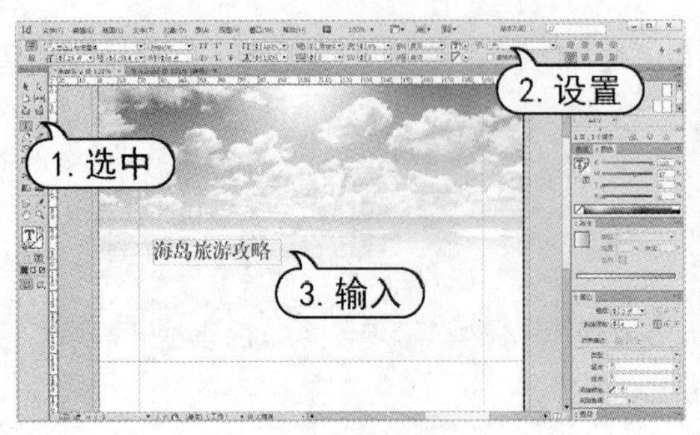

图 8-58 输入文字(1)

图 8-59 输入文字(2)

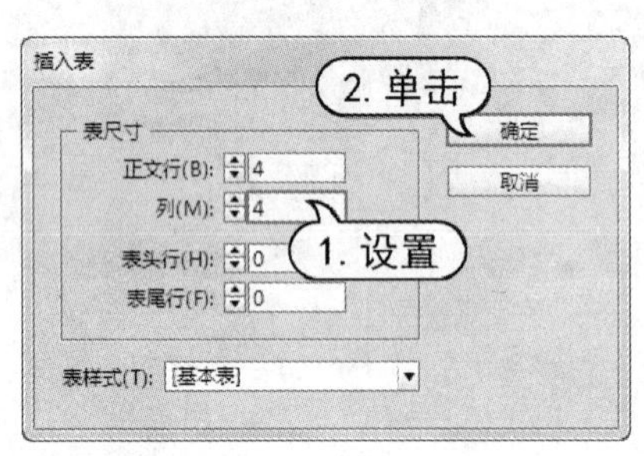

图 8-60 插入表格

(7) 按 Ctrl+D 组合键打开【置入】对话框，在对话框中选中需要置入的图像，再单击【打开】按钮置入图像，如图 8-61 所示。

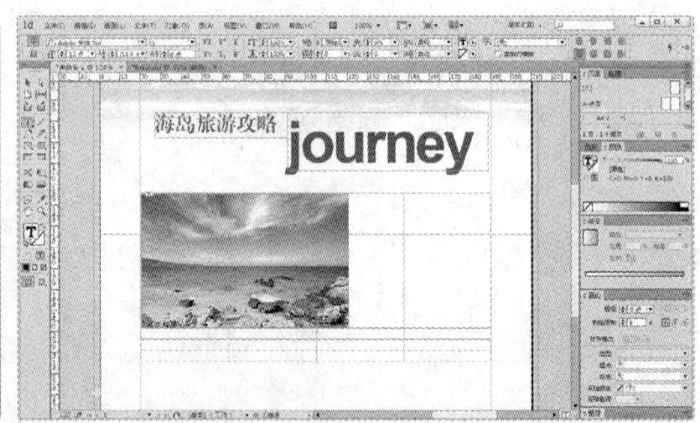

图 8-61 置入图像

提示

当添加的图形大于单元格时，图形有可能延伸到单元右侧以外的区域。如果在其中放置图形的行宽、高度已设置为固定高度，则可以将图像先放置在表外，调整好图像的大小后再将图像粘贴到表单元格中。

(8) 选择【选择】工具选中置入图像，在控制面板中单击【约束宽度和高度的比例】按钮，设置 W 为 40 毫米，然后在图像上右击，在弹出的菜单中选择【适合】|【按比例填充框架】命令，如图 8-62 所示。

(9) 保持置入图像的选中状态，按 Ctrl+C 组合键复制图像，然后选择【文字】工具，分别

在置入图像单元格的右侧单元格中单击，并按 Ctrl+V 组合键粘贴，如图 8-63 所示。

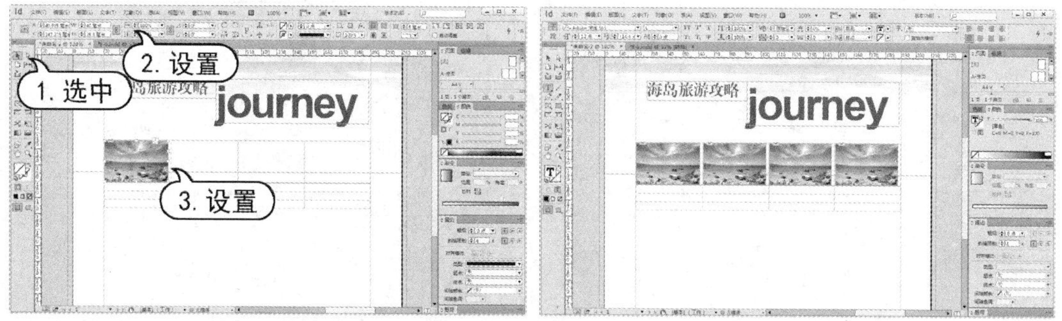

图 8-62　调整图像　　　　图 8-63　复制图像

(10) 在【链接】面板中选中图像名称，然后单击【重新链接】按钮，打开【重新链接】对话框中选中需要置入的图像，单击【打开】按钮替换需要的图像，如图 8-64 所示。

(11) 使用步骤(10)的操作方法替换其他置入的图像，如图 8-65 所示。

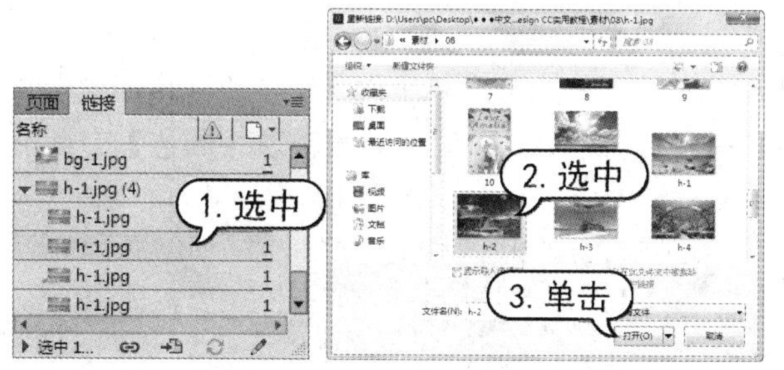

图 8-64　重新链接

(12) 使用【文字】工具在第二行的单元格中单击，在控制面板中设置字体为方正黑体_GBK，字体大小为 13 点，在【颜色】面板中设置字体颜色为 C=100 M=67 Y=0 K=0，并输入文字内容，如图 8-66 所示。

图 8-65　替换图像　　　　图 8-66　输入文字

(13) 使用【文字】工具选中第一、二行，在控制面板中单击【居中对齐】按钮。然后选择【表】|【单元格选项】|【文本】命令，打开【单元格选项】对话框。在对话框中，单击取消【将所有设置设为相同】按钮的选中，设置【上】为 2 毫米，【下】为 1 毫米，如图 8-67 所示。

(14) 在【单元格选项】对话框中，单击【描边和填色】选项卡，在代理示意图中单击取消

单元格底边的选中，在【粗细】下拉列表中选中 0 点，然后单击【确定】按钮，如图 8-68 所示。

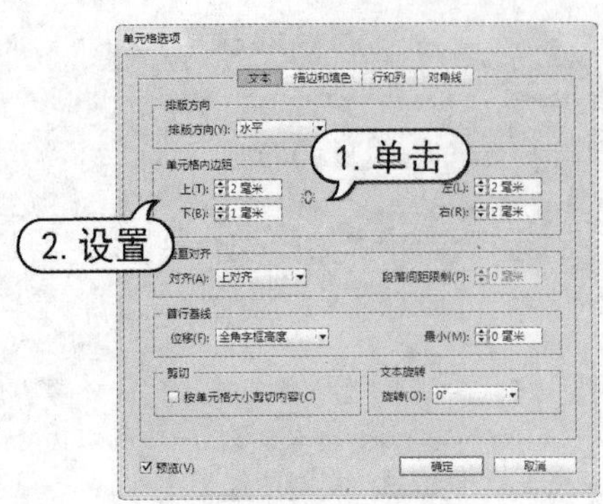

图 8-67 调整单元格

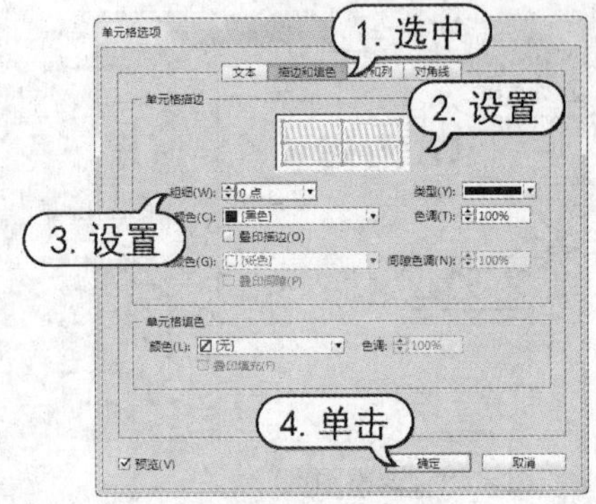

图 8-68 调整单元格

(15) 使用【文字】工具在第三行的单元格中单击，在控制面板中设置字体为方正小标宋简体，字体大小为 11 点，在【颜色】面板中设置字体颜色为 C=100 M=67 Y=0 K=0，并输入文字内容，如图 8-69 所示。

(16) 使用【文字】工具在第四行的单元格中单击，在控制面板中设置字体为宋体，字体大小为 12 点；单击【段落格式控制】按钮，设置【首行左缩进】为 10 毫米；在【颜色】面板中设置字体颜色为 C=100 M=67 Y=0 K=0，并输入文字内容，如图 8-70 所示。

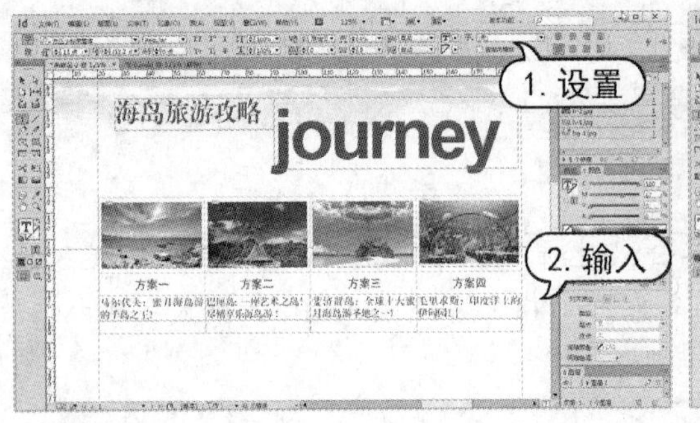

图 8-69 输入文字

图 8-70 输入文字

(17) 使用【文字】工具选中第三、四行，选择【表】|【单元格选项】|【文本】命令，打开【单元格选项】对话框。在对话框中，单击【将所有设置设为相同】按钮，设置【上】为 2 毫米，然后单击【确定】按钮，如图 8-71 所示。

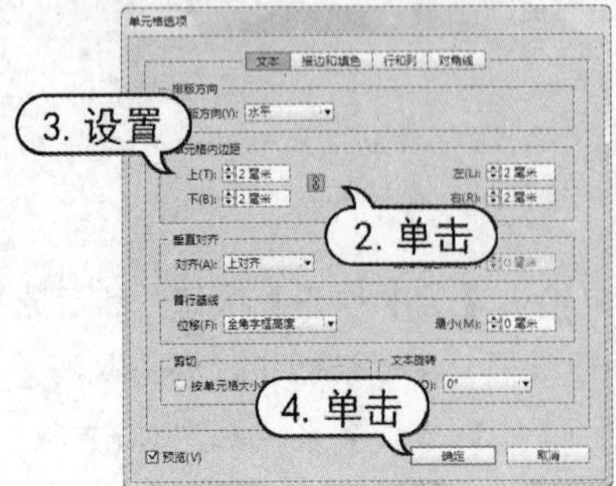

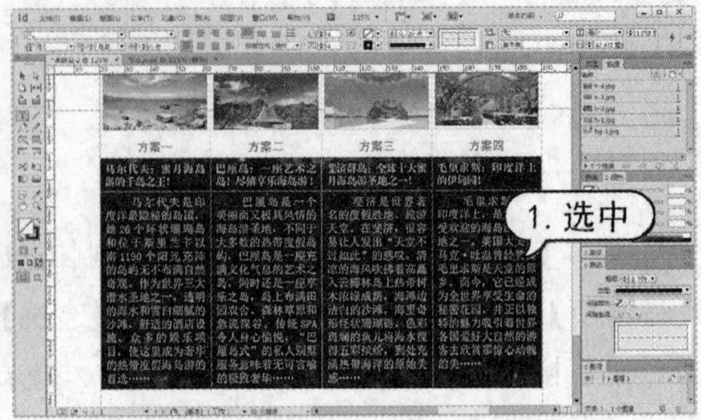

图 8-71 调整单元格

计算机基础与实训教材系列

(18) 在控制面板的代理示意图中选中单元格内部的行、列线，设置粗细为 0.5 点，在【颜色】面板中设置描边颜色为 C=100 M=67 Y=0 K=0，如图 8-72 所示。

(19) 再在控制面板的代理示意图中选中单元格的外框线，设置粗细为 2 点，在【颜色】面板中设置描边颜色为 C=100 M=67 Y=0 K=0，如图 8-73 所示。

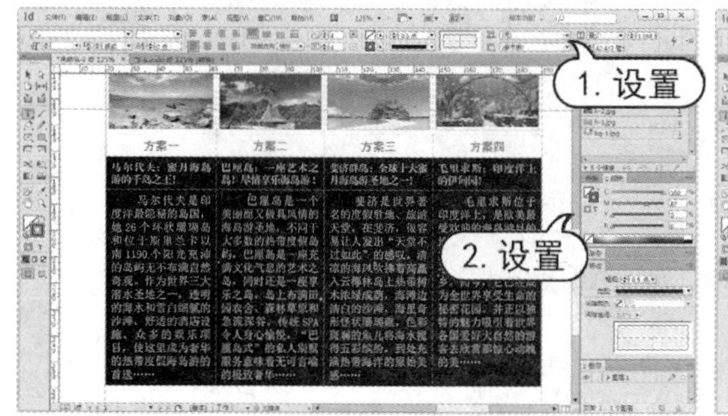

图 8-72　调整单元格

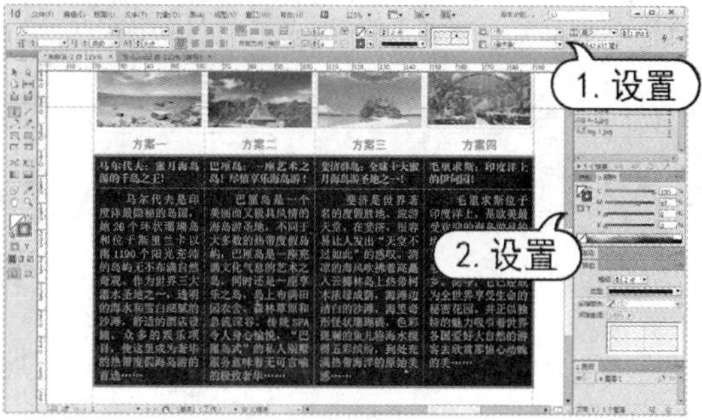

图 8-73　调整单元格

(20) 使用【文字】工具选中整个表格，选择【表】|【表选项】|【交替填色】命令，打开【表选项】对话框。在对话框的【交替模式】下拉列表中选择【自定行】选项，设置【前】为 2 行，【后】为 1 行，在【颜色】下拉列表中选择 C=100 M=0 Y=0 K=0 选项，【色调】为 20%，然后单击【确定】按钮，如图 8-74 所示。

(21) 选择【选择】工具在页面的空白处单击，选择【视图】|【屏幕模式】|【预览】命令，查看表格编辑后效果，如图 8-75 所示。

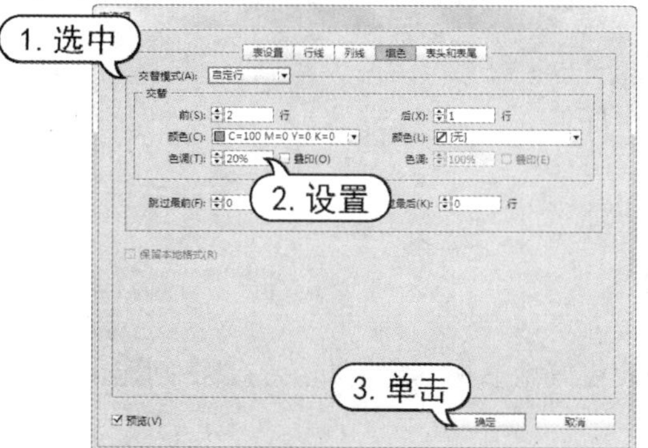

图 8-74　交替填色

图 8-75　完成效果

8.3　表格与文本的转换

在 InDesign 中，用户可以将表格转换为文本，也可以将文本转换为表格，从而提高排版工作的效率。将表格转换为文本，即将整个表格转换成不带有表格的文本，位置保持原样。使用【文字】工具选中需要转换为文本的表格，选中菜单栏中的【表】|【将表格转换为文本】命令，打开【将表转换为文本】对话框，在该对话框中可以设置行和列的分割符，如图 8-76 所示。单

击【确定】按钮，表格中的文字将按各单元格相对位置转换为文本。而转换后的文字间隔是以 Tab 和 Enter 来实现的。

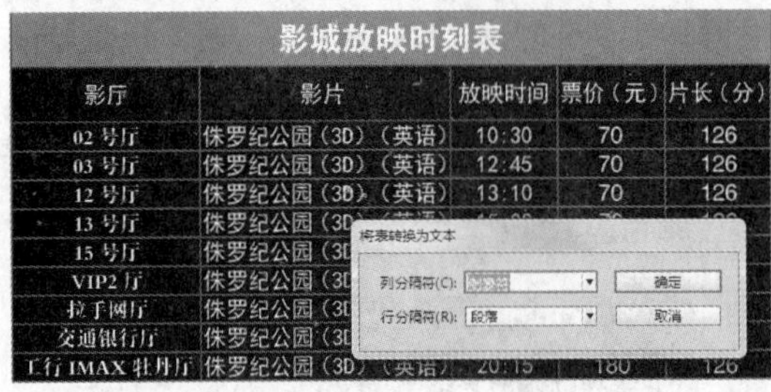

影城放映时刻表
影厅 影片 放映时间 票价（元） 片长（分）
02 号厅侏罗纪公园（3D）（英语） 10:30 70 126
03 号厅侏罗纪公园（3D）（英语） 12:45 70 126
12 号厅侏罗纪公园（3D）（英语） 13:10 70 126
13 号厅侏罗纪公园（3D）（英语） 15:00 70 126
15 号厅侏罗纪公园（3D）（英语） 16:30 70 126
VIP2 厅 侏罗纪公园（3D）（英语） 17:15 130 126
拉手网厅 侏罗纪公园（3D）（英语） 18:15 70 126
交通银行厅 侏罗纪公园（3D）（英语） 18:20 70 126
工行 IMAX 牡丹厅 侏罗纪公园（3D）（英语） 20:15 180 126

图 8-76 【将表格转换为文本】对话框

将文本转换为表格，即将所选文字转换成带有表格的文字，位置还保持基本原样，使用下列操作步骤可以将文本转换为表格。使用【文字】工具选中要转换为表格的文本，选择菜单栏中的【表】|【将文本转换为表格】命令，打开【将文本转换为表】对话框，在该对话框中设置文本的间隔方式，如图 8-77 所示，单击【确定】按钮后，文本便会转换为表格。

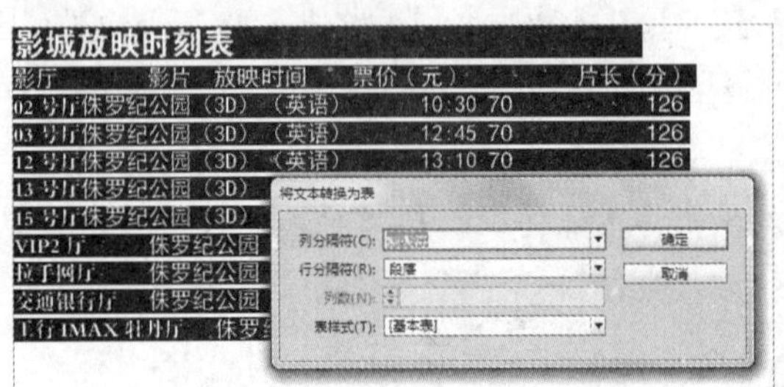

影城放映时刻表				
影厅	影片	放映时间	票价（元）	片长（分）
02 号厅	侏罗纪公园（3D）（英语）	10:30	70	126
03 号厅	侏罗纪公园（3D）（英语）	12:45	70	126
12 号厅	侏罗纪公园（3D）（英语）	13:10	70	126
13 号厅	侏罗纪公园（3D）（英语）	15:00	70	126
15 号厅	侏罗纪公园（3D）（英语）	16:30	70	126
VIP2 厅	侏罗纪公园（3D）（英语）	17:15	130	126
拉手网厅	侏罗纪公园（3D）（英语）	18:15	70	126
交通银行厅	侏罗纪公园（3D）（英语）	18:20	70	126
工行 IMAX 牡丹厅	侏罗纪公园（3D）（英语）	20:15	180	126

图 8-77 将文本转换为表格

8.4 上机练习

本章的上机练习同通过制作宣传小报版式，使用户更好地掌握本章所介绍的表格创建、编辑等基本操作方法和技巧。

(1) 选择【文件】|【新建】|【文档】命令，打开【新建文档】对话框。在对话框的【页面大小】下拉列表中选择 Tabloid 选项，然后单击【边距和分栏】按钮。在打开的【新建边距和分栏】对话框中单击【确定】按钮新建文档，如图 8-78 所示。

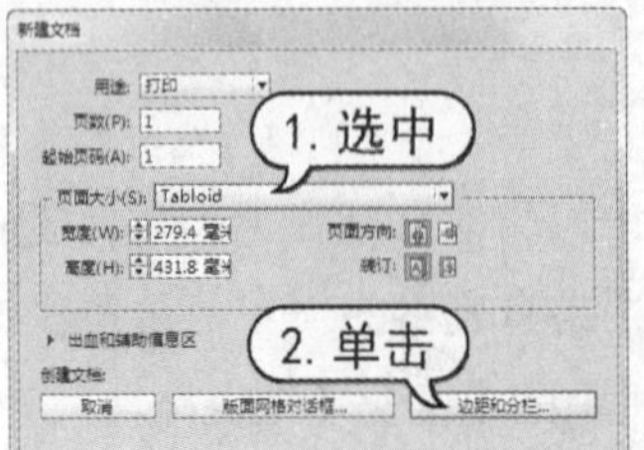

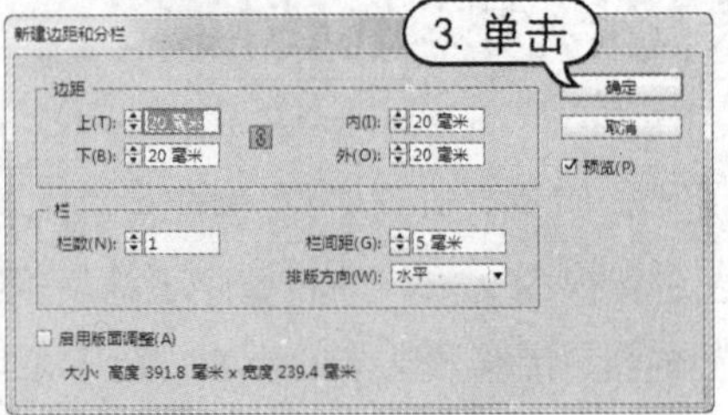

图 8-78 新建文档

(2) 选择【矩形框架】工具，在页面顶部托动绘制框架，并按 Ctrl+D 组合键打开【置入】对话框，在对话框中选择需要置入的图像，单击【打开】按钮，如图 8-79 所示。

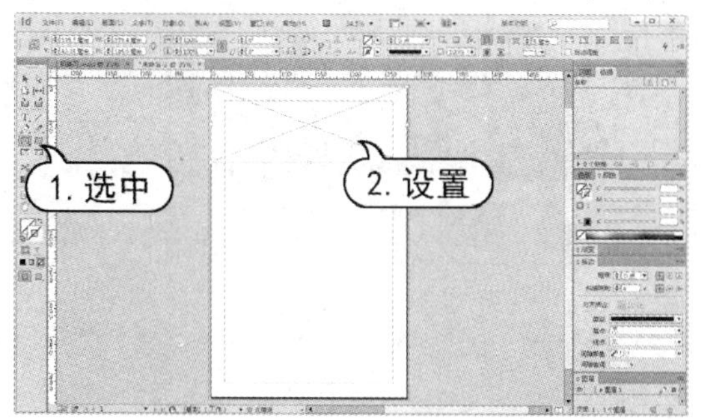

图 8-79　置入图像

(3) 右击鼠标，在弹出的快捷菜单中选择【适合】|【按比例填充框架】命令，然后选择【直接选择】工具调整置入图像位置，如图 8-80 所示。

(4) 使用步骤(2)至步骤(3)的操作方法置入人物图像，并调整图像，如图 8-81 所示。

图 8-80　调整图像　　图 8-81　置入图像

(5) 选择【矩形】工具在页面中拖动绘制，并在【颜色】面板中，设置描边色为无，填充色为 C=0 M=50 Y=75 K=0，如图 8-82 所示。

(6) 选择【矩形】工具在页面中按住 Shift 键并拖动绘制，并在【颜色】面板中，设置描边色为无，填充色为 C=14 M=80 Y=100 K=0，如图 8-83 所示。

(7) 选择【编辑】|【多重复制】命令，打开【多重复制】对话框。在对话框中，设置【列】为 21，【水平】为 13.8 毫米，然后单击【确定】按钮，如图 8-84 所示。

图 8-82　绘制图形(1)　　图 8-83　绘制图形(2)

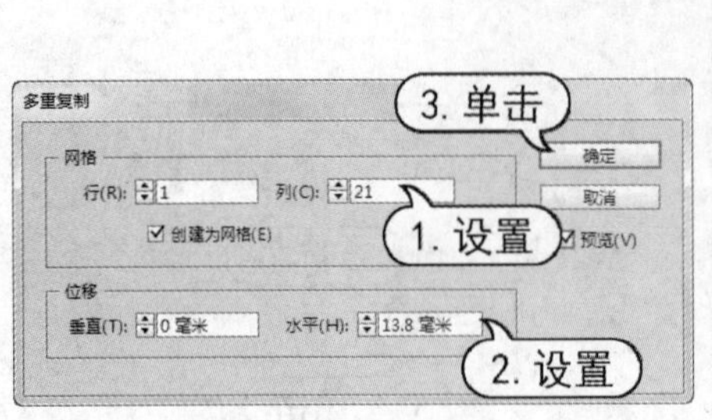

图 8-84　复制图形

(8) 保持复制对象的选中状态，选择【编辑】|【多重复制】命令，打开【多重复制】对话框。在对话框中，设置【行】为 2，【列】为 1，【垂直】为-6.8 毫米，然后单击【确定】按钮，如图 8-85 所示。

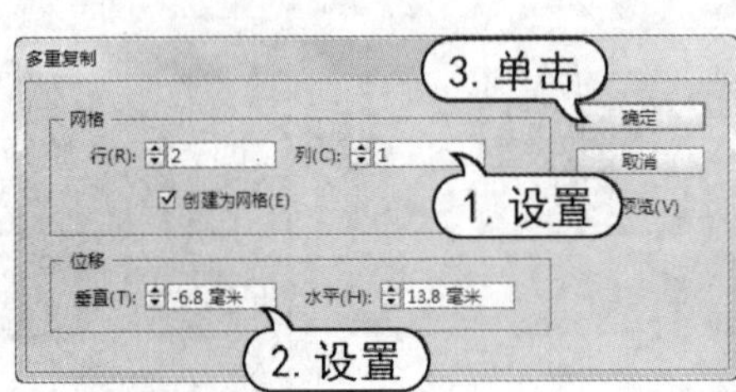

图 8-85　复制图形

(9) 保持复制对象的选中状态，右击，在弹出的菜单中选择【变换】|【移动】命令，打开【移动】对话框。在对话框中，设置【水平】为-6.8 毫米，然后单击【确定】按钮，如图 8-86 所示。

(10) 使用【选择】工具全选小方块，右击，在弹出的快捷菜单中选择【编组】命令，如图 8-87 所示。

(11) 选择【矩形框架】工具在页面中拖动绘制框架，使用步骤(2)至步骤(3)的操作方法置入、调整图像，如图 8-88 所示。

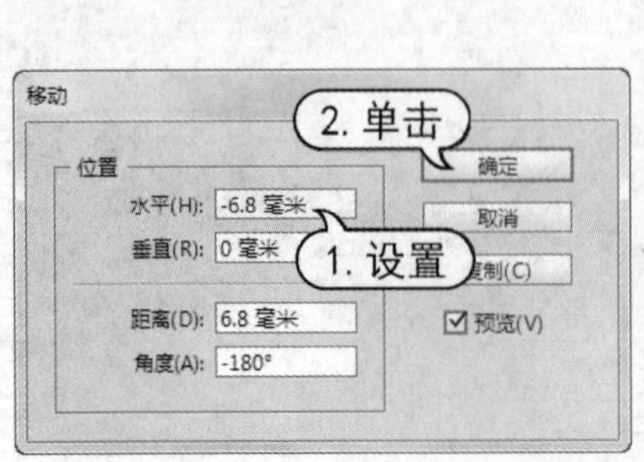

图 8-86　移动图形

图 8-87 编组图形

图 8-88 置入图像

(12) 使用【选择】工具选中步骤(4)和步骤(11)中置入的图像，选择【对象】|【效果】|【投影】命令，打开【投影】对话框。在对话框中，设置【距离】为 3 毫米，【大小】为 2 毫米，然后单击【确定】按钮，如图 8-89 所示。

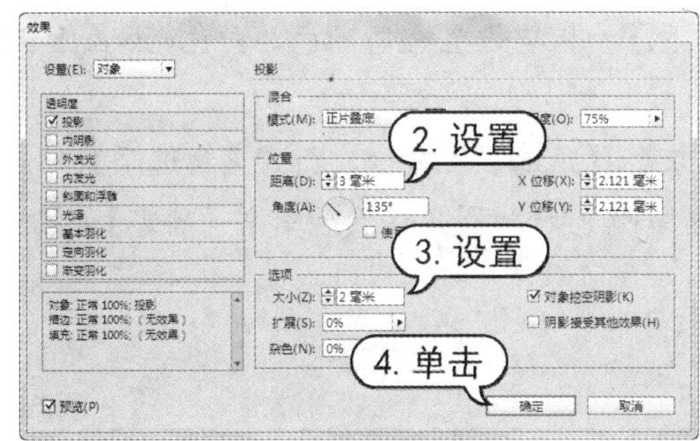

图 8-89 应用投影

(13) 选择【文字】工具在页面中拖动创建文本框，并在控制面板中设置字体样式为方正粗宋_GBK，字体大小为 30 点，然后在文本框中输入文字内容，如图 8-90 所示。

(14) 使用【文字】工具选中需要调整文字内容，在控制面板中设置字体样式为方正大黑_GBK，字体大小为 27 点，基线偏移为-7 点，如图 8-91 所示。

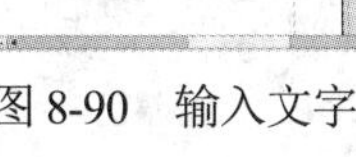

图 8-90 输入文字

图 8-91 调整文字

(15) 选择【选择】工具在文本框上右击，在弹出的快捷菜单中选择【适合】|【使框架适合内容】命令。然后选择【矩形】工具在页面中拖动绘制矩形，在【颜色】面板中设置描边色为无，填充色为 C=100 M=0 Y=54 K=13，并按 Ctrl+[组合键将其置为文本框下方，如图 8-92 所示。

(16) 使用【选择】工具选中文本框和矩形色条，按 Shift+F7 组合键打开【对齐】面板。在【对齐】选项中选择【对齐选区】选项，然后单击【水平居中对齐】和【垂直居中对齐】按钮，如图 8-93 所示。

图 8-92　绘制矩形

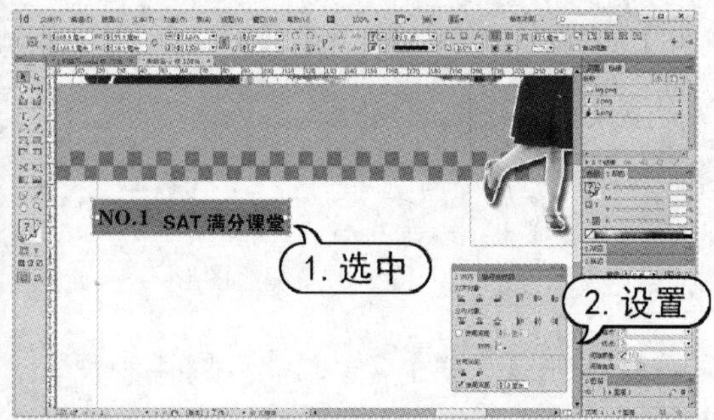

图 8-93　对齐对象

(17) 选择【文字】工具选中文字内容，并在【颜色】面板中设置文字颜色为白色，如图 8-94 所示。

(18) 使用【选择】工具选中矩形条，选择【对象】|【角选项】命令，打开【角选项】对话框。在对话框中，单击【统一所有设置】按钮，设置转角形状为圆角，然后单击【确定】按钮，如图 8-95 所示。

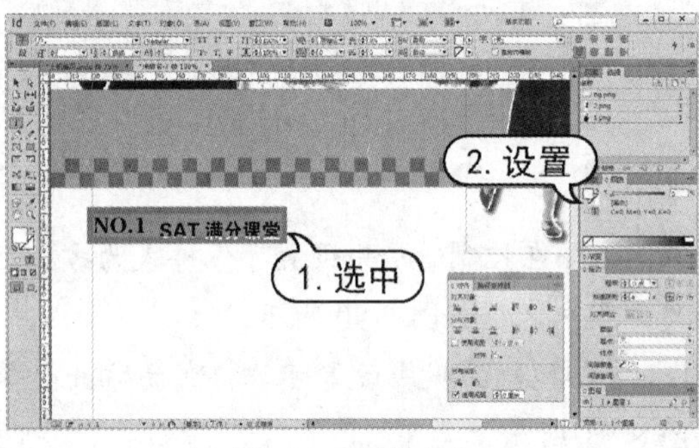

图 8-94　调整文字

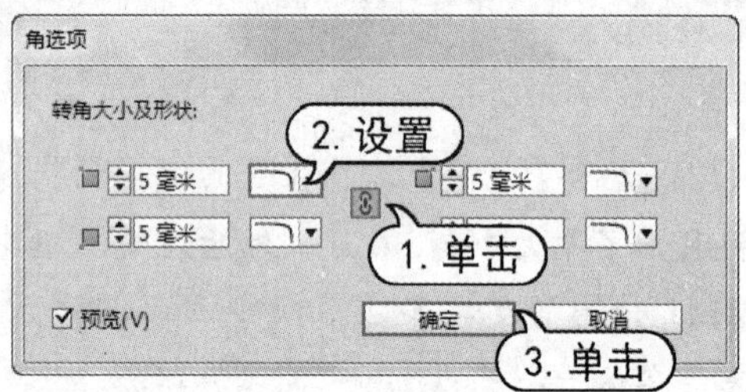

图 8-95　设置角选项

(19) 选择【文字】工具依据页面内边距创建一个文本框，然后选择【表】|【插入表】命令打开【插入表】对话框。在对话框中设置【正文行】为 6，【列】为 2，单击【确定】按钮应用，如图 8-96 所示。

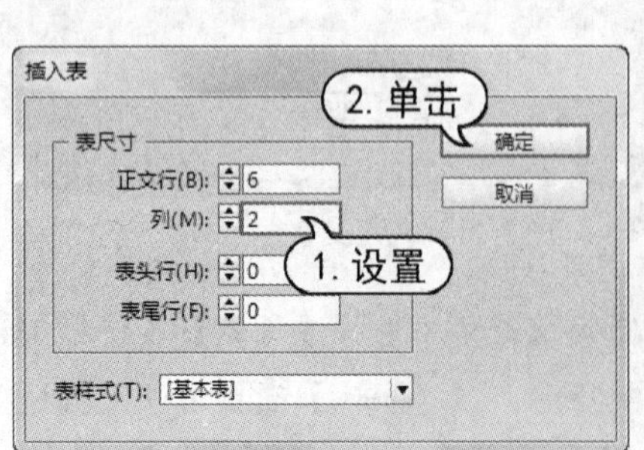

图 8-96　插入表

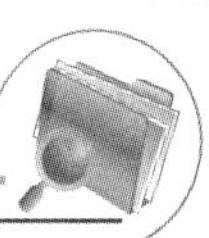

(20) 使用【文字】工具在各个单元内单击并输入文字内容，如图 8-97 所示。

(21) 使用【文字】工具选中左列，在控制面板中设置字体样式为方正黑体_GBK，字体大小为 14 点，并单击段落文本排列选项中的【居中对齐】按钮和单元格排版选项中的【居中对齐】按钮，如图 8-98 所示。

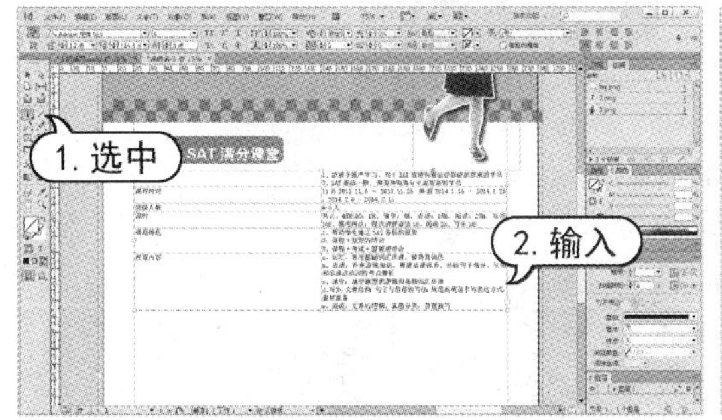

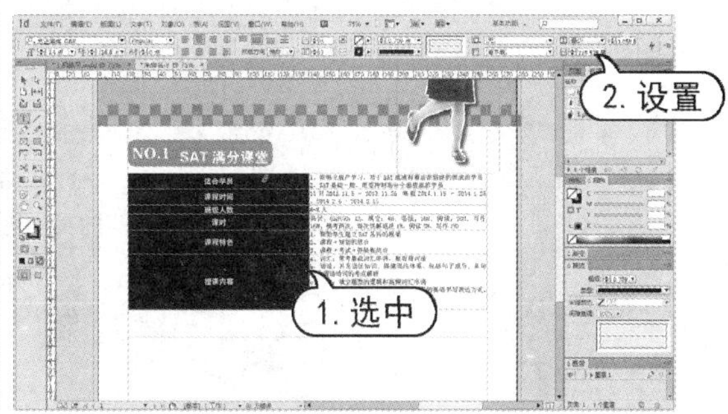

图 8-97　输入文字　　图 8-98　调整文字

(22) 使用【文字】工具选中右列，在控制面板中设置字体样式为宋体，并单击单元格排版选项中的【居中对齐】按钮，如图 8-99 所示。

(23) 将鼠标光标放置在表格的列线上，当光标显示为黑色双向箭头时，拖动调整列宽，如图 8-100 所示。

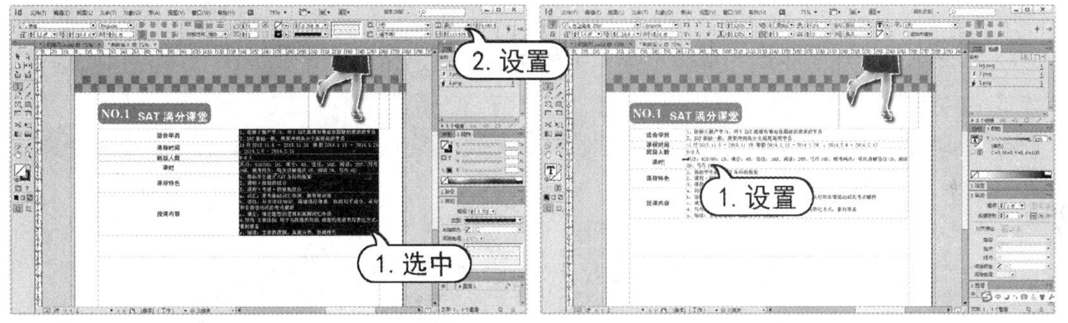

图 8-99　调整文字　　图 8-100　调整列宽

(24) 使用【文字】工具选中右列，右击，在弹出的快捷菜单中选择【单元格选项】|【行和列】命令，打开【单元格选项】对话框。在对话框中选中【行和列】选项卡，在【行高】下拉列表中选择【最少】选项，并在右侧的文本框中输入 13 毫米，然后单击【确定】按钮，如图 8-101 所示。

(25) 使用【选择】工具在表格上右击，在弹出的快捷菜单中选择【适合】|【使框架适合内容】命令。选择【矩形】工具在页面中拖动绘制矩形，在【颜色】面板中设置描边色为无，填充色为 C=0 M=0 Y=13 K=19，并右击矩形，在弹出的菜单中选择【排列】|【置于底层】命令，如图 8-102 所示。

(26) 使用【文字】工具选中整个表格，在控制面板中的示意图框中单击选中全部表格线，并设置描边色为【纸色】，如图 8-103 所示。

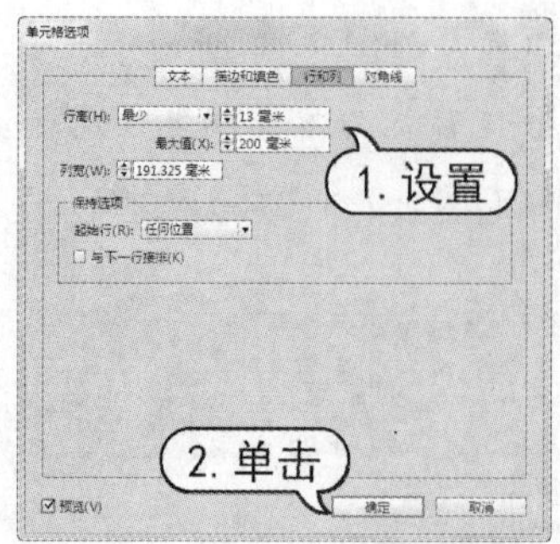

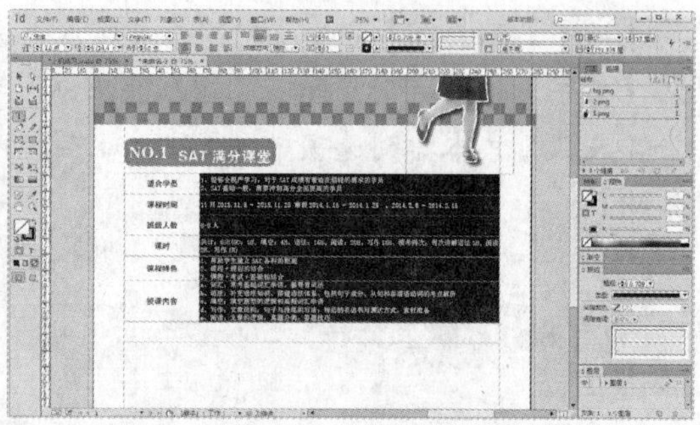

图 8-101 设置单元格

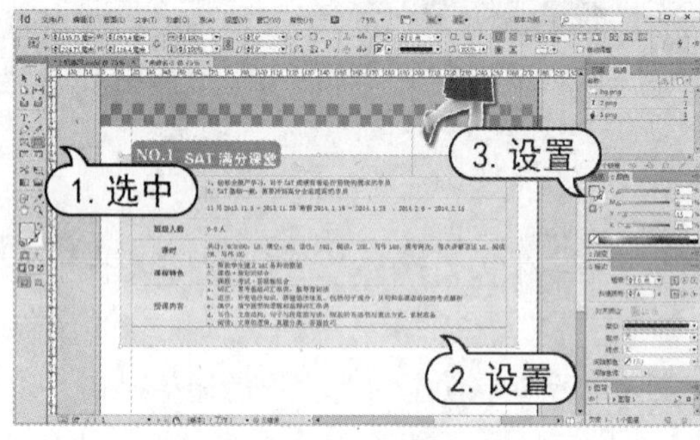

图 8-102 绘制图形

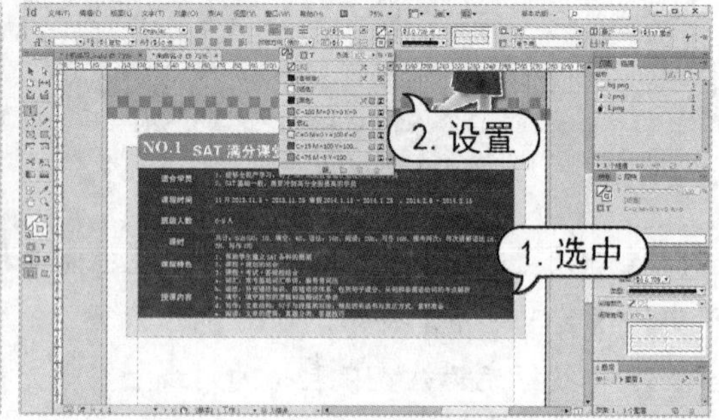

图 8-103 设置表格线

(27) 保持表格的选中状态，在控制面板中的示意图框中单击选中表格外框线，并设置描边粗细为 2 点，如图 8-104 所示。

(28) 选择【选择】工具在表格上右击，在弹出的快捷菜单中选择【适合】|【是框架适合内容】命令，如图 8-105 所示。

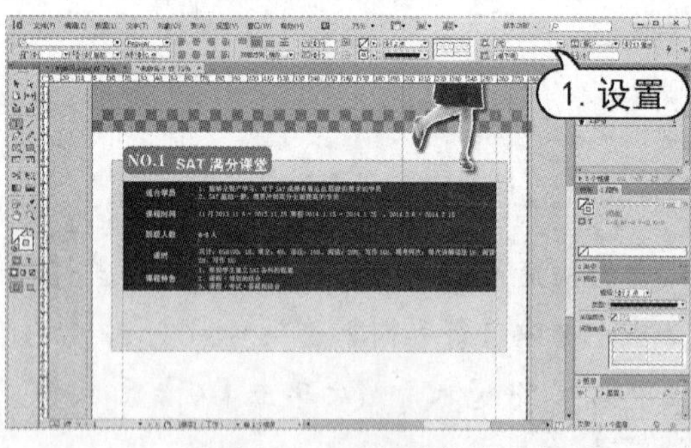

图 8-104 设置表格线

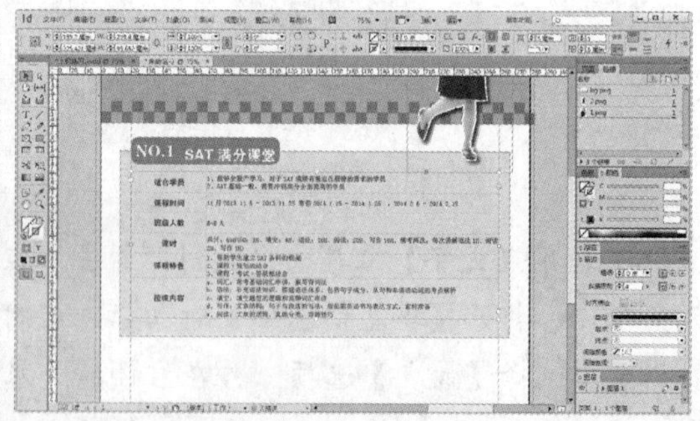

图 8-105 调整表格

(29) 使用【选择】工具选中步骤(25)中创建的矩形，选择【对象】|【角选项】命令，打开【角选项】对话框。在对话框中设置转角形状为圆角，然后单击【确定】按钮，如图 8-106 所示。

(30) 使用【选择】工具选中步骤(13)至步骤(29)创建的表格对象，按 Shift+Ctrl+Alt 组合键拖动复制表格对象，如图 8-107 所示。

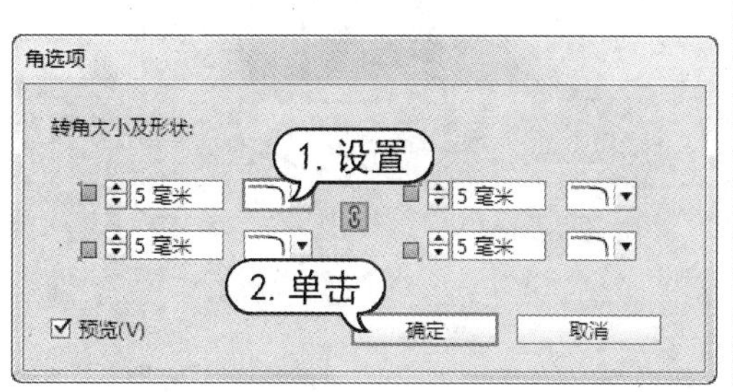

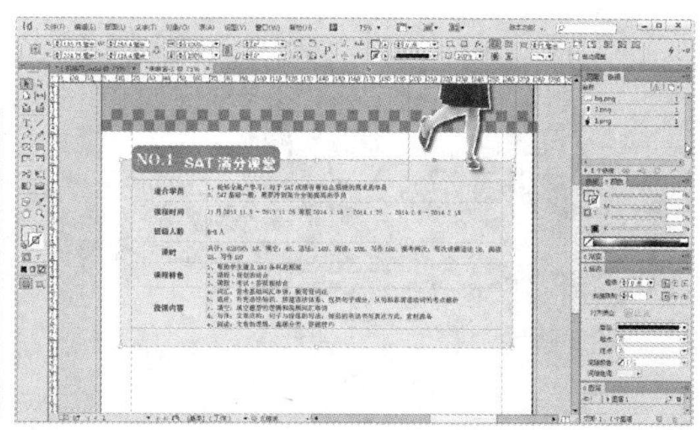

图 8-106　设置角选项

(31) 使用【文字】工具分别修改复制表格中的文字内容，如图 8-108 所示。

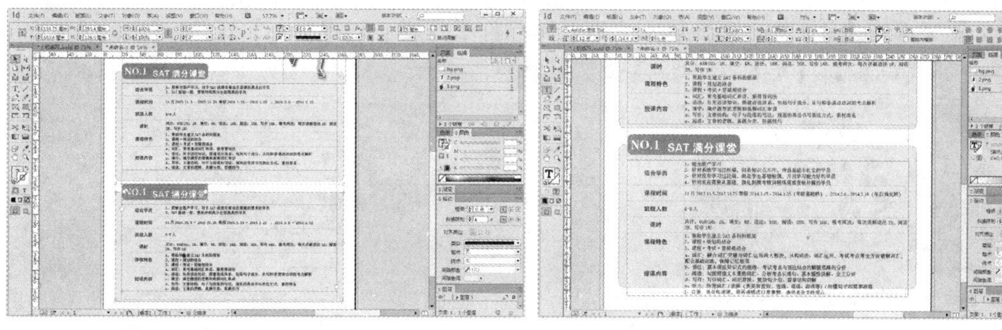

图 8-107　复制表格　　图 8-108　修改文字内容

(32) 使用【选择】工具选中复制表格下方的矩形对象，并调整其高度，如图 8-109 所示。

(33) 使用【选择】工具选中创建的两个表格，调整表格在页面中的位置，如图 8-110 所示。

(34) 选择【文字】工具在页面中拖动创建文本框，按 Ctrl+T 组合键打开【字符】面板，并在【字符】面板中，设置字体样式为汉仪菱心体简，字体大小为 72 点，字符间距为 50，倾斜为 8°；在【色板】面板中设置描边色为【纸色】；在【描边】面板中单击【描边居外】按钮，设置粗细为 3 点，然后在文本框中输入文字内容，如图 8-111 所示。

(35) 选择【文字】工具在页面中拖动创建文本框，并在控制面板中设置字体样式为汉仪菱心体简，字体大小为 36 点，描边色为【纸色】，并在【描边】面板中设置粗细为 1.5 点，然后在文本框中输入文字内容，如图 8-112 所示。

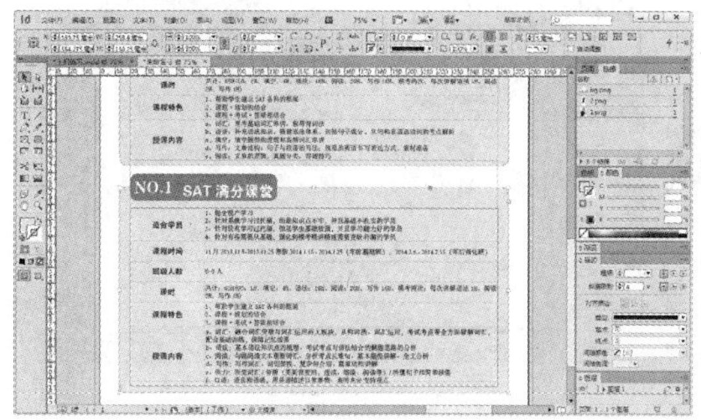

图 8-109　调整矩形

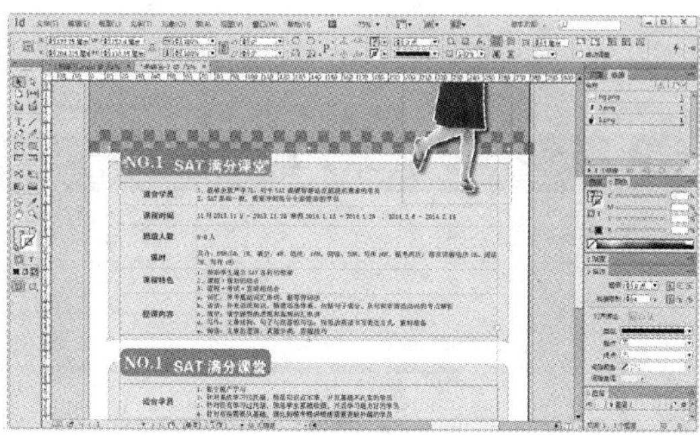

图 8-110　调整表格对象

图 8-111　输入文字

图 8-112　输入文字

(36) 选择【文字】工具在页面中拖动创建文本框，并在控制面板中设置字体样式为方正大黑_GBK，字体大小为 16 点，然后在文本框中输入文字内容，如图 8-113 所示。

(37) 选择【视图】|【屏幕模式】|【预览】命令，查看完成后页面效果，如图 8-114 所示。

图 8-113　输入文字

图 8-114　完成效果

8.5　习题

1. 新建一个文档，制作如图 8-115 所示的考勤签到表。
2. 新建一个文档，制作如图 8-116 所示的版式效果。

公司员工考勤表

工号	星期一		星期二		星期三		星期四		星期五	
	上午	下午	上午	下午	上午	下午	上午	下午	上午	下午
01										
02										
03										
04										
05										
06										
07										
08										
09										
10										

图 8-115　考勤签到表

图 8-116　版式效果

第9章 长文档与书籍排版

学习目标

本章将主要讲解在文档中对多页面文档、主页和书籍管理进行操作，并详细讲解了页码的添加和建立目录等动能。通过本章的学习，使用户能够更好地掌握 InDesign 的应用。

本章重点

- 页面操作
- 主页操作
- 文本变量
- 创建与管理书籍

9.1 页面操作

在文档中可以对页面进行很多编辑操作，如添加、删除、复制等命令。这些对页面的操作主要是在【页面】面板中完成的。

9.1.1 熟悉【页面】面板

选择【窗口】|【页面】命令，或使用快捷键 F12，可以打开如图 9-1 所示的【页面】面板。【页面】面板主要提供了页面、跨页和主页的相关信息和控制方法。【页面】面板底部按钮作用如下。

- 【编辑页面大小】：单击该按钮可以在弹出的快捷菜单中对页面大小进行相应的编辑，如图 9-2 所示。
- 【新建页面】：单击该按钮可以新建一个页面。

◉ 【删除选中页面】：选择页面并单击该按钮，可以将选中的页面删除。

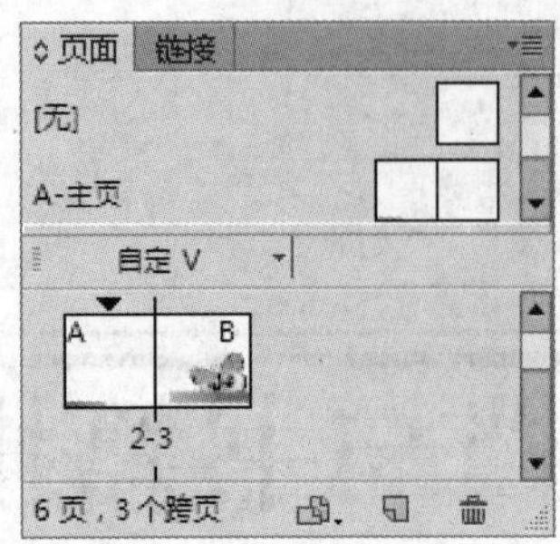

图 9-1 【页面】面板

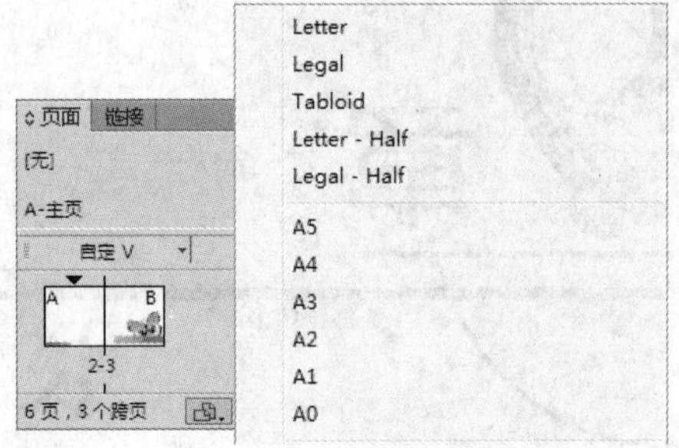

图 9-2 单击【编辑页面大小】按钮

9.1.2 更改页面显示

【页面】面板中提供了页面、跨页和主页的相关信息，以及对其控制。默认情况下，【页面】面板中只显示每个页面内容的缩略图。单击【页面】面板右上角的面板菜单按钮，在弹出的菜单中选择【面板选项】命令，打开【面板选项】对话框，具体参数设置如图 9-3 所示。

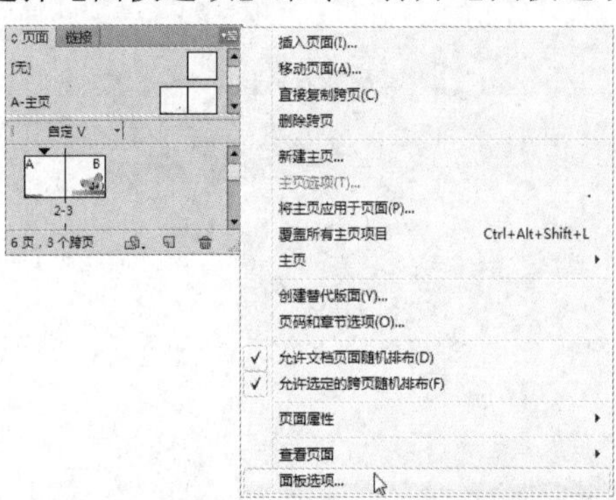

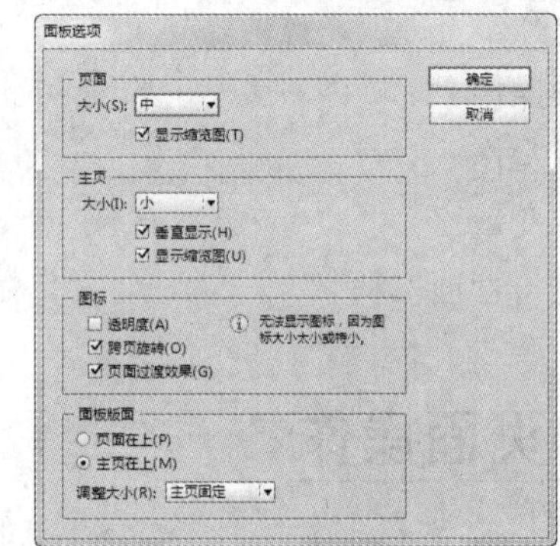

图 9-3 面板选项

◉ 【页面】和【主页】：这两组参数完全相同，主要用于设置页面缩览图显示方式。在【大小】下拉列表中可以为页面和主页选择一种图标大小。选择【垂直显示】可在一个垂直列中显示跨页，取消选中此选项可以使跨页并排显示。选中【显示缩览图】可显示每一页面或主页的内容缩览图。

◉ 【图标】：在【图标】选项组中可以对【透明度】、【跨页旋转】与【页面过渡效果】进行设置。

◉ 【面板版面】：设置画板版面显示方式，可以在【页面在上】与【主页在上】之间进行选择。

◉ 【调整大小】：可以在【调整大小】列表中选择一个选项。选择【按比例】，要同时调整画板的【页面】和【主页】部分的大小。选择【页面固定】，要保持【页面】部分的

大小不变而只调整【主页】部分的大小。选择【主页固定】，要保持【主页】部分的大小不变而只调整【页面】部分的大小。

9.1.3　选择页面

在进行版式设计时，首先要选择相应的页面。可以选择页面或跨页，或者确定目标页面或跨页，具体取决于所要操作的命令。有些命令会影响当前所选定的页面或跨页，而其他命令则影响目标页面或跨页。

打开【页面】面板，在页面缩览图上双击，页面缩览图呈现蓝色，表示该页面为选中状态，并在工作区中跳转显示选中页面，如图 9-4 所示。要选择某一跨页，双击位于跨页图标下方的页码即可，如图 9-5 所示。

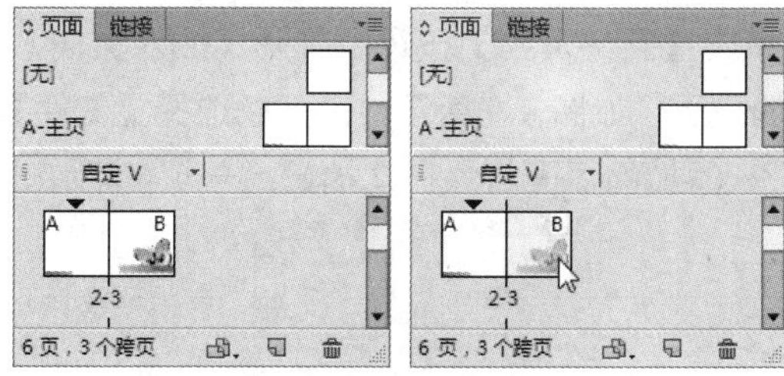

图 9-4　选中页面

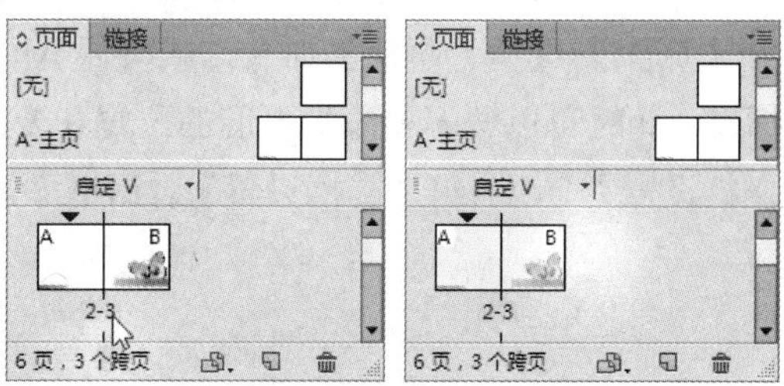

图 9-5　选择跨页

按住 Shift 键，在两个页码上单击，可以将两个页码之间的所有页面选中，如图 9-6 所示。按住 Ctrl 键在需要的页面缩览图上单击，可以选中不相邻的多个页面，如图 9-7 所示。

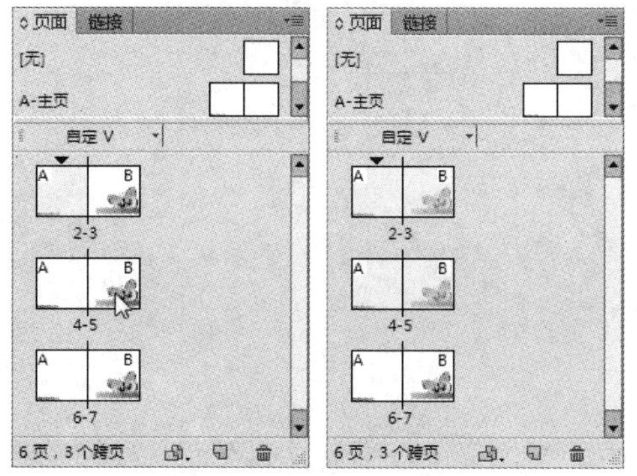

图 9-6　选中多个连续页面

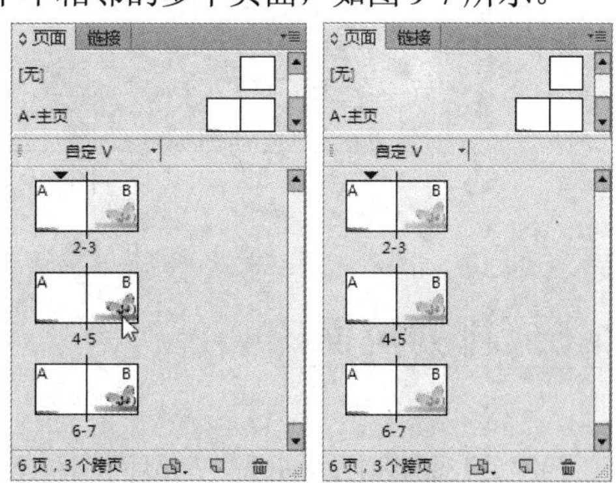

图 9-7　选中多个不相邻页面

9.1.4　创建页面

要将某一页面添加到选中页面或跨页之后，可以单击【页面】面板中的【新建页面】按钮，或选择【版面】|【页面】|【添加页面】命令，新页面将与现有的页面使用相同的主页，如图 9-8 所示。

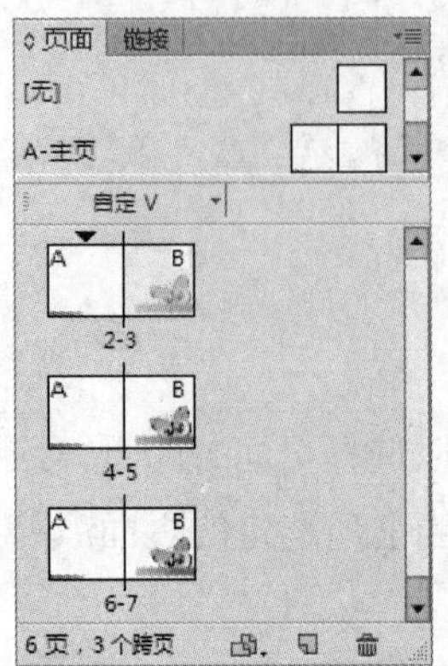

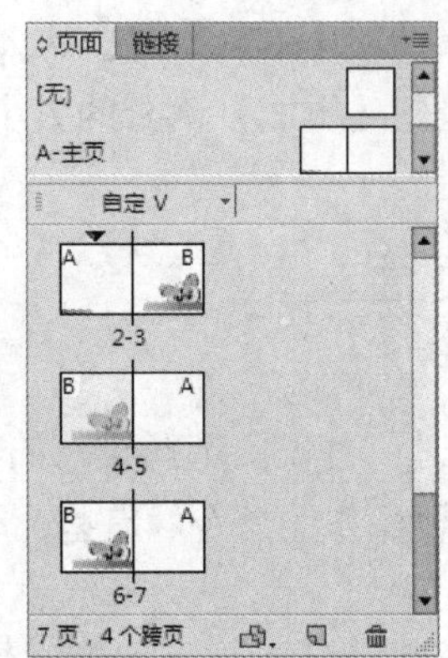

图 9-8　新建页面

若要添加页面并指定文档主页，在【页面】面板菜单中选择【插入页面】命令，或选择【版面】|【页面】|【插入页面】命令，或按住 Alt 键并单击【新建页面】按钮，打开【插入页面】对话框，此时可以选择要添加页面的位置和要应用的主页，如图 9-9 所示。也可以选择【文件】|【文档设置】命令打开【文档设置】对话框添加页数，添加的页面将加在文档最后一页的后边。

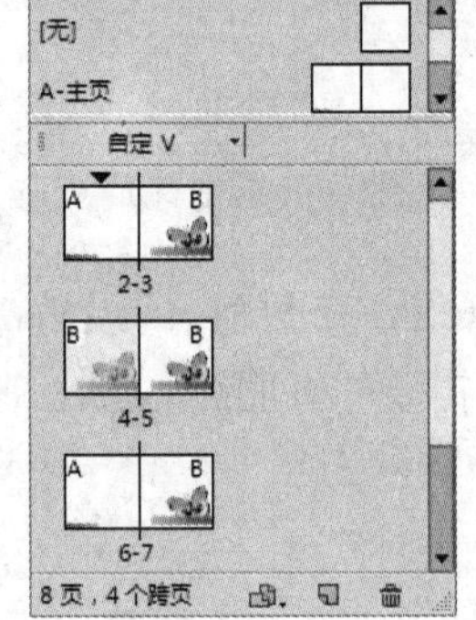

图 9-9　插入页面

9.1.5　排列页面

在【页面】面板中，拖动一个页面图标到文档中的新位置可以重新排列页面。在拖动时，黑色竖线表示当释放鼠标时页面放置位置；当黑色竖线遇到跨页时，正在拖动的页面会扩展该跨页，否则文档页面会重新排列，以符合【文档设置】对话框中的【对页】的设置，如图 9-10 所示。

用户也可以选择【版面】|【页面】|【移动页面】命令排列页面。在打开的【移动页面】对话框中设置相应的参数，如图 9-11 所示。参数设置完成后，单击【确定】按钮就会看到刚才选择的页面位置发生了变化。用户也可以选择面板菜单中的【移动页面】命令，打开【移动页面】对话框，其中可以设置所选页面要移动到的位置。

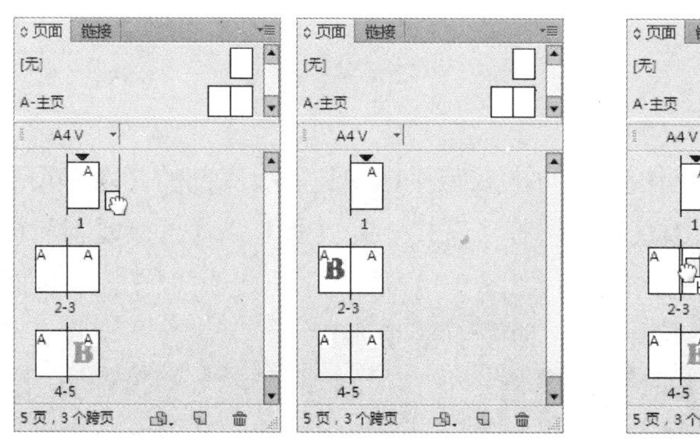

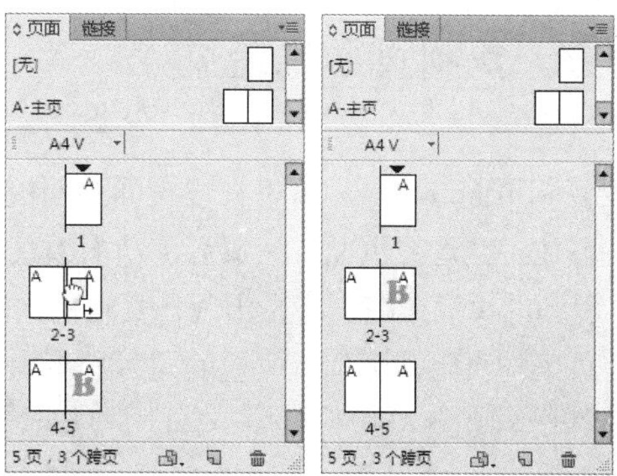

图 9-10　排列页面

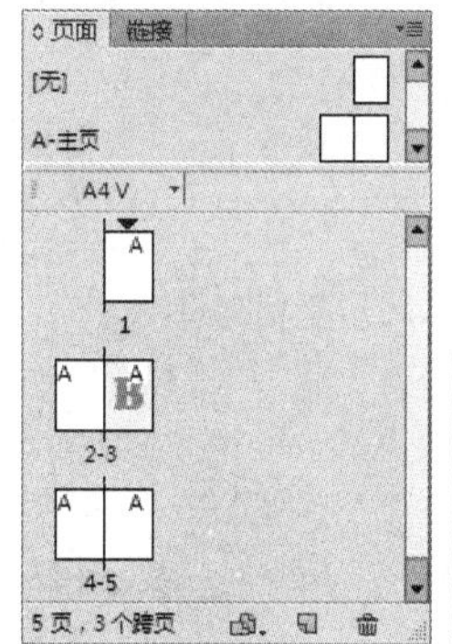

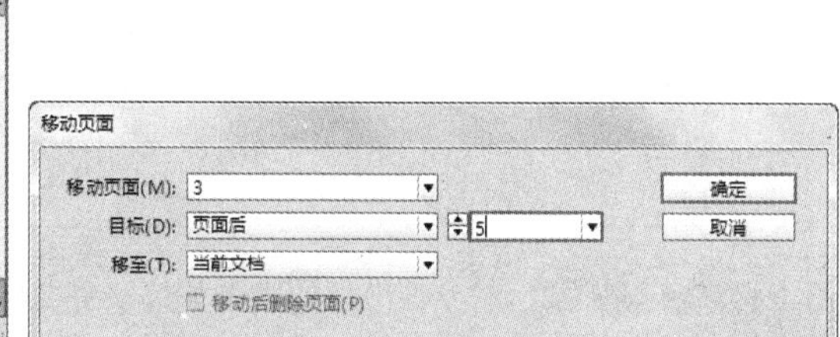

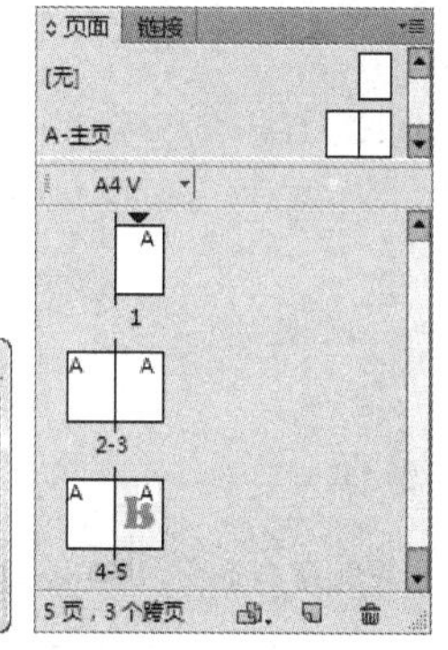

图 9-11　移动页面

9.1.6　控制跨页、分页

一般文档都只使用两页跨页，当添加或删除页面时，默认情况下页面将随机排布。但是，有时可能需要将某些页面仍一起保留在跨页中。要保留单个跨页，先在【页面】面板中选定跨页，然后在【页面】面板菜单中取消选择【允许选定跨页随机排布】命令，如图 9-12 所示。

使用【插入页面】命令在跨页中间中插入一个新页面或在【页面】面板中将某个现有页面拖曳到跨页中，可将页面添加到选定跨页中，如图 9-13 所示。

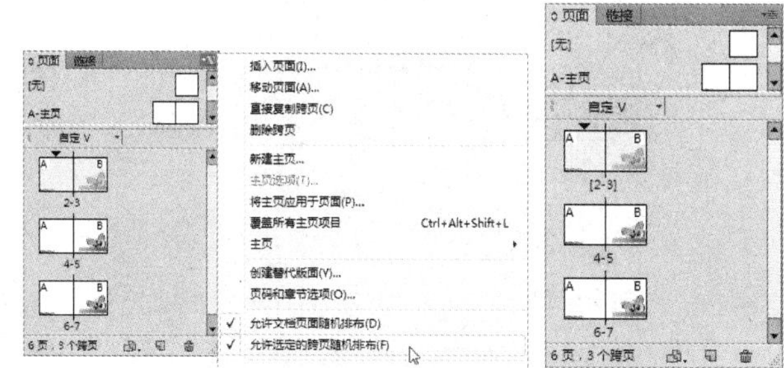

图 9-12　取消选择【允许选定跨页随机排布】命令

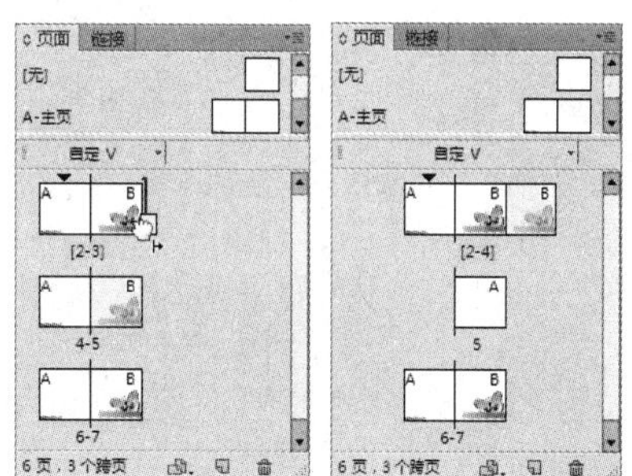

图 9-13　控制跨页分页

9.1.7 复制页面或跨页

要复制页面或跨页，可以在【页面】面板中将页面或跨页拖动到面板底部的【新建页面】按钮上释放，或选择页面或跨页后，从面板菜单中选择【直接复制页面】或【直接复制跨页】命令，复制的页面或跨页将会出现在文档的结尾处，如图 9-14 所示。用户也可以在拖动页面图标或跨页下的页码范围到新位置的同时按下 Alt 键，如图 9-15 所示。

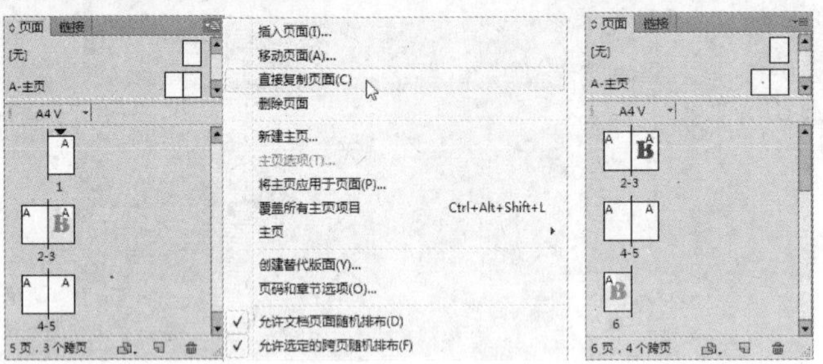

图 9-14　复制页面

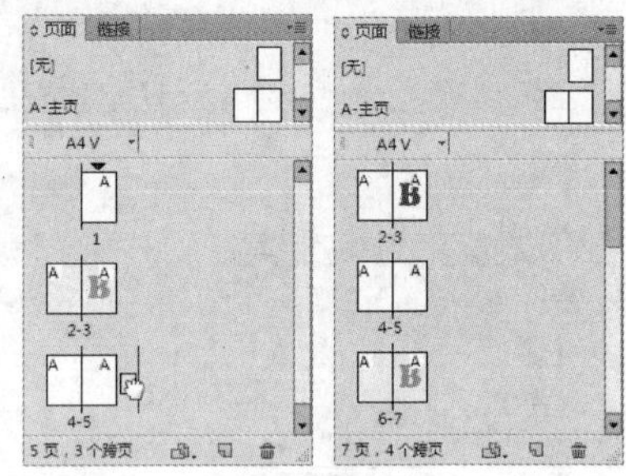

图 9-15　复制跨页

提示

复制页面和跨页时，页面上的对象也会被复制。从被复制的跨页到其他跨页的文本续接被破坏，但被复制的跨页中的文本续接会保持不变，与原始跨页中的文本一样。

9.1.8 删除页面

要删除页面，可以在【页面】面板选中一个页面或跨页后，在【页面】面板中单击【删除选中页面】按钮，或拖动到【删除选中页面】按钮上释放，即可删除选中的页面，如图 9-16 所示。也可以在【页面】面板选中一个页面或跨页后，从面板菜单中选择【删除页面】或【删除跨页】命令。

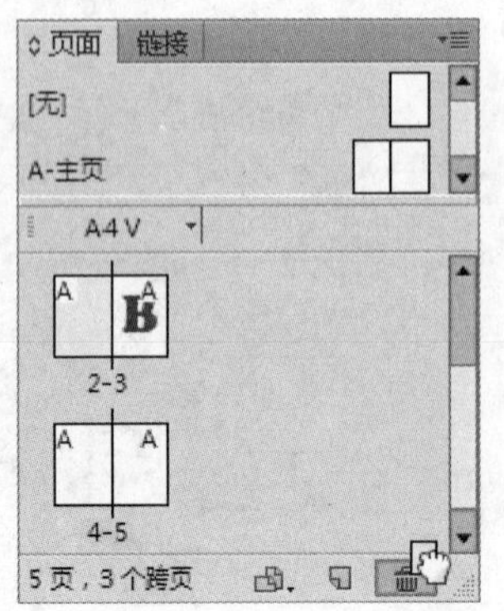

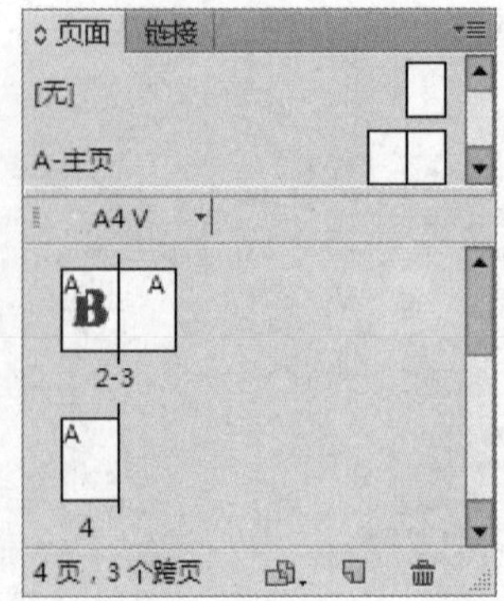

图 9-16　删除页面

9.2　主页操作

主页类似于一个可以快速应用到许多页面的背景。主页上的对象将显示在应用该主页的所有页面上，显示在文档页面中的主页项目的周围带有点线边框，对主页进行的更改将自动应用到关联的页面。主页通常包含重复的徽标、页码、页眉和页脚。主页还可以包含空的文本框架或图形框架，以作为文档页面上的占位符。主页项目在文档页面上无法被选定，除非该主页项目被覆盖。在 InDesign 中主页与主页之间还可以具有嵌套应用关系。

9.2.1　创建主页

默认情况下，创建的文档都有一个主页。用户还可以新建空白主页，或利用现有主页或文档页面创建主页。将主页应用于其他页面后，对主页所做的任何更改都会自动反映到所有基于它的主页和文档页面中。

1. 新建空白主页

在【页面】面板菜单中选择【新建主页】命令，打开如图 9-17 所示的【新建主页】对话框，然后进行相应的设置，即可新建空白主页。

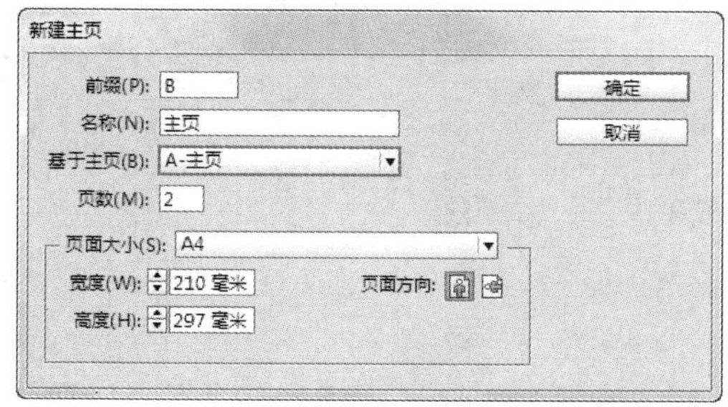

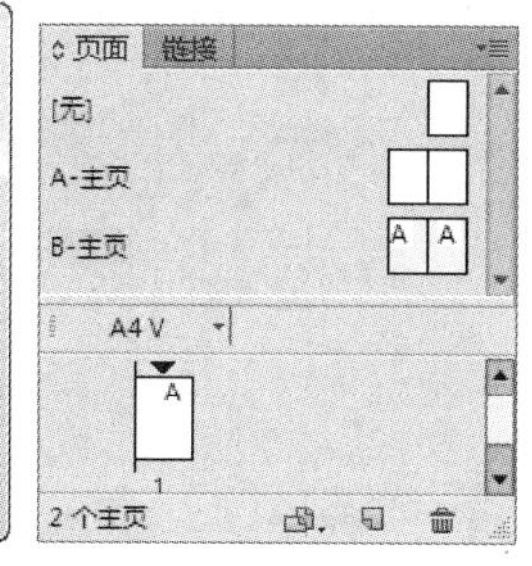

图 9-17　新建主页

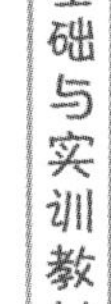

- 【前缀】：在文本框中可以输入一个前缀以标识【页面】面板中各个页面所应用的主页。最多可以输入 4 个字符。
- 【名称】：在文本框中可以输入主页跨页的名称。
- 【基于主页】：在【基于主页】下拉列表中，选择一个要以其作为主页跨页基础的现有主页跨页，或选择【无】。
- 【页数】：在文本框中输入一个值，作为主页跨页中要包含的页数，最多为 10 页。

2. 从现有页面或跨页新建主页

将整个跨页从【页面】面板的【页面】部分拖动到【主页】部分，原页面或跨页上的任何对象都将成为新主页的一部分。如果原页面使用了主页，则新主页将基于原页面的主页，如图 9-18 所示。

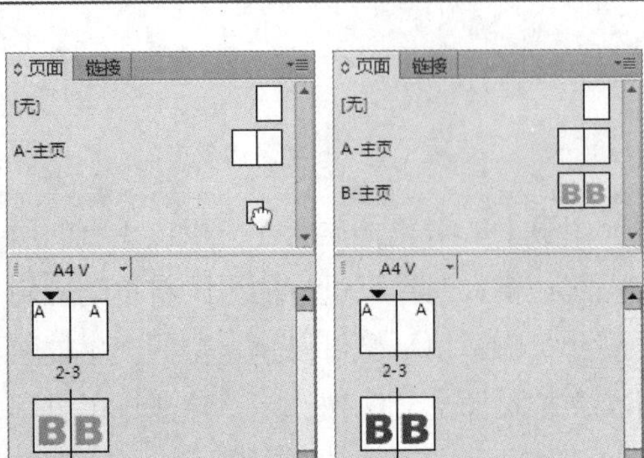

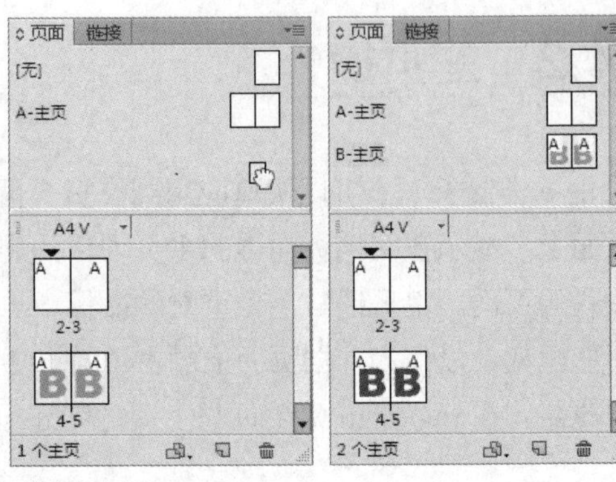

图 9-18　从现有页面新建主页

在【页面】面板中选择某一跨页，然后从【页面】面板菜单中选择【主页】|【存储为主页】命令，可以将选中的跨页存储为主页，如图 9-19 所示。

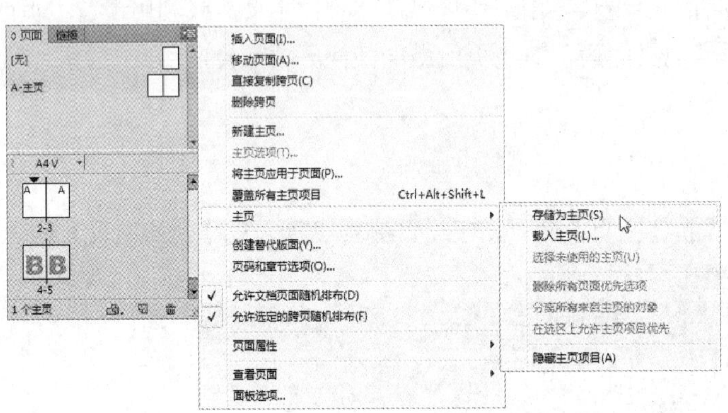

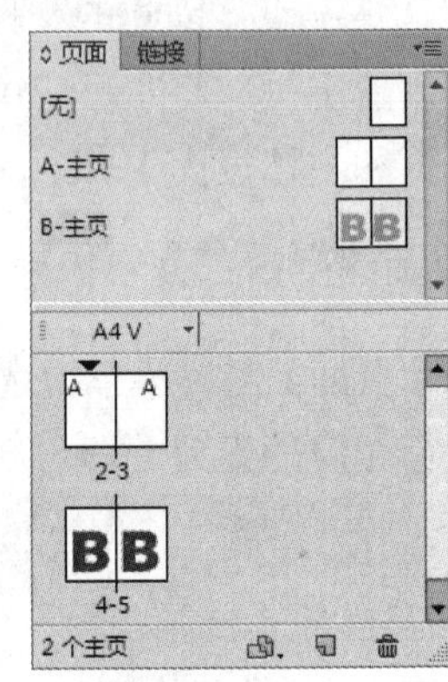

图 9-19　存储为主页

9.2.2　编辑主页

在 InDesign 中，用户可以随时编辑主页的版面设计，所做的更改会自动反映到应用该主页的所有页面中。选择工具箱中的【页面】工具，显示如图 9-20 所示的控制面板，其控制面板参数如下所示。

图 9-20　【页面】工具控制面板

- X、Y 值：更改 X 值与 Y 值可以确定页面相对于跨页中其他页面的垂直位置。
- W、H 值：可更改所选页面的宽度和高度，也可以通过右侧的下拉列表指定一个页面大小预设。要创建出现在此列表中的自定页面大小，从列表中选择【自定页面大小】指定页面大小设置。
- 【页面方向】：可以选择横向或纵向页面方向。

- 【自适应页面规则】：在该下来列表中，可以决定页面上的对象如何随页面大小的变化而自动调整。
- 【显示主页叠加】：选中此项可以在使用【页面】工具选中的任何页面上显示主页叠加。
- 【对象随页面移动】：选中此项可以在调整 X 值和 Y 值时，使对象随页面移动。

【例 9-1】在打开的文档中，对主页进行编辑。

(1) 在【页面】面板中，双击要编辑的主页的图标，或者从文档窗口底部的状态栏中选择主页。主页跨页将显示在文档窗口中，如图 9-21 所示。

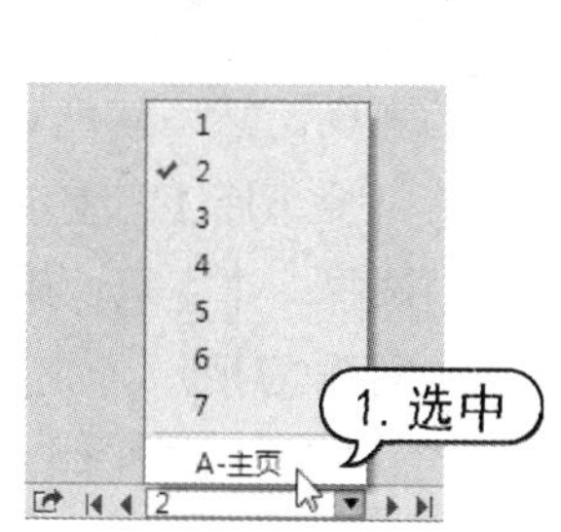

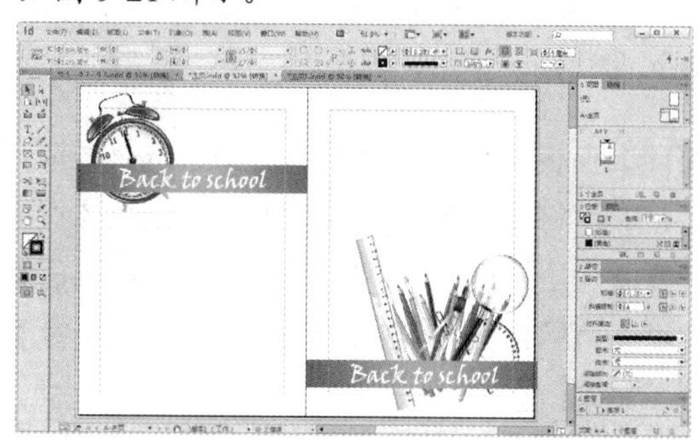

图 9-21　选中主页

(2) 选择工具箱中的【页面】工具在【页面】面板中双击【A-主页】名称选中主页跨页，然后在控制面板中设置参考点位置，并设置 H 为 200 毫米修改主页，如图 9-22 所示。

(3) 选择工具箱中【选择】工具选中左侧主页对象，并按 Shift 键拖动对象，如图 9-23 所示。

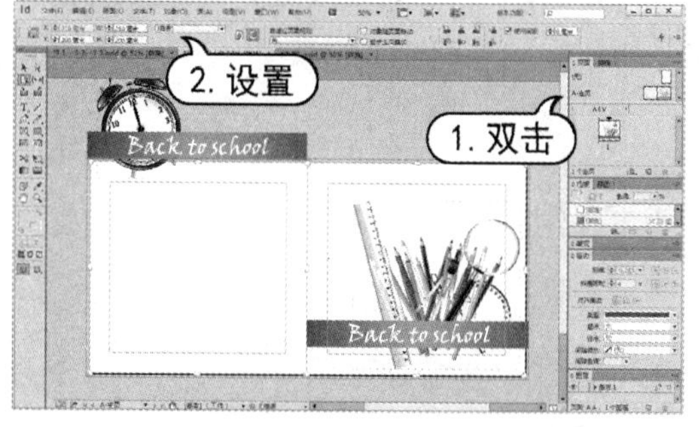

图 9-22　调整主页大小

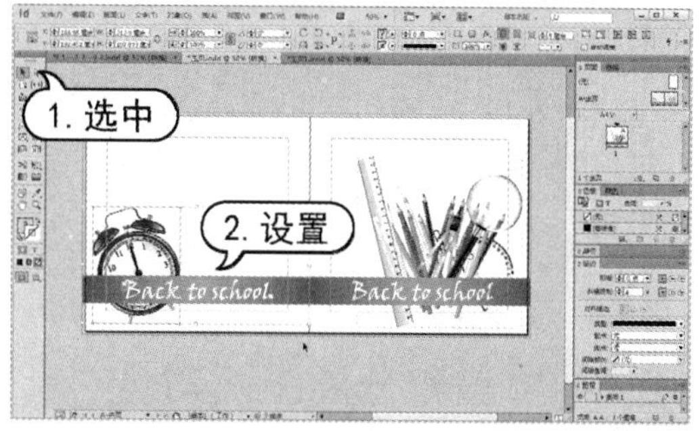

图 9-23　移动主页对象

9.2.3　应用主页

要将主页应用于一个页面，在【页面】面板中将主页图标拖动到页面图标上。当显示黑色矩形框围绕所需页面时释放鼠标，如图 9-24 所示。

要将主页应用于跨页，在【页面】面板中将主页图标拖拽到跨页的角点上。当显示黑色矩形框围绕所需跨页中的所有页面时释放鼠标，如图 9-25 所示。

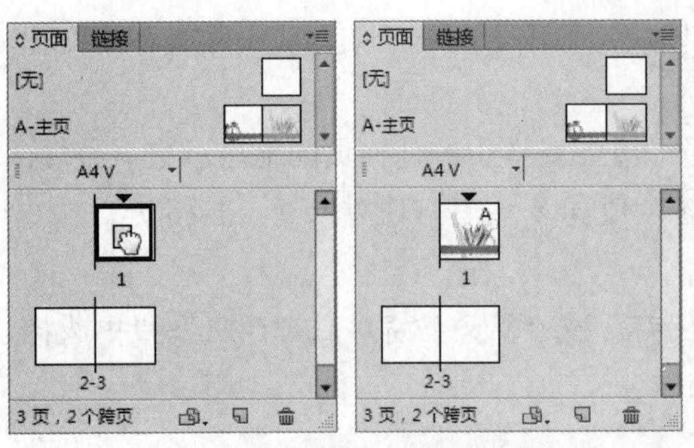
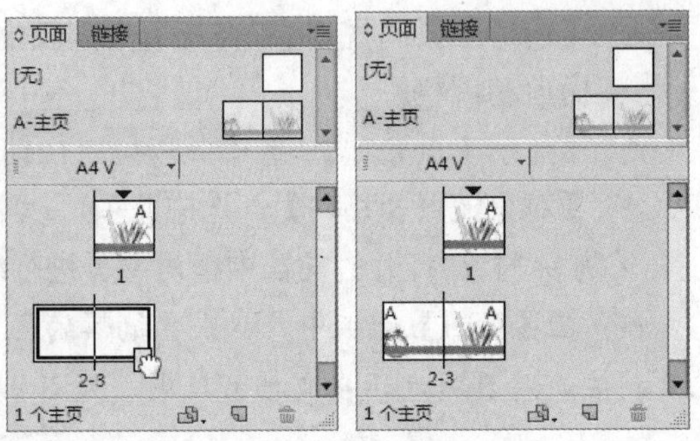

图 9-24　将主页应用于页面　　　　图 9-25　将主页应用于跨页

打开【页面】面板，在【页面】面板中，选择要应用新主页的页面。然后按住 Alt 键，并单击某一主页，即可将主页应用于多个主页。或从【页面】面板菜单中选择【将主页应用于页面】命令，打开【应用主页】对话框。如在【应用页面】对话框中选择一个主页，确保【于页面】选项中的页面范围是所需的页面，然后单击【确定】按钮，如图 9-26 所示。

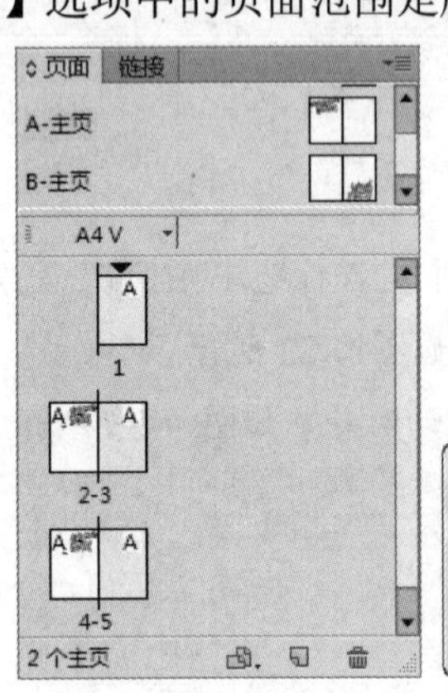
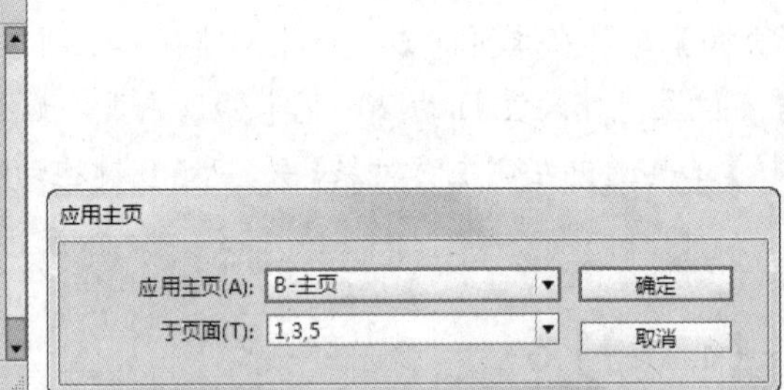

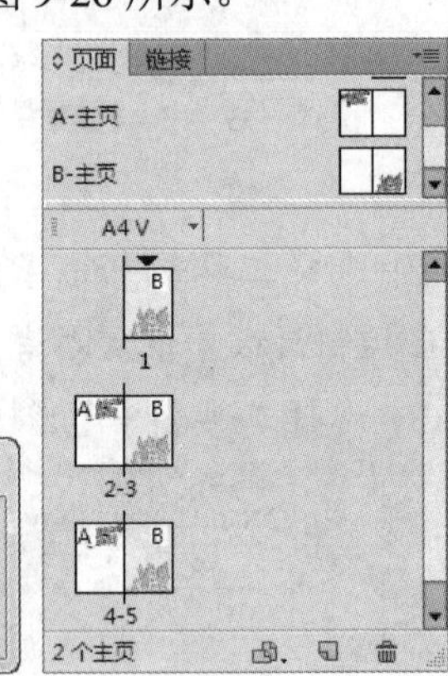

图 9-26　将主页应用于多个页面

9.2.4　覆盖和分离主页对象

将主页应用于文档页面时，主页上的所有对象都将显示在文档页面上。有时，可能需要某个特定页面略为不同于主页。此时，无须在该页面上重新修改主页版面或者创建新的主页。可以自定任何主页对象的对象属性；文档页面上的其他主页对象将继续随主页更新。自定页面上的主页项目的方法有两种：覆盖主页对象和从主页中分离对象。

1. 覆盖主页对象

要覆盖单个主页对象，可以按 Ctrl+Shift 组合键并选择跨页上的主页对象，根据需要更改对象。然后可以与任何其他页面对象一样选择该对象，但该对象仍将保留与主页的关联。可以覆盖的主页对象属性包括描边、填色、框架的内容和任意变换，如旋转、缩放或倾斜；没有覆

盖的属性，如颜色或大小将继续随主页更新。

要覆盖所有的主页项目，选择一个跨页作为目标，然后选择【页面】面板的面板菜单中的【覆盖全部主页项目】命令，然后根据需要选择和修改任何和全部主页对象。

2. 分离主页

要将单个主页对象从其主页分离，可以先按下 Ctrl+Shift 组合键，并选择跨页上的主页对象，然后在【页面】面板菜单中选择【从主页分离选区】命令。使用此方法覆盖串接的文本框架时，将覆盖该串接中的所有可见框架，即使这些框架位于跨页中的不同页面上。执行此操作时，该对象将被复制到文档页面中，它与主页的关联将断开，分离的对象将不随主页更新。

要分离跨页上的所有已被覆盖的主页对象，可以转到包含要从其主页分离且已被覆盖的主页对象的跨页。从【页面】面板菜单中选择【从主页分离全部对象】命令。如果该命令不可用，说明该跨页上没有任何已覆盖的对象。

9.3　页码、章节编号

可以向页面中添加一个当前页面标志符，以指定页码在页面上的显示位置和显示方式，同时可以设置章节和段落的参数。

9.3.1　添加页码

对于书籍而言，页码是非常重要的。页码标志符通常会添加到主页，将主页应用与文档页面之后，将自动更新页码。

【例 9-2】在 InDesign 中，向主页中添加页码。

(1) 在文档中选中主页，并使用【文字】工具在主页中创建一个文本框，如图 9-27 所示。

(2) 使用【文字】工具在新建的文本框内单击，在菜单栏中选择【文字】|【插入特殊符号】|【标志符】|【当前页码】菜单命令。插入当前页码后文本框内将显示一个 A 字母标记，表示已经在当前位置创建了自动页码，如图 9-28 所示。

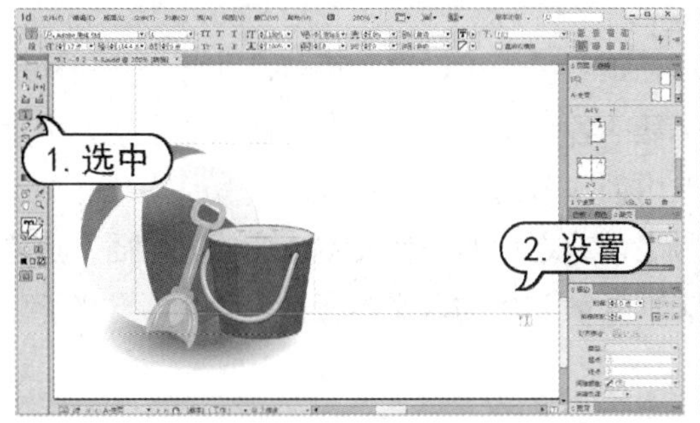

图 9-27　创建文本框

图 9-28　插入页码

提示

这里的字母是当前主页的前缀字符，表示此处是页码标志，因此不显示为数字，当把它应用到普通页面时，此处将变为当前的页码。

(3) 使用【文字】工具选择当前插入页码，在控制面板中设置字体为方正大黑_GBK，字体大小为 30 点，如图 9-29 所示。

(4) 使用步骤(1)~步骤(3)中同样的方法制作出另外一页的页码，如图 9-30 所示。

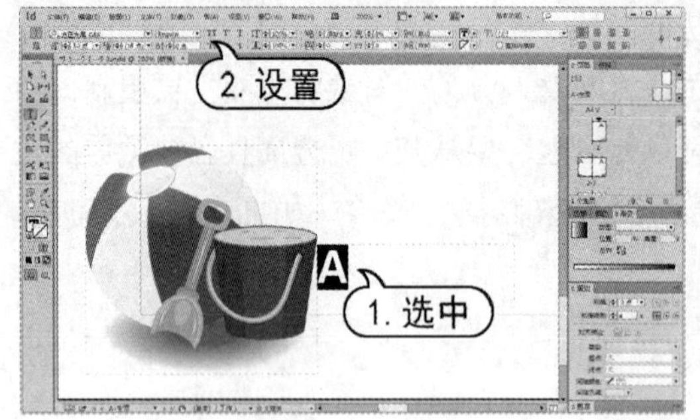

图 9-29　设置页码

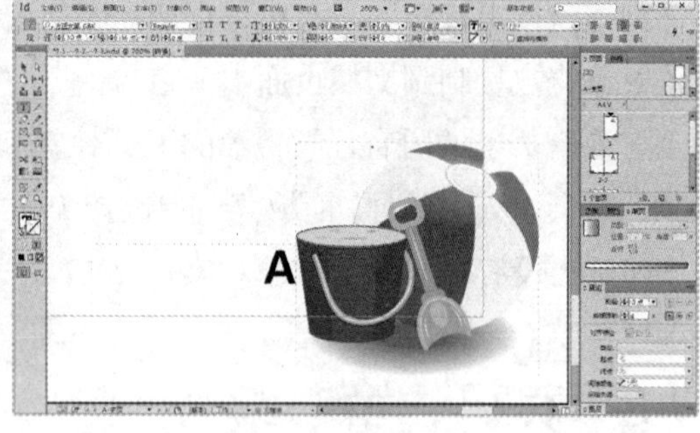

图 9-30　插入页码

(5) 在【页面】面板中，双击页面页码，在工作区中显示自动添加的页码，如图 9-31 所示。

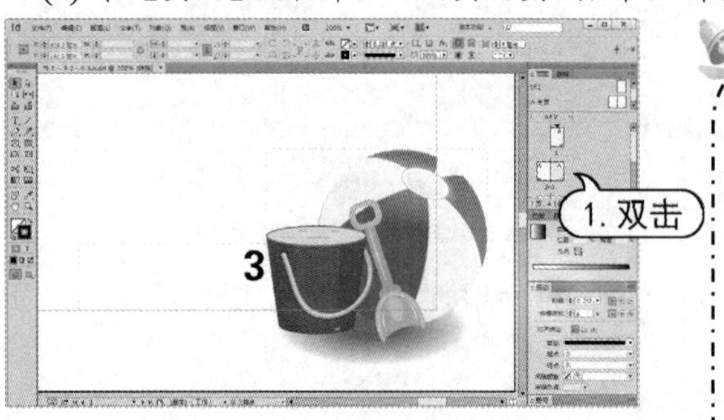

图 9-31　查看添加的页码

提示

在 InDesign 中也可以创建复合页码。数字前后带有符号或者字符的页码称为复合页码，如-2-、<10>和第 109 页等都属于复合页码。在创建复合页码时，在主页上输入复合符号或者字符，在符号或字符中间放置一个插入点即可，如- -或第 页。

9.3.2　添加章节编号

可以将章节编号添加到文档中。如同页码一样，章节编号可以自动更新，并像文档一样可以设置其格式和样式。章节编号变量常用于组成书籍的各个文档中。一个文档只能指定一个章节编号；如果要为一个文档划分多个章节，可以改用创建节的方式来实现。

在章节编号文本框架中，添加将位于章节编号之前或之后的任何文本或变量。将插入点置于要显示章节编号的位置，然后选择【文字】|【文本变量】|【插入文本变量】命令，再在子菜单中设置相应选项即可。

9.3.3　定义章节页码

在 InDesign 中，创建文档需要的所有页面，然后使用【页面】面板将某一范围的页面定义为章节。还可以将内容划分为具有不同编号的章节，例如书籍的前 10 页可能使用英文字母排页码，而其余部分使用阿拉伯数字排页码。

默认情况下，书籍中的页码是连续编号的。使用【页码和章节选项】命令，可以在指定的页重新开始编号、更改编号样式，还可以向页码中添加前缀和章节标志符。在【页面】面板中选取要定义章节页码的页面，单击【页面】面板右上角的按钮，在弹出的菜单中选择【页码和章节选项】命令，或选择【版面】|【页码和章节选项】命令，打开【新建章节】对话框，如图 9-32 所示。

- 【开始新章节】复选框：选择该复选框，可以为文档第一页以外的任何其他页面更改页码选项。选择该项将选定的页面标记为新章节的开始。
- 【自动编排页码】单选按钮：选择此单选按钮，当前章节的页码将跟随前一章的页码，如果在前面添加或删除页面时，本章中的页码也会自动更新。

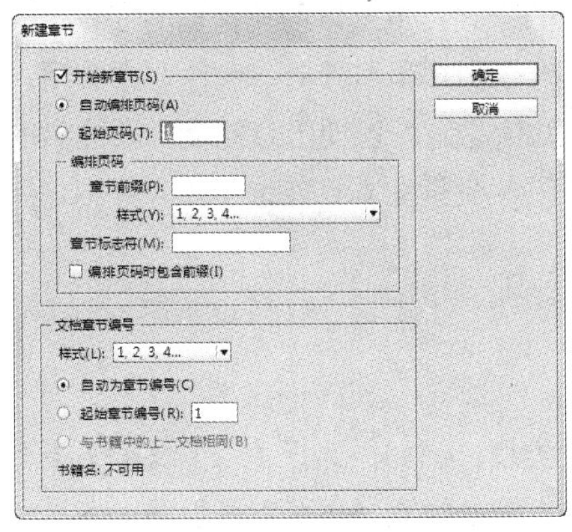

图 9-32　【新建章节】对话框

提示

同页码一样，章节编号可自动更新，并像文本一样可以设置其格式和样式。章节编号变量常用于组成书籍的各个文档中。一个文档只能拥有指定给它的一个章节编号；如果想将单个文档划分为多个章节，可以改用创建节的方式来实现。

- 【起始页码】单选按钮：如果要将该章节作为单独的一部分进行编排，选择此单选按钮，然后输入一个起始页码，该章节中的其余页面将进行相应编号。如果在【样式】下拉列表中选择非阿拉伯页码样式，则仍需要在此文本框中输入阿拉伯数字。
- 【章节前缀】文本框：可以为每一章都做一个既个性又统一的章节前缀，可以包括标点符号等，最多可以输入 8 个字符。此项不能为空，也不能有空格，- 要改为使用全角或半角空格。不能在章节前缀中使用加号或逗号。
- 【样式】下拉列表：可以在下拉列表中选择一种页码样式。默认情况下，使用阿拉伯数字作为页码。还有其他几种样式，如罗马数字和汉字等。该样式选项允许选择页码中的数字位数。
- 【章节标志符】文本框：输入一个标签，InDesign 将把该标签插入页面中章节标志符字符所在的位置。

- 【编排页码时包含前缀】复选框：选择此复选框，章节选项可以在生成目录索引或在打印包含有自动页码的页面时显示；如果只是想在 InDesign 中显示，而在打印的文档、索引和目录中不显示章节前缀，可以取消选择。
- 【样式】：从列表框中选择一种章节编号样式，此章节样式可在整个文档中使用。
- 【自动为章节编号】：选中此选项可以对书籍中的章节按顺序编号。
- 【起始章节编号】：指定章节编号的起始数字。如果不希望对书籍中的章节进行连续编号，可选中此选项。
- 【与书籍中的上一文档相同】：使用与书籍中上一文档相同的章节编号。如果当前文档与书籍中的上一文档属于同一个章节，选中此选项。

9.4 文本变量

文本变量是插入到文档中并且会根据上下文发生变化的项目。例如，【最后页码】变量显示文档中最后一页的页码。如果添加或删除了页面，该变量会相应更新。在 InDesign 中包括可以插入在文档中的预设文本变量。可以编辑这些变量的格式，也可以创建自己的变量。某些变量(如【标题】和【章节编号】)对于添加到主页中以确保格式和编号的一致性非常有用。另一些变量(如【创建日期】和【文件名】)对于添加到辅助信息区域以便于打印。需要注意的是，向一个变量中添加太多文本可能导致文本溢流或被压缩。变量文本只能位于同一行中。

9.4.1 创建文本变量

创建变量时可用的选项取决于用户所指定的变量类型。例如，选择【章节编号】类型，则可以指定显示在此编号之前和之后的文本，还可以指定编号样式。还可以基于同一变量类型创建多个不同的变量。如果要创建用于所有新建文档的文本变量，应关闭所有文档。否则，创建的文本变量将只显示在当前文档中。选择【文字】|【文本变量】|【定义】命令，打开如图 9-33 所示的【文本变量】对话框。

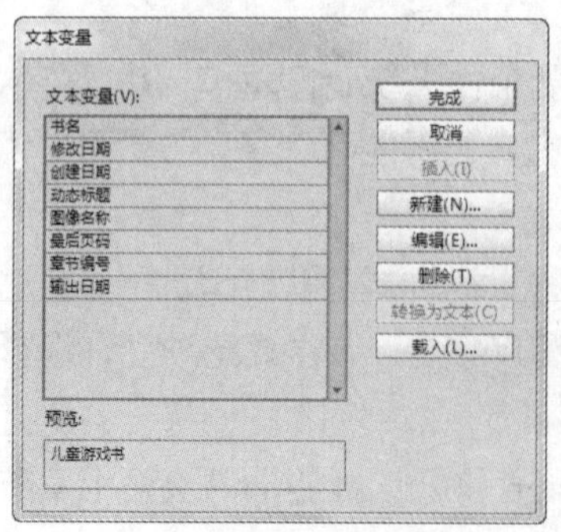

图 9-33　【文本变量】对话框

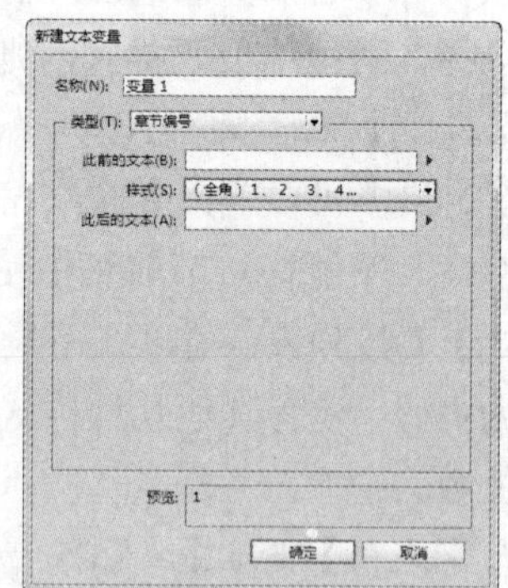

图 9-34　【编辑文本变量】对话框

单击【新建】按钮，打开如图 9-34 所示的【新建文本变量】对话框，或选择某个现有变量并单击【编辑】按钮打开【编辑文本变量】对话框。两个对话框设置内容相同，在对话框中可以为变量键入名称；在【类型】下拉列表中可以指定变量的类型。下面可用的选项将取决于用户所选择的变量类型。

【例 9-3】 使用变量在文档中添加页眉。

(1) 选择【文件】|【打开】命令，在【打开】对话框中选择打开【例 9-2】中创建的文档。在【页面】面板中双击【A-主页】跨页图标中左侧的页面图标，将该主页页面显示在工作区中。

(2) 在工具箱中选择【文字】工具，拖动鼠标左键将文本框架置于主页页面的左上角，当出现闪烁的光标时，选择【文字】|【文本变量】|【定义】命令，打开如图 9-35 所示的【文本变量】对话框。

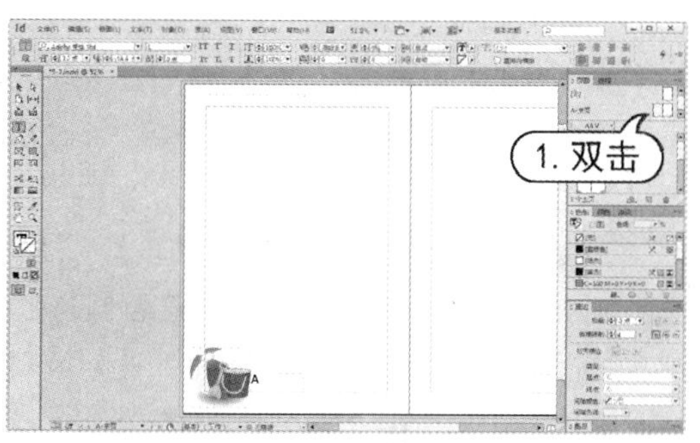

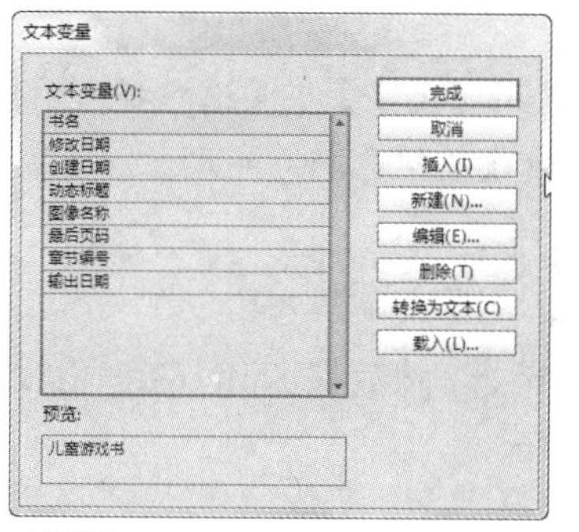

图 9-35　打开【文本变量】对话框

(3) 在对话框中单击【新建】按钮，打开【新建文本变量】对话框，在【类型】下拉列表中选择【章节编号】选项，在【此前的文本】文本框中输入 Chapter，单击右侧的▶按钮在弹出的菜单中选择【表意字空格】选项，在【样式】下拉列表中选择 I 、II 、III、IV…，在【名称】文本框中输入“书名”，单击【此后的文本】文本框右侧的▶按钮在弹出的菜单中选择【表意字空格】选项，然后输入“儿童户外游戏”，此时【预览】框中将显示预览效果，如图 9-36 所示。

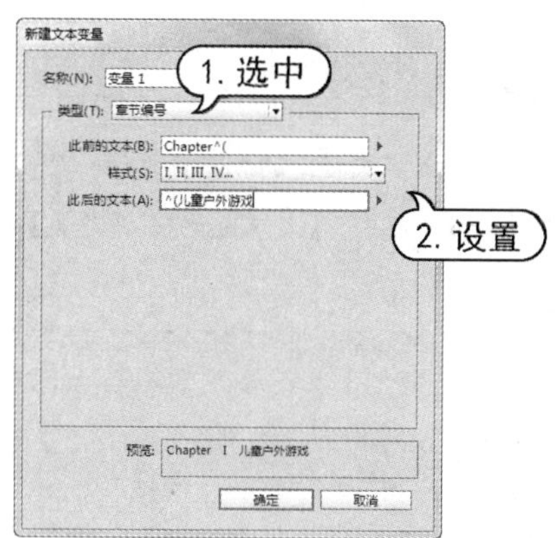

图 9-36　编辑文本变量

(4) 单击【确定】按钮，返回到【文本变量】对话框。单击【完成】按钮，完成文本变量

的设置。选择【文字】|【文本变量】|【插入变量】|【变量 1】命令，将变量插入到创建的页眉中，如图 9-37 所示。

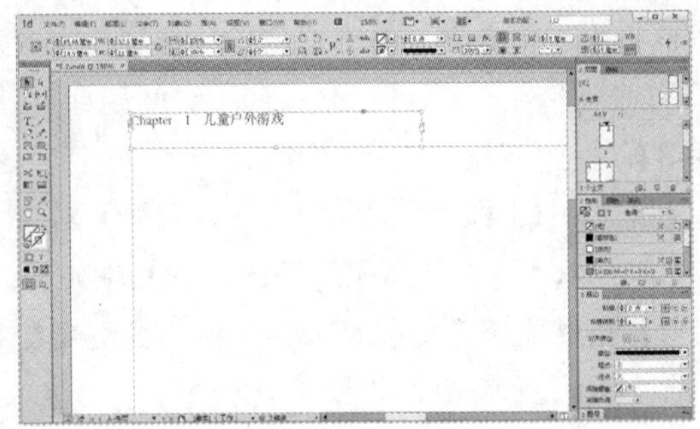

图 9-37　插入变量

(5) 使用【文字】工具选中插入的页眉，在【色板】面板中单击选择 C=15 M=100 Y=100 K=0 的红色改变字体颜色并在控制面板中设置字体样式为方正大黑_GBK，字体大小为 22 点，如图 9-38 所示。

(6) 选择【选择】工具，在文字上右击，在弹出的快捷菜单中选择【适合】|【使框架适合内容】命令。然后按 Shift+Ctrl+Alt 组合键将创建的文字变量移动并复制至右侧的页面，如图 9-39 所示。

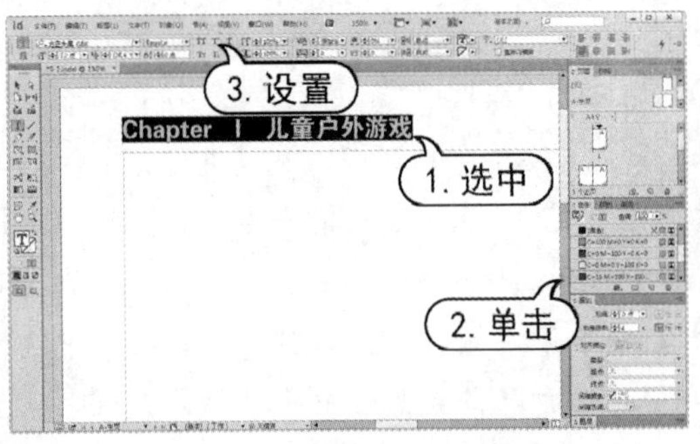

图 9-38　改变页眉字体颜色

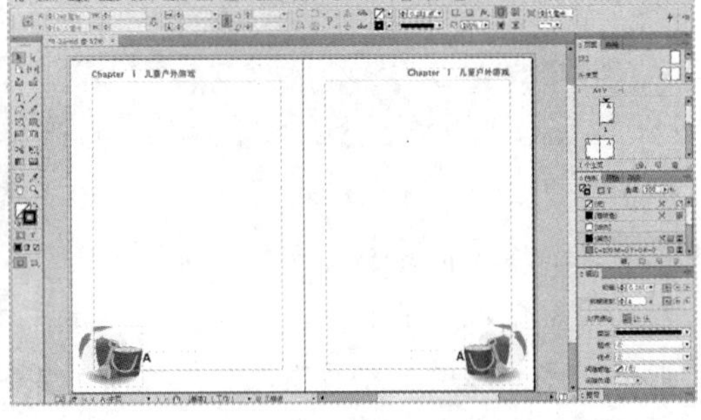

图 9-39　调整页眉位置

知识点

如果要删除插入在文档中的文本变量的一个实例，则只需选择此变量并按 Backspace 或 Delete 键即可。也可以选择【文字】|【文本变量】|【定义】命令，选择要删除的变量，然后单击【删除】按钮即可删除变量本身。

9.4.2　变量类型

在 InDesign 中，用户可以定义多种文本变量类型。

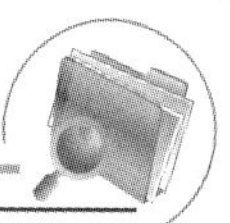

1. 创建日期、修改日期和输出日期

【创建日期】变量会插入文档首次存储时的日期或时间；【修改日期】变量会插入文档上次存储到磁盘时的日期或时间；【输出日期】变量会插入文档开始某一打印作业、导出为 PDF 或打包文档时的日期或时间。用户可以在日期前、后插入文本，并且可以修改所有日期变量的日期格式。

2. 动态标题

【动态标题】变量会在应用了指定样式的文本的页面上插入第一个或最后一个匹配项。如果该页面上的文本未使用指定的样式，则使用上一页中的文本。

3. 图像名称

在从元数据生成自动题注时，【图像名称】变量非常有用。【图像名称】变量包含【元数据题注】变量类型。如果包含该变量的文本框架与某个图像相邻或成组，则该变量会显示该图像的元数据。可以编辑【图像名称】变量以确定要使用哪个元数据字段。

4. 书名

【书名】变量用于将当前文件的名称插入到文档中。它通常会被添加到文档的辅助信息区域以便于打印，或用于页面和页脚。

5. 最后页码

【最后页码】类型用于使用常见的【第 3 页】/【共 12 页】格式将文档的总页数添加到页眉和页脚中。在这种情况下，数字 12 就是由【最后页码】变量生成的，它会在添加或删除页面时自动更新。可以在【最后页码】之前或之后插入文本，并可以指定页码样式。从【范围】下拉列表中，选择一个选项可以确定章节或文档中的【最后页码】是否已被使用。

6. 章节编号

用【章节编号】类型创建的变量会插入章节编号。可以在章节编号之前或之后插入文本，并可以指定编号样式。如果文档中的章节编号被设置为从书籍中上一个文档继续，则可能需要更新书籍编号以显示相应的章节编号。

7. 自定文本

此变量通常用于插入占位符文本或可能需要快读更改的文本字符串。

9.4.3　创建用于标题和页脚的变量

默认情况下，【动态标题】变量会插入具有指定样式的文本(在页面中)的第一个匹配项。如果用户还没有设置内容的样式，就应为要在页眉中显示的文本创建段落样式或字符样式(如大标题或小标题样式)并应用这些样式。

选择【文字】|【文本变量】|【定义】命令，在【文本变量】对话框中单击【新建】按钮，打开如图 9-40 所示的【新建文本变量】对话框。从【类型】下拉列表中，选择【动态标题(字符样式)】或【动态标题(段落样式)】选项，然后指定以下选项。

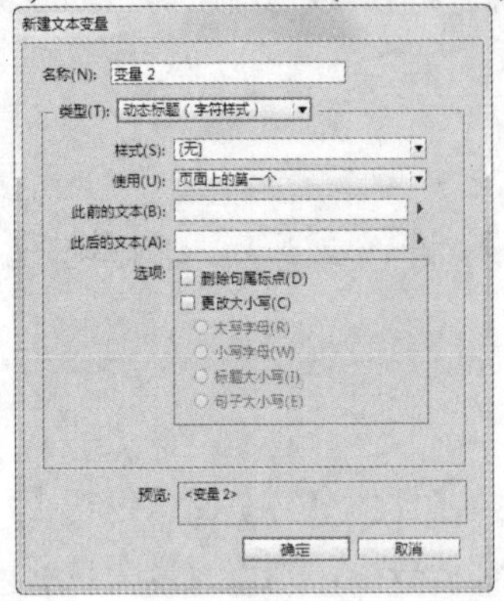

图 9-40 【新建文本变量】对话框

知识点

在 InDesign 中，可以将文本变量转换为文本。要转换单个实例，应在文档窗口中选择此文本变量，然后选择【文字】|【文本变量】|【将变量转换为文本】命令。要转换文档中文本变量的所有实例，应选择【文字】|【文本变量】|【定义】命令，选择此变量后单击【转换为文本】按钮。

- 【样式】：选择要显示在页眉或页脚的文本的样式。
- 【使用】：确定需要的是样式在页面上的第一个匹配项还是最后一个匹配项。
- 【删除句尾标点】：如果选中此复选框，变量在显示文本时就会减去任何句尾标点。
- 【更改大小写】：选择此复选框可以更改显示在页眉或页脚中的文本的大小写。

9.5 目录

在目录中可以列出书籍、杂志或其他出版物的内容，也可以包含有助于读者在文档或书籍文件中查找信息的其他信息。一个文档可以包含多个目录，例如章节列表和插图列表。

每个目录都是一篇由标题和条目列表(按页码或字母顺序排列)组成的独立文章。条目(包括页码)直接从文档内容中提取，并可以随时更新，甚至可以跨越同一书籍文件中的多个文档提取。

9.5.1 生成目录

生成目录前，首先需要确定应包含的段落，如章、节标题，然后为每个段落定义段落样式。确保将这些样式应用于单篇文档或编入书籍的多篇文档中的所有相应段落。在创建目录之前，可能需要在文档之前添加新的页面，然后选择【版面】|【目录】命令，打开【目录】对话框，单击对话框右侧的【更多选项】按钮展开该对话框中的全部参数，如图 9-41 所示。

- 【目录样式】：如果已经为目录定义了具有适当设置的目录样式，则可以从【目录样式】菜单中选择该样式。
- 【标题】：可以在文本框中输入标题的名称，标题将显示在目录的顶部。

◉ 【样式】下拉列表：从中可以选择保存过的目录样式，或选择【默认】来自定义下面的各选项。

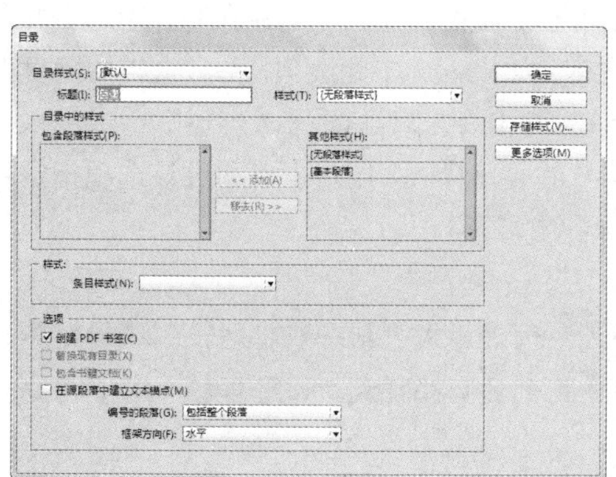

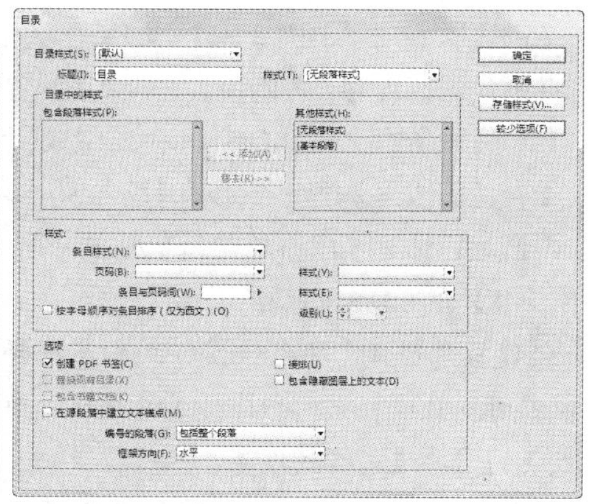

图 9-41　【目录】对话框

◉ 【目录中的样式】：可以从这两个选项框中指定生成目录的段落样式。右边为正文中应用到的全部段落样式，把其添加到左侧的选项框中则表明其将作为目录条目。将样式条目添加到目录样式有几种方法。一种方法是在右侧选中要添加样式名称，使其高亮显示，然后单击【添加】按钮，即可将其添加到左侧的目录样式表中；另一种方法是在右侧选中样式，然后将其拖动到左侧的选项框中，当其有某一样式下出现一粗线条时可松开鼠标，即被移动到目录此样式下的条目中。

◉ 【条目样式】：是指此段落样式在生成目录时此段落所用的样式，在下拉列表中选择一个已定义好的样式，如【目录章节名】。

◉ 【页码】：是指此样式在生成目录后页码的编排方式，其中有【条目前】、【条目后】和【不含页码】，在通常中文排版情况下一般选择【条目后】选项，在后面的样式中可以为页码单独指定一个字符样式，如包含字体、字号的字符样式。

◉ 【条目与页码间】：可以指定目录条目和页码之间的间隔符，其为一个下拉列表框，有多种选择。

◉ 【按字母顺序对条目排序】：指可以生成按字母分类的目录条目，如果按正常情况下，目录是按其后指定的级别来确定顺序的，若选中此项，则目录条目将按字母顺序分类排列，主要应用在生成一些名单之类的目录条目中。

◉ 【级别】：可以指定其级别类型是按阿拉伯数字排列的，级别大的条目排列在前，如选择章节段落条目为 1 级，选择节题段落条目为 2 级，则节题将排在章节题之后。

◉ 【创建 PDF 书签】：选中该项，则将文档导出为 PDF 文件时，在 Acrobat 或 Reader 的【书签】面板中将显示目录条目。

◉ 【替换现有目录】：如果在当前的文档中生成过目录条目，则选择此项将生成新的条目替换原来生成的目录；如果以前在此文档中未创造过目录，则此项为不可选；如果不选择【替换现有目录】，则新生成的目录将显示为一个新的文本框。

◉ 【接排】：各目录条目按字母排序，相同的字母将按下一字母排序。

- 【包含书籍文档】：是指在打开一个书籍文件中的文档时，如果选择此选项，则生成的目录包含书籍其他文档中的目录条目。
- 【包含隐藏图层上的文本】：如果在文档中有隐藏的图层上的目录条目，则选中此项时将包含这些内容，否则就会忽略掉这些内容；如果为选中此选项，并且文档中隐藏图层上有目录条目，则 InDesign 会在生成目录时弹出警告对话框。
- 【编号的段落】：如果目录中包含使用编号的段落样式，用户可以通过该选项指定目录调整是包括整个段落还是只包括编号或只包含段落。

【例 9-4】在 InDesign 文档中，创建目录。

(1) 创建目录样式需要有段落样式和字符样式，段落样式包括一级标题、二级标题等，以及在目录中用到目录样式；字符样式包括在目录中用到的页码样式，如图 9-42 所示。用户可以根据出版物的需要进行样式设置。

(2) 选择【版面】|【目录】命令，打开【目录】对话框。在【目录】对话框中，在【标题】文本框中输入目录名称为 Contents，如图 9-43 所示。

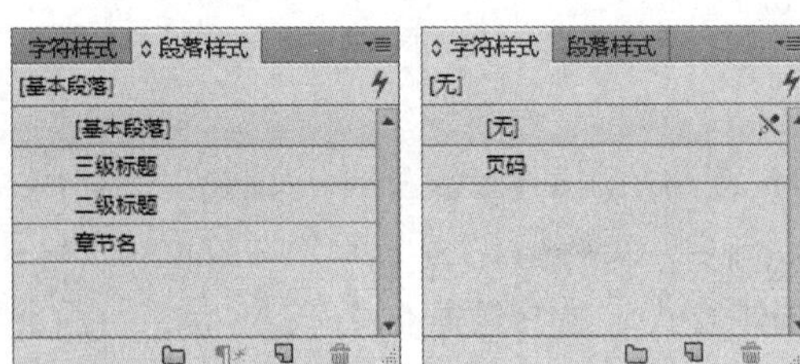

图 9-42　创建样式

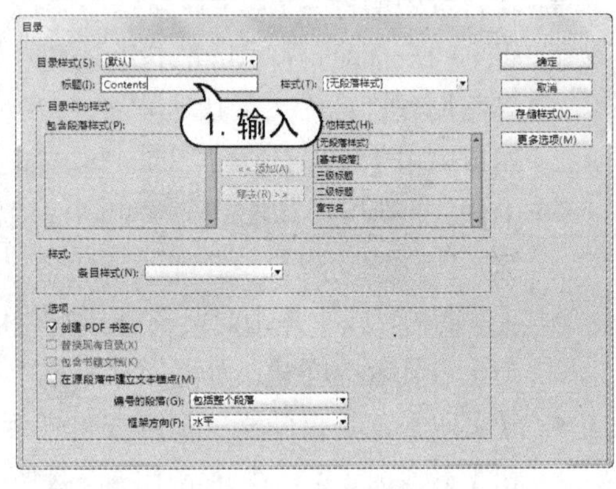

图 9-43　输入标题

(3) 在【目录】对话框中【样式】下拉列表中选择【新建段落样式】选项，打开【新建段落样式】对话框。在对话框中设置标题样式，如图 9-44 所示。

(4) 在【其他样式】栏中分别将【章节名】、【二级标题】、【三级标题】添加到【包含段落样式】栏中，如图 9-45 所示。

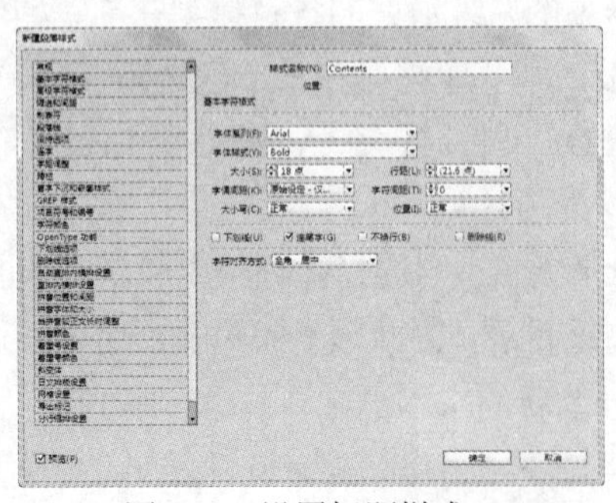

图 9-44　设置标题样式

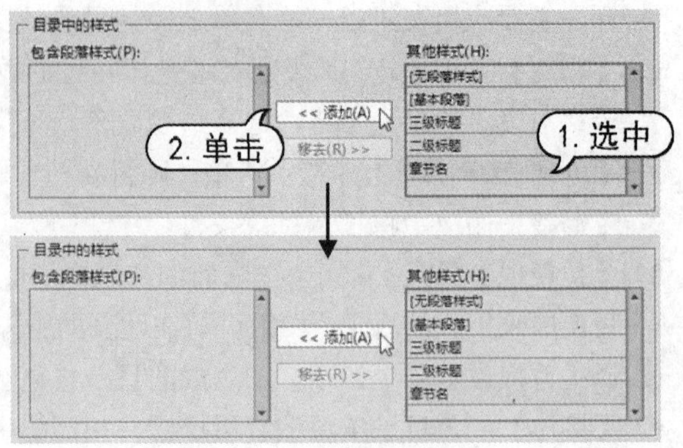

图 9-45　添加段落样式

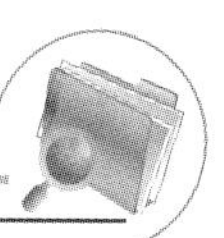

(5) 在【包含段落样式】栏中选中【章节名】段落样式，在【条目样式】选项中选择【章节名】选项，如图 9-46 所示。

(6) 使用同样的方法设置二级标题和三级标题的目录样式，如图 9-47 所示。

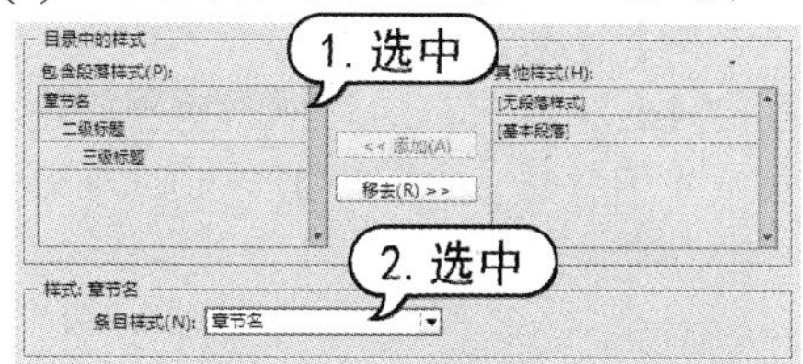

图 9-46　选择段落样式

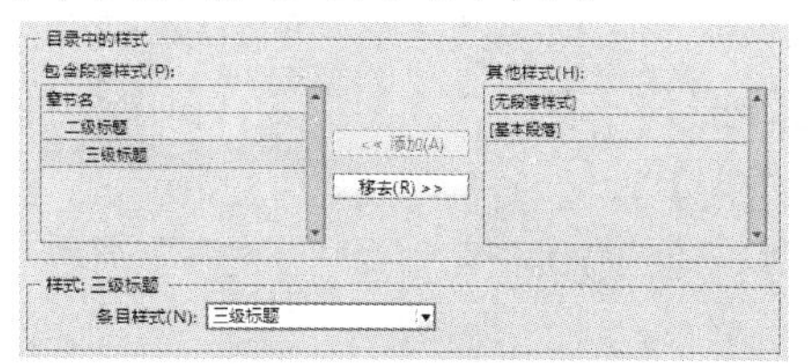

图 9-47　选择段落样式

(7) 单击【更多选项】按钮，在【样式：三级标题】选项中的【页码】下拉列表中选择【条目后】选项，在【样式】下拉列表中选择【页码】选项，【条目与页码间】下拉列表中选择【全角破折号】选项，如图 9-48 所示。

(8) 在【目录】对话框中，单击【存储样式】按钮，打开【存储样式】对话框。在对话框中的【样式存储为】文本框中输入 Contents，然后单击【确定】按钮，如图 9-49 所示。

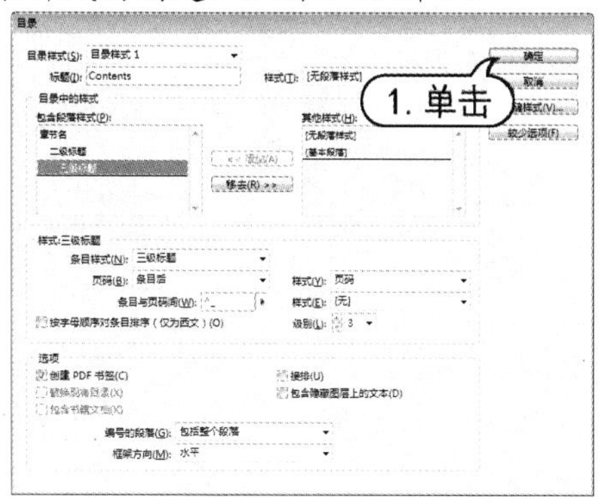

图 9-48　设置样式

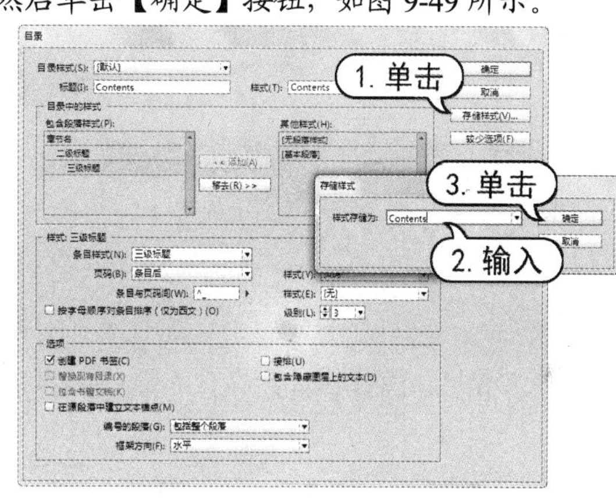

图 9-49　存储样式

(9) 单击【目录】对话框中的【确定】按钮，当指针变为链接文本图标时，单击页面处即可完成目录样式的创建，如图 9-50 所示。

CONTENTS

图 9-50　创建目录

9.5.2 创建和载入目录样式

如果要在文档中创建不同的目录样式，或将其他文档的目录样式应用到当前文档中，可以选择【版式】|【目录样式】命令，打开如图 9-51 所示的【目录样式】对话框。单击对话框右侧的【新建】按钮，打开如图 9-52 所示的【新建目录样式】对话框，该对话框中的参数基本与【目录】对话框相同。

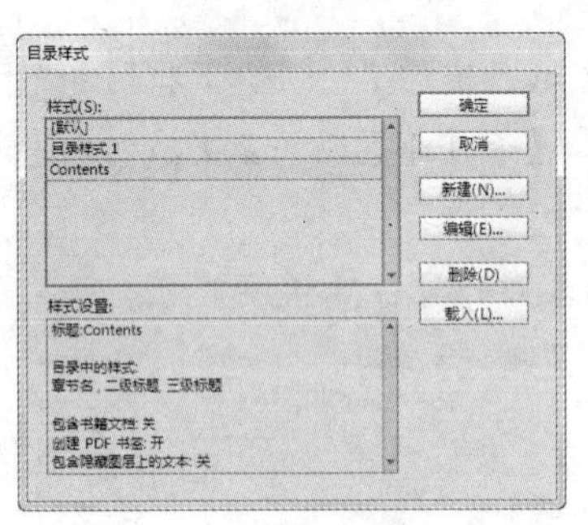

图 9-51 【目录样式】对话框

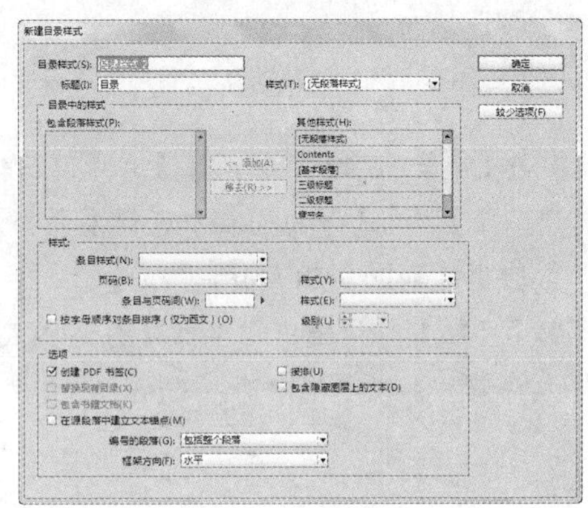

图 9-52 【新建目录样式】对话框

如果要载入目录样式，可以单击【目录样式】对话框右侧的【载入】按钮，在打开的【载入】对话框中选择相应文档，然后单击【确定】按钮即可。

9.5.3 创建具有制表符、前导符的目录条目

目录条目通常会用点或制表符前导符分隔条目与其关联页码。如果要创建具有制表符前导符的条目，首先需要创建具有制表符前导符的段落样式。选择【窗口】|【样式】|【段落样式】命令，打开【段落样式】面板，双击应用目录条目的段落样式，打开【段落样式选项】对话框，并在对话框左侧的列表框中选择【制表符】选项，如图 9-53 所示。

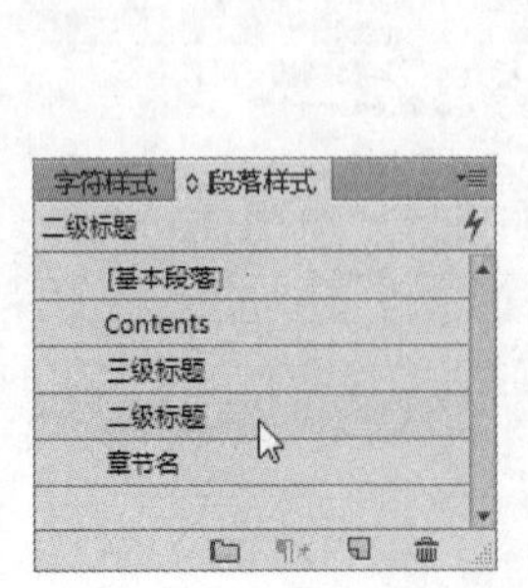

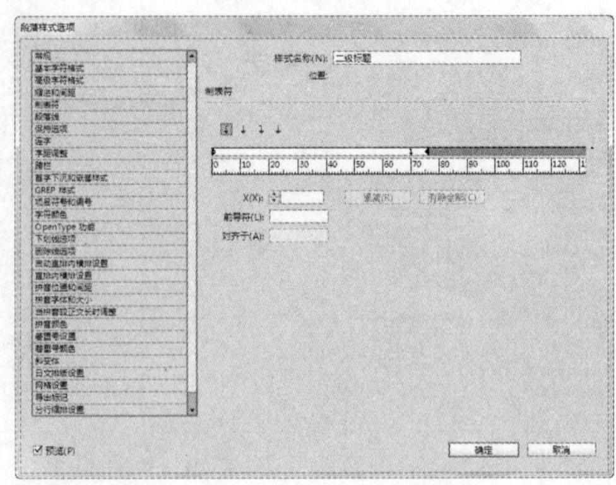

图 9-53 【段落样式选项】对话框

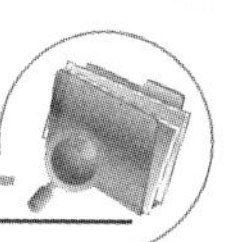

单击【右对齐制表符】按钮↓，然后在标尺上单击放置制表符，在【前导符】文本框中输入“.”，如图 9-54 所示。设置完成后单击【确定】按钮完成该段落样式的创建。

选择【版面】|【目录】命令，打开【目录】对话框，在【包含段落样式】列表框中选择刚刚设置的带有制表符前导符的项目，然后在【条目与页码间】下拉列表中选择【右对齐制表符】选项，如图 9-55 所示。设置完成后单击【确定】按钮即可成功创建带有制表符前导符的目录条目。

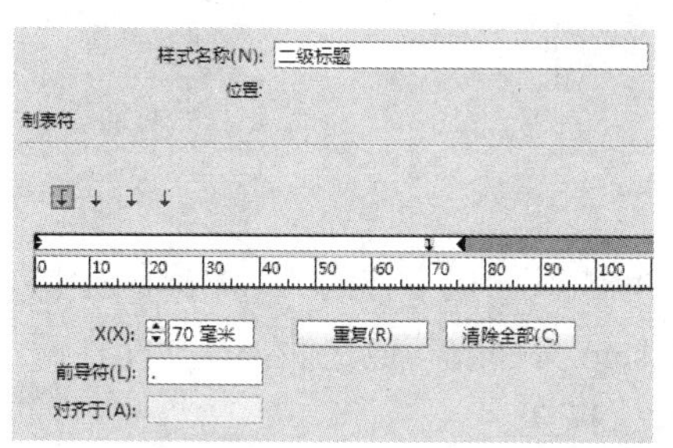

图 9-54　设置制表符

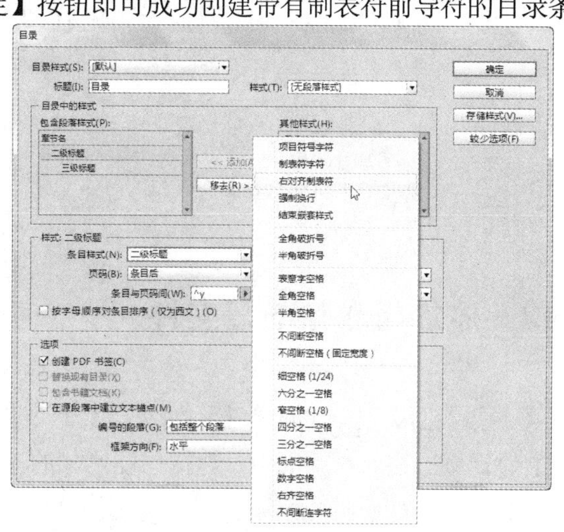

图 9-55　设置条目与页码间样式

9.6　创建与管理书籍

在 InDesign 中，书籍文件是一个可以共享样式、色板、主页及其他项目的文档集。可以按顺序给编入书籍的文档页面编号，打印书籍中选定的文档或将其导出为 PDF 文档。

9.6.1　创建书籍文件

如果一本完整的出版物分为 3 章，现在它们是相互独立的。为了建立整书目录和索引以及整书打印或将整书输出为 PDF 文件，则必须把它们拼合起来。这就要靠【书籍】面板来完成。在一本书中的各个文档之间能分享各种样式，可以同步各文档中的样式，并且能够对各文档进行连续地编排页码。一个文档可以属于多个书籍文件。

选择【文件】|【新建】|【书籍】命令可以建立一个新书籍文件。选择此命令后，可弹出【新建书籍】对话框，如图 9-56 所示。在此对话框中输入一个书籍的名称，并指定存放此文档的文件夹，在保存类型中选择【书籍】，单击【保存】按钮，即可新建一个书籍文件夹，此文件夹被保存为一个以.indb 为后缀的文件。同时在视图中显示【书籍】面板，此面板的名称是该书籍的名称，如图 9-57 所示。

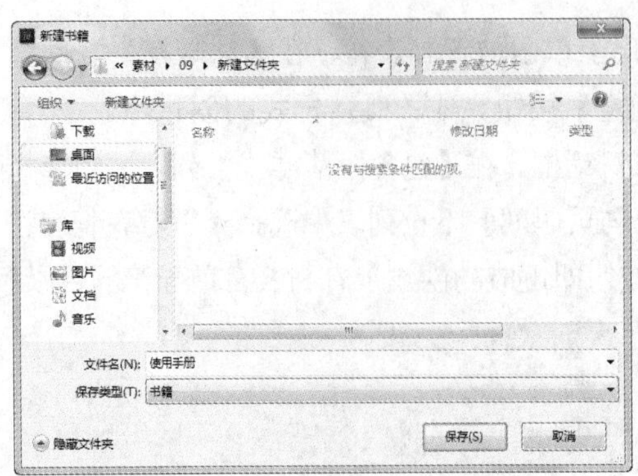
图 9-56 【新建书籍】对话框

图 9-57 【书籍】面板

9.6.2 添加与删除书籍文件

在【书籍】面板菜单中选择【添加文档】命令，或单击其面板下方的 + 图标，打开【添加书籍】对话框。在此对话框中，选择想要增加的 InDesign 文件或其他文件。选择文件后，单击【打开】按钮，即可将文档添加到书籍文件，如图 9-58 所示。

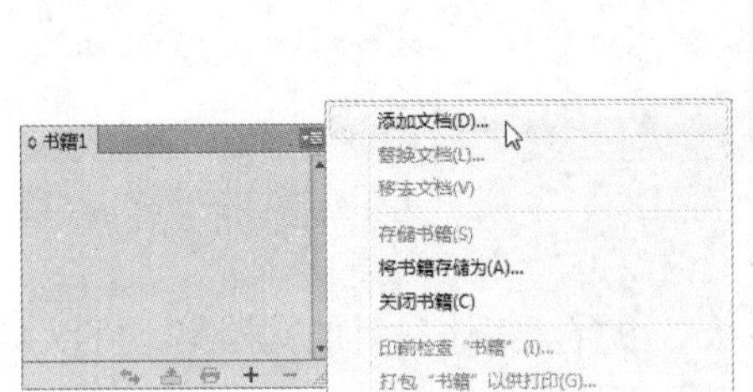

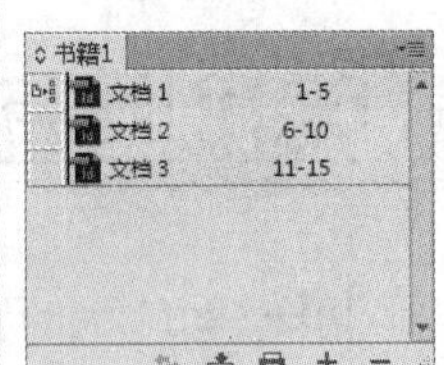
图 9-58 添加文档

在【书籍】面板中选中要移除的文档，在【书籍】面板菜单中选择【移除文档】命令，或直接单击面板右下方的减号图标 − ，即可将此选中的一个文档移除。如果移除的文档后面的文档选择了自动编排页码选项，则在移除后将自动重新编排各文档的页码。

知识点

可以将文件从资源管理器窗口中拖放到【书籍】面板中，还可以将某一文档从一个书籍文件中拖动到另一个书籍文件中。按住 Alt 键可以复制文档。

【例 9-5】创建新书籍文档，并添加在书籍中添加文档。

(1) 新建一个书籍文档，选择【文件】|【新建】|【书籍】菜单命令，打开【新建书籍】对话框，在【文件名】文本框中输入“使用手册”，并选择保存路径，单击【保存】按钮，如图 9-59 所示。

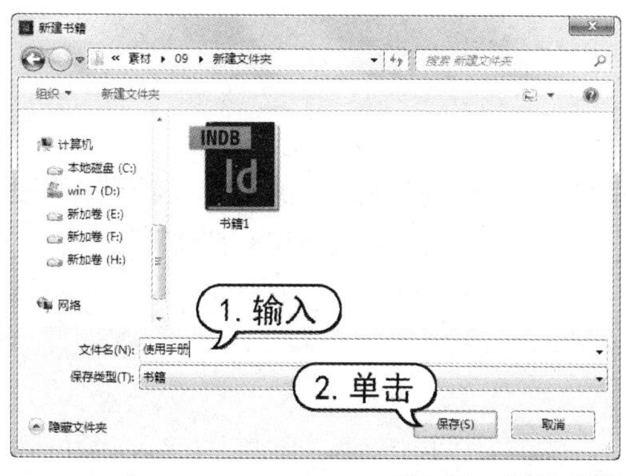

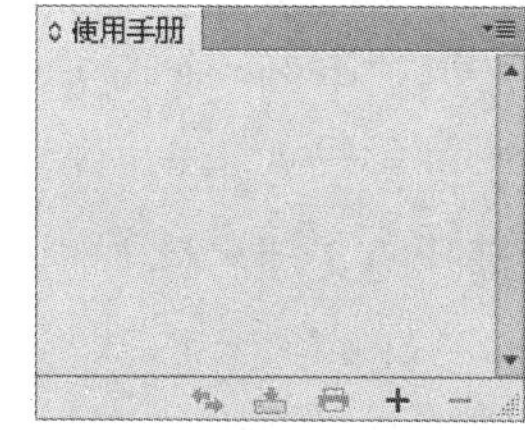

图 9-59　新建书籍

(2) 单击书籍面板右上角的面板菜单按钮，在打开的面板菜单中选择【添加文档】命令，或直接单击书籍面板右下方的+按钮，打开【添加文档】对话框，如图 9-60 所示。

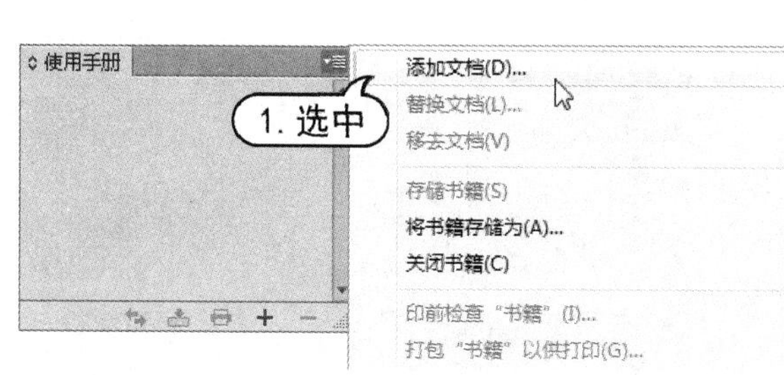

图 9-60　打开【添加文档】对话框

(3) 在【添加文档】对话框中，选择文档存储的文件夹，并选中需要添加的文档，然后单击【打开】按钮将文档添加到书籍面板中，如图 9-61 所示。

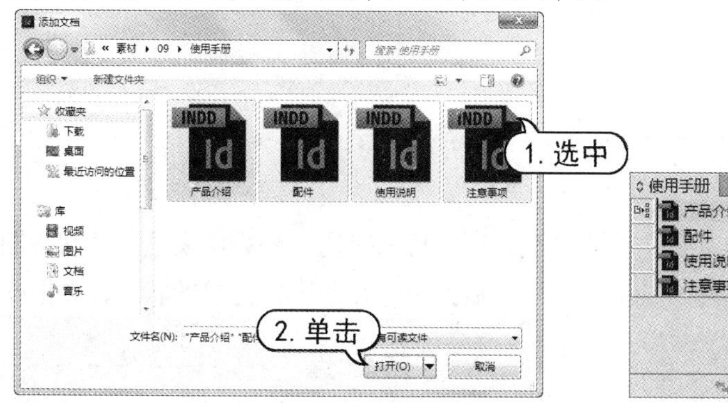

图 9-61　添加文档

知识点

可以通过书籍面板来管理书籍文件，如同步样式和色板、存储和删除书籍、打印书籍、添加和移去文档等。可以使用书籍面板底部的按钮或面板菜单命令来管理书籍文件。

9.6.3 打开书籍中的文档

当书籍中的文档需要修改时，可以直接在书籍中打开想要编辑的文档进行修改，InDesign中不仅可以修改书籍中的文件属性，还可以同步修改文档文件中的原稿属性。

在【书籍】面板中双击想要编辑的文档，就会打开所选择的文档文件，以供修改和编辑，同时可以看到打开的文档名称右侧会显示●图标。

9.6.4 调整书籍中文档的顺序

如果在添加文档时将其顺序搞错了，也可以互调。在【书籍】面板中选择要更改的一个或多个文档，进行拖动，当面板中出现一个粗黑水平指示线时，释放鼠标，即可将文档放置到指定位置，如图 9-62 所示。

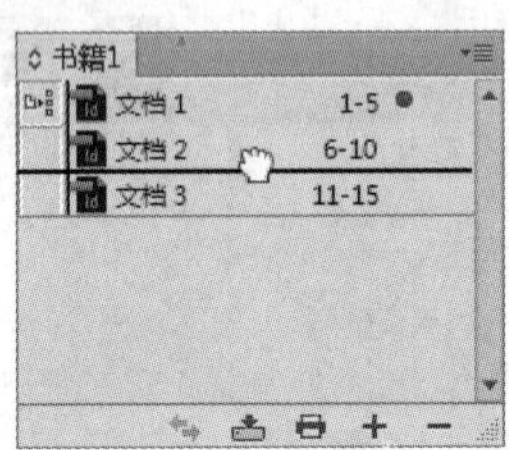

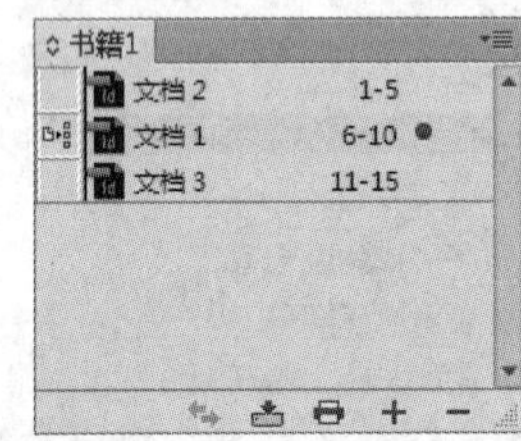

图 9-62 调整文档顺序

提示

如果在各文档页码设定中设定了自动编排页码选项，在移动文档后，InDesign 将对整个书籍中的文档重排页码。

9.6.5 移去或替换缺失的书籍文档

在书籍中的文档是以链接的方式存在的，所以可随时通过书籍中所显示的状态图标来预览文档的状态。在【书籍】面板文档的右边页码后的图标显示文档当前的状态，如图 9-63 所示。

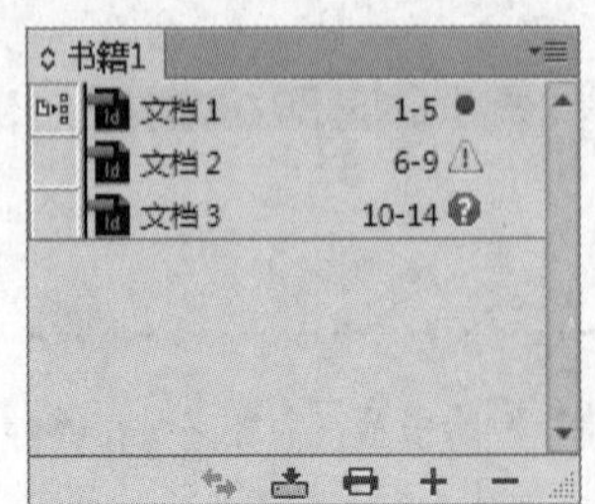

图 9-63 文档状态

知识点

●图标：表示此文件已打开。?图标：表示找不到文档(文件夹被移动了或已改名或删除)。⚠图标：表示已经被修改(如被重定义了页码或在书籍文件没有打开时被编辑过)。无图标：表示此文件未打开。

选择【书籍】面板中的缺失或修改后的文档，在面板菜单中选择【替换文档】命令，打开【替换文档】对话框，选择用来替换的文档，然后单击【打开】按钮即可替换缺失的书籍文档，如图 9-64 所示。

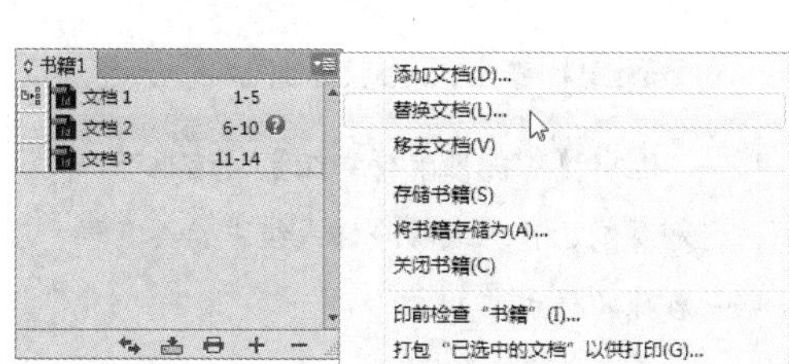

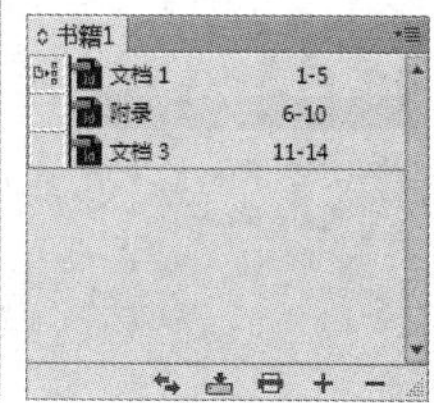

图 9-64　替换文档

知识点

用户也可以在【书籍】面板菜单中选择【文档信息】命令，打开【文档信息】对话框，然后单击【替换】按钮，打开【替换文档】对话框选择替换文档，如图 9-65 所示。

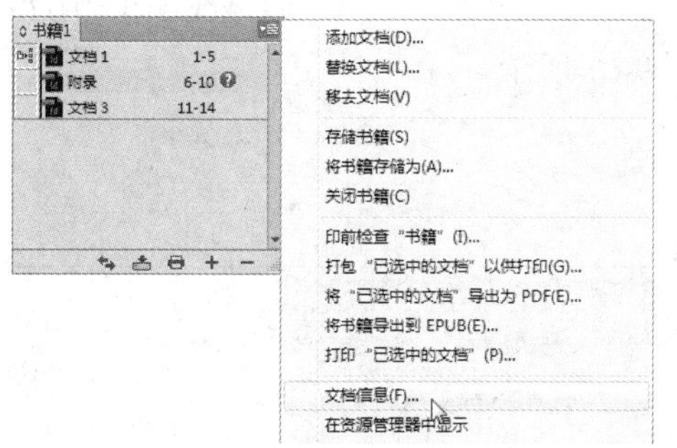

图 9-65　文档信息

9.6.6　同步书籍文档

对书籍中的文档进行同步时，指定的项目(样式、变量、主页、陷印预设、交叉引用格式、条件文本设置、编号列表和色板)将从样式源复制到指定的书籍文档中，并替换所有同名项目。

选择【书籍】面板菜单中的【同步选项】命令，将打开【同步选项】对话框，如图 9-66 所示。在此对话框中可以设定同化包括的样式名称，如字符和段落样式等，如在其左侧的复选框中未选中，则不会同化相应的样式。直接单击【确定】按钮将按此文档中的样式同化其他文档中的样式。若其他文档中的样式和源文档中的样式重名且设定不同，将被同化成与源文档相同的样式。

在同步书籍或书籍中选择文档时，被同步的文档中样式均使用样式源文档中的样式名称。可以在书籍文档中指定一个样式的源文件。在默认状态下第一个被添加到书籍中的文档被指定为样式源文件，在其名称的左部有一个图标，表明此文档为样式源文档。可以在任何时候改变书籍中的样式源文档，操作方法是在要指定的文档名称左侧的空方框中单击，在其显示一个图标后，即表明此文档已经被指定为样式源文档。

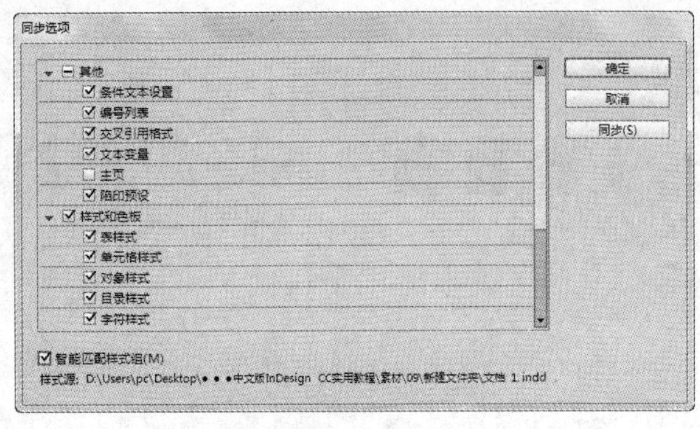

图 9-66　同步选项

知识点

选中【智能匹配样式组】复选框可以避免复制已移入或移除样式组中的具有唯一名称的样式。

在【书籍】面板中选中要同步的文档，选择面板菜单中的【同步已选择文档】命令，若未选择文档，则此处的命令变为【同步书籍】，【同步书籍】将对书籍中所有的文档进行同化处理。选择此命令后，InDesign 将打开同步文档进度提示框。可以单击【取消】按钮来取消此次操作。同步成功后，将弹出同步成功的提示框，如图 9-67 所示。

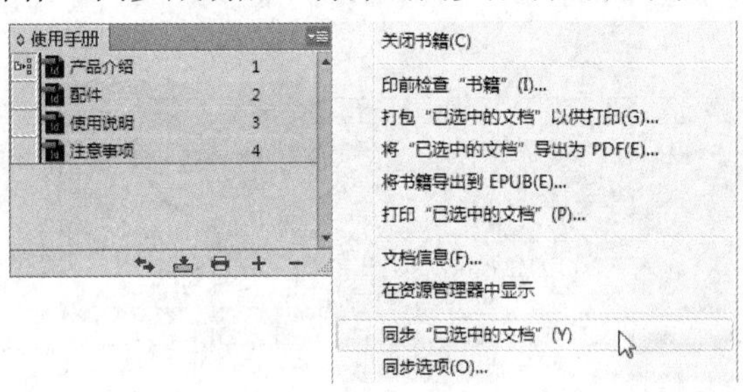

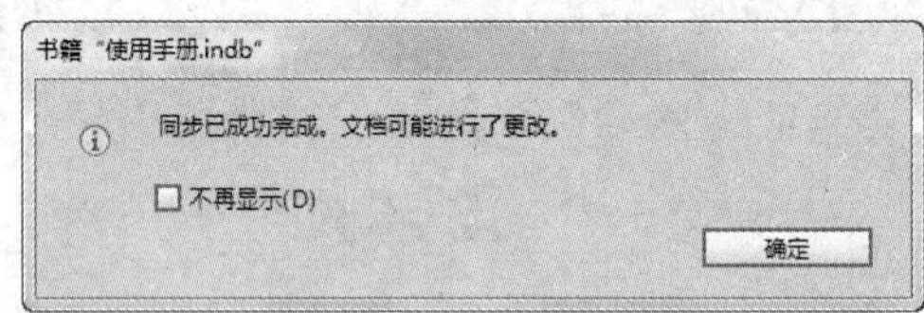

图 9-67　同步书籍

9.6.7　保存书籍文件

在选择【存储书籍】命令后，InDesign 会存储对书籍的更改。要使用新名称存储书籍，在【书籍】面板菜单中选择【将书籍存储为】命令打开【将书籍存储为】对话框，在对话框中指定一个位置和文件名，然后单击【保存】按钮即可，如图 9-68 所示。

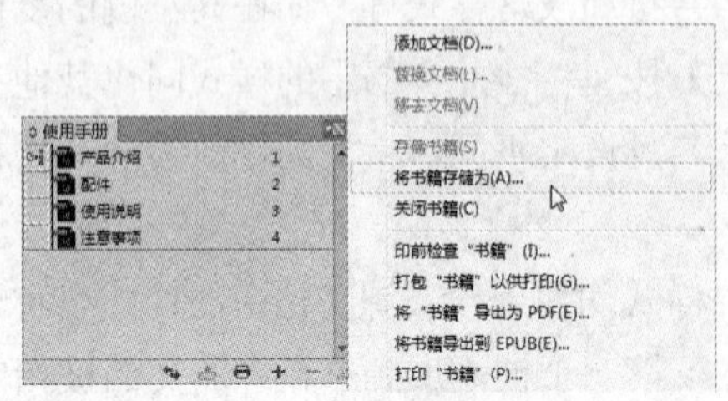

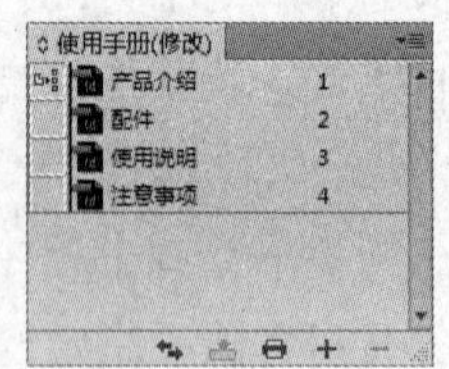

图 9-68　保存书籍文件

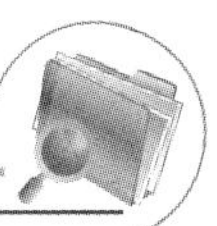

9.7　文件打包

为了方便输出，InDesign 提供了功能强大的打包功能。【打包】命令可以收集使用过的文件(包括字体和链接图形)。打包文件时，可创建包含 InDesign 文档(或书籍文件中的文档)、任何必要的字体、链接的图形、文本文件和自定报告的文件夹。此报告(存储为文本文件)包括【打印说明】对话框中的信息，打印文档需要的所有使用的字体、链接和油墨的列表，以及打印设置。

通过选择【文件】|【打包】命令，打开【打包】对话框，然后单击【打包】按钮，如图 9-69 所示。如果显示如图 9-70 所示的警告对话框，则需要在继续操作前存储出版物，单击【存储】按钮。

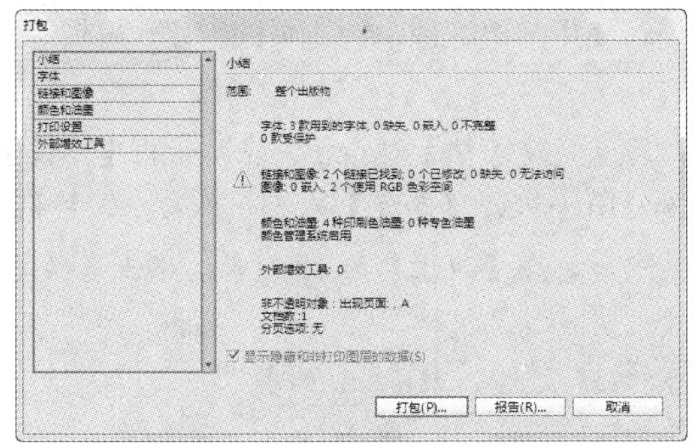

图 9-69　【打包】对话框

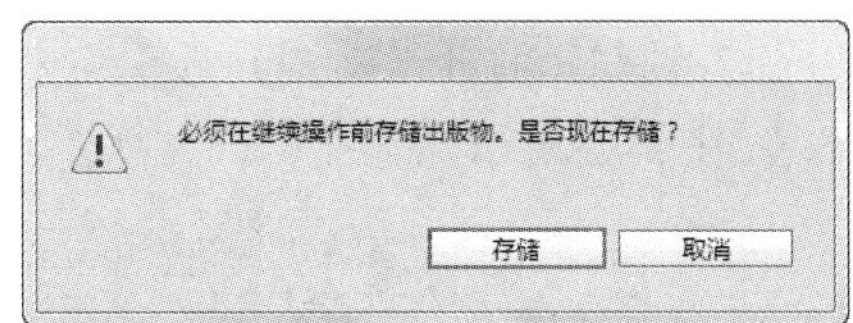

图 9-70　警告对话框

在弹出【打印说明】对话框中的各项条目，填写打印说明。键入的文件名是所有被打包文件附带报告的名称，如图 9-71 所示。填写完毕后单击【继续】按钮，然后在【打包出版物】对话框中指定存储所有打包文件的位置。单击【打包】按钮以继续打包，如图 9-72 所示。

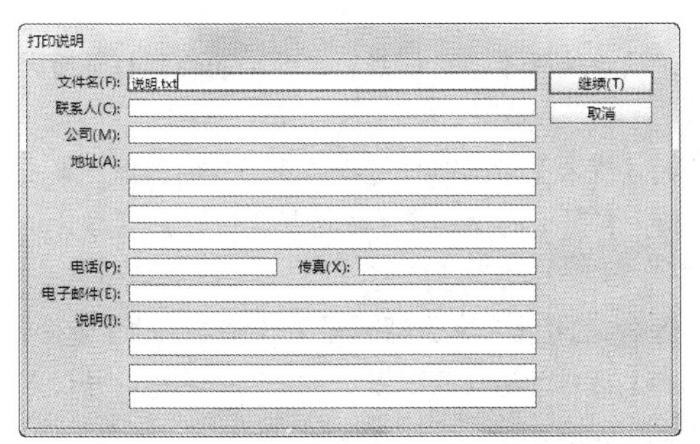

图 9-71　【打印说明】对话框

图 9-72　【打包出版物】对话框

根据需要选择下列选项。

- 【复制字体(CJK 和 Typrror 除外)】：复制所有必需的各款字体文件，而不是整个字体系列。选择此选项不会复制 CJK(中文、日文、朝鲜语)字体。

- 【复制链接图形】：将链接的图形文件复制到打包文件夹位置。
- 【更新包中的图形链接】：将图形链接更改到打包文件夹位置。
- 【仅使用文档连字例外项】：选中此选项后，InDesign 将标记此文档，这样当其他用户在具有其他连字和词典设置的计算机上打开或编辑此文档时，就不会发生重排。用户可以在将文件发送给服务提供商时打开此选项。
- 【包括隐藏和非打印内容的字体和链接】：打包位于隐藏图层、隐藏条件和【打印图层】选项已关闭的图层上的对象。如果未选择此选项，包中仅包含创建此包时，文档中可见且可打印的内容。

9.8 上机练习

本章的上机练习主要是练习制作产品使用手册，使用户更好地掌握主页的创建、编辑等基本操作方法和技巧。

(1) 选择【文件】|【新建】|【文档】命令，打开【新建文档】对话框。在对话框中，设置【页数】为 6，【起始页码】为 2，设置【宽度】为 210 毫米，【高度】为 210 毫米，单击【边距和分栏】按钮，打开【新建边距和分栏】对话框中，设置【边距】为 15 毫米，单击【确定】按钮，如图 9-73 所示。

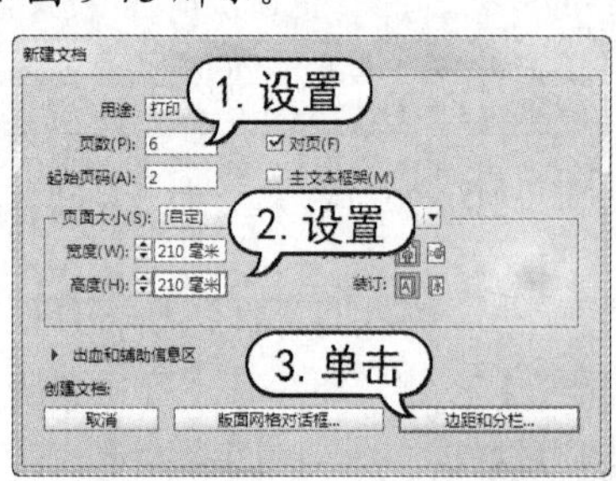

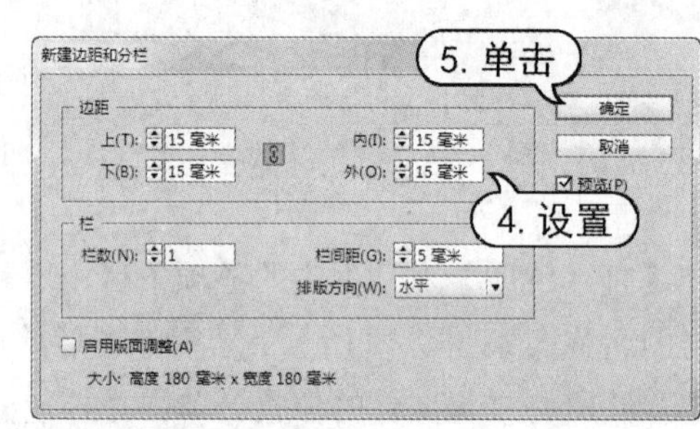

图 9-73　新建文档

(2) 在【页面】面板中，双击【A-主页】。然后选择【矩形框架】工具拖动绘制与页面大小相同的框架，如图 9-74 所示。

(3) 选择【文件】|【置入】命令，在打开的【置入】对话框中选择需要置入的图像，单击【打开】按钮，如图 9-75 所示。然后右击鼠标，在弹出的快捷菜单中选择【适合】|【按比例填充框架】命令。

(4) 在控制面板中，设置【不透明度】为 55%，选择【对象】|【效果】|【渐变羽化】命令，打开【效果】对话框。在对话框中的【渐变色标】区中的渐变条上添加一个透明色标，并设置【角度】为 140°，然后单击【确定】按钮，如图 9-76 所示。

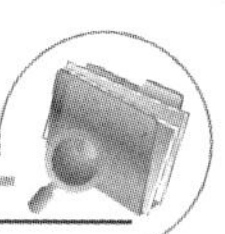

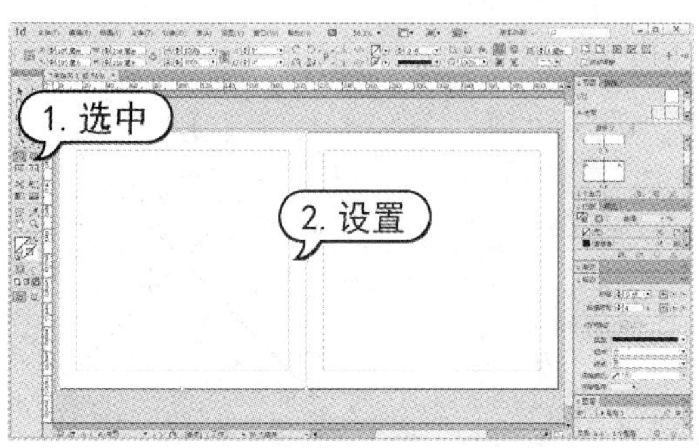

图 9-74　创建框架

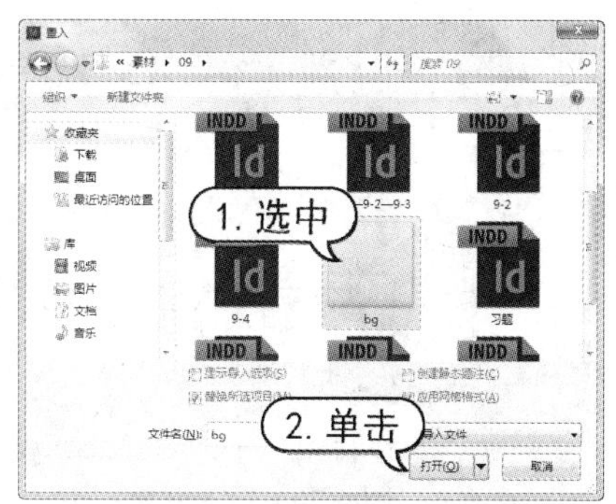

图 9-75　置入图像

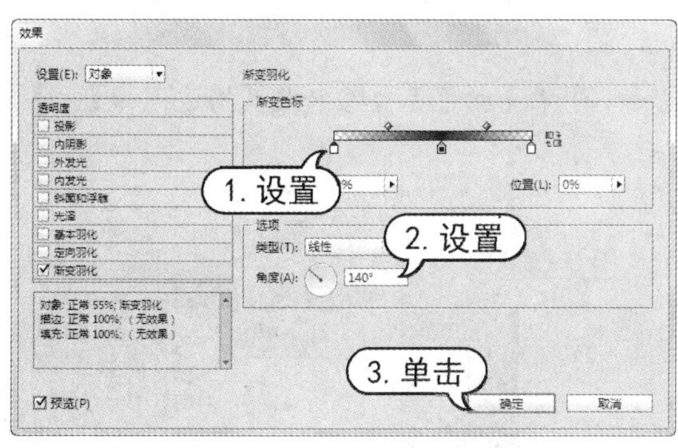

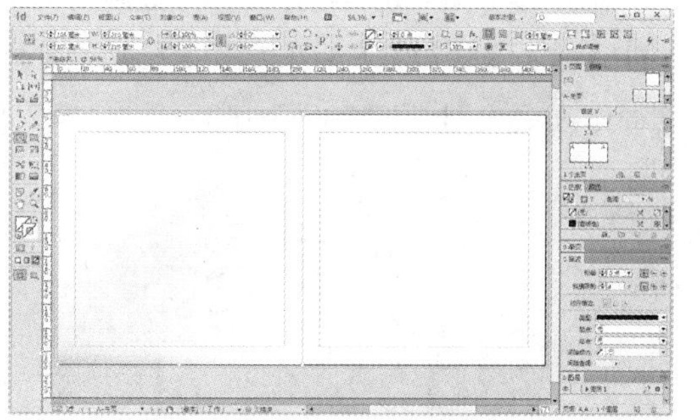

图 9-76　应用【渐变羽化】效果

(5) 使用步骤(2)至步骤(3)的操作方法创建矩形框架，并置入图像文件，如图 9-77 所示。

(6) 选择【矩形】工具在主页中拖动绘制矩形条，并在【颜色】面板中设置描边色为无，填充颜色为 C=0 M=70 Y=100 K=0，如图 9-78 所示。

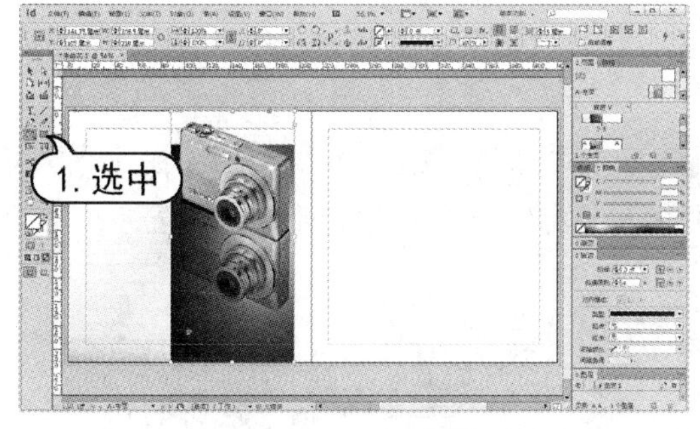

图 9-77　置入图像

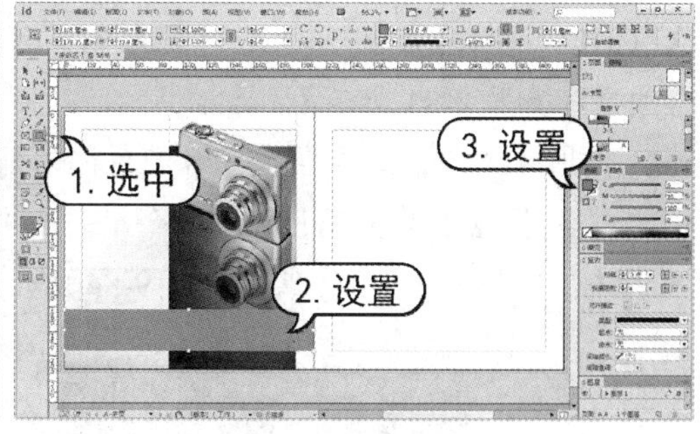

图 9-78　绘制矩形

(7) 选择【文字】工具在主页中创建文本框，并在控制面板中设置字体样式为汉仪菱心体简，字体大小为 60 点，字体颜色为白色，然后在文本框中输入文字内容，如图 9-79 所示。

(8) 选择【选择】工具，然后选择【对象】|【效果】|【投影】命令，打开【效果】对话框。在对话框中设置【X 位移】、【Y 位移】为 2 毫米，【大小】为 1 毫米，然后单击【确定】按钮，如图 9-80 所示。

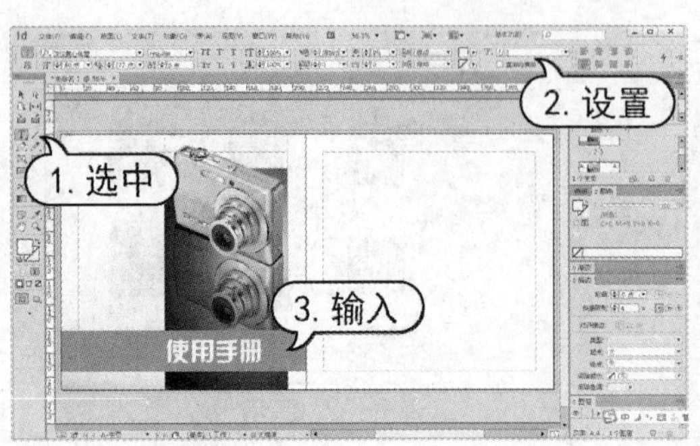

图 9-79　输入文字

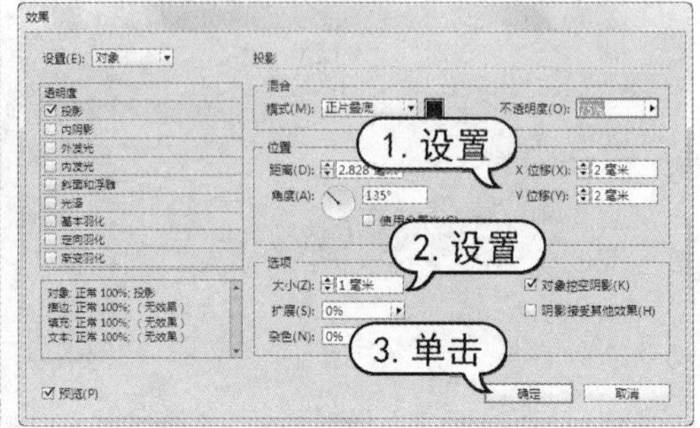

图 9-80　应用【投影】效果

(9) 选择【矩形】工具在主页中拖动绘制矩形条，并在【颜色】面板中设置描边色为【无】，填充颜色为 C=0 M=70 Y=100 K=0，如图 9-81 所示。

(10) 选择【矩形】工具在主页中拖动绘制矩形条，并在【颜色】面板中设置描边色为【无】，填充颜色为 C=0 M=70 Y=0 K=100，如图 9-82 所示。

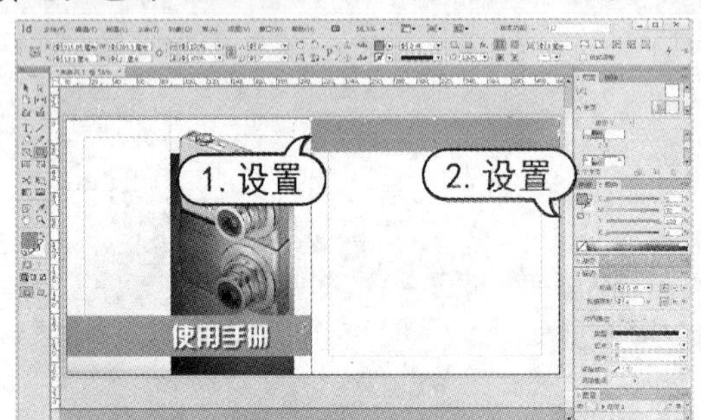

图 9-81　绘制矩形

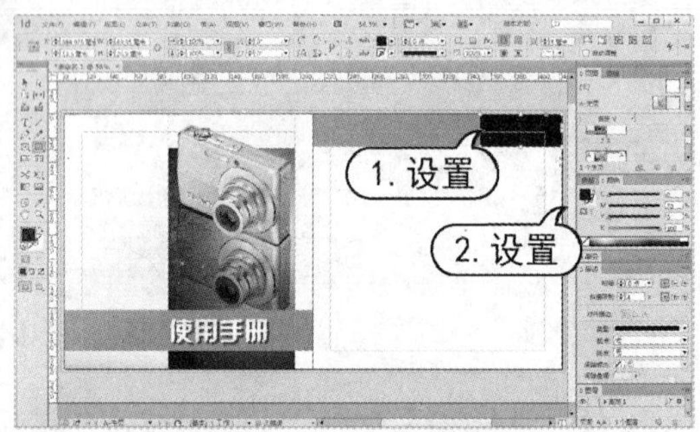

图 9-82　绘制矩形

(11) 选择【文字】工具在刚绘制的矩形条上创建文本框，并在控制面板中设置字体样式为方正大_GBK，字体大小为 24 点，字体颜色为白色，单击【右对齐】按钮，然后在文本框中输入文字内容，如图 9-83 所示。

(12) 使用【文字】工具在主页右下角拖动创建一个文本框，选择【文字】|【插入特殊符号】|【标志符】|【当前页码】菜单命令，并选中插入的标示符，在控制面板中设置字体为方正大黑简体，字体大小为 12 点，如图 9-84 所示。

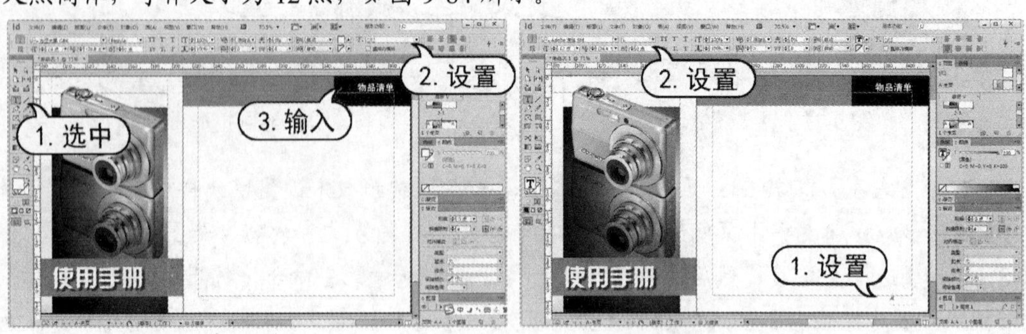

图 9-83　输入文字　　图 9-84　插入页码

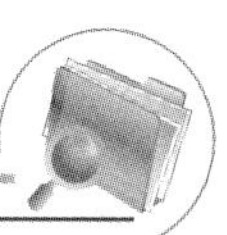

(13) 在【页面】面板菜单中取消选中【允许文档页面随机排布】命令，然后在面板中选中4-7 页，再在面板菜单中选择【页面和章节选项】命令，如图 9-85 所示。

(14) 在打开的【新建章节】对话框中，选中【起始页码】单选按钮，在后面的文本框中输入 4，在【章节前缀】文本框中输入“操作事项”，在【样式】下拉列表中一种样式，然后单击【确定】按钮，如图 9-86 所示。

图 9-85　设置页面

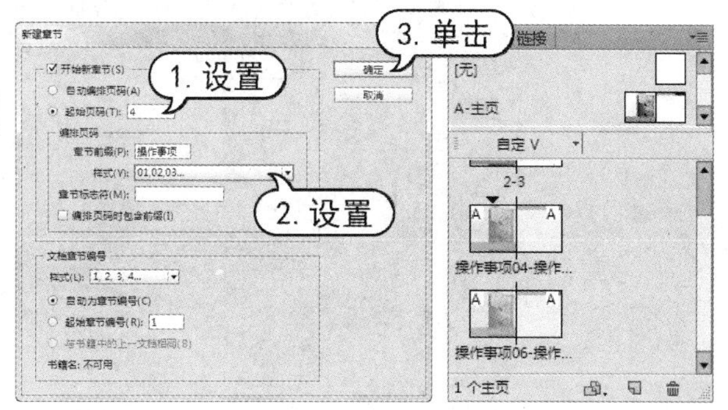

图 9-86　新建章节

(15) 在【页面】面板菜单中选择【新建主页】命令，打开【新建主页】对话框。在对话框的【页数】文本框中输入 1，然后单击【确定】按钮，如图 9-87 所示。

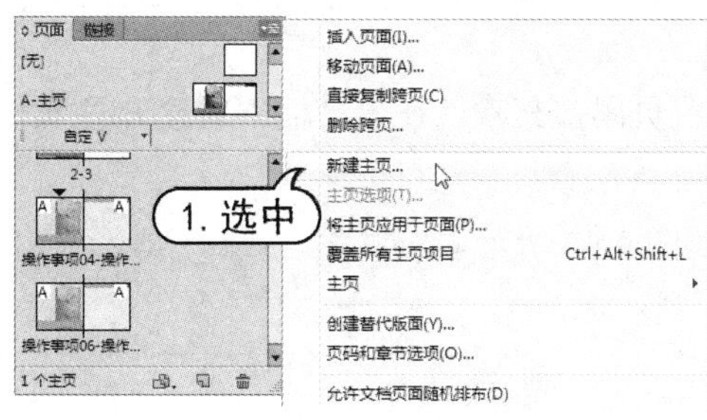

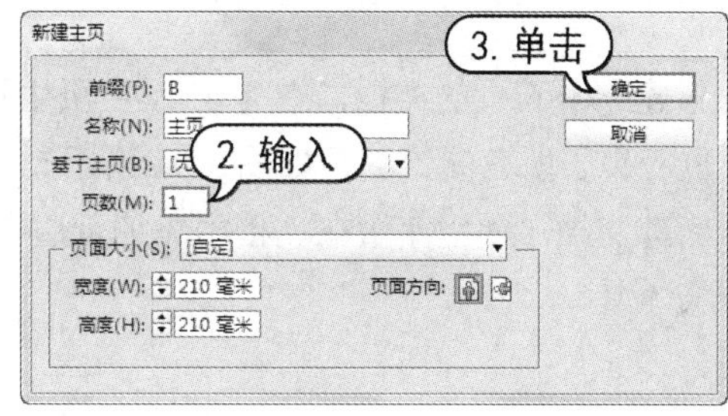

图 9-87　新建主页

(16) 在新建的主页中，使用步骤(9)至步骤(12)中的操作方法绘制图形，输入标题，并插入页码，如图 9-88 所示。

(17) 在【页面】面板中，选中【B-主页】，并将其拖动至“操作事项 05”页上释放，将第 5 页应用【B-主页】，如图 9-89 所示。

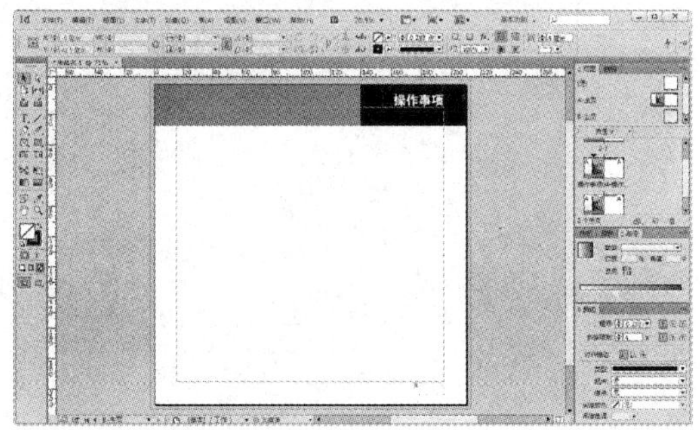

图 9-88　创建 B-主页

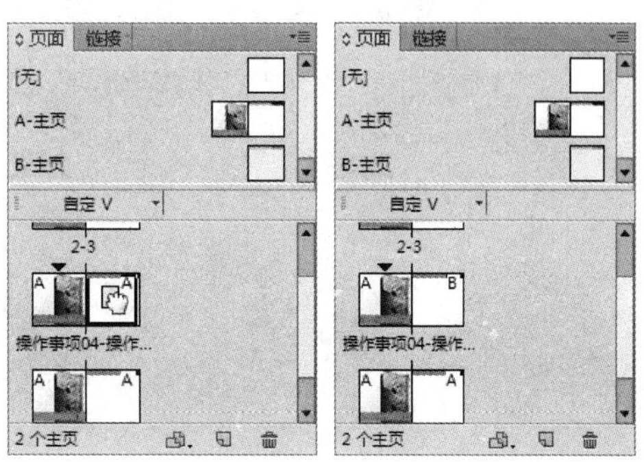

图 9-89　应用 B-主页

(18) 使用步骤(17)的操作方法将“操作事项 07”页也应用【B-主页】，然后选择【文件】|【存储为】命令，打开【存储为】对话框。在对话框的【文件名】文本框中输入“使用手册”，在【保存类型】下拉列表中选择【InDesign CC 2014 模板】选项，然后单击【保存】按钮存储模板，如图 9-90 所示。

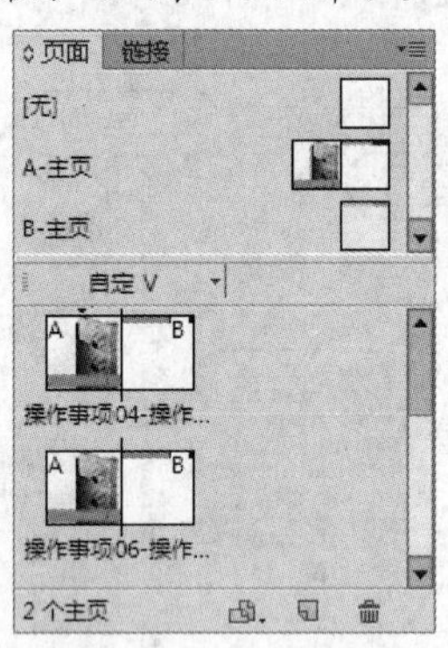

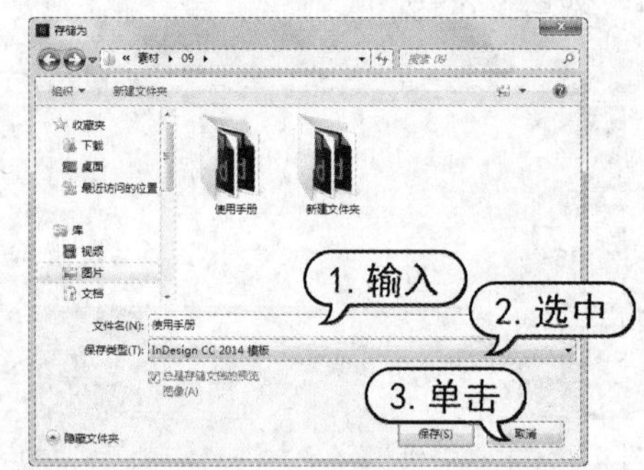

图 9-90　存储模板

9.9　习题

1. 新建一个 6 页的文档，首先在 A-主页中设置页码；其次，在该文档中新建 B-主页，并将 B-主页应用于所有偶数页，如图 9-91 所示。

2. 新建文档，使用变量在文档中添加页眉，如图 9-92 所示。

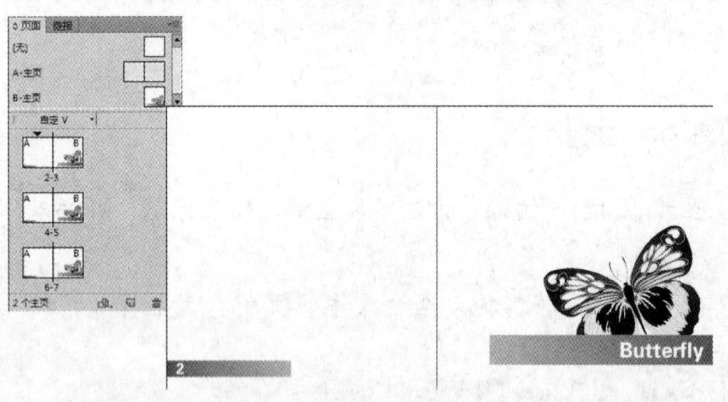

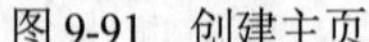

图 9-91　创建主页

图 9-92　添加变量

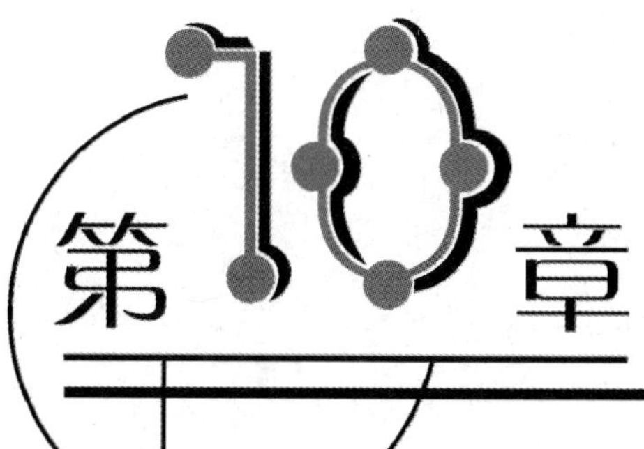

第10章 印前设置与输出

学习目标

当制作完成一个版面后，通常会将此文件发送给不同的用户或到输出中心进行打印输出，这就需要对出版物的排版文件进行一定的处理。本章主要介绍 InDesign 中文档输出的印前检查信息、打印与输出等常识。

本章重点

- 陷印颜色
- 文件的打印与输出
- 导出到 PDF 文件

10.1 陷印颜色

当进行分色打印或分色叠印时，由于各色版之间没有绝对对齐，印刷品的相邻两种颜色之间便会产生白边，叫漏白。而用于消除漏白的技术就是陷印技术。在 InDesign 中，提供了自动为两种相邻颜色之间的潜在间隙作补偿的陷印技术。

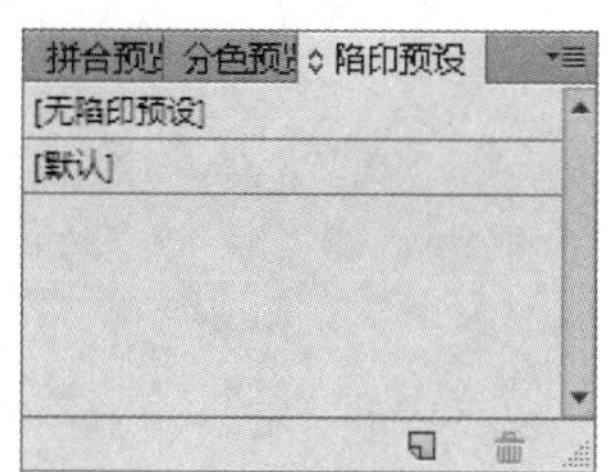

图 10-1 【陷印预设】面板

选择【窗口】|【输出】|【陷印预设】命令，打开【陷印预设】面板，如图 10-1 所示。在【陷印预设】面板的面板菜单中选择【新建预设】命令，打开【新建陷印预设】对话框，如图 10-2 所示。在【新建陷印预设】对话框中有 4 组重要的陷印参数，通过这些参数的设置可以让 InDesign 更好地自动完成陷印操作。

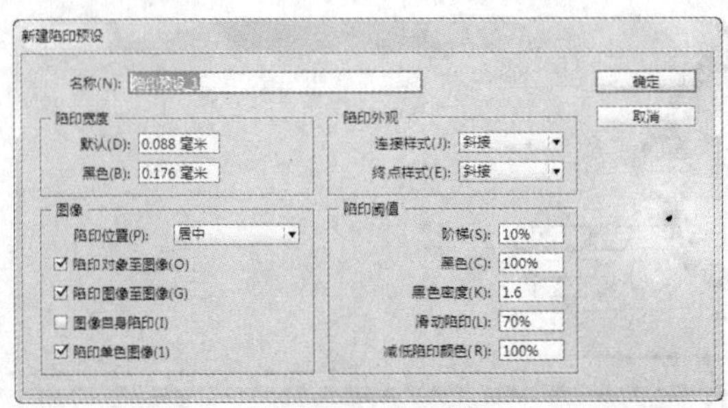

图 10-2 【新建陷印预设】对话框

10.1.1 【陷印宽度】选项区域

【陷印宽度】选项指陷印间的重叠程度。不同的纸张特性、网线数和印刷条件要求不同的陷印宽度。

在【默认】文本框中，以点为单位指定与单色黑有关的颜色以外的颜色的陷印宽度。默认值为 0.088 毫米。在【黑色】文本框中，指定油墨扩展到单色黑的距离，或者叫【阻碍量】，即陷印多色黑时黑色边缘与下层油墨之间的距离。默认值为 0.176 毫米。该值通常设置为默认陷印宽度的 1.5 到 2 倍。

10.1.2 【陷印外观】选项区域

连接是指两个陷印边缘在一个公共端点汇合。在【连接样式】和【终点样式】下拉列表框中，可以分别控制两个陷印段外部连接的形状和控制 3 个陷印的相交点。

- 【连接样式】下拉列表框：控制两个陷印段外部连接的形状。可以从【斜接】、【圆角】和【斜角】选项中进行选择。默认为【斜接】，可以保持与以前版本的 Adobe 陷印引擎的兼容。连接的各种样式的示意图，如图 10-3 所示。

  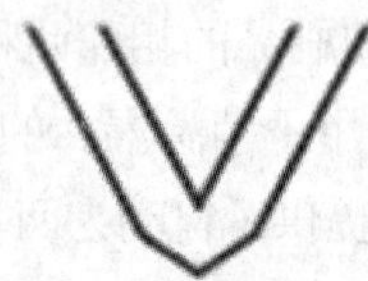

图 10-3 斜角连接、圆角连接和斜接连接

- 【终点样式】下拉列表框：控制 3 个陷印的相交点。选择【斜接】选项(默认)，会改变陷印终点的形状，使其离开交叉对象，斜接也与早期的陷印结果相匹配，以保持与以前版本的 Adobe 陷印引擎的兼容；选择【重叠】选项，会影响由与两个或两个以上较暗对象相交的最浅色中性密度对象所生成的陷印形状，最浅色陷印的终点会环绕 3 个对象的相交点。

10.1.3 【图像】选项区域

在【图像】选项区域中，可以通过预设来控制文档中图像内的陷印以及位图图像与矢量对象之间的陷印。

- 【陷印位置】下拉列表框：提供确定将矢量对象与位图图像陷印时陷印的落点的选项，除【中性密度】外的所有选项均会创建视觉上一致的边缘。选择【居中】选项，将创建以对象与图像相接的边界线为中心的陷印；选择【收缩】选项，将使对象叠压相邻图像；选择【中性密度】选项，将应用与文档中的其他地方所用规则相同的陷印规则，使用【中性密度】设置对象到照片的陷印时，会在该陷印从分界线的一侧移到另一侧时导致明显不均匀的边缘。选择【扩展】选项，将使位图图像叠压相邻对象。
- 【陷印对象至图像】复选框：选中该复选框后，可确保矢量对象使用【陷印位置】设置陷印到图像。如果矢量对象不与陷印页面范围内的图像重叠，应取消选中该选项以加快该页面范围陷印的速度。
- 【陷印图像至图像】复选框：选中后，将打开沿着重叠或相邻位图图像边界的陷印。默认情况下该功能已打开。
- 【图像自身陷印】复选框：选中该复选框后，将打开每个单独的位图图像中颜色之间的陷印。只适合对包含简单、高对比度图像的页面范围使用该选项。对于连续色调的图像及其他复杂图像，应取消选中该选项，因为它可能产生效果不好的陷印，此外，取消选中该选项可加快陷印速度。
- 【陷印单色图像】复选框：选中该复选框后，可确保单色图像陷印到相邻对象中。该选项不使用【图像陷印位置】设置，因为单色图像只使用一种颜色。大多数情况下，应该选中该选项。然而，在有些情况下，例如对于像素间隔很宽的单色图像，选中该选项可能会使图像变暗并且会减慢陷印速度。

10.1.4 【陷印阈值】选项区域

用户可以根据印前服务提供商的建议来调整陷印阈值，以便使出版物更符合打印条件。【陷印阈值】选项区域包含以下一些参数。

- 【阶梯】文本框：在该文本框中设置 InDesign 在创建陷印之前，相邻颜色的成分必须改变的程度。输入值的范围是 1%~100%，系统默认值为 10%。为获得最佳效果，应使用 8%~20% 之间的值。较低的百分比可提高对色差的敏感度，并且可产生更多的陷印。
- 【黑色】文本框：在该文本框中设置在应用【黑色】陷印宽度设置之前所需的最少黑色油墨量。输入值的范围是 0%~100%，系统默认值为 100%。为获得最佳效果，应使用不低于 70%的值。

- 【黑色密度】文本框：在该文本框中设置一个中性密度值，当油墨达到或超过该值时，InDesign 会将该油墨视为黑色。输入值的范围是 0.001~10，该值通常设置为接近系统默认值 1.6。
- 【滑动陷印】文本框：在该文本框中设置相邻颜色的中性密度之间的百分数之差，达到该数值时，陷印将从颜色边缘较深的一侧向中心线移动，以创建更优美的陷印。
- 【减低陷印颜色】文本框：在该文本框中设置 InDesign 使用相邻颜色中的成分来减低陷印颜色深度的程度。有助于防止某些相邻颜色产生比任一颜色都深的不美观的陷印效果。设置低于 100%的【减低陷印颜色】数值会使陷印颜色开始变浅；当该数值为 0%时，将产生中性密度等于较深颜色的中性密度的陷印。

10.2 叠印

如果没有使用【透明度】面板更改图片的透明度，则图片中的填色和描边将显示为不透明，因为顶层颜色会挖空下面重叠区域的填色和描边。可以使用【属性】面板中的相关叠印选项以防止挖空。设置叠印选项后，就可以在屏幕上预览叠印效果了，如图 10-4 所示。

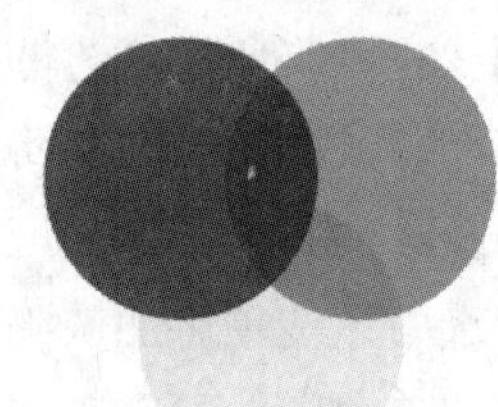

图 10-4　无叠印、叠印填色、叠印填色和描边

在当前文档中选中需要叠印的对象后，选择【窗口】|【输出】|【属性】命令，打开【属性】面板，如图 10-5 所示。选中该面板中的【叠印填充】和【叠印描边】复选框，可以指定选中的对象的填色和描边为叠印；选中【非打印】复选框，可以在输出出版物时不打印选中的对象，选中【叠印间隙】复选框，可以将叠印应用到虚线、点线或图形线中的空格的颜色。

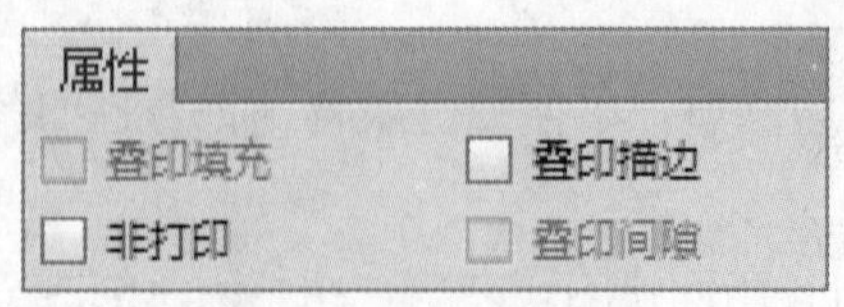

图 10-5　【属性】面板

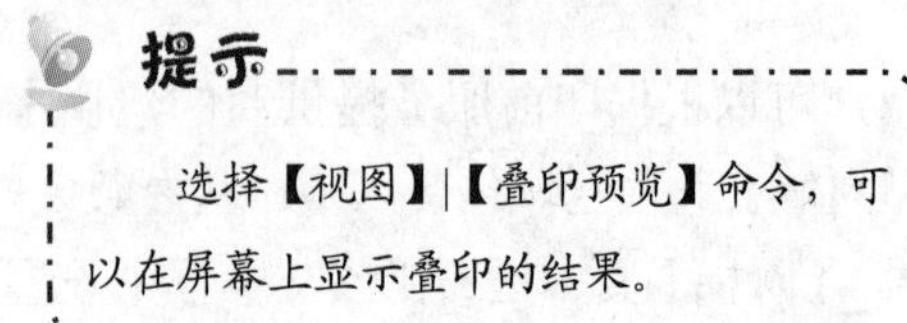

选择【视图】|【叠印预览】命令，可以在屏幕上显示叠印的结果。

【例 10-1】　使用叠印技术，制作叠印效果。

(1) 启动 InDesign，新建一个 A4 横向单页文档。选择【椭圆】工具在页面中绘制圆形，并在【色板】面板中设置描边色为【无】，填充色为 C=15 M=100 Y=100 K=0，如图 10-6 所示。

(2) 选择【选择】工具选中绘制图形，按下 Ctrl+Alt 组合键移动并复制图形，如图 10-7 所示。

(3) 使用【选择】工具选中复制的图形，在【色板】面板中分别单击 C=100 M=0 Y=0 K=0 和 C=0 M=0 Y=100 K=0 色板填充颜色，如图 10-8 所示。

(4) 使用【选择】工具将 3 个图形选中，选择【窗口】|【输出】|【属性】命令，打开【属性】面板，并选中【叠印填充】复选框，如图 10-9 所示。

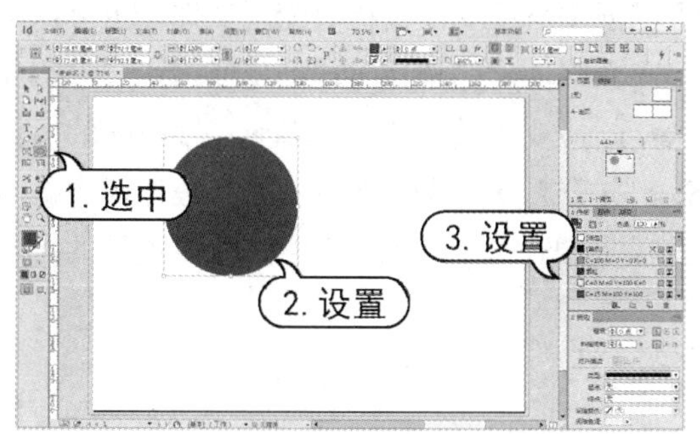

图 10-6　绘制图形

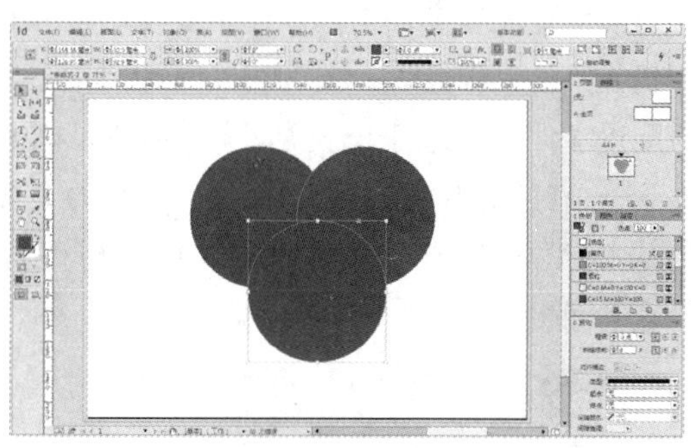

图 10-7　复制图形

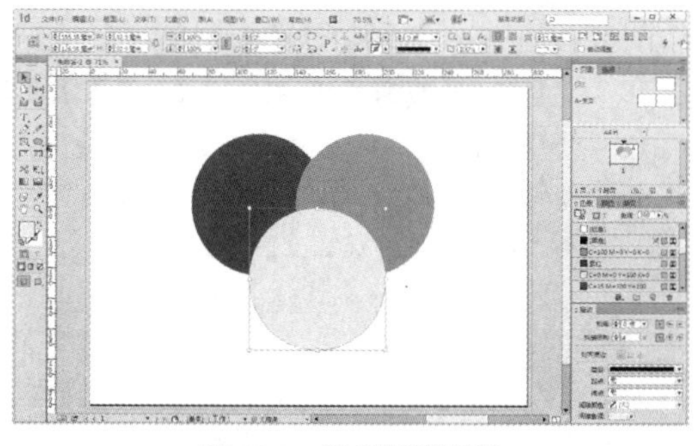

图 10-8　设置图形颜色

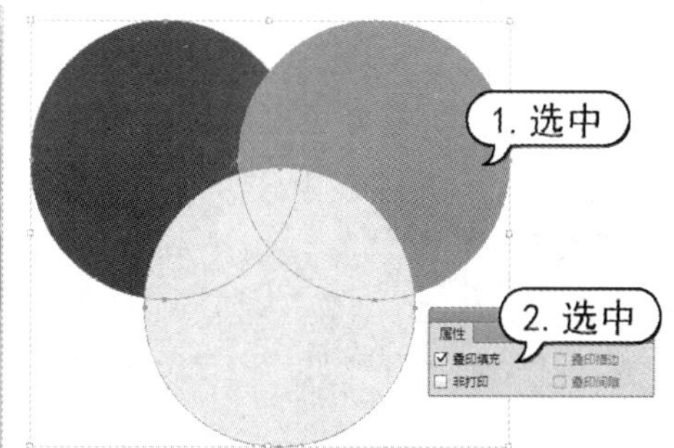

图 10-9　设置叠印填充

(5) 选择【视图】|【叠印预览】命令，可看到页面中的图形产生叠印效果，如图 10-10 所示。

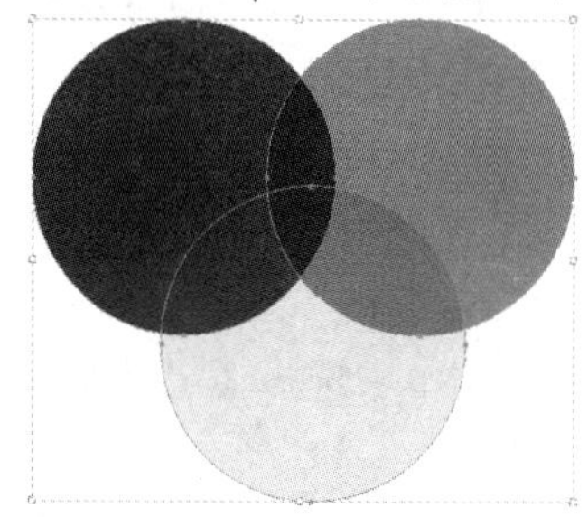

图 10-10　预览叠印

提示

通常情况下设置颜色叠印时都是将色彩叠印设置在最上层的对象上，如果将色彩叠印设置在最下层对象上则不会有任何效果。

10.3　打印文件的预检

当整个文件制作完成以后，就要将排版成品进行输出了。为了在最大程度上减少可能发生的错误，减少不必要的损失，对需要输出文件进行一次全面系统的检查非常必要。预检视此过

程的行业标准术语。有些问题会使文档或书籍的打印或输出无法获得满意的效果。在编辑文档时，如果遇到这类问题，【印前检查】面板会发出警告。这些问题包括文件或者字体缺失、图像分辨率低以及文本溢流及其他一些问题。

在【印前检查】面板中可以配置印前检查设置，定义要检测的问题。这些印前检查设置存储在印前检查配置文件中，以便重复使用，并且可以创建自己的印前检查配置文件，也可以从打印机或其他来源导入。要利用实时印前检查，可在文档创建的早期阶段创建或指定一个印前检查配置文件。如果打开了【印前检查】，则 InDesign 检测到其中任何问题时，都将在装填栏中显示一个红圈图标。可以打开【印前检查】面板，并查看【信息】部分获得有关如何解决问题的基本指导。选择【窗口】|【输出】|【印前检查】菜单命令，可打开如图 10-11 所示的【印前检查】面板。

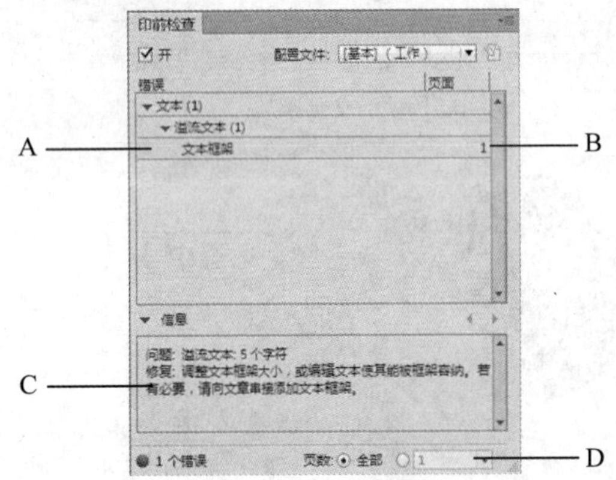

图 10-11 【印前检查】面板

知识点

A 表示选定的错误；B 表示单击页码可查看页面项目；C 表示【信息】区域提供了有关如何解决选定问题的建议；D 表示指定页面范围以限制错误检查。

默认情况下，对新文档和转换文档应用【基本】配置文件。此配置文件将标记缺失的链接、修改的链接、溢流文本和缺失的字体；不能编辑或删除【基本】配置文件，但可以创建和使用多个配置文件。例如，在以下情形中，可以切换不同的配置文件：处理不同的文档；使用不同的打印服务提供商；在不同生产阶段中使用同一个文件。

1. 定义印前检查配置文件

从【印前检查】面板菜单或文档窗口底部的【印前检查】菜单中选择【定义配置文件】命令，如图 10-12 所示。

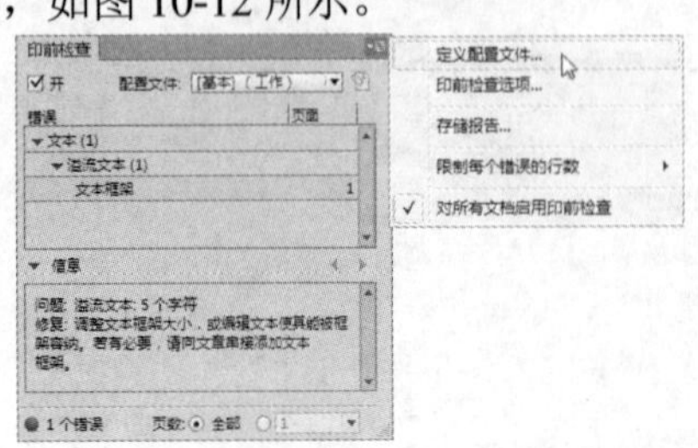

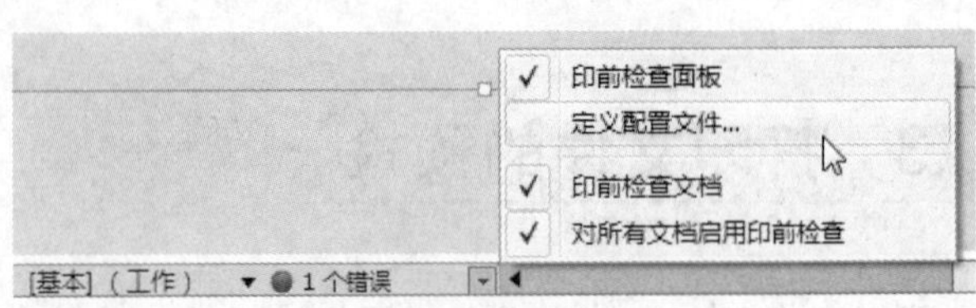

图 10-12 选择【定义配置文件】命令

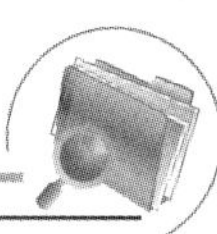

打开如图 10-13 所示的【印前检查配置文件】对话框，单击【新建印前检查配置文件】按钮，可以在【配置文件名称】文本框中为配置文件指定名称。

在每个类别中，指定印前检查设置，并且进行选择，框中的选中标记表示包括所有设置。空框表示未包括任何设置。印前检查类别如下。

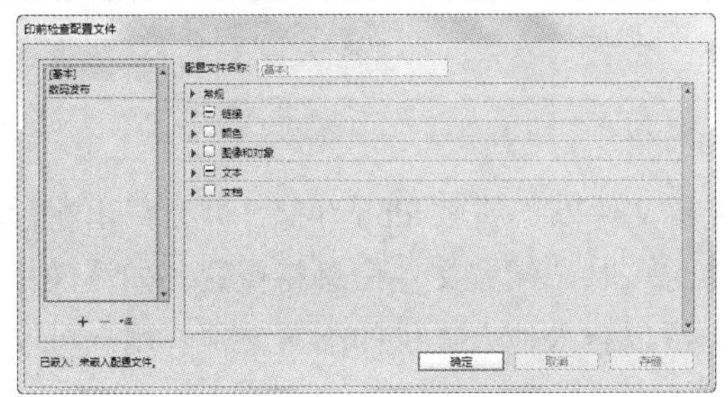

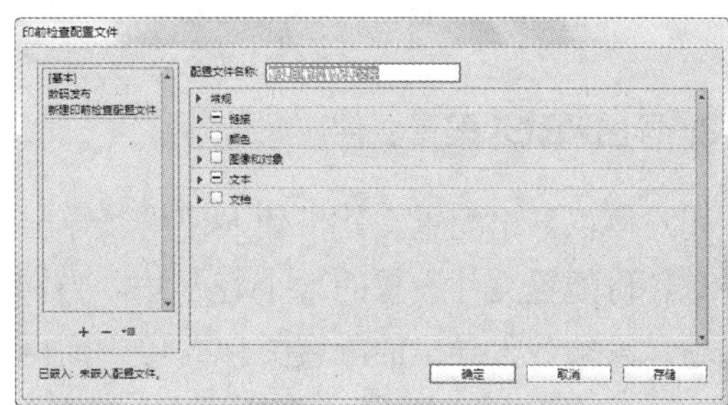

图 10-13　打开【印前检查配置文件】对话框

- 【链接】：确定缺失的链接和修改的链接是否显示为错误。
- 【颜色】：确定需要何种透明混合空间，以及是否允许使用 CMYK 印版、色彩空间和叠印等项。
- 【图像和对象】：指定图像分辨率、透明度以及描边宽度等要求。
- 【文本】：显示缺失字体和溢流文本等错误。
- 【文档】：指定对页面大小和方向、页面和空白页面，以及出血和辅助信息区设置的要求。

设置完印前检查类别后，单击【存储】按钮，保留对一个配置文件的更改，然后再处理另一个配置文件，或单击【确定】按钮，关闭对话框并存储所有更改。

2. 嵌入和取消嵌入配置文件

嵌入配置文件时，配置文件将成为文档的一部分。将文件发送给他人时，嵌入配置文件尤为有用。这是因为嵌入配置文件不表示一定要使用它。例如，将带有嵌入配置文件的文档发送给出版社或打印服务机构后，打印操作员可以选择对文档使用其他配置文件。

一个文档只能嵌入一个配置文件，无法嵌入【基本】配置文件。要嵌入一个配置文件，可在【配置文件】列表中选择它，然后单击【配置文件】列表下部的按钮，在打开的菜单中选择【嵌入配置文件】命令，还可以在【定义配置文件】对话框中嵌入配置文件。

要取消嵌入一个配置文件，从【印前检查】面板菜单中选择【定义配置文件】命令，选定所需配置文件，然后单击【配置文件】列表下部的按钮，在打开的菜单中选择【取消嵌入配置文件】命令。执行命令后弹出提示对话框，如图 10-14 所示。单击【确定】按钮，即可取消嵌入配置文件。

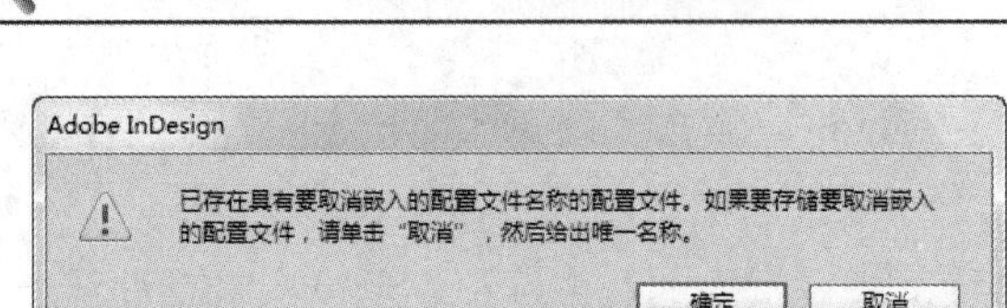

图 10-14　取消嵌入配置文件

> **提示**
>
> 如果希望每次处理此文档时都使用此配置文件就必须嵌入该配置文件。否则，打开此文档时，将使用默认的工作配置文件。

3. 导出和载入配置文件

用户可以导出配置文件供他人使用。导出的配置文件以扩展名.idpp 存储，并且导出配置文件是备份配置文件设置的一个好办法。当恢复首选项时，配置文件信息将重置。如需恢复首选项，只须载入导出的配置文件即可。而用户也可以载入他人提供的配置文件。用户可以载入.idpp 文件，也可以载入指定文档中的嵌入配置文件。

要导出配置文件时，从【印前检查】面板菜单中选择【定义配置文件】命令，打开【印前检查配置文件】对话框，从【印前检查配置文件】菜单中选择【导出配置文件】，打开【将印前检查配置文件另存为】对话框，指定名称和位置，然后单击【保存】按钮，如图 10-15 所示。

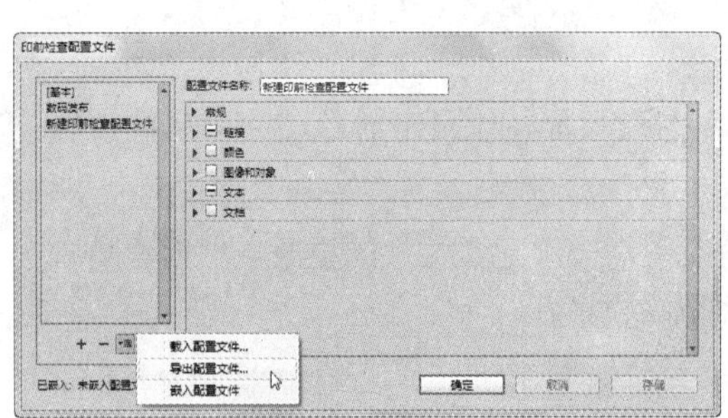

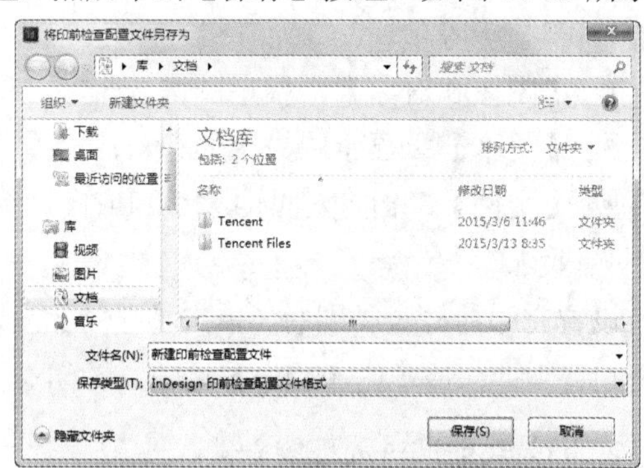

图 10-15　导出配置文件

要载入配置文件，从【印前检查】面板菜单中选择【定义配置文件】命令，打开【印前检查配置文件】对话框，从【印前检查配置文件】菜单中选择【载入配置文件】，选择包含要使用的嵌入配置文件的.idpp 文件或文档，然后单击【打开】按钮即可，如图 10-16 所示。

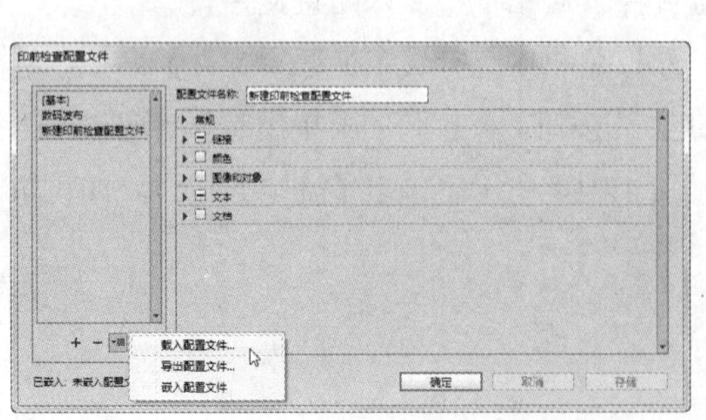

图 10-16　载入配置文件

4. 删除配置文件

从【印前检查】面板菜单中选择【定义配置文件】命令，打开【印前检查配置文件】对话框，选择要删除的配置文件，然后单击【删除印前检查配置文件】按钮，将弹出提示对话框，如图 10-17 所示。单击【确定】按钮，即可删除配置文件。

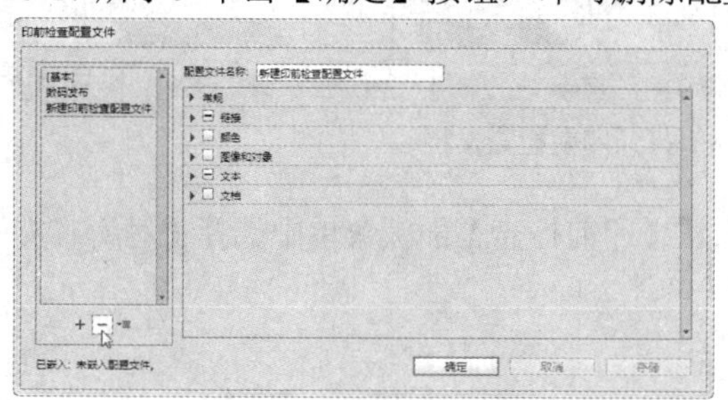

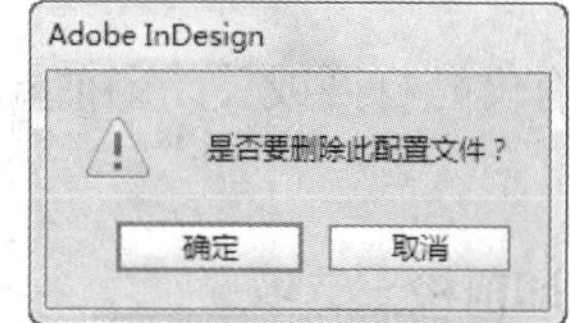

图 10-17　删除印前检查配置文件

5. 查看和解决印前检查错误

在错误列表中，双击某一行或单击【页面】列表中的页码，可以查看该页面中的错误目标。单击【信息】左侧的箭头，可以查看有关所选行的信息。【信息】面板包括问题描述，并提供了有关如何解决问题的建议。错误列表中只列出了有错误的类别。用户可以单击每一项旁边的箭头，将其展开或折叠。查看错误列表时，请注意下列问题。

- 在某些情况下，如果是色板、段落样式等设计元素造成了问题，不会将设计元素本身报告为错误，而是将应用有该设计元素的所有页面项列在错误列表中。在这种情况下，务必解决设计元素中的问题。溢流文本、隐藏条件或附注中出现的错误不会列出。修订中仍然存在的已删除文本也将忽略。
- 如果某个主页并未应用，或应用该主页的页面都不在当前范围内，则不会列出该主页上有问题的项。如果某个主页项有错误，那么，即使此错误重复出现在应用了该主页的每个页面上，【印前检查】面板也只列出该错误一次。
- 对于非打印页面项、粘贴板上的页面项或者隐藏或非打印图层中出现的错误，只有当【印前检查选项】对话框中指定了相应的选项时，它们才会显示在错误列表中。
- 如果只需输出某些页面，可以将印前检查限制在此页面范围内。在【印前检查】面板的底部指定页面范围。

6. 打开或关闭实时印前检查

默认情况下，对文档的实时印前检查都是打开的。要对现用文档打开或关闭印前检查，选择或取消选中【印前检查】面板左上角的【开】复选框，或从文档窗口底部的【印前检查】菜单中选择【印前检查文档】，如图 10-18 所示。

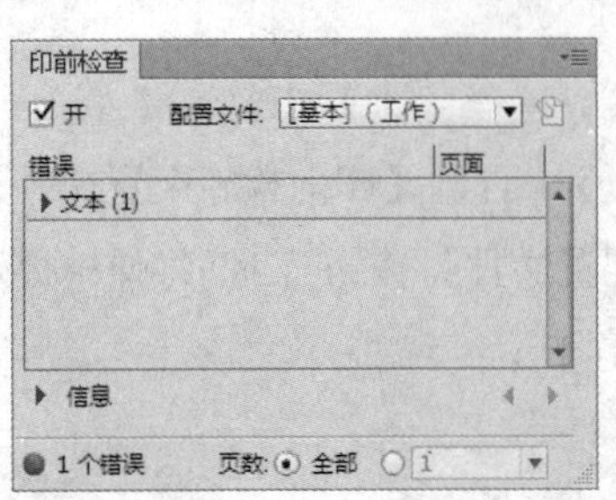

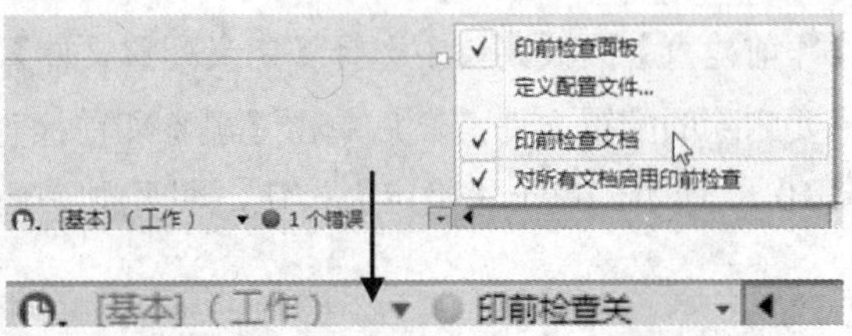

图 10-18　打开印前检查文档

要对所有文档打开或关闭印前检查，从【印前检查】面板菜单中选择【对所有文档启用印前检查】。

7. 设置印前检查选项

从【印前检查】面板菜单中选择【印前检查选项】命令，打开【印前检查选项】对话框，如图 10-19 所示。在对话框中，可以设置下列选项，然后单击【确定】按钮应用。

- 【工作中的配置文件】：选择用于新文档的默认配置文件。如果要将工作配置文件嵌入新文档中，选中【将工作中的配置文件嵌入新文档】选项。
- 【使用嵌入配置文件】/【使用工作中的配置文件】：打开文档时，确定印前检查操作是使用该文档中的嵌入配置文件，还是使用指定的工作配置文件。
- 【图层】：指定印前检查操作是包括所有图层上的项、可见图层上的项，还是可见且可打印图层上的项。例如，如果某个项位于隐藏图层上，用户可以阻止报告有关该项的错误。
- 【粘贴板上的对象】：选中此选项后，将对粘贴板上的置入对象报错。
- 【非打印对象】：选中此选项后，将对【属性】面板中标记为非打印的对象报错，或对应用了【隐藏主页项目】的页面上的主页对象报错。

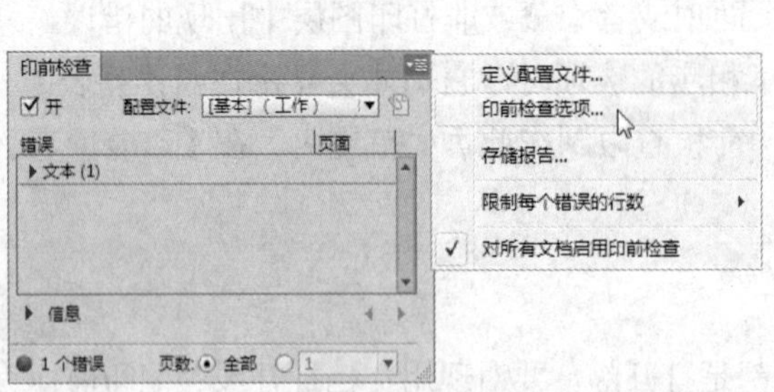

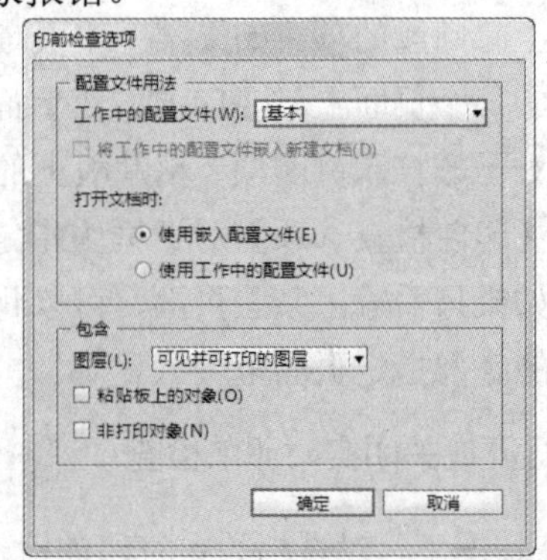

图 10-19　【印前检查选项】对话框

10.4　文件的打印与输出

当打印机安装完成后，使用 InDesign 打开文件，执行【文件】|【打印】命令，打开【打印】对话框，如图 10-20 所示。用户根据需要选择相关参数后，就能打印出需要的产品。

10.4.1　打印的属性设置

选择好打印机后，单击【打印】对话框左下侧的【设置】按钮，将出现一个警告对话框，说明可以通过在 InDesign 中设置打印的参数，如图 10-21 所示。若想以后操作此选项时不显示此对话框，则在此对话框中选中【不再显示】选项。

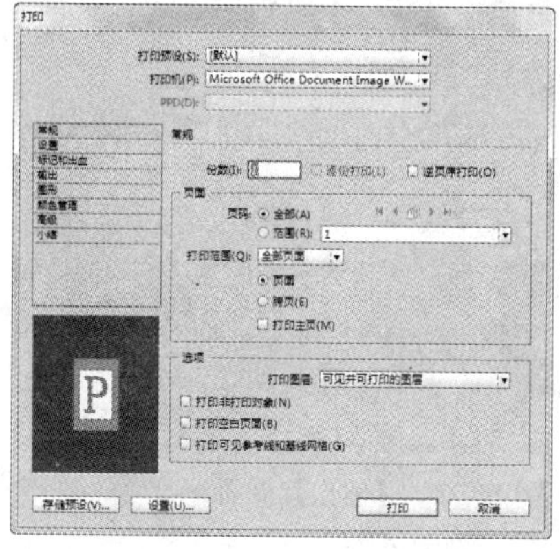

图 10-20　【打印】对话框

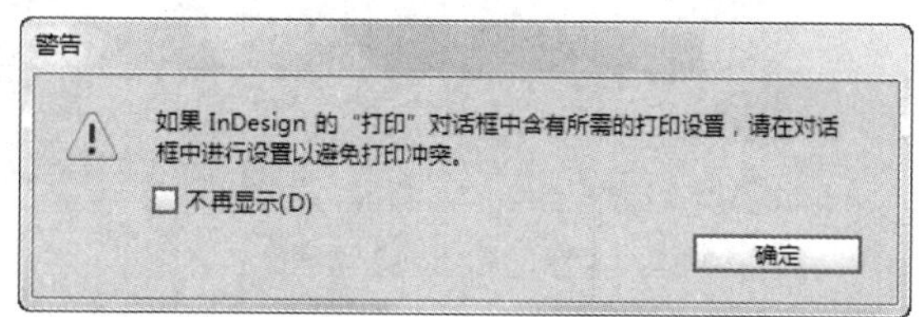

图 10-21　【警告】对话框

单击【确定】按钮，则会弹出【打印】对话框，可设置打印机属性，如图 10-22 所示。在【打印】属性对话框中可以设置输出的打印机等选项。单击【打印】对话框中的【首选项】按钮，打开【打印首选项】对话框，如图 10-23 所示。在【打印首选项】对话框中可以设置打印的缩放比例、打印顺序等常规设置。

图 10-22　【打印】对话框

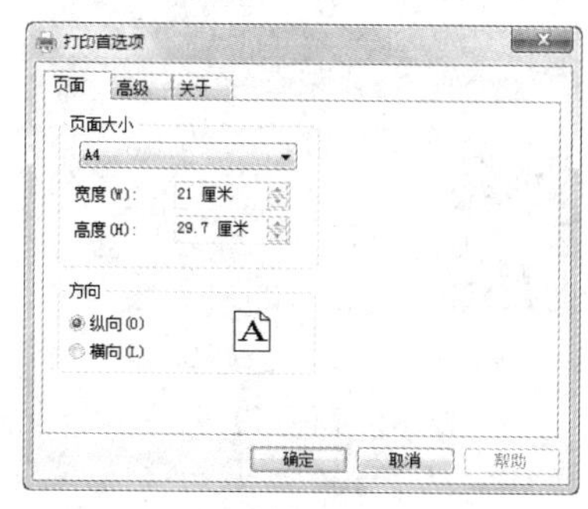

图 10-23　【打印首选项】对话框

1. 标记和出血

在【打印】对话框中单击【标记和出血】选项，打开【标记和出血】界面，如图 10-24 所示，在其中可以设置打印标记和出血相关选项。

2. 输出设置

在【打印】对话框中单击【输出】选项，打开【输出】界面，如图 10-25 所示，在其中可以进行颜色以及油墨相关的设置。

3. 图像和字体下载的输出设置

在【打印】对话框中单击【图形】选项，打开【图形】界面，将出现如图 10-26 所示的对话框。在其中可以进行图像和字体的输出设置。

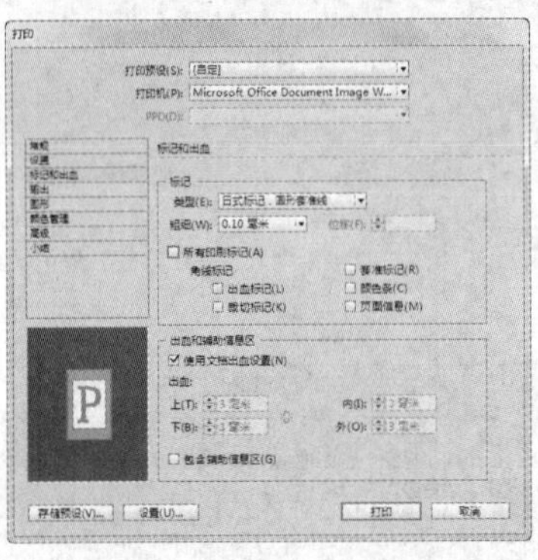

图 10-24 【标记和出血】界面

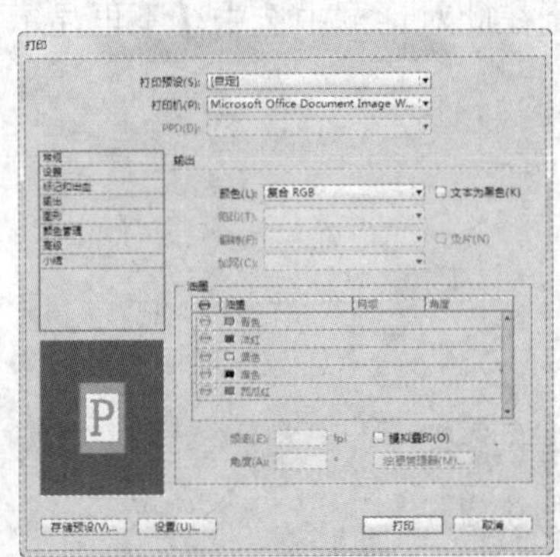

图 10-25 【输出】界面

4. 输出的颜色管理

在【打印】对话框中单击【颜色管理】选项，打开【颜色管理】界面，将出现如图 10-27 所示的对话框，在其中可以设置有关颜色管理方面的选项。

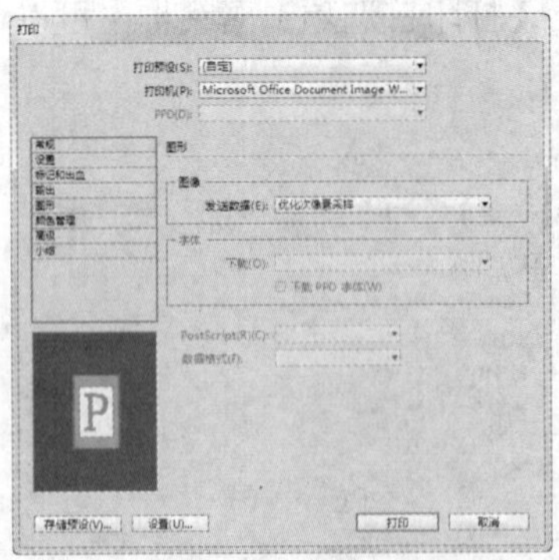

图 10-26 【图形】界面

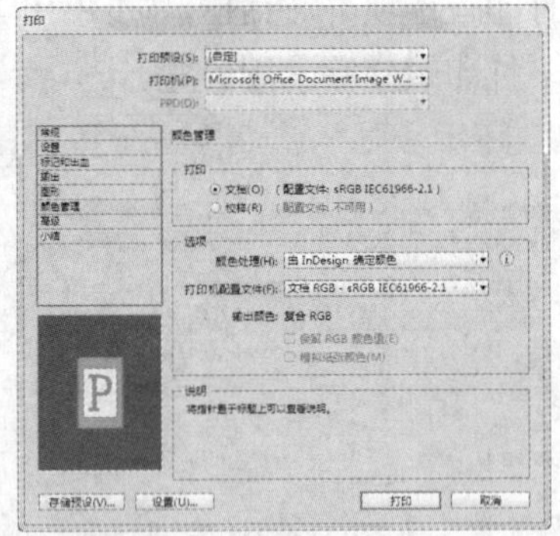

图 10-27 【颜色管理】界面

5. 输出的高级设置

InDesign 中，由于采用了很多新的输出技术，如支持 OPI 服务。对渐变色的处理，对透明

的精度设置等。在【高级】选项里可以设置这些选项来达到最佳的输出效果。在【打印】对话框中单击【高级】选项，打开【高级】界面，如图 10-28 所示。

6. 打印小结预阅

在【打印】对话框中单击【小结】选项，打开【小结】界面。在【小结】界面中的右侧，即以文字形式会将前面所有的设置予以罗列，如图 10-29 所示。

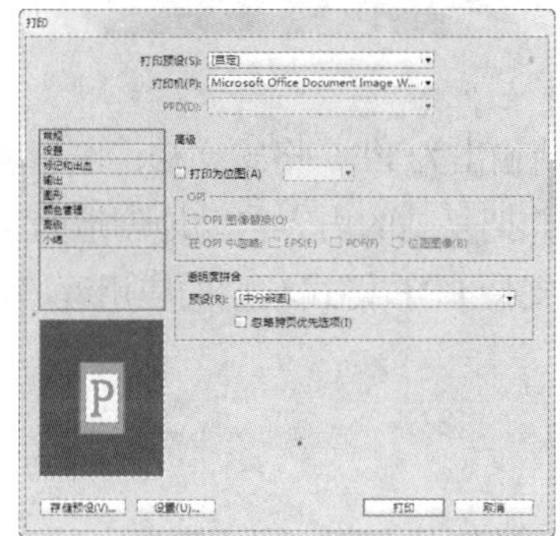

图 10-28　【高级】界面

图 10-29　【小结】界面

10.4.2　设置对象为非打印对象

在某些情况下，页面中的对象可能需要在视图中显示，但不需要打印出来，如某些批注和修改意见等。该对象可以是文本块、图形、置入的对象等。具体操作方法如下。

选中不需被打印的对象。选择【窗口】|【输出】|【属性】命令，打开【属性】面板。选择【非打印】选项，即可将选中的对象设置非打印属性。

10.5　导出到 PDF 文件

PDF 文档支持跨平台和媒体文件的交换，很适合在网上出版。下面逐步了解一下 PDF 文件的创建及一些必要的基础知识。

PDF 是指便携式文件格式，它的应用日益广泛，这是由于 PDF 具有以下优点。

- PDF 文件中嵌入了字体，在字体上是自给自足，即使文件中用到了本地机器上没有的字体，也能够正常的阅读，因此叫做可携式。
- 阅读 PDF 文件唯一需要的软件是 Acrobat Reader，而这个软件是免费的，无论是在线或是不在线都可以使用。
- PDF 文件不能被阅读者编辑，这一点在发行策略方面很重要。PDF 的创建者可以选择保护 PDF 文件的方式，如使得没有指定口令的人将无法进行编辑，或使得只有

Exchange 的用户可以在小范围内编辑 PDF 文件。Acrobat Exchange 的用户可以对 PDF 文件在生成链接和书签方面进行编辑，移动物件，但是不能修改文件。

- PDF 文件代表某个 InDesign 文件的 PostScript 译文。在把 InDesign 文件成功地转为 PDF 文件后，可以实现这一步，任何 PostScript 输出设备都能够正确成像。

10.5.1 创建 PDF 文件的注意事项

InDesign 可以将打开的文档、书籍、书籍中的文档输出为 PDF 格式文档；也可以通过复制的命令将 InDesign 文档中选中的内容复制到剪贴板，并把复制的内容自动地创造为 Adobe PDF 文件；可以将此剪贴板中的 PDF 格式内容粘贴到其他支持 PDF 格式粘贴的应用程序，如 Adobe Illustrator。创建 PDF 文件时，要注意下列事项。

1. 使页码编排一致

一个 PDF 文档总是从页面 1 开始，并且每一个文件仅支持一个页码编排系统。相反地，一个 Adobe InDesign 文档可以以任何页码开始，并且一个合订本出版物可以使用多个页码编排系统。例如，一个合订本出版物可以用罗马字母编码前面的出版物目录页面，而剩下的页面可使用阿拉伯数字并且重新以页面 1 开始。

如果希望转换一个不以页面 1 开始的出版物或者使用多种页码编排系统的出版物，就要解决页码编排问题。否则，书签和超链接将不能正确地工作。

2. 保持索引和目标链接更新

当 InDesign 创建一个 PDF 文件时，可以选择将索引和目录条目转换到超文本链接或者书签，这允许在屏幕出版物内查看和导航。例如，如果在一个从 InDesign 创建的 PDF 文件内单击一个索引条目，Acrobat 可以直接跳转到包含索引参考的页面。

知识点

在 InDesign 中，选择【文件】|【导出】| Adobe PDF 命令，可以创建超文本链接，但仅能更具 InDesign 中的正确标记的单词或者段落自动生成(使用【创建索引】或者【创建目录】命令)的索引和目录条目，自动创建超文本链接(使用书签或者链接)。Acrobat 不能将书面索引或者目录条目手动地转换为超文本链接。

10.5.2 设置 PDF 选项

通过设置 PDF 的不同选项可以满足不同的出版要求。打开想要导出的文件，在菜单栏选择【文件】|【导出】命令，打开【导出】对话框，在【导出】对话框中设置文件的保存路径，在保存类型中选择文件类型为 PDF 格式。在【导出】对话框中单击【保存】按钮后打开【导出至交互式 PDF】对话框，如图 10-30 所示。

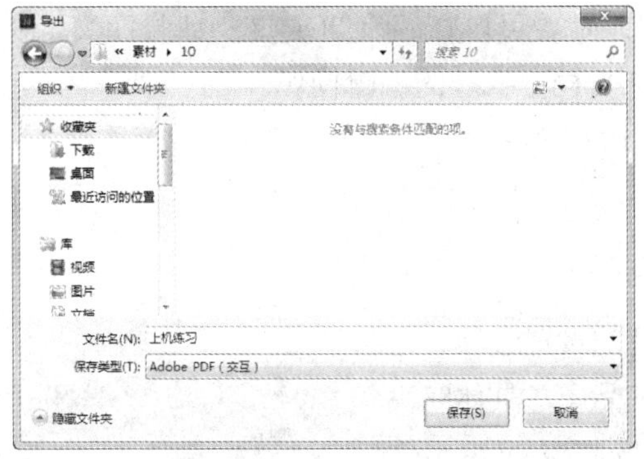

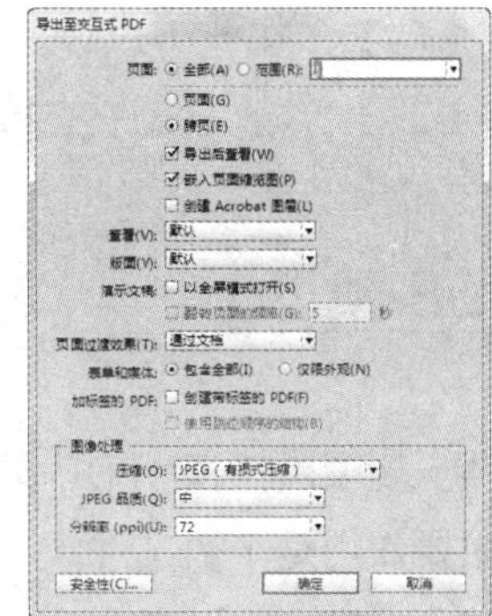

图 10-30　打开【导出至交互式 PDF】对话框

根据需要在【导出至交互式 PDF】对话框中设置相关的选项，然后单击【确定】按钮即可导出 PDF 文件。

需要注意安全性问题，在导出为 PDF 时，添加密码保护和安全性限制，不仅限制可打开文件的用户，还限制打开 PDF 文档的用户对文档进行复制、提取内容、打印文档等操作。

在【导出至交互式 PDF】对话框中单击【安全性】按钮，打开【安全性】对话框，如图 10-31 所示。如果选中【打开文档所要求的口令】选项，在打开 PDF 文件时会要求输入口令，从而对导出的 PDF 文件进行安全性设置。

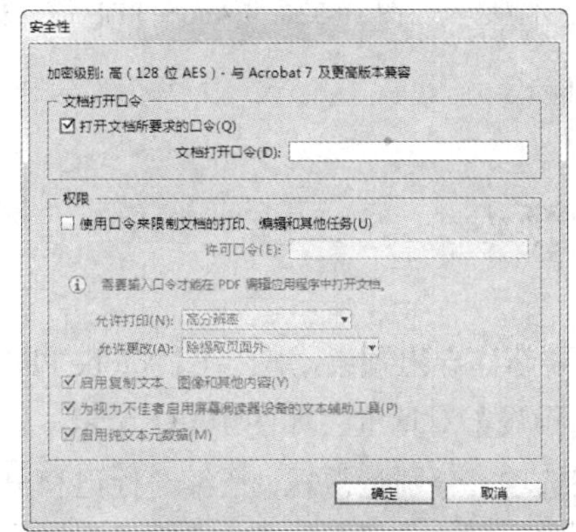

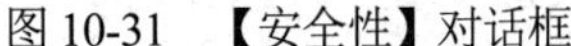

图 10-31　【安全性】对话框

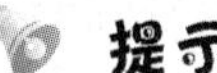

提示

如果忘记口令，将无法从此文档中恢复。最好将口令存储在单独的安全位置，以便忘记口令时找回。

使用较低版本 Acrobat 的用户不能打开具有较高兼容性设置的 PDF 文档。如果选择 Acrobat 7 (PDF 1.6)选项，则无法在 Acrobat 6.0 或早期的版本中打开文档。

还可以设置使用权限。选中【使用口令来限制文档的打印、编辑和其他任务】选项后即可启用权限设置。使用口令来限制文档的打印、编辑和其他任务访问 PDF 文件。如果在 Acrobat 中打开文件，则用户可以查看此文件，但必须输入指定的【许可口令】，才能更改文件的【安全性】和【许可】设置。如果要在 Illustrator、Photoshop 或 InDesign 中打开文件，也必须输入许可口令，因为在这些应用程序中无法以【仅限查看】的模式打开文件。

- 【许可口令】：在其输入框中更改许可设置的口令。指定用户必须输入口令后才可以对 PDF 文件进行打印或编辑。

- 【允许打印】：在此可以设置用户是否可以打印该 PDF 文档或打印文档质量的级别。
- 【允许更改】：定义允许在 PDF 文档中执行的编辑操作。

10.5.3 PDF 预设

PDF 预设是一组影响创建 PDF 处理的设置选项。这些设置选项的主要作用是平衡文件大小和品质，具体取决于使用 PDF 文件的方式。可以在 Adobe Creative Suite 组件间共享大多数的预定义的预设，包括 InDesign、Illustrator、Photoshop 和 Acrobat。也可以针对特有的输出要求创建和共享自定义预设。

使用【Adobe PDF 预设】对话框设置这些预设选项。在菜单栏中选择【文件】|【Adobe PDF 预设】|【定义】命令，打开【Adobe PDF 预设】对话框，如图 10-32 所示。

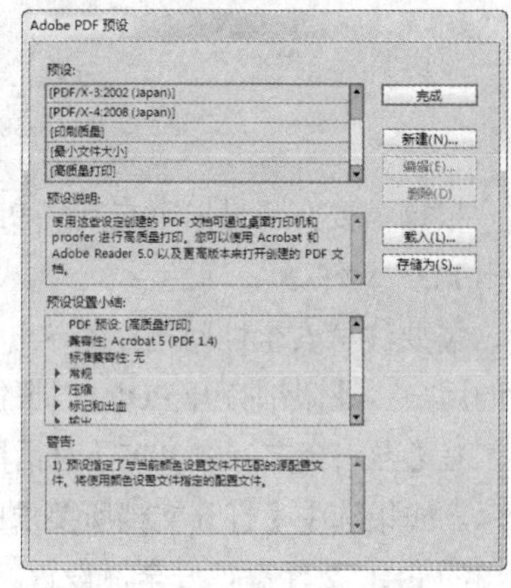

图 10-32 【Adobe PDF 预设】对话框

在左侧的样式名称中选择已有的样式，在【预设说明】和【预设设置小结】中可以查看到 PDF 预设的具体信息。该对话框不可以对系统自带的样式进行编辑、修改和删除等操作，但可以新建一个样式或从别的文件中载入样式。

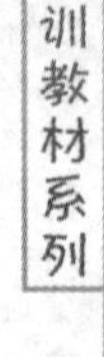

10.5.4 新建、存储和删除 PDF 导出预设

导出预设是导出 PDF 时的一些设置选项。如果要新建导出预设，那么在【Adobe PDF 预设】对话框中单击【新建】按钮，打开【新建 PDF 导出预设】对话框，如图 10-33 所示。

在【新建 PDF 导出预设】对话框的左侧有一些选项，分别是常规、压缩、标记和出血、输出、高级和小结。单击不同的选项，将显示相关的选项设置，用户可以设置这些选项。这些选项的介绍可以参考下一小节内容，设置完成后单击【确定】按钮完成新建 PDF 预设的创建。

在【Adobe PDF 预设】对话框中，还可以将创建的 PDF 预设样式进行存储，以便在以后的工作中继续使用。在【Adobe PDF 预设】对话框中单击【存储为】按钮，打开【存储 PDF 导出预设】对话框，如图 10-34 所示。设置完需要的选项后，单击【保存】按钮存储新建的 PDF 导出预设。

如果想删除某个 PDF 预设，在【Adobe PDF 预设】对话框中选中该样式，然后在该对话框中单击【删除】按钮，打开带有警示信息的对话框，单击【确定】按钮即可删除样式，如图 10-35 所示。

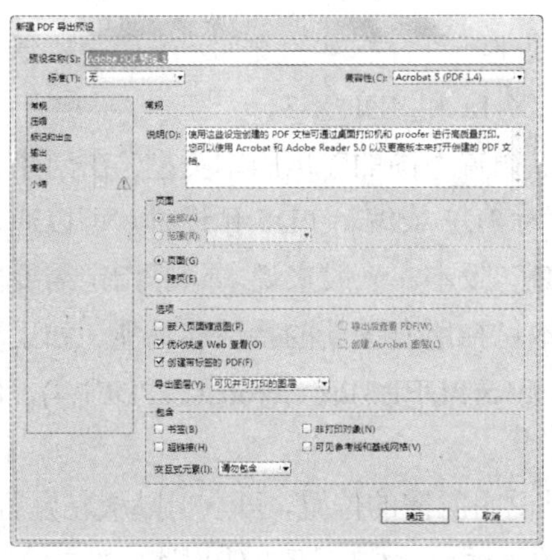

图 10-33　【新建 PDF 导出预设】对话框

图 10-34　【存储 PDF 导出预设】对话框

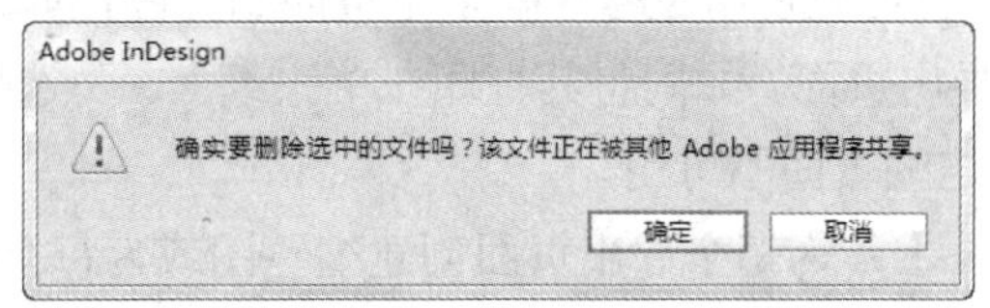

图 10-35　删除 PDF 预设

10.5.5　编辑 PDF 预设

要对创建的样式进行编辑或修改，在【Adobe PDF 预设】对话框中选中创建的新样式，单击【编辑】按钮(前提是新建了一个预设，否则【编辑】按钮不可用)，打开【编辑 PDF 导出预设】对话框，设置完成后单击【确定】按钮即可。而对于 InDesign 自带的 PDF 预设，不能对其进行修改和删除操作。【编辑 PDF 导出预设】对话框中包含很多选项，通过这些选项可以对将要导出的 PDF 文件进行设置。在导出前查看 PDF 导出设置，然后根据需要调整这些设置。

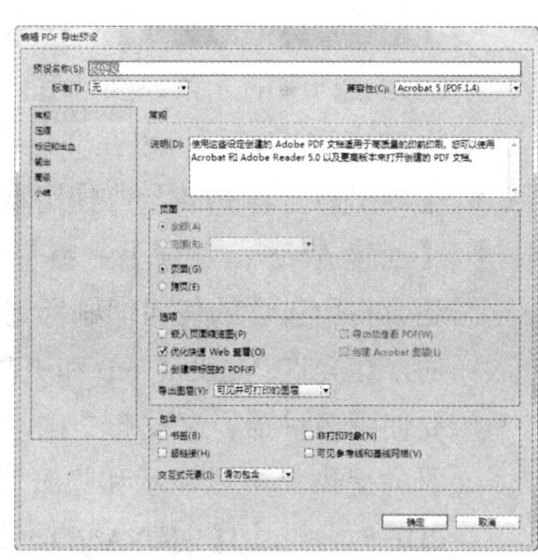

图 10-36　【常规】界面

1. 常规

在如图 10-36 所示的【常规】界面中可以设定基本的文件选项。

- 【标准】：指定文件的 PDF/X 格式。在此可以设置指定文件的格式。PDF/X 标准是由国际标准化组织(ISO)制定的。PDF/X 标准适用于图形内容交换。在 PDF 转换过程中，将对照指定标准检查要处理的文件。如果 PDF 不符合选定的 ISO 标准，则会显

示一条消息，要求选择是取消转换还是继续创建不符合标准的文件。应用最广泛的打印发布工作流程标准是 PDF/X 格式，如 PDF/X-1a 和 PDF/X-3。

- 【兼容性】：指定文件的 PDF 版本。在此可以设置不同的输出版本类型。在创建 PDF 文件时，需要确定使用哪个 PDF 版本。另存为 PDF 或编辑 PDF 预设时，可以通过切换到不同的预设或选择兼容性选项来改变 PDF 版本。一般来说，除非指定需要向下兼容，否则应该使用最新的版本。最新的版本包括所有最新的特性和功能。如果要创建将在大范围内分发的文档，考虑选取 Acrobat 5(PDF1.3)或 Acrobat 6(PDF1.4)，以确保所有用户都能查看和打印文档。
- 【说明】：显示选定预设的说明，并提供编辑说明所需的位置，可从剪贴板粘贴说明。
- 【范围】：指定当前文档中要导出为 PDF 的页面的范围。可以使用连字符输入导出范围，如(3-12)，也可以使用逗号分隔多个页面和范围，如(1，3，5，7，9)。
- 【跨页】：集中导出页面，如同将其打印在单张纸上。勿选择【跨页】用于商业打印，否则有可能导致这些页面不可用。

- 【嵌入页面缩览图】：为每个导出页面创建缩览图或为每个跨页创建一个缩览图。缩览图显示在 InDesign 的【打开】对话框或【置入】对话框中。添加缩览图会增加 PDF 文件的大小。
- 【优化快速 Web 查看】：通过重新组织文件用一次一页下载(所用的字节)，减小 PDF 文件的大小，并优化 PDF 文件以便在 Web 浏览器中更快地查看。此选项将压缩文件和线状图，而不考虑在【导出 Adobe PDF】对话框的【压缩】类别中选择的设置。
- 【创建带标签的 PDF】：在导出过程中，基于 InDesign 支持的 Acrobat 标签的子集自动为文档中的元素添加标签。此子集包括段落识别、基本文本格式和列表和表(导出为 PDF 之前，还可以在文档中插入并调整标签)。
- 【导出后查看 PDF】：使用默认的 PDF 查看应用程序打开新建的 PDF 文件。
- 【创建 Acrobat 图层】：将每个 InDesign 图层存储为 PDF 中的 Acrobat 图层。此外，还会将所包含的任何印刷标记导出为单独的标记图层和出血图层。图层是完全可导航的，这允许 Acrobat 6.0 和更高版本的用户从单个 PDF 生成此文件的多个版本。如果要使用多种语言来发布文档，则可以在不同图层中放置每种语言的文本。然后，印前服务提供商可以显示和隐藏图层，以生成该文档的不同版本。如果在将书籍导出为 PDF 时，选中【创建 Acrobat 图层】选项，则会默认合并具有相同名称的图层。
- 【导出图层】：用于确定是否在 PDF 中包含可见图层和非打印图层。可以使用【图层选项】设置，决定是否将每个图层隐藏或设置为费打印图层。导出为 PDF 时，选择导出【所有图层】(包括隐藏和非打印图层)、【可见图层】(包括非打印图层)或【可见并可打印的图层】。
- 【书签】：创建目录条目的书签，保留目录级别。根据【书签】面板指定的信息创建书签。
- 【超链接】：创建 InDesign 超链接、目录条目和索引条目的 PDF 超链接批注。

◉ 【可见参考线和基线网格】：导出文档中当前可见的边距参考线、标尺参考线、栏参考线和基线网格。网格和参考线将以文档中使用的相同颜色导出。

◉ 【非打印对象】：导出在【属性】面板中对其应用了【非打印】选项的对象。

◉ 【交互式元素】：用于设置是否包含外观。

2. 压缩

将文档导出为 PDF 时，可以压缩文本和线状图，并对位图图像进行压缩和缩减像素采样。压缩和缩减像素采样可以明显减小 PDF 文件的大小，而不会影响细节和精度。在【编辑 PDF 导出预设】对话框左侧的选项栏中选择【压缩】选项，使用打开的选项可以指定图稿是否要进行压缩和缩减像素采样，如图 10-37 所示。

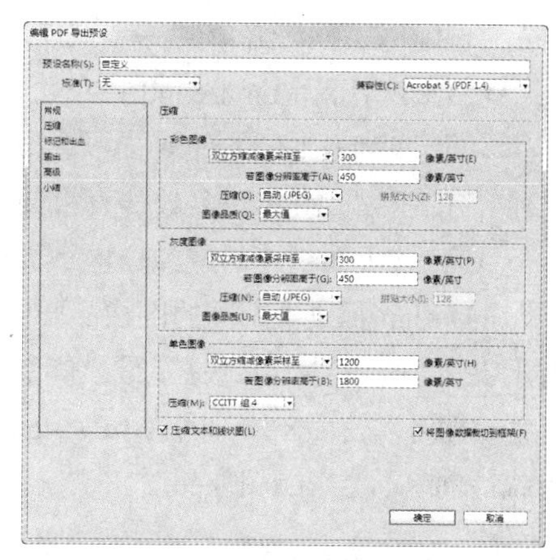

图 10-37 【压缩】界面

【编辑 PDF 导出预设】对话框中的【压缩】分为 3 个部分。每一部分都提供了下列 3 个选项，用于对页面中彩色图像、灰度图像或单色图像的压缩和重新采样。

在彩色图像的采样下拉列表中有【不缩减像素采样】、【平均缩减像素采样至】、【次像素采样至】和【双立方缩减像素采样至】选项，这些选项用来控制生成 PDF 过程中图像压缩的采样方式。

◉ 【不缩减像素采样】：不减少图像中的像素数量。使用不缩减像素采样，将不允许对图像进行任何程度的压缩。

◉ 【平均缩减像素采样至】：计算样本区域中的像素平均数，并使用指定分辨率的平均像素颜色替换整个区域。

◉ 【次像素采样至】：选择样本区域中心的像素，并使用此像素颜色替换整个区域。与缩减像素采样相比，次像素采样会显著缩短转换时间，但会导致图像不太平滑和连续。

◉ 【双立方缩减像素采样至】：使用加权平均数确定像素颜色。这种方法产生的效果通常比平均缩减像素采样产生的效果更好。【双立方缩减像素采样】是速度最慢但最精确的方法，并可产生最平滑的色调渐变的压缩类型。

◉ InDesign 提供了几组不同的压缩方式，如图 10-38 所示。

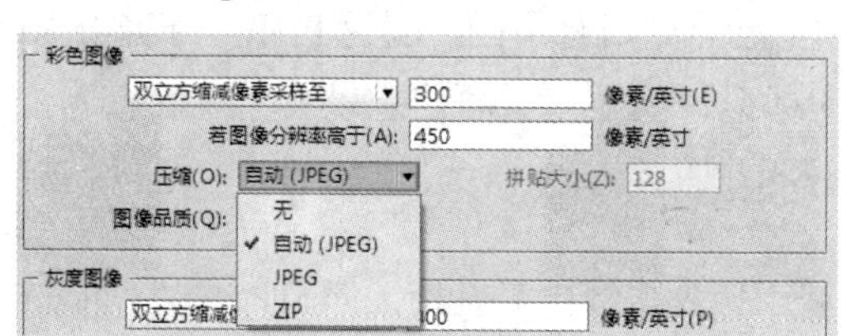

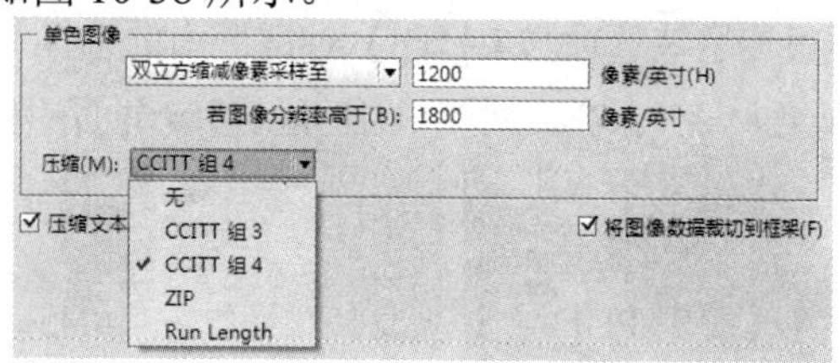

图 10-38 压缩方式

计算机 基础与实训教材系列

- 【自动(JPEG)】：自动确定彩色和灰度图像的最佳品质。对于多数文件来说，此选项会生成满意的结果。
- JPEG：它适合灰度图像或彩色图像。JPEG 压缩有损耗，这表示它将删除图像数据并可能降低图像品质，但是它会以最小的信息损失减小文件大小。由于 JPEG 压缩会删除数据，因此它获得的文件比 ZIP 压缩获得的文件小得多。
- ZIP：非常适用于具有单一颜色或重复图案的大型区域的图像，以及包含重复图案的黑白图像。ZIP 压缩有无损耗，取决于【图像品质】设置。
- CCITT 和 Run Length：仅可用于单色位图图像。CCITT 压缩适用于黑白图像以及图像深度为 1 位的任何扫描图像。组 4 是通用的方法，对于多数单色图像可以生成较好的压缩。组 3 被多数传真机使用，每次可以压缩一行单色位图。Run Length 压缩对于包含大面积纯黑或纯白区域的图像可以产生最佳的压缩效果。

InDesign 提供了不同的图像品质选项，如图 10-39 所示。图像的品质决定应用的压缩量。对于 JPEG 压缩，可以选择【最小值】、【低】、【中】、【高】或【最大值】品质。对于 ZIP 压缩，仅可以使用 8 位。因为 InDesign 使用无损的 ZIP 方法，所以不会删除数据以缩小文件大小就，也就不会影响图像品质。

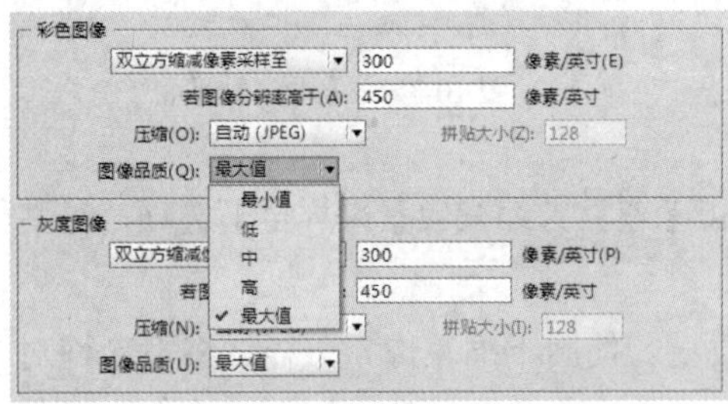

图 10-39　图像品质选项

知识点

压缩文本和线状图：将纯平压缩(类似于图像的 ZIP 压缩)应用到文档中的所有文本和线状图，而不损失细节或品质。【将图像数据裁切到框架】将仅导出位于框架内可视区域内的图像数据，可能会缩小文件的大小。如果后续处理器需要页面以外的其他信息(例如，对图像进行重新定位或出血)，不要选择此选项。

3. 标记和出血

出血是图稿位于页面以外的部分或位于裁切标记和修剪标记外的部分。在导出 PDF 时可以指定页面的出血范围，还可以向文件添加各种印刷标记。在【编辑 PDF 导出预设】对话框左侧的选项栏中选择【标记和出血】界面，使用打开的界面可以对【标记和出血】进行设置。在此指定印刷标记和出血以及辅助信息区，如图 10-40 所示。

虽然这些选项与【打印】对话框中的选项相同，但计算略有不同，因为 PDF 不会输出为已知的页面大小。在该对话框中可以指定页面的打印标记、色样、页面信息以及出血标志等。

4. 输出

在【编辑 PDF 导出预设】对话框左侧的选项栏中选择【输出】选项，使用打开的界面可以对【输出】进行设置。根据颜色管理的开关状态、是否使用颜色配置文件为文档添加标签以及选择的 PDF 标准，【输出】选项间的交互将会发生更改，如图 10-41 所示。

- 【颜色转换】：指定在 PDF 文件中表示颜色信息的方式。在颜色转换过程中，将保留所有专色信息，只有对应的印刷色转换到指定颜色空间。
- 【包含配置文件方案】：创建颜色管理文档。如果使用 PDF 文件的应用程序或输出设备，需要将颜色转换到另一颜色空间，则使用配置文件中的嵌入颜色空间。选择此选项之前，打开【颜色设置】对话框并设置配置文件信息。
- 【油墨管理器】：控制是否将专色转换为对应的印刷色，并指定其他油墨设置。如果使用【油墨管理器】更改文档(例如，将所有专色更改为对应的印刷色)，则这些更改将反映在导出文件和存储文档中，但设置不会存储到 PDF 预设中。
- PDF/X：在此可以控制颜色转换的模式和 PDF/X 输出方法配置文件在 PDF 文件中的存储方式。

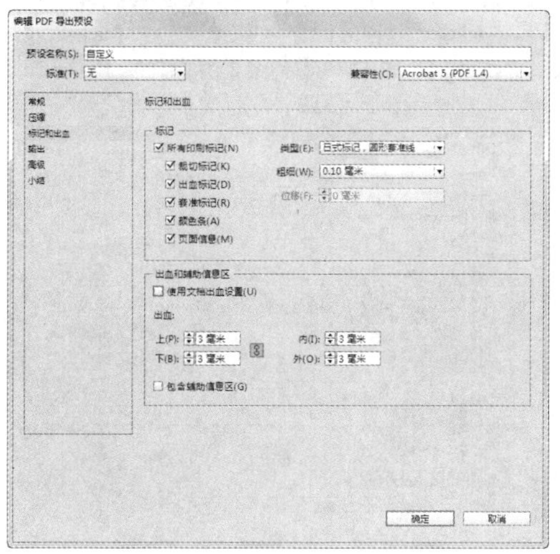

图 10-40　【标记和出血】界面

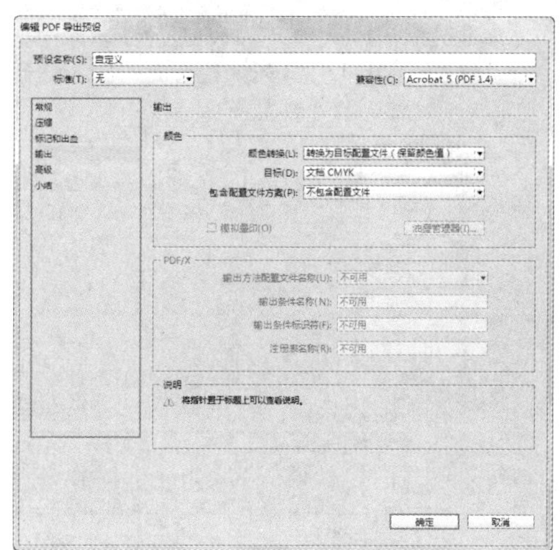

图 10-41　【输出】界面

计算机基础与实训教材系列

5. 高级

在【编辑 PDF 导出预设】对话框左侧的选项栏中选择【高级】选项，使用打开的界面对导出的 PDF 格式进行特定的设置，比如控制字体、OPI 规范、透明度拼合和 JDF 说明在 PDF 文件中的存储方式等，如图 10-42 所示。

6. 小结

在【编辑 PDF 导出预设】对话框左侧的选项栏中选择【小结】选项，此时对话框右侧显示【小结】界面，如图 10-43 所示。可以单击【选项】区域中的选项，如【常规】，旁边的箭头查看各个设置。要将小结存储为.txt 文本文件，单击【存储小结】按钮，在打开的对话框中将小结文件进行保存，如图 10-44 所示。

编辑完成后，可以选择【文件】|【导出】菜单命令，打开【导出】对话框，在【保存类型】下拉列表中选择【Adobe PDF(打印)】，单击【保存】按钮打开【导出 Adobe PDF】对话框。在【导出 Adobe PDF】对话框中单击【导出】按钮，系统将导出 PDF 文件，如图 10-45 所示。

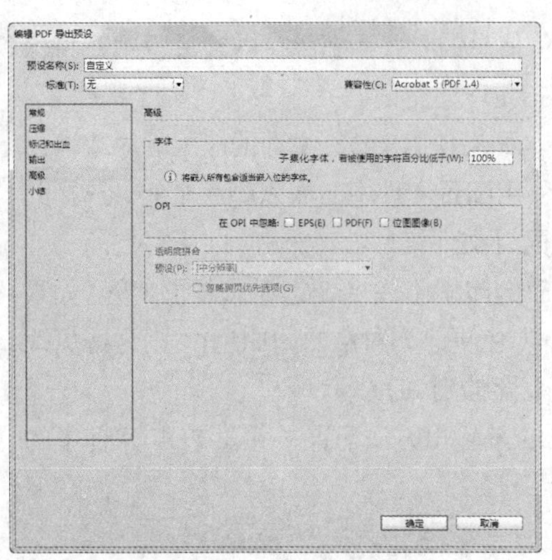

图 10-42 【高级】界面

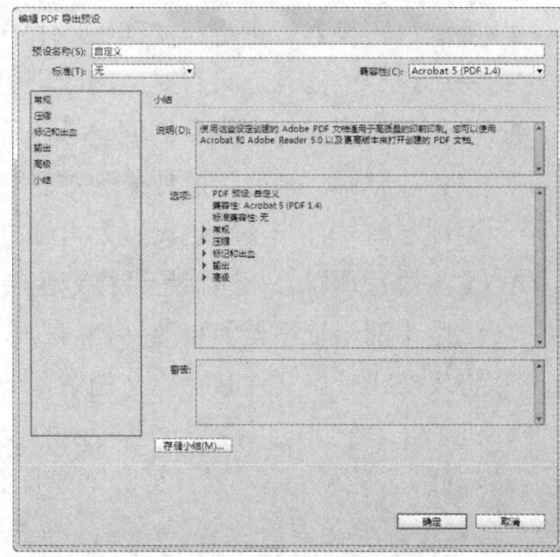

图 10-43 【小结】界面

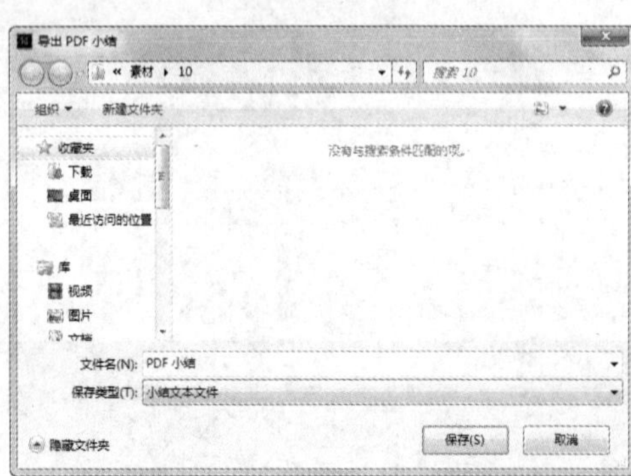

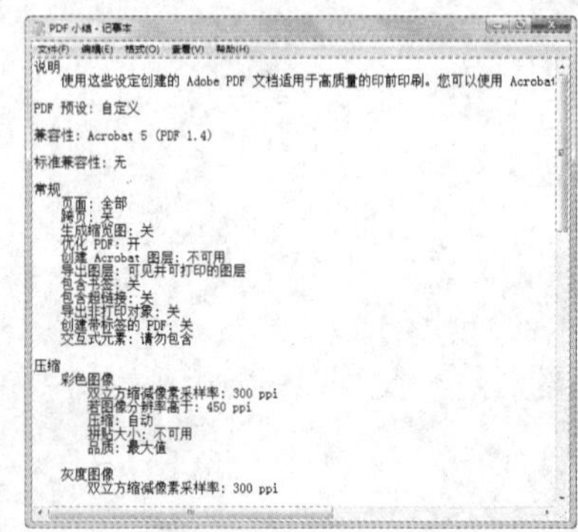

图 10-44 存储小结

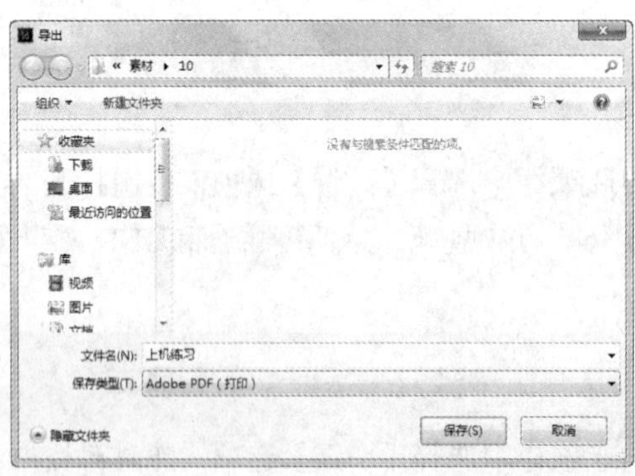

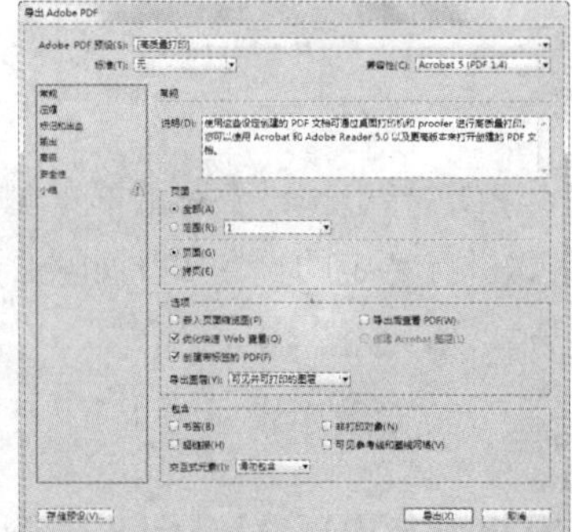

图 10-45 打开【导出 Adobe PDF】对话框

10.6 习题

1. 打开第 8 章的上机练习，使用【印前检查】面板进行预检。
2. 打开第 8 章的上机练习，并将其导出为 PDF 格式文件。